马铃薯科学与技术丛书

马铃薯质量检测技术

韩黎明　童丹　安志刚　陈亚兰　刘玲玲　刘淑梅　编著

图书在版编目(CIP)数据

马铃薯质量检测技术/韩黎明等编著. —武汉：武汉大学出版社,2015.10
马铃薯科学与技术丛书
ISBN 978-7-307-16958-6

Ⅰ.马…　Ⅱ.韩…　Ⅲ.马铃薯—质量检验　Ⅳ.S532.037

中国版本图书馆 CIP 数据核字(2015)第 238072 号

责任编辑:方慧娜　　责任校对:汪欣怡　　版式设计:马　佳

出版发行：武汉大学出版社　(430072　武昌　珞珈山)
(电子邮件：cbs22@ whu. edu. cn　网址：www. wdp. com. cn)
印刷:湖北省荆州市今印印务有限公司
开本：787 × 1092　1/16　印张:24　字数:583 千字　插页:1
版次:2015 年 10 月第 1 版　　2015 年 10 月第 1 次印刷
ISBN 978-7-307-16958-6　　定价:49.00 元

总　　序

马铃薯是全球仅次于小麦、水稻和玉米的第四大主要粮食作物。它的人工栽培历史最早可追溯到公元前 8 世纪到 5 世纪的南美地区。大约在 17 世纪中期引入我国，到 19 世纪已在我国很多地方落地生根，目前全国种植面积约 500 万公顷，总产量 9000 万吨，中国已成为世界上最大的马铃薯生产国之一。中国人对马铃薯具有深厚的感情，在漫长的传统农耕时代，马铃薯作为赖以果腹的主要粮食作物，使无数中国人受益。而今，马铃薯又以其丰富的营养价值，成为中国饮食烹饪文化不可或缺的部分。马铃薯产业已是当今世界最具发展前景的朝阳产业之一。

在中国，一个以“苦瘠甲于天下”的地方与马铃薯结下了无法割舍的机缘，它就是地处黄土高原腹地的甘肃定西。定西市是中国农学会命名的“中国马铃薯之乡”，得天独厚的地理环境和自然条件使其成为中国乃至世界马铃薯最佳适种区，其马铃薯产量和质量在全国均处于一流水平。20 世纪 90 年代，当地政府调整农业产业结构，大力实施“洋芋工程”，扩大马铃薯种植面积，不仅解决了温饱问题，而且增加了农民收入。进入 21 世纪以来，定西市实施打造“中国薯都”战略，加快产业升级，马铃薯产业成为带动经济增长、推动富民强市、影响辐射全国、迈向世界的新兴产业。马铃薯是定西市享誉全国的一张亮丽名片。目前，定西市是全国马铃薯三大主产区之一，建成了全国最大的脱毒种薯繁育基地、全国重要的商品薯生产基地和薯制品加工基地。自 1996 年以来，定西市马铃薯产业已经跨越了自给自足，走过了规模扩张和产业培育两大阶段，目前正在加速向“中国薯都”新阶段迈进。近 20 年来，定西马铃薯种植面积由 100 万亩发展到 300 多万亩，总产量由不足 100 万吨提高到 500 万吨以上；发展过程由“洋芋工程”提升为“产业开发”；地域品牌由“中国马铃薯之乡”正向“中国薯都”嬗变；功能效用由解决农民基本温饱跃升为繁荣城乡经济的特色支柱产业。

2011 年，我受组织委派，有幸来到定西师范高等专科学校任职。定西师范高等专科学校作为一所师范类专科院校，适逢国家提出师范教育由二级(专科、本科)向一级(本科)过渡，这种专科层次的师范学校必将退出历史舞台，学校面临调整转型、谋求生存的巨大挑战。我们在谋划学校未来发展蓝图和方略时清醒地认识到，作为一所地方高校，必须以瞄准当地支柱产业为切入点，从服务区域经济发展的高度科学定位自身的办学方向，为地方社会经济发展积极培养合格人才，主动为地方经济建设服务。学校通过认真研究论证，认为马铃薯作为定西市第一大支柱产业，在产量和数量方面已经奠定了在全国范围内的“薯都”地位，但是科技含量的不足与精深加工的落后必然影响到产业链的升级。而实现马铃薯产业从规模扩张向质量效益提升的转变，从初级加工向精深加工、循环利用转变，必须依赖于科技和人才的支持。基于学校现有的教学资源、师资力量、实验设施和管理水平等优势，不仅在打造“中国薯都”上应该有所作为，而且一定会大有作为。因此提出了在我校创办"马铃薯生产加工"专业的设想，并获申办成功，在全国高校尚属首创。我校自2011年申办成功"马铃薯生产加工"专业以来，已经实现了连续3届招生，担任教学任务的教师下田地，进企业，查资料，自编教材、讲义，开展了比较系统的良种繁育、规模化种植、配方施肥、病虫害综合防治、全程机械化作业、精深加工等方面的教学，积累了比较丰富的教学经验，第一届学生已经完成学业走向社会，我校"马铃薯生产加工"专业建设已经趋于完善和成熟。

这套"马铃薯科学与技术丛书"就是我们在开展"马铃薯生产加工"专业建设和教学过程中结出的丰硕成果，它凝聚了老师们四年来的辛勤探索和超群智慧。丛书系统阐述了马铃薯从种植到加工、从产品到产业的基本原理和技术，全面介绍了马铃薯的起源与栽培历史、生物学特性、优良品种和脱毒种薯繁育、栽培育种、病虫害防治、资源化利用、质量检测、仓储运销技术，既有实践经验和实用技术的推广，又有文化传承和理论上的创新。在编写过程中，一是突出实用性，在理论指导的前提下，尽量针对生产需要选择内容，传递信息，讲解方法，突出实用技术的传授；二是突出引导性，尽量选择来自生产第一线的成功经验和鲜活案例，引导读者和学生在阅读、分析的过程中获得启迪与发现；三是突出文化传承，将马铃薯文化资源通过应用技术的嫁接和科学方法的渗透为马铃薯产业创新服务，力图以文化的凝聚力、渗透力和辐射力增强马铃薯产业的人文影响力和核心竞争力，以期实现马铃薯产业发展与马铃薯产业文化的良性互动。

本套丛书在编写过程中得到了甘肃农业大学毕阳教授、甘肃省农科院王一航研究员、甘肃省定西市科技局高占彪研究员、甘肃省定西市农科院杨俊丰研究员等农业专家的指导和帮助，并对最终定稿进行了认真评审论证。定西市安定区马铃薯经销协会、定西农夫薯园马铃薯脱毒快繁有限公司对丛书编写出版给予了大力支持。在丛书付梓出版之际，对他们的鼎力支持和辛勤付出表示衷心感谢。本套丛书的出版，将有助于大专院校、科研单位、生产企业和农业管理部门从事马铃薯研究、生产、开发、推广人员加深对马铃薯科学的认识，提高马铃薯生产加工的技术技能。丛书可作为高职高专院校、中等职业学校相关专业的系列教材，同时也可作为马铃薯生产企业、种植农户、生产职工和农民的培训教材或参考用书。

是为序。

杨声

2015年3月于定西

杨声：

"马铃薯科学与技术丛书"总主编

甘肃中医药大学党委副书记

定西师范高等专科学校党委书记　教授

前　言

马铃薯属于大宗易得农产品，是生产马铃薯淀粉及其衍生物、马铃薯食品的重要原料，是当今世界各国饮食和烹饪文化中不可或缺的部分。马铃薯质量检测是研究和评定马铃薯块茎、马铃薯食品、马铃薯制品、马铃薯种薯的质量及其变化的一门技术，它运用感观、物理、化学、生物化学和仪器分析的基本理论和各种技术，按照制定的技术标准(如国际、国家马铃薯及其制品质量标准)，对马铃薯块茎、加工原料、辅助材料、半成品、成品、副产品及包装材料的组成成分、感观特性、理化性质、卫生状况以及马铃薯病虫害情况进行检测，并研究检测原理、检测技术和检测方法。马铃薯质量检测贯穿于马铃薯生产、加工产品开发、研制、生产和销售等马铃薯产业全过程。

马铃薯质量检测作为马铃薯质量监督和科学研究不可缺少的手段，在控制和管理马铃薯生产加工过程，保证和监督马铃薯产品质量，开发马铃薯新品种、新资源和新产品，探索新技术和新工艺，保障马铃薯产业可持续发展等方面具有十分重要的作用。对于从事马铃薯生产加工和技术开发者来说，学习和掌握马铃薯质量检测技术具有重要意义。

本书系统地介绍了马铃薯质量检测基础知识和基本技能、马铃薯样品的采集和处理、马铃薯样品的采集和处理、马铃薯块茎品质检测、马铃薯淀粉检测、马铃薯变性淀粉检测、马铃薯食品检测、马铃薯常见病害检测、马铃薯病毒检测、马铃薯转基因检测，具有较强的技术性和实践性。本书可作为高职高专院校、中等职业学校马铃薯生产加工相关专业的教材，也可作为马铃薯生产和加工企业一线职工的培训教材和参考用书，还可以供大专院校、科研单位、生产企业、农业管理部门从事马铃薯研究、生产、开发、推广人员阅读参考。

本书共分 11 章，由韩黎明、童丹、安志刚、陈亚兰、刘玲玲、刘淑梅合作完成编写。本书在编写过程中，参阅了国内外诸多学者专家的著作和文献资料，得到了甘肃农业大学毕阳教授，甘肃省农科院王一航研究员，甘肃省定西市科技局高占彪研究员，定西市农科院杨俊丰研究员，甘肃陇西清吉洋芋集团副总经理杨东林，甘肃圣大方舟马铃薯变性淀粉有限公司副总经理王艇弘，定西农夫薯园马铃薯种薯快繁有限公司总经理刘大江，定西师范高等专科学校贾国江教授、劾天庆教授、何启明教授等高等院校、科研院所、生产加工企业专家的指导和帮助，谨向各位学者、专家表示诚挚谢意！

由于作者知识水平和能力的局限，书中难免有不妥之处，敬请同行专家和广大读者批评指正。

作　者

2015 年 5 月

目　录

第1章　马铃薯质量检测概述

马铃薯自古就有，支撑人类生存数千载。马铃薯以生长适应性广、产业链长、加工转化能力强、廉价高产、营养丰富、粮菜兼用等诸多优势而受到全世界的关注，跃升为仅次于小麦、水稻、玉米之后的第四大重要粮食作物，它的加工产业成为当今世界最有发展前景的产业之一。

1.1　马铃薯质量检测研究对象与任务

马铃薯属于大宗易得农产品，是生产马铃薯淀粉及其衍生物、马铃薯食品的重要原料，是当今世界各国饮食和烹饪文化中不可或缺的部分。近几年来，我国马铃薯产业快速发展，马铃薯种植面积达到500多万公顷，总产量9000多万吨，面积占世界马铃薯种植面积的四分之一，产量占世界马铃薯总产量的四分之一，保持着20世纪90年代以来全球最大的马铃薯生产国的世界地位。全行业加工转化马铃薯800余万吨。① 马铃薯产业在国民经济中发挥着重要作用，马铃薯及其制品的质量与人民生活息息相关。

1.1.1　马铃薯质量检测技术研究的对象

我国食品卫生法明确规定："食品应当无毒、无害，符合应有的营养要求，具有相应的色、香、味、形、质地等感观性状。"因此，马铃薯及马铃薯食品品质的优劣不仅在于营养成分的高低，还在于色、香、味是否符合应有的感观要求，更重要的是是否无毒无害，是否会有害人体健康。这就需要采用现代分析检测技术对马铃薯及其制品进行质量检测。

马铃薯质量检测是研究和评定马铃薯块茎、马铃薯食品、马铃薯制品、马铃薯种薯质量及其变化的一门技术，它是运用感观、物理、化学、生物化学和仪器分析的基本理论和各种技术，按照制定的技术标准(如国际、我国马铃薯及其制品质量标准)，对马铃薯块茎、加工原料、辅助材料、半成品、成品、副产品及包装材料的组成成分、感观特性、理化性质、卫生状况以及马铃薯病虫害情况进行检测，研究检测原理、检测技术和检测方法，具有较强的技术性和实践性。

马铃薯质量检测作为马铃薯质量监督和科学研究不可缺少的手段，在控制和管理马铃薯生产加工过程，保证和监督马铃薯产品的质量，开发马铃薯新品种、新资源和新产品，探索新技术和新工艺，保障马铃薯产业可持续发展等方面具有十分重要的作用。对于从事马铃薯生产加工和技术开发者来说，学习和掌握马铃薯质量检测技术有重要意义。

---

① 数据来源于中国行业研究网：http：//www. chinairn. com/print/3111783. html，2015年3月访问。

1.1.2　马铃薯质量检测的任务

马铃薯质量检测工作是马铃薯生产加工质量管理过程中一个重要环节，在确保原材料质量方面起着保障作用，在生产过程中起着监控作用，在最终产品检验方面起着监督和导向作用。马铃薯质量检测贯穿于马铃薯生产、加工产品开发、研制、生产和销售的全过程。

1. 指导与控制生产工艺过程

马铃薯商品薯和种薯生产农户和企业通过对马铃薯品质和种薯质量检测，确定品种选择、生产技术的优化及病虫害的防治。马铃薯加工企业通过对马铃薯产品原料、辅料、半成品和成品的质量检测，确定工艺参数、工艺要求以控制生产过程。

2. 保证马铃薯生产加工企业产品的质量

马铃薯生产加工企业通过对成品的检验，可以保证出厂产品的质量符合国家规定标准的要求。

3. 保证用户接受产品的质量

消费者或用户在接受商品时，按合同规定或相应的质量标准进行验收检验，保证接受产品的质量。

4. 政府管理部门对马铃薯产品质量进行宏观监控

第三方检验机构根据政府质量监督行政部门的要求，对生产企业的产品或市场的商品进行检验，为政府对产品质量实施宏观监控提供依据，同时为产品质量标准的制定提供科学依据。

5. 为产品质量纠纷的解决提供技术依据

当发生产品质量纠纷时，第一方检验机构根据解决纠纷的有关机构(包括法院、仲裁委员会、质量管理行政部门及民间调解组织等)的委托，对有争议产品做出仲裁检验。为有关机构解决产品质量纠纷提供技术依据。

6. 对进出口产品的质量进行把关

在马铃薯进出口贸易中商品检验机构需根据国际标准或供货合同对商品进行检测，以确定是否放行。

7. 对突发的食物中毒事件提供技术依据

当发生食物中毒事件时，检验机构根据对残留食物做出仲裁检验，为事件的调查及解决提供技术依据。

8. 为制定马铃薯质量标准提供依据

马铃薯质量检测技术为马铃薯及其加工产品的国家、行业和地方质量标准的制定提供科学依据。

1.2　马铃薯质量检测的主要内容

由于马铃薯及其产品种类繁多，成分复杂，随检测目的的不同，检测项目各异，使得马铃薯检测的范围十分广泛。马铃薯质量检测分为两大模块：一是食品原料和食品质量检测模块，内容包括：马铃薯块茎主要成分分析、马铃薯淀粉质量检测、马铃薯变性淀粉质量检测、马铃薯食品质量检测；二是马铃薯病虫害检测模块，内容包括：马铃薯细菌性病害检测、马铃薯真菌性病害检测、马铃薯病毒检测等。

为了叙述方便，以下将马铃薯块茎、马铃薯食品、马铃薯制品、马铃薯种薯统称为马铃薯产品，各类马铃薯产品检测统称为马铃薯质量检测，主要包括以下内容。

1. 感官检测

马铃薯产品都有各自的感官特征，其中色、香、味、质对马铃薯产品的可接受性有重要影响。优质的马铃薯产品不但要符合营养和卫生的要求，而且要有良好的可接受性。马铃薯在储藏加工过程中，各种成分在发生理化性质变化的同时，其感官特性也在发生改变。因此在马铃薯质量检测中，感官检验往往是各项检验内容中的第一项。经感官检验不合格的马铃薯产品，即可判定为不合格产品，不需再进行理化检验。国家标准对各类马铃薯产品都制定有相应的感官指标，感官鉴定是马铃薯质量检测的主要内容之一，在马铃薯质量检测中占有重要的地位。

2. 马铃薯一般成分检测

马铃薯一般成分检测主要是马铃薯产品的营养成分检测，是利用物理、化学和仪器分析的方法对马铃薯产品中的水分(包括水分活度)、灰分(无机盐)、酸度、糖类(包括单糖、低聚糖、总糖及淀粉、纤维素、果胶物质、膳食纤维等多糖)、脂肪、蛋白质、氨基酸、维生素等成分进行分析检测，评定马铃薯产品的品质。

马铃薯是生产马铃薯淀粉及其衍生物、马铃薯食品的重要原料，其第一功能是营养功能。马铃薯含有人体所需的主要营养成分，包括水分、无机盐、维生素、蛋白质、脂肪、碳水化合物等。然而，马铃薯块茎内各种物质的含量因品种、土壤肥料、栽培技术水平及自然气候条件的不同而有很大差异。其中，干物质含量高低，直接关系到块茎品质高低，关系到加工制品的质量、产量和经济效益。干物质含量高，油炸食品(如薯片、薯条)的耗油量低，在加工过程消耗与蒸发水分所用的能源消耗少，单位原料所生产的产品量也多，但干物质过高也会使生产出来的食品过硬。一般鲜食块茎要求干物质含量占20%~21%，油炸和干制品的干物质含量占22%~25%，略煎炸食品的干物质含量占20%~24%。加工淀粉的品种，一般要求粗淀粉含量要达到18%以上。

通过对马铃薯产品中一般成分的检测，可以了解各种马铃薯产品中所含营养成分的种类、数量和质量，同时还可以了解马铃薯产品在生产、加工、储存、运输、烹调等过程中营养成分的变化，改进这些环节。对马铃薯产品营养成分的检测，能够对马铃薯生产过程的质量控制，加工工艺配方的确定、工艺合理性的鉴定、加工过程的控制及成品质量的监测以及对马铃薯新资源的开发、新产品的研制和生产工艺的改进以及产品质量标准的制定提供科学依据。

3. 食品添加剂检测

食品添加剂是指在食品生产中，为了改善食品的感官性状，改善食物原有的品质、增强营养、提高质感、延长保质期、满足食品加工工艺需要而加入食品中的某些化学合成物质或天然物质。在马铃薯食品生产中，为了改善食品品质和色、香、味，为了防腐、保鲜和加工工艺的需要而加入一些食品添加剂。天然的食品添加剂一般对人体无害，但目前使用的添加剂中，绝大多数是化学合成物质，如果不科学使用，必然会对人体健康产生危害。我国对食品添加剂的使用品种、使用范围及用量均作了严格的规定。为了监督在马铃薯产品生产中合理使用食品添加剂，保证马铃薯产品的安全性，必须对食品添加剂进行检测，这是马铃薯食品质量检验的一项重要内容。

4. 有毒有害物质检测

有毒有害物质是指马铃薯在生产、加工、包装、运输、储存、销售等各个环节产生、引入或污染的对人体健康有害的物质。马铃薯产品中有毒有害物质检测是对马铃薯产品、半成品、原材料和包装材料中的限量元素(微量元素和重金属元素)、农药残留、微生物毒素，食品生产加工、储藏过程中产生的有害物质和污染物质，以及马铃薯产品材料中固有的某些有毒有害物质进行检测，评定马铃薯产品的品质，以保证其安全性。一般来说，马铃薯产品中可能出现的有毒有害物质，按其性质可以概括为以下几类。

(1)有害成分

有害成分是指在马铃薯中存在的有机化合物、无机化合物以及重金属等。有害成分主要来源于马铃薯中存在的龙葵素等有毒物质以及工业三废、生产设备、包装材料等造成的污染。

(2)农药残留

农药污染主要是指因农药的不合理使用造成马铃薯生产过程中农药的残留。

(3)微生物及其毒素

微生物广泛地分布于自然界中。绝大多数微生物对人类和动、植物是有益的，有些甚至是必需的。而另一方面，微生物也是造成马铃薯及其产品腐败变质的主要因素。其中病原微生物还会致病，某些微生物在代谢过程中产生的毒素会引起食物中毒。为了正确而客观地揭示马铃薯产品的卫生情况，加强食品卫生管理，保障人们健康，对防止某些传染病的发生提供科学依据，必须对马铃薯产品的微生物指标进行检验。微生物检验主要是对马铃薯产品中细菌总数、大肠菌群、霉菌、酵母菌以及致病菌进行检测。

(4)马铃薯加工、储藏中产生的有害物质

马铃薯加工储藏中产生的有害物质主要是指在马铃薯加工过程如油炸、烧烤中产生的3. 4-苯并芘等；也有因马铃薯储藏不当而引起马铃薯组成成分发生化学变化并产生的有害物质，如见光引起龙葵素含量升高等。

(5)包装材料带来的有害物质

由于使用了质量不符合安全要求的包装材料，其中的有害物质如聚氯乙烯、多氯联苯、荧光增白剂等，将对马铃薯产品造成污染。

5. 马铃薯病虫害检测

马铃薯是多病害作物，非常容易受到各种病菌的侵染，发生多种病害。病害的发生与流行，不仅损坏植株茎叶，降低田间产量，在块茎储藏过程中还会直接侵染块茎，轻者降低品质，重者使块茎腐烂，造成巨大损失。

危害马铃薯的病虫害有 300 多种。马铃薯病害主要分为真菌病害、细菌病害和病毒病害。其中真菌病害是世界上主要的病害，几乎在马铃薯种植区都有发生。从我国各个种植区域的情况来看，发生普遍、分布广泛、危害严重的是真菌性病害的晚疫病和细菌性病害的环腐病，南方的青枯病也有日益扩大的趋势，同时由于病毒病引起的马铃薯退化问题也成为限制马铃薯产业的主要障碍。因此，病虫害的防治是马铃薯生产中保证种植效益非常重要的环节。马铃薯病虫害检测是马铃薯质量检测的重要内容。

6. 马铃薯种薯质量检测

为了有效地实施对脱毒马铃薯种薯质量管理，规范脱毒马铃薯种薯市场，促进马铃薯脱毒技术推广，要求实现脱毒种薯病毒检测的规范化、标准化。脱毒种薯病毒检测主要在参照国内外马铃薯病毒检测技术最新研究进展的基础上，结合当前国内生产实际，力求达到快速、准确、可操作性强的检测要求。检测对象主要选择生产上发生分布范围广、危害性大的病毒。检测方法主要采用指示植物检测和双抗体夹心酶联免疫吸附检测方法，而类病毒检测采用指示植物检测、往返电泳或反转录-聚合酶链式反应检测方法。

1.3　马铃薯质量检测方法及发展趋势

马铃薯属于大宗易得农产品，是生产马铃薯淀粉及其衍生物、马铃薯食品的重要原料。食品分析化学的发展为马铃薯检测提供了准确可靠的分析方法。随着科学技术的迅速发展，检验技术已能达到10^{-8}～10^{-6}的准确度。

1.3.1　马铃薯质量检测的主要方法

在马铃薯质量检测过程中，由于目的不同，或被测组分、干扰成分的性质以及它们在马铃薯及其产品中存在的数量差异，所选择的分析检测方法也各不相同。根据被检验项目的特性，每一项指标的检验对应相应的检验方法。

马铃薯质量检测常用的方法有感官检测法、物理检测法、化学检测法、现代仪器分析检测法(物理化学检测法)、现代生物技术检测法(酶检测法和免疫学检测法)等。

1. 感官检测法

感官检测是通过人的感觉器官，对马铃薯产品的色、香、味、形、质感等质量特征以及人们自身对食品的嗜好倾向做出评价，再根据统计学原理，对评价结果进行统计分析，从而得出结论的分析检测方法。

感官分析有两种类型，一种是以人的感官作为测量工具，测定产品的质量特性；另一种是以产品作为测试工具，测定人的偏爱和嗜好倾向。

一般感官检验的主要内容和方法有视觉检验、嗅觉检验、味觉检验、听觉检验和触觉检验。

人类最原始的产品检验方法就是感官检验，并利用其辨别产品的好坏。产品感官检验发展到今天，既可以单独作为产品检验的一种方法，也可以结合其他检验方法一起对产品品质进行检验。感官检验简便易行、直观实用，具有理化检验和微生物检验方法所不可替代的功能。它是产品消费、产品生产和质量控制过程中不可缺少的一种简便的检验方法。如果产品的感官检验不合格或者已经发生明显的腐败变质，直接判断为不合格产品，而不必再进行营养成分和有害成分的检测。因此，感官检验必须先期进行。

2. 物理检测法

马铃薯产品的物理检测法是根据产品的一些物理常数与组成成分及含量之间的关系，通过测定的物理量，如对密度、折光度、旋光度、沸点、凝固点、体积、气体分压等物理常数进行测定，从而了解马铃薯产品的组成成分及其含量的检测方法，物理检测法快速、准确，是马铃薯生产加工中常用的检测方法。

3. 化学分析法

化学分析法是以马铃薯产品组成成分的化学性质为基础进行的分析方法，包括定性分析和定量分析两部分，是马铃薯产品分析与检验中基础的方法。许多样品的预处理和检测都是采用化学方法，而仪器分析的原理大多数也是建立在化学分析的基础上的。因此，在仪器分析高度发展的今天，化学分析法仍然是理化检验中最基本的、最重要的分析方法。

化学分析法适用于马铃薯产品的常量分析，主要包括质量分析法和容量分析法。质量分析法是通过称量样品某种成分的质量来确定样品的组成和含量的，样品中水分、灰分、脂肪、纤维素等成分的测定采用质量分析法。容量分析法也叫滴定分析法，包括酸碱滴定法、氧化还原滴定法、配位滴定法和沉淀滴定法，样品中酸度、蛋白质、脂肪酸价、过氧化值等的测定采用容量分析法。此外，所有样品分析与检验样品的预处理方法都是采用化学方法来完成的。

化学分析法是以物质的化学反应为基础的分析方法，在马铃薯样品分析中，化学分析法得到广泛的应用，在样品的常规检验中相当部分项目都必须用化学分析法进行检测。化学分析法是样品分析检测最基础的方法。

4. 现代仪器检测法(物理化学检测法)

现代仪器分析是根据被测物质的物理或物理化学性质，利用精密的分析仪器对样品的组成成分进行分析检测的方法，是样品分析与检测方法发展的趋势。样品中微量成分或低浓度的有毒有害物质的分析常采用仪器分析法进行检测。仪器分析法具有灵敏度高、选择性强、简便快速、可以进行多组分分析、容易实现连续自动分析等优点。随着科学技术的发展，仪器分析法的发展非常迅速，目前各种新方法、新型仪器层出不穷，促使检测技术趋于快速、灵敏、准确，检测的自动化程度进一步提高。

现代仪器分析的内容主要包括光谱分析、色谱分析、电化学分析、质谱和波谱分析、电子显微镜技术等。根据分析原理和仪器的不同，主要有以下几类：色谱分析法(气相色谱法、高效液相色谱法、薄层色谱法、离子色谱法等)、电化学分析法(极谱分析法、溶出伏安法、电导分析法、电位分析法、电位滴定法、库仑分析法等)、光学分析法(分子光谱法和原子光谱法)、放射分析法(同位素稀释法、中子活化分析法等)，见表1-1。

表1-1 **现代分析方法的分类**

分类		主要方法
电化学分析法		极谱分析法(PAM)、溶出伏安法(SV)、电导分析法(MCA)、电位分析法(PA)、电位滴定法(PT)、库仑分析法(CA)
光学分析法	原子光谱法(AS)	原子发射光谱法(AES)、原子吸收光谱法(AAS)、原子荧光光谱法(AFS)、X射线荧光光谱法(XFS)
	分子光谱法(MS)	紫外-可见光分光光度法(UV-Vis)、红外光谱法(IR)、分子荧光光谱法(MFS)、分子磷光光谱法(MPS)、核磁共振波谱法(NMR)
	非光谱分析法	折射法(RM)、圆二向色性法(CD)、X射线衍射法(XRD)、干涉法(IM)、旋光法(PM)、浊度法(NM)

续表

分　类	主 要 方 法
色谱分析法	气相色谱法(GC)、高效液相色谱法(HPLC)、薄层色谱法(TLC)、离子色谱法(IC)、超临界流体色谱法(SFC)
其他分析方法	质谱分析法(MS)、热分析法(TA)、放射化学分析法(RA)、同位素稀释法(ID)、中子活化分析法(NAA)

(1)电化学分析法(electrochemical analysis, EA)

电化学分析法是依据物质的电学及电化学性质测定其含量的分析方法，通常使待分析的样品试液构成化学电池，再根据电池的某些物理量与化学量之间的内在联系进行定量分析。电化学分析可以分为以下几种：

①电导分析法(MCA)：通过测量溶液的电导或电阻来确定被测物质的含量。

②电位分析法(PA)：用一个指示电极和一个参比电极与试液组成化学电池，根据电池电动势(或指示电极电位)分析待测物质。

③库仑分析法(CA)：待测物质定量地进行某一电极反应，或者待测物质与某一电极反应产物定量地进行化学反应，根据此过程所消耗的电量(库仑数)可以定量分析待测物质浓度，即为库仑分析法。

④伏安和极谱法(SV, PAM)：用微电极电解被测物质的溶液，根据所得到的电流-电压(或电极电位)极化曲线来测定物质含量的方法。

电化学分析具有快速、灵敏、简便等优点，在生物成分分析中占有重要地位。

(2)光学分析法(spectral analysis)

光学分析法根据物质发射、吸收辐射能或物质与辐射能相互作用建立的分析方法。光学分析法的种类很多，以分子光谱法和原子光谱法应用较多，常见的是：

1)分子光谱法(molecule absorption spectrometry, MAS)：包括红外吸收、可见和紫外吸收、分子荧光等方法。

①红外吸收光谱法(infrared spectra analysis)。红外吸收光谱法也称为红外分光光度法，其最突出的特点是高度的特征性。除光学异构体外，每种化合物都有自己的红外吸收光谱，因此，它是有机物、聚合物和结构复杂的天然或合成产物定性鉴定和测定分子结构的最有效的方法之一。在生物化学中，红外吸收光谱法还可用于快速鉴定细菌，甚至可对细胞和活体组织的结构进行研究。红外光谱对于固态、液态和气态样品均可测定，且分析速度快，样品用量少，分析时不破坏样品。由于这些优点，红外光谱已成为常规的分析仪器。但对于复杂未知物的结构鉴定方面，还需要其他仪器配合才能得到满意的结果。

②可见-紫外分光光度法(UV-Vis)。基于某些物质的分子吸收了200~800nm光谱区的辐射后，发生分子轨道上电子能级间的跃迁，从而产生分子吸收光谱，据此可以分析测定这些物质的量，即为紫外-可见分光光度法。该方法可测定多种无机和有机污染物质。分光光度计历史悠久，结构简单，价格低廉，操作简便，应用广泛。根据统计，在分析化学面临的任务中，将近50%的检验由紫外-可见分光光度法完成。

③分子荧光分析法(MFS)。处于基态的分子吸收适当能量后，其价电子从成键分子轨

道或非成键轨道跃迁到反键分子轨道上去，形成激发态，激发态很不稳定，将很快返回基态，并伴随光子辐射，这种现象称为发光。某些物质(分子)受激发后产生特征辐射即分子荧光，通过测量荧光强度即可对这些物质进行分析，即为分子荧光分析法。

2)原子光谱法(atomic spectrometry，AS)：包括原子发射、原子吸收和原子荧光光谱法，目前应用最多的是原子吸收光谱法。

①原子吸收光谱法(AAS)。原子吸收光谱法又称原子吸收分光光度法，简称为原子吸收法。原子吸收光谱法始创于 1955 年，并在近几十年得到迅速的发展。它是基于蒸气相中被测元素的基态原子对其原子共振辐射的吸收强度来测定样品中被测元素含量的一种方法。

②原子发射光谱法(AES)。气态原子受热或电激发时，会发射紫外和可见光域内的特征辐射。根据特征谱线可作元素定性，根据谱线强度可作元素定量。由于近年来等离子体新光源的应用，促使等离子体发射光谱法(ICP-AES)快速发展，已用于生物样品很多元素的同时测定，一次进样可同时测定 10~30 个元素。

③原子荧光光谱法(AFS)。被辐射激发的原子返回基态的过程中，伴随着发射出来的一种波长相同或不同的特征辐射即荧光，通过测定荧光发射强度，可以定量检测待测元素。

(3)色谱分析法(chromatography analysis，CA)

色谱分析法是一种分离分析方法，前苏联植物学家茨维特首创色谱分析法。马丁等提出塔板理论，发展了液-液色谱后，才有现代色谱分析的可能；1957 年戈雷发明了毛细管气相色谱，配合高灵敏度检测器，可以测定低于 10^{-14}g 级的痕量组分；20 世纪 60~70 年代，气相色谱-质谱(GC-MS)、气相色谱-傅里叶变换红外光谱(GC-FTIR)等联用技术获得成功；20 世纪 70 年代，计算机技术使色谱法成为分离、鉴定、剖析复杂混合物的最有效工具。色谱法根据作用特点进一步可分为：

1)气相色谱法(gas chromatography，GC)。以气体为流动相的色谱分析法称为气相色谱法。根据所用固定相的状态不同，可分为气固色谱(GSC)和气液色谱(GLC)。有机成分的分析一般由气相色谱法、高效液相色谱法以及分子光谱法完成。

2)高效液相色谱法(high performance liquid chromatography，HPLC)。相对于气相色谱，把流动相为液体的色谱过程称为液相色谱。高效液相色谱是在液体柱色谱基础上，引入气相色谱的理论，采用高压泵、高效固定相和高灵敏度的检测器，实现了分析快速、分离效率高和操作自动化。液相色谱大约是在 1903 年出现的，但它却是在气相色谱比较成熟之后才兴盛起来。现代液相色谱是在气相色谱和经典液相色谱的基础上发展起来的。气相色谱法虽然具有分离能力好、灵敏度高、分析速度快、操作方便等优点，但是受技术条件的限制，不宜或不能分析沸点太高或热稳定性差的物质。而高效液相色谱法，只要求样品能制成溶液，不需要汽化，因此不受样品挥发性的限制，对于高沸点、热稳定性差、相对分子量大的有机物(几乎占有机物总数的 75%~80%)，原则上都可以用高效液相色谱法来进行分离、分析，非常适用于分离与生物有关的大分子和离子型化合物、不稳定的天然产物以及很多高分子化合物。

3)离子色谱法(ion chromatography，IC)。离子色谱法是 20 世纪 70 年代美国 DOW 化学试剂分公司 Small 等化学家提出并发展的一种新技术，是一种分析离子的专用仪器，具有以下一些优点：

①能同时分析多种阳离子或阴离子，灵敏度高，检测范围为 $10^{-9} \sim 10^{-6}$；

②样品用量少，实际用量 0.5～1ml，且一般不需要复杂的前处理；

③检测线性良好，在 3 个数量级的浓度范围内呈直线；

④快速，分辨率高，可以同时测定一个样品中的多种成分。

4）薄层色谱法（thin layer chromatography，TLC）。又称为薄层层析，主要用于样品的预分离、纯化或制备标准样品。薄层分离是在薄板上点上试样和溶剂，在溶剂槽中即可完成，展开时间一般 10～60min；样品的预处理比较简单，对分离样品的性质没有限制，灵敏度及分辨率高。薄层色谱图具有直观性、可比性，但是与其他仪器分析方法相比，薄层色谱法费时费力，在环境监测中较少采用。薄层色谱法可以与其他技术联用。近年来，仪器联用技术发展迅速，薄层色谱与激光荧光光谱、漫反射红外吸收光谱、紫外-可见吸收光谱、红外吸收光谱、拉曼光谱、红外光声光谱和质谱联用等联用，提高了薄层色谱灵敏度和检测限，一般可达到 μg 甚至 ng 级，拓宽了应用范围。

色谱法是分离混合物和鉴定化合物的一种十分有效的方法，既能鉴定化合物又能准确测定含量，操作也相对方便，具有分离效能高、分析速度快、灵敏度高、定量结果准确和易于自动化等特点，因此在有机成分的检验中得到广泛的应用。在分子光谱法中红外光谱法应用较为广泛。通常情况下，红外光谱法与拉曼光谱法等其他分析方法结合使用，可作为鉴定化合物、测定分子结构的主要手段。

（4）质谱分析法（Mass Spectrometry，MS）

1918 年，丹姆斯德（A. J. Dempster）制成了半圆形磁场的第一台单聚焦质谱仪；1919 年阿斯顿（F. W. Aston）制成了第一台速度聚焦质谱仪；1934 年赫左格（H. Herzog）发表了系统的静态质谱仪器的离子光学理论，于是开始出现了各种高分辨质谱仪器。质谱技术的发展十分迅速，从 20 世纪 50 年代后期开始出现高性能双聚焦质谱仪后，动态质谱仪大量涌现。尤其是实现了气相色谱-质谱-电子计算机联用、液相色谱-质谱-电子计算机联用以来，更进一步提高了质谱仪器的效能，扩大了质谱技术的运用领域，质谱分析法已成为原子能、石油、化工、电子、冶金、有机化学、同位素地质学、药物学、地震、肿瘤防治、环境污染测定、宇宙空间探索等科学技术领域中不可缺少的分离、分析、研究和生产的手段，可做定性、定量分析。

5. 酶分析法和免疫学分析法（生物化学分析检测法）

酶分析法和免疫学分析法属于生物化学检验的范畴。酶分析法是利用酶作为生物催化剂进行定性或定量的分析方法，它具有高效和专一的特征。在马铃薯质量检测中，酶分析法用于复杂的样品检验，该法具有抗干扰能力强、简便、快速、灵敏等优点。

免疫学分析法是利用抗原与抗体之间的特异性结合来进行检测的一种分析方法，在马铃薯质量检测中，可制成免疫亲和柱或试剂盒，用于马铃薯产品中微生物及毒素、农药残留的快速检测和病害检测。免疫学分析法主要有酶联免疫吸附测定（ELISA）、放射免疫测定（RIA，又称放射免疫技术）、免疫传感器以及荧光免疫测定技术等生物化学检验方法。

生物化学分析检测法还包括分子生物学技术等多种方法。此外，马铃薯质量检测中还有微生物分析法，微生物分析法是基于某些微生物生长需要特定的物质，据此测出该种物质含量的分析检测方法。

1.3.2　马铃薯质量检测的发展趋势

随着科学技术的快速发展，马铃薯分析检测采用的各种分离、分析技术和方法得到了不断地完善和更新，越来越多高灵敏度、高分辨率的分析仪器被应用于样品理化检验中。目前，在保证检测结果的精密度和准确度的前提下，马铃薯质量检测正朝着分析技术连续自动化、分析技术联用、痕量和超痕量分析技术、分析方法标准化、数据处理计算机化的方向发展。

近年来，许多先进的仪器分析方法如气相色谱法、高效液相色谱法、原子吸收光谱法、毛细管电泳法、紫外-可见分光光度法、荧光分光光度法以及电化学方法等已经在马铃薯理化检验中得到了泛应用。在我国颁布的食品卫生标准检验方法中，仪器分析方法所占的比例也越来越大，样品的前处理方面采用许多新颖的分离技术，如固相萃取、固相微萃取、加压溶剂萃取、超临界萃取以及微波消化等，较常规的前处理方法省时、省事，分离效率高。

现代分析与检测技术更加注重实用性和精确性，检测分析仪器是马铃薯质量分析与检测技术的重要载体。其实用性主要体现在：分析仪器从大型化向小型化、微型化发展；分析仪器向低能耗化、功能专用化、多维化、联用技术(是将两种或两种以上的分析仪器连接使用，以取长补短，充分发挥各自的优点)发展；分析仪器一体化，即形成一个从取样开始，包括预浓集、分离、测定、数据处理等工程一体化的系统；分析仪器成像化，即为了改变分析仪器以信号形式提供间接信息，需要标准物质进行校正，直观地成像。近年来，多种仪器联用技术已经用于食品中微量甚至痕量有机污染物以及多种有害元素等的同时检测，如动物性食品中多氯联苯、酱油及调味品中的氯丙醇、油炸食品中的多环芳烃和丙烯酰胺等的检测。

随着计算机技术的发展和普及，分析仪器自动化也成为马铃薯理化检测的重要发展方向之一。自动化和智能化的分析仪器可以进行检验程序的设计、优化和控制，实验数据的采集和处理，使检测工作大大简化，并能处理大量的例行检验样品。例如，蛋白质自动分析仪等可以在线进行样品的消化和测定。测定营养成分时，可以采用近红外自动测定仪。样品不需进行预处理，直接进样。通过计算机系统即可迅速给出样品中蛋白质、氨基酸、脂肪、碳水化合物、水分等成分的含量。装载了自动进样装置的大型分析仪器，可以昼夜自动完成检验任务。

近年来发展起来的多学科交叉技术——微全分析系统(miniaturized total analysis systems，μ-TAS)，可以实现化学反应、分离检测的整体微型化、高通量和自动化。过去需要在实验室中花费大量样品、试剂和长时间才能完成的分析检测，现在在几平方厘米的芯片上仅用 μL 或 nL 级的样品和试剂，以很短的时间(数十秒或数分钟)即可完成大量的检测工作。目前，DNA 芯片技术已经用于转基因食品的检测，以激光诱导荧光检测-毛细管电泳分离为核心的微流控芯片技术也将在理化检验中逐步得到应用。将会大大缩短分析时间和减少试剂用量，成为低消耗、低污染、低成本的绿色检验方法。

随着分析科学的不断发展，现代检测方法与技术也在不断改进，计算机视觉技术、现代仪器分析技术、电子传感检测技术、生物传感技术、核酸探针检测技术、PCR 基因扩增技术以及免疫学检测技术等的应用，将为马铃薯质量检测提供更加灵敏、快速、可靠的现代分离、分析技术。

1.4 马铃薯质量相关标准

质量是产品的生命，它关系到能否有效地进入国内外市场，创得高效益。提高产品质量的关键是抓好质量标准、质量管理和质量监督三项相互关联、相互依存、缺一不可的工作，只有这样才能保证产品质量建立在一个良性循环过程中。标准是衡量产品质量的技术依据，因此，依据标准对产品的质量实行监督对于提高质量十分重要。

标准是对重复性事物或概念所做的统一规定，它以科学、技术和实践经验的综合成果为基础，经有关方面协商一致，由主管机构批准，以特定方式发布，作为共同遵守的准则和依据。换句话说，标准就是为了在一定范围内获得最佳秩序，对活动或其结果规定共同的和重复使用的规则、导则或特性的文件。制定、发布及实施标准的活动过程称为标准化。标准化是为了获得最佳秩序和社会效益。

对任何物质进行定性定量分析都需要有相应的质量标准，标准是衡量产品质量的技术依据，因此依据标准对产品的质量实行监督对于提高产品质量、推动产品生产和流通十分重要。

1.4.1 食品质量标准及分类

在众多的质量监督检测部门开展检测工作时，制定和实施相应的分析标准是十分必要的。采用标准的分析方法、利用统一的技术手段才能使分析结果有权威性，便于比较与鉴别产品质量，为食品生产和流通领域标准化管理、国际贸易往来和国际经济技术合作有关的质量管理和质量标准提供统一的技术依据。这对促进技术进步、提高产品质量和经济效益、扩大对外贸易、提高标准化水平、促进我国食品事业的发展、保护消费者利益和保证食品贸易的公平进行，具有重要的意义。目前，对于食品生产的原辅材料及最终产品，已经制定出相应的国际和国内标准，并且在不断改进和完善。

根据使用范围的不同，食品质量标准可分为如下几类。

1. 国内标准

我国现行马铃薯质量标准按效力或标准的权限分为：国家标准、行业标准、地方标准和企业标准。每级产品标准对产品的质量、规格和检验方法都有规定。

(1)国家标准

国家标准是全国马铃薯行业必须共同遵守的统一标准，由国务院标准化行政主管部门制定，是国内四级标准体系中的主体，其他各级标准均不得与之相抵触。

国家标准又可分为强制性国家标准和推荐性国家标准。强制性标准是国家通过法律的形式，明确要求对于一些标准所规定的技术内容和要求必须执行，不允许以任何理由或方式违反和变更，对违反强制性标准的，国家将依法追究当事人的法律责任。强制性国家标准的代号为“GB”。

推荐性国家标准是国家鼓励自愿采用的具有指导作用，而又不宜强制执行的标准，即标准所规定的技术内容和要求具有普遍的指导作用，允许使用单位结合自己的实际情况，灵活选用。推荐性国家标准的代号为“GB/T”。

从 1964 年卫生部卫生防疫司编写《食品卫生检验方法》(初稿)以来，《中华人民共和国食品卫生检验方法(理化部分)》先后经过了 1978 年版、1985 年版和 1996 年版的 3 次修订(1985 年版正式予以国家标准编号)，奠定了我国食品卫生检验方法的基础。GB/T5009—2003《食品卫生检验方法(理化部分)》已由卫生部、国家标准化管理委员会(国标委)正式颁布，2004 年 1 月 1 日正式实施。该标准的实施对当前食品安全保障具有重要的意义，是贯彻执行《中华人民共和国食品卫生法》，防止化学物质通过污染和加工途径对人体健康造成危害，保障食品安全的重要手段，是食品安全监督的核心。

《食品卫生检验方法(理化部分)》GB/T 5009—2003 有标准编号 203 个，约 200 万字，是我国现有食品标准中涉及面最广、影响最大的标准。

(2)行业标准

行业标准是针对没有国家标准而又需要在全国行业范围内统一的技术要求而制定的。行业标准由国务院有关行政主管部门制定并发布，并报国务院标准化行政主管部门备案。行业标准是对国家标准的补充，是专业性、技术性较强的标准。

在公布相应的国家标准之后，该项行业标准即行废止。

行业性标准也分强制性行业标准和推荐性行业标准。行业标准的代号，依行业的不同而有所区别，国务院标准化行政管理部门已规定了 28 个行业标准代号，与食品工业相关的行业代号有：粮食 LS、林业 LY、农业 NY、水产 SC、烟草 YC、商业 SB、商检 SN、卫生 WS、化工 HB、环保 HJ、轻工业 QB 等，如轻工业行业，强制性行业标准代号为“QB”，推荐性行业标准代号为“QB/T”。

(3)地方标准

地方标准是指对没有国家标准和行业标准，而又需要在省、自治区、直辖市范围内统一食品工业产品的安全、卫生要求而制定的标准。

地方标准由省、自治区、直辖市标准化行政主管部门制定，并报国务院标准化行政主管部门和国务院有关行政主管部门备案。在公布国家标准或者行业标准之后，该项地方标准即行废止。强制性地方标准的代号为“DB/地方标准代号”。

(4)企业标准

企业标准是企业所制定的标准，以此作为组织生产的依据。企业的产品标准需报当地政府标准化行政主管部门和有关行政主管部门备案。已有国家标准或行业标准的，国家鼓励企业制定严于国家标准或行业标准的企业标准，在企业内部使用。企业标准代号为“Q”，某企业企业标准代号为“QB/企业代号”，企业代号可用汉语拼音字母或阿拉伯数字组成。

2. 国际标准

(1)CAC 标准

国际食品法典(codex)是由国际食品法典委员会(Codex Alimentarius Commission，CAC)组织制定的食品标准、准则和建议，是国际食品贸易中必须遵循的基本规则。CAC 是联合国粮农组织(FAO)和世界卫生组织(WHO)于 1962 年建立的协调各国政府间食品标准的国际组织，旨在通过建立国际政府组织之间以及非政府组织之间协调一致的农产品和食品标准体系，用于保护全球消费者的健康，促进国际农产品以及食品的公平贸易，协调制定国际食品法典。

CAC 现有包括中国在内的 167 个成员国，覆盖区域占全球人口的 98%。

食品法典体系让所有成员国都有机会参与国际食品/农产品标准的制修订和协调工作。进出口贸易额较大的发达国家和地区如美国、日本和欧盟积极主动地承担或参与了 CAC 各类标准的制修订工作。目前 CAC 标准已成为全球消费者、食品生产和加工者、各国食品管理机构和国际食品贸易重要的参照标准，也是世界贸易组织(WTO)认可的国际贸易仲裁依据。CAC 标准现已成为进入国际市场的通行证。

CAC 标准主要包括食品/农产品的产品标准、卫生或技术规范、农药/兽药残留限量标准、污染物准则、食品添加剂的评价标准等。CAC 系列标准已对食品生产加工者以及最终消费者的观念意识产生了巨大影响。食品生产者通过 CAC 国际标准来确保其在全球市场上的公平竞争地位；法规制定者和执行者将 CAC 标准作为其决策参考，制定政策改善和确保国内及进口食品的安全、卫生；采用了国际通用的 CAC 标准的食品和农产品能够增加消费者的信任，从而赢得更大的市场份额。

(2) AOAC 标准

美国官方分析化学师协会(Association of Official Analytical Chemists, AOAC)成立于 1884 年，为非营利性质的国际化行业协会，下设 11 个方法委员会，分别从事食物、饮料、药材、农产品、肥料、饲料、农药、化妆品、环境、卫生、毒物残留等方面的检验与标准分析方法的制定工作。

AOAC 被公认为全球分析方法校核(有效性评价)的领导者，它提供用以支持实验室质量保证(QA)的产品和服务，AOAC 在方法校核方面有长达 100 多年的经验，并为药品、食品行业提供了大量可靠、先进的分析方法，目前已被越来越多的国家所采用，作为标准方法。在现有 AOAC 方法库中存有 2800 多种经过认证的分析方法，均被作为世界公认的官方“金标准”。在长期的实践过程中，AOAC 于全球范围内同官方或非官方科学研究机构建立了广泛的合作和联系，在分析方法的认证和合作研究方面起到了总协调的作用。

食品安全标准是指为了对食品生产、加工、流通和消费食品链全过程中影响食品安全和质量的各种要素以及各环节进行控制和管理，经协商一致制定并由公认机构批准，共同使用的和重复使用的规范性文件。我国食品安全法规定：制定食品安全标准，应当以保障公众身体健康为宗旨，做到科学合理、安全可靠。

食品安全标准是强制执行的标准。除食品安全标准外，不得制定其他的食品强制性标准。食品安全国家标准由国务院卫生行政部门负责制定、公布，国务院标准化行政部门提供国家标准编号，食品中农药残留、兽药残留的限量规定及其检验方法与规程由国务院卫生行政部门、国务院农业行政部门制定。

食品安全标准有 8 项内容，分别是：

①食品、食品相关产品中的致病性微生物、农药残留、兽药残留、重金属、污染物质以及其他危害人体健康物质的限量规定；

②食品添加剂的品种、使用范围、用量；

③专供婴幼儿和其他特定人群的主辅食品的营养成分要求；

④对与食品安全、营养有关的标签、标志、说明书的要求；

⑤食品生产经营过程的卫生要求；

⑥与食品安全有关的质量要求；

⑦食品检验方法与规程；

⑧其他需要制定为食品安全标准的内容。

1.4.2　我国马铃薯全程质量标准体系

马铃薯产业的标准化是现代农业的重要特征，1982 年第一个马铃薯标准《马铃薯种薯生产技术操作规程》(GB3243—1982)，拉开了中国马铃薯标准化生产的序幕，经过 30 多年的发展，在众多科研、农业推广和质检等工作者的努力下，已经陆续出台了贯穿产业全程的一系列标准，初步形成了产前、产中、产后以及检测和配套农机等标准体系框架，使中国马铃薯逐渐从无序状态向规范化生产过渡，为马铃薯产业的发展提供了技术支持。

但是，马铃薯与其他作物有很大区别，由于无性繁殖和多病害的特征，标准在马铃薯生产中的地位突出，标准本身、标准的贯彻实施以及标准化生产体系建设和马铃薯水平的整体提高紧密相关。由于马铃薯产业涉及面广，标准化基础薄弱，马铃薯全程质量控制标准体系的建设还存在很多不足，保障标准实施的质量监控体系的建设还不成熟，完善这个体系的建设还是一个长期、系统的工程。

马铃薯质量标准是马铃薯质量分析检测及质量管理、质量监督的主要技术依据。目前我国正式颁布、现行有效的马铃薯国家标准、行业标准共 85 项(见表 1-2)，其中国家标准(QB)31 项，行业标准 54 项。行业标准涉及农业、商检、商业、轻工和粮食 5 个行业，其中农业标准(NY)28 项、商检标准(SN)20 项、商业标准(SB)4 项、轻工标准(QB)1 项、粮食标准(LS)1 项。

从产业技术角度分类，马铃薯质量标准涉及品种资源、生产技术、产地环境、设施设备、病虫害、产品质量、储藏流通和产后加工 8 大领域和环节。其中品种资源 5 项，生产技术(商品薯、脱毒苗、种薯)7 项，病虫害(检疫鉴定、监测预警、综合防治)39 项，设施设备 11 项(其中加工机械 1 项)，产品质量(商品薯、脱毒种薯质量分级、检测，转基因检测)9 项，储藏流通 6 项，产后加工 7 项，产地环境 1 项。生产技术、设施设备、病虫害、产品质量类标准集中度较高，贯穿于马铃薯产前、产中和产后(见表 1-3)。标准涉及的学科有农学、植保、生物技术、农机、化学和食品加工等，并运用了许多先进的技术方法如化学保护、分子生物学、生物学、血清学和显微技术等，这些先进技术从某种程度上反映了我国马铃薯标准体系的先进性。

表 1-2　　**我国马铃薯全程质量控制标准结构分析**

技术领域		国家标准(DB)	农业标准(NY)	商业标准(SB)	商检标准(SN)	轻工标准(QB)	粮食标准(LS)	合计 Total
产前	品种资源		5					5
	产地环境		1					
	设施设备	4	7					11
产中	生产技术	4	3					8
	病虫害	12	8		19			40
	产品质量	5	2		1		1	9

续表

技术领域		国家标准（DB）	农业标准（NY）	商业标准（SB）	商检标准（SN）	轻工标准（QB）	粮食标准（LS）	合计 Total
产后	储藏流通	3	1	2				5
	产后加工	3	1	2		1		7
合计		31	28	4	20	1	1	85

表 1-3　**我国马铃薯全程质量控制标准**

序号	标准号	标准名称	应用领域
1	GB/T 17980. 52-2000	农药 田间药效试验准则(一) 除草剂防治马铃薯地杂草	病虫害综合防治
2	GB/T 17980. 15-2000	农药 田间药效试验准则(一) 杀虫剂防治马铃薯等作物蚜虫	病虫害综合防治
3	GB/T 17980. 34-2000	农药 田间药效试验准则(一) 杀菌剂防治马铃薯晚疫病	病虫害综合防治
4	GB 7331-2003	马铃薯种薯产地检疫规程	病虫害检疫鉴定
5	GB/T 17980. 133-2004	农药 田间药效试验准则(二) 第 133 部分：马铃薯脱叶干燥剂试验	病虫害综合防治
6	GB/T 17980. 137-2004	农药 田间药效试验准则(二) 第 137 部分：马铃薯抑芽剂试验	病虫害综合防治
7	GB/T 6242-2006	种植机械 马铃薯种植机 试验方法	设施设备
8	GB/T 8884-2007	马铃薯淀粉	产后加工
9	GB/T 23620-2009	马铃薯甲虫疫情监测规程	病虫害监测预警
10	GB/T 3783-2009	方便粉丝	产后加工
11	GB/T24397-2009	螺旋挤压式多功能粉丝机	设施设备
12	GB/T 3587-2009	粉条	产后加工
13	GB/T 25417-2010	马铃薯种植机 技术条件	设施设备
14	GB 10395. 16-2010	农林机械 安全 第 16 部分：马铃薯收获机	设施设备
15	GB/T 25868-2010	早熟马铃薯 预冷和冷藏运输指南	储藏流通
16	GB/T 25872-2010	马铃薯 通风库储藏指南	储藏流通
17	GB/T24397-2009	螺旋挤压式多功能粉丝机	设施设备
18	GB/T 29379-2012	马铃薯脱毒种薯储藏、运输技术规程	储藏流通
19	GB/T 28660-2012	马铃薯种薯真实性和纯度鉴定 SSR 分子标记	产品质量
20	GB/T 29376-2012	马铃薯脱毒原原种繁育技术规程	生产技术
21	GB/T 29378-2012	马铃薯脱毒种薯生产技术规程	生产技术

续表

序号	标准号	标 准 名 称	应用领域
22	GB 18133-2012	马铃薯种薯	产品质量
23	GB/T 29375-2012	马铃薯脱毒试管苗繁育技术规程	生产技术
24	GB/T 28974-2012	马铃薯 A 病毒检疫鉴定方法 纳米颗粒增敏胶体金免疫层析法	病虫害检疫鉴定
25	GB/T 28978-2012	马铃薯环腐病菌检疫鉴定方法	病虫害检疫鉴定
26	GB/T 29377-2012	马铃薯脱毒种薯级别与检验规程	产品质量
27	GB/T 31753-2015	马铃薯商品薯生产技术规程	生产技术
28	GB/T 31575-2015	马铃薯商品薯质量追溯体系的建立与实施规程	产品质量
29	GB/T 31784-2015	马铃薯商品薯分级与检验规程	产品质量
30	GB/T 31806-2015	马铃薯 V 病毒检疫鉴定方法	病虫害检疫鉴定
31	GB/T 31790-2015	马铃薯纺锤块茎类病毒检疫鉴定方法	病虫害检疫鉴定
32	NY/T 401-2000	脱毒马铃薯种薯(苗)病毒检测技术规程	病虫害检疫鉴定
33	NY/T 5222-2004	无公害食品 马铃薯生产技术规程	生产技术
34	NY/T 1039-2006	绿色食品 淀粉及淀粉制品	产后加工
35	NY/T 1130-2006	马铃薯收获机械	设施设备
36	NY/T 990-2006	马铃薯种植机械 作业质量	设施设备
37	NY/T 1212-2006	马铃薯脱毒种薯繁育技术规程(马铃薯脱毒技术规程、脱毒马铃薯基础种薯生产技术规程)	生产技术
38	NY/T 1303-2007	农作物种质资源鉴定技术规程 马铃薯	品种资源
39	NY/T 1415-2007	马铃薯种植机质量评价技术规范	设施设备
40	NY/T 1489-2007	农作物品种试验技术规程 马铃薯	品种资源
41	NY/T 1490-2007	农作物品种审定规范 马铃薯	品种资源
42	NY/T 1605-2008	加工用马铃薯 油炸	产品质量
43	NY/T 1606-2008	马铃薯种薯生产技术操作规程	生产技术
44	NY/T 1783-2009	马铃薯晚疫病防治技术规范	病虫害检疫鉴定
45	NY/T 1854-2010	马铃薯晚疫病测报技术规范	病虫害检疫鉴定
46	NY/T 1962-2010	马铃薯纺锤块茎类病毒检测	病虫害检疫鉴定
47	NY/T 1963-2010	马铃薯品种鉴定	品种资源
48	NY/T 2164-2012	马铃薯脱毒种薯繁育基地建设标准	产地环境
49	NY/T 2179-2012	农作物优异种质资源评价规范 马铃薯	品种资源
50	NY/T 2210-2012	马铃薯辐照抑制发芽技术规范	储藏流通

续表

序号	标准号	标 准 名 称	应用领域
51	NY/T 1464. 42-2012	农药 田间药效试验准则第 42 部分：杀虫剂防治马铃薯二十八星瓢虫	病虫害综合防治
52	NY/T 2383-2013	马铃薯主要病虫害防治技术规程	病虫害综合防治
53	NY/T 2462-2013	马铃薯机械化收获作业技术规范	设施设备
54	NY/T 2464-2013	马铃薯收获机作业质量	设施设备
55	NY/T 2678-2015	马铃薯 6 种病毒的检测	病虫害检疫鉴定
56	NY/T 2706-2015	马铃薯打秧机 质量评价技术规范	设施设备
57	NY/T 2716-2015	马铃薯原原种等级规格	产品质量
58	NY/T 2744-2015	马铃薯纺锤块茎类病毒检测 核酸斑点杂交法	病虫害检疫鉴定
59	NY/T 648-2015	马铃薯收获机 质量评价技术规范	设施设备
60	SN/T 135. 11-2013	马铃薯皮斑病菌检疫鉴定方法	病虫害检疫鉴定
61	SN/T 1135. 1-2002	马铃薯癌肿病检疫鉴定方法	病虫害检疫鉴定
62	SN/T 1135. 2-2003	马铃薯黄化矮缩病毒检疫鉴定方法	病虫害检疫鉴定
63	SN/T 1135. 3-2003	马铃薯帚顶病毒检疫鉴定方法	病虫害检疫鉴定
64	SN/T 1135. 4-2006	马铃薯黑粉病菌检疫鉴定方法	病虫害检疫鉴定
65	SN/T 1135. 5-2007	马铃薯环腐病菌检疫鉴定方法	病虫害检疫鉴定
66	SN/T 1135. 6-2008	马铃薯绯腐病菌检疫鉴定方法	病虫害检疫鉴定
67	SN/T 1135. 7-2009	马铃薯 A 病毒检疫鉴定方法	病虫害检疫鉴定
68	SN/T 1135. 8-2009	马铃薯坏疽病菌检疫鉴定方法	病虫害检疫鉴定
69	SN/T 1135. 9-2010	马铃薯青枯病菌检疫鉴定方法	病虫害检疫鉴定
70	SN/T 1135. 10-2013	马铃薯 V 病毒检疫鉴定方法	病虫害检疫鉴定
71	SN/T 1178-2003	植物检疫 马铃薯甲虫检疫鉴定方法	病虫害检疫鉴定
72	SN/T 1198-2013	转基因成分检测　马铃薯检测方法	产品质量
73	SN/T 1723. 1-2006	马铃薯白线虫检疫鉴定方法	病虫害检疫鉴定
74	SN/T 1723. 2-2006	马铃薯金线虫检疫鉴定方法	病虫害检疫鉴定
75	SN/T 2481-2010	进境马铃薯种薯检疫操作规程	病虫害检疫鉴定
76	SN/T 2482-2010	马铃薯丛枝植原体检疫鉴定方法	病虫害检疫鉴定
77	SN/T 2627-2010	马铃薯卷叶病毒检疫鉴定方法	病虫害检疫鉴定
78	SN/T 2729-2010	马铃薯炭疽病菌检疫鉴定方法	病虫害检疫鉴定
79	SN/T 3437-2012	马铃薯纺锤块茎类病毒检疫鉴定方法	病虫害检疫鉴定
80	SB/T 10577-2010	鲜食马铃薯流通规范	储藏流通
81	SB/T 10631-2011	马铃薯冷冻薯条	产后加工

续表

序号	标准号	标 准 名 称	应用领域
82	SB/T 10752-2012	马铃薯雪花全粉	产后加工
83	SB/T 10968-2013	加工用马铃薯流通规范	储藏流通
84	QB/T 2686-2005	马铃薯片	产后加工
85	LS/T 3106-1985	马铃薯(土豆、洋芋)	产品质量

第2章 马铃薯质量检测基础知识

马铃薯质量检测是一项专业性极强的工作，要求检测人员具备扎实的实验室基础知识，较强的实验室操作能力、仪器设备使用能力、处理和检测能力、数据处理和分析能力。应大力提高检测人员的专业知识和技术水平，从而提高工作效率，确保检测结果的正确和真实，为马铃薯生产加工的科学管理提供技术支持。

2.1 马铃薯检测实验室基本知识

2.1.1 实验方法选择

样品中待测成分的分析方法很多，如何选择合适的分析方法需要进行周密考虑，以达到实验检测的目的。凡有国家标准检测方法的检测项目，应使用国标方法进行检验。在国家标准测定方法中同一检验项目如果有两个或两个以上检验方法时，各实验室可根据所具备的不同条件选择使用，但应以第一法为仲裁法。在无相应的国家标准检测方法的情况下，可使用其他来源的检测方法，如行业标准、地方标准、企业标准规定的方法，专业杂志和书籍中的方法，实验室自行建立的方法等，但使用前应进行方法的确认或验证。标准方法中根据适用范围设几个并列方法时，要依据适用范围选择适宜的方法。测定时应考虑以下几个方面的内容。

1. 检测要求的准确度和精密度

不同的检测方法，其灵敏度、选择性、准确度、精密度各不相同，要根据生产和科研工作对检测结果的准确度、精密度要求来选择适合的检测方法。

2. 检测方法的繁简和速度

不同的检测方法，操作步骤的繁简程度和所需时间不同，每次的检测费用也不相同。应根据待测样品的数目和要求、取得检测结果的时间等来选择适当的检测方法。同一样品需要测定几种成分时，应尽可能选择能用一份样品处理液同时测定这几种成分的方法，达到快速、简便的目的。

3. 样品的特性

不同类型样品的待测成分的形态、含量不同，样品中可能存在的干扰物质和其含量不同，样品的溶解或待测成分的提取难易程度也不同。在实际测定过程要根据样品的具体特性选择制备待测液、定量待测成分和确定消除干扰的方法。

4. 现有条件

由于分析实验的条件不尽相同，测定的方法可能有几种。测定时应根据实验条件和要求选择适合的测定方法。

在样品的实际检测过程中，应根据国家或部门对该样品测定标准的要求和方法，在满足精密度、准确度、灵敏度和自身实验条件的基础上，选择适合的检测方法，并选用行业较通用的方法，便于对比。

2.1.2　一般要求

1. 称取

称取是指用天平进行的称量操作，其精度要求用数值的有效数位表示，如“称取20.0g……”是指称量的精密度为±0.1g；“称取20.00g……”是指称量的精密度为±0.01g。

2. 准确称取

准确称取是指用精密天平进行的称量操作，其精度为±0.0001g，但称取量可接近所要求的数值(不超过所要求数值的±10%)。

3. 恒量(恒重)

恒量是指在规定的条件下，供试样品连续两次干燥或灼烧后称定的质量差不超过规定的范围。

4. 量取

量取是指用量筒或量杯取液态物质的操作，其精度要求用数值的有效数位表示。

5. 吸取

吸取是指用移液管、刻度吸量管取液态物质的操作，其精度要求用数值有效数位表示。

6. 空白试验

空白试验是指除不加样品外，采用完全相同的分析步骤、试剂和用量(滴定法中标准滴定液的用量除外)进行平行操作所得的结果。空白试验用于扣除样品中试剂本身和计算检验方法的检出限。

2.1.3　试剂要求

1. 标准物质的选择及应用

(1)标准物质的分级

实验室常用的标准物质一般有基准物质、一级标准物质和二级标准物质等。基准物质是可以通过基准装置，基本方法直接将量值溯源至国家标准的一类化学纯物质，用于化学成分量值的溯源与复现。一级标准物质(GBW)准确度具有国内最高水平，主要用于评价标准方法；作仲裁分析的标准，为二级标准物质定值，是量值传递的依据。二级标准物质用于一级标准物质进行比较测量的方法或一级标准物质的定值方法定值，可作为工作标准直接使用，已批准的国家一级标准物质有1093种(其中含基准物质108种)，二级标准物质1122种，它们包括纯物质、固体、气体和水溶液的标准物质。

(2)标准物质的用途

①校准仪器。常用的光谱、色谱等仪器在使用前需要使用标准物质对仪器进行检定，检查仪器的各项指标，如灵敏度、分辨率、稳定性等是否达到要求。在使用这些仪器时，用标准物质绘制标准曲线来校准仪器，可以测试过程中修正分析结果。.

②评价方法。用标准物质考查一些分析方法的可靠性。

③质量控制。分析过程中同时分析控制样品，通过控制样品的分析结果考查操作过程的正确性。

(3)标准物质的使用

标准样品的使用应以保证测量的可靠性为原则，在使用时应当考虑标准物质的供应量、相关费用、可获得性及相关测量技术。在化学分析中不正确地使用标准物质，会影响检测结果的准确性。标准物质使用者应从国家质量技术监督局颁布的"标准物质目录"中选择与预期应用测量量值水平相适应的标准物质。

所选标准物质的基体组成与被测样品的基体组成一致或尽可能接近，所测成分的含量也应尽可能相同或接近。同时还要注意标准物质的形态。是固态、液态还是气态，是测试片还是粉末，是方的还是圆的。使用者在使用标准物质前应全面、仔细地阅读标准物质证书，详细了解该标准物质的制备、性质、量值、用途、定值测量方法、定值日期以及最小取样量，避免误量，保证测量结果的准确、可靠。在实际操作中，标准物质与被测样品应使用同一台仪器、同一种方法，并在同样的环境条件中进行测量，以保证测量结果的一致性，避免系统误差。所选的标准物质稳定性和数量应满足整个实验计划的需要，已超过稳定期的标准物质不能使用。

①有效期。标准物质的研制者将在规定的储存条件下，经稳定性试验证明特性值稳定的时间间隔作为标准物质的有效期。稳定性试验只能说明已经试验的这段时间是稳定的。超过有效期的稳定情况不能确定。资料显示有些标样的稳定性远远超过标称的有效期。如冶金标样中一些金属元素的稳定性长达 20 年之久，而有些非金属元素如硫等元素随时间的推移、受保管储存条件的影响，其特性量值呈缓慢下降的趋势。有些标准物质极易变化，如八氯二苯醚标准溶液的色谱图在 3 个月内就有明显的变化。大部分化学分析用标样是需要配制后使用的，即便是严格按说明书配制和使用，制备过程、使用的介质(溶剂)的种类和浓度对标准工作液的稳定性都是有影响的。实际工作中应当注意监测标准物质的变化情况，注意收集相关信息、积累经验。

②不确定度。不确定度是被测量之值的分散性。不同的标准物质其定值特性的不确定度也不同，其定值特性的合成不确定度可能来自于标准样品的不均匀性、定值方法的不确定度、实验室内和实验时间的不确定度。在选择标准物质时应当考虑到预期分析结果要求的不确定度水平。标准样品的不确定度水平相对于分析结果要求的不确定度水平可以忽略不计。除生产者确定的不确定度外，标准样品的不同处理过程也会影响分析结果的不确定度，如标准物质与分析样品基体之间有差异时，当使用标准样品定值方法不同的分析方法，其不确定性与生产者提供的可能会有差异。并不是标准物质的不确定度越小越好，还应当考虑供应状况、成本、预期使用的化学适用性和物理适用性。当分析结果的不确定度很大时，可以选用不确定度较大的标准物质，以降低分析成本。

③溯源性。溯源性是通过一条具有规定不确定度的不间断的比较链，使测量结果能够与规定的参考标准(通常是国家计量标准或国际计量标准)联系起来的特性。

中国实验室国家认可委员会(JAI)要求实验室使用标准物质进行测量时，只要有可能，标准物质必须追溯至 SI 测量单位或有证标准物质，JAI 承认经国务院计量行政部门批准机构提供的有证标准物质。很多化学分析结果是靠标准物质来溯源的。实验室在选购标准物质时应注意该标准物质证书是否能够证明其对国家计量基准的溯源性。一些标准物质不能提供证书溯源到国家基准，如有些大型仪器设备随机带的用于标准化的标样；还有些标准物质的证书不能溯源到要求的计量基准(国家计量标准或国际计量标准)，如有些进口设备随机带的标样的证书无法证明其溯源性。还有些标准物质由于与待测样品的物理化学特性不同，如块状与粒状、固体与液体、基体不完全匹配等，虽然标准物质的溯源性能够达到要求，但分析结果的溯源性会受到影响。在有些分析过程中，标准物质的溯源性并不是很重要，例如用回收率考查某一分析方法的准确性。

(4)标准物质的管理

ISO 17025-2005(《检测和校准实验室能力认可标准》)有关标准物质的规定：实验室需有参考标准的校准计划和程序；必须有参考标准和标准物质的安全处置、运输、储存和使用程序，以防止污染或损坏，并保护其完整性；只要有可能，标准物质须能溯源到 SI 测量单位或有证标准物质；必须按照规定的程序和计划对标准物质进行检查，以保证其校准状态的置信度。

2. 试剂要求

(1)无机分析试剂(inorganic analytical reagent)

无机分析试剂是用于化学分析的常用的无机化学物品，其纯度比工业品高，杂质少。

(2)有机分析试剂(organic reagents for inorganic analysis)

有机分析试剂是指在无机物分析中供元素的测定、分离、富集用的沉淀剂、萃取剂、螯合剂以及指示剂等专用的有机化合物，而不是指一般的溶剂、有机酸和有机碱等。这些有机试剂必须要具有较好的灵敏度和选择性。随着分析化学和化学工业的发展，将会研制出灵敏度和选择性更好的这类试剂，如 1967 年以来出现的对一些金属(如碱金属、碱土金属)及铵离子具有配位能力的冠醚(crown ether)类化合物。

(3)基准试剂(primary standards)

基准试剂是纯度高、杂质少、稳定性好、化学组分恒定的化合物。在基准试剂中有容量分析、pH 值测定、热值测定等分类。每一分类中均有第一基准和工作基准之分。凡第一基准都必须由国家计量科学院检定、生产单位则利用第一基准作为工作基准产品的测定标准。目前，商业经营的基准试剂主要是指容量分析类中的容量分析工作基准(含量范围为 99.95%~100.05%(重量滴定))，一般用于标定滴定液。

(4)标准物质(standard substance)

标准物质是用于化学分析、仪器分析中作对比的化学物品，或是用于校准仪器的化学品。其化学组分、含量、理化性质及所含杂质必须已知，并符合规定或得到公认。

(5)微量分析试剂(micro-analytical reagent)

微量分析试剂是适用于被测定物质的许可量仅为常量百分之一(重量为 1~15mg，体积为 0.01~2mL)的微量分析用的试剂。

(6)有机分析标准品(organic analytical standards)

有机分析标准品是测定有机化合物的组分和结构时作对比的化学试剂。其组分必须精确已知，也可用于微量分析。

(7)农药分析标准品(pesticide analytical standards)

农药分析标准品适用于气相色谱法分析农药或测定农药残留时作对比物品。其含量要求精确，有由微量单一农药配制的溶液，也有多种农药配制的混合溶液。

(8)指示剂(indicator)

指示剂是指因某些物质存在的影响而改变自己颜色的物质。指示剂主要用于容量分析中指示滴定的终点，一般可分为酸碱指示剂、氧化还原指示剂、吸附指示剂等。指示剂除分析外，也可用来检验气体或溶液中某些有毒有害物质的存在。

(9)试纸(test paper)

试纸是浸过指示剂或试剂溶液的小干纸片，用以检验溶液中某种化合物、元素或离子的存在，也有用于医疗诊断。

(10)仪器分析试剂(instrumental analytical reagents)

仪器分析试剂是利用根据物理、化学或物理化学原理设计的特殊仪器进行试样分析的过程中所用的试剂。原子吸收光谱标准品是在利用原子吸收光谱法进行试样分析时作为标准用的试剂。

(11)色谱用试剂(for chromatography)

色谱用试剂是指用于气相色谱、液相色谱、薄层色谱、柱色谱等分析法中的试剂和材料，有固定液、担体、溶剂等。

(12)电子显微镜用试剂(for electron microscopy)

电子显微镜用试剂是在生物学、医学等领域利用电子显微镜进行研究工作时所用固定剂、包埋剂、染色剂等。

(13)核磁共振测定溶剂(solvent for NMR spectroscopy)

核磁共振测定溶剂主要是氘代溶剂(又称重氢试剂或氘代试剂)，是在有机溶剂结构中的氢被氘(重氢)所取代了的溶剂。在核磁共振分析中，氘代溶剂可以不显峰，对样品作氢谱分析不产生干扰。

(14)极谱用试剂(for polarography)

极谱用试剂是指在用极谱法做定量分析和定性分析时所需要的试剂。

(15)光谱纯试剂(spectrography)

光谱纯试剂通常是指经发射光谱法分析过的、纯度较高的试剂。

(16)分光纯试剂(spectrophotometric pure)

分光纯试剂是指使用分光光度分析法时所用的溶液，有一定的波长透过率，用于定性分析和定量分析。

(17)生化试剂(biochemical reagent)

生化试剂是指有关生命科学研究的生物材料或有机化合物，以及临床诊断、医学研究用的试剂。由于生命科学面广、发展快，因此该类试剂品种繁多、性质复杂。

有关说明：①理化检验所用试剂除特别注明外，一般为分析纯试剂；②水除特殊注明外，一般是指蒸馏水或去离子水；③未指明溶液用何种溶剂配制时，均指水溶液；④乙醇除特别注明外，均是指95%(体积分数)的乙醇；⑤检验常用酸碱试剂有盐酸、硫酸、硝酸、磷酸、氨水等，若未指明浓度均指市售试剂规格的浓度；⑥液体的滴，系指蒸馏水自标准滴管流下的一滴的量，在20℃时20滴相当于1.0mL。

2.1.4 配制溶液的要求

①配制溶液时所使用的试剂和溶剂的纯度应符合分析项目的要求。

②一般试剂用硬质玻璃瓶存放，碱液和金属溶液用聚乙烯瓶存放，需避光试剂贮于棕色瓶中。

2.1.5　溶液浓度的基本表示方法

溶液浓度一般是指在一定量的溶液中所含溶质的量。常用的溶液浓度表示方法如下：

1. 质量分数(%)

质量分数是指溶质的质量与溶液的质量之比,%(m/m)，可以用符号 $\omega(B)$ 表示，B 代表溶质。如 $\omega(NaOH)=0.12$；也可以用"百分数"表示，即 $\omega(NaOH)=37\%$，表示 100g 溶液中含有 37g 的氢氧化钠。市售的浓酸、浓碱多采用这种方法表示浓度。如果分子和分母的质量单位不同，则质量分数应加上单位，如 mg/g、μg/g、ng/g(1μg=1000ng)。

2. 体积分数(%)

体积分数是指在相同的温度和压力下，溶质的体积与溶液的体积之比,%(V/V)，可以用符号 φ(B)表示，B 代表溶质，如 φ(乙醇)=0.46；也可以用"百分数"表示，即 φ(乙醇)=46%，表示 100mL 溶液中含有 46mL 的无水乙醇。将原装液体试剂稀释时，采用这种浓度表示方法。

3. 质量浓度(g/L)

质量浓度是指溶质的质量与溶液的体积之比，可以用符号 $\rho(B)$ 表示。B 代表溶质。如 $\rho(NaOH)$= 12g/L，指在 1L 溶液中含有 12g 氢氧化钠。当浓度很稀时，可用 mg/L、ug/L、ng/L 表示。

4. 比例浓度

比例浓度是指各组分的体积比。如正丁醇：氨水：无水乙醇=7：1：2，指 7 体积正丁醇、1 体积氨水和 2 体积无水乙醇混合而成的溶液。

5. 物质的量浓度(mol/L)

物质的量浓度是指溶质的物质的量与溶液的体积之比，可以用符号 $c(B)$ 表示，B 代表溶质的基本单元。如 $c(HCl)$= 0.100mol/L，表示 1L 盐酸溶液中含有 0.100mo1 的 HCl。

6. 滴定度(g/mL)

滴定度是指 1mL 标准溶液相当于被测物的质量，可以用 $T(B/x)$ 表示，B 代表滴定液(标准溶液)的化学式，x 代表被测物的化学式。如 $T(HCl/NaHCO_3)$= 0.1234g/mL，表示 1mL 盐酸标准溶液相当于 0.1234g 碳酸氢钠。

如果溶液由另一种特定溶液稀释配制，应按照下列惯例表示：

①"稀释 $V_1 \rightarrow V_2$"表示：将体积为 V_1 的特定溶液以某种方式稀释，最终混合物的总体积为 V_2；

②"稀释 V_1+V_2"表示：将体积为 V_1 的特定溶液加到体积为 V_2 的溶液中，如(1+1)、(2+5)等。

2.1.6　单位表示

一般温度以摄氏度表示，写作℃；或以开氏度表示，写作 K(开氏度 = 摄氏度 + 273.15)。

压力单位为帕斯卡，符号为 Pa(kPa、MPa)，压力单位的换算如下：

1atm(标准大气压)= 760mmHg = 101325Pa = 101. 325kPa = 0. 101325MPa

2.1.7 设备要求

1. 玻璃量器

①检验方法中所使用的滴定管、移液管、容量瓶、刻度吸管、比色管等玻璃量器均应按国家有关规定及规程进行校正。

②玻璃量器和玻璃器皿须经彻底洗净后才能使用，洗涤方法和洗涤液配制见有关标准。

2. 控温设备

检验方法所使用的马弗炉、恒温干燥箱、恒温水浴锅等均应按国家有关规程进行测试和校正。

3. 测量仪器

天平、酸度计、温度计、分光光度计、色谱仪等均应按国家有关规程进行测试和校正。检验方法中所列仪器为该方法所需要的主要仪器，一般实验室常用仪器不再列入。

2.2 马铃薯实验数据处理

2.2.1 实验数据处理

1. 有效数字的运算规则

实验室检测中直接或间接的结果，一般都会用数字表示，但这个数字与数学中的"数"不同，其计算与取舍必须遵循有效数字的运算规则及数字的修约规则。

有效数字：在分析工作中，由于测量仪器有一定精度，因此，表示结果数字的位数应该与此精度相适应，太多会使人误认为测量准确度很高，太少则会降低准确度。在一个计量数字中，只应保留一位不准确数字，其余数字均为准确数字，称此时所记的每一位数字均为有效数字。一般记录数值的最后一位数字是可疑数，倒数第二位是可靠数，可疑数以后即为无意义数。

除有特殊规定外，一般可疑数表示末位 1 个单位的误差。进行复杂运算时，中间过程要多保留一位有效数，最后结果对应有位数。记录测量数值时只保留一位可疑数字，多余的数字应按舍弃原则一律弃去。在计算数字时则应依照下列基本法则，一方面可以节省时间，同时又避免因计算过程过繁而引起错误。

(1)加减法

当几个数据相加或相减时，它们的和或差，小数点后位数的保留，应依小数点后位数最少的数字为依据。例如，将 13. 65+0. 0082+1. 632 三数相加，在运算前先确定小数点后应保留的位数，然后再做计算，故为 13. 65+0. 01+1. 63 = 14. 29。

(2)乘除法

在乘除法中，各因子所保留的位数，以有效数字最少的为依据。例如，在 0. 0121×25. 64×1. 05782 中，第一个数值的有效数字最少，故应以此数值为标准，确定其他数值的有效数字位数则为 0. 0121×25. 64×1. 06 = 0. 3289。

(3)计算平均数

若有≥4 个数相平均，均数的有效数字可以增加一位。平均数的有效数字的位数还取决于样品的变化，可根据 1/3 标准差而定。例如，(3615.2±920.8)g，标准差超于 900g，1/3 也有 300g，则平均值必然波动在百位数，十位数以下即无意义，故应写成(3.6±0.9)kg。

(4)计算有效数字

若第一位大于 8，则有效数字可增加一位。例如，84 虽然只有二位数，但在计算有效数字时，可以做三位计算。

2. 数字的修约规则

当分析结果由于计算或其他原因导致位数较多时，可根据“小于 5 则舍，大于 5 则入，遇 5 时则按前一位数奇进偶舍”的原则处理。从而用位数适度的有效数字表示结果。数字的修约规则一般称为“四舍六入五成双”法则，可以概括为：“四舍六入五考虑，五后非零则进一，五后皆零视奇偶，五前为偶应舍去，五前为奇则进一”，具体要求如下：

(1)末位有效数字后边的第一位数字小于 5

在拟舍弃的数字中，若左边第一个数字小于 5(不包括 5)时，则舍去不计，即所拟保留的末尾数字不变。例如，将 15.2321 修约到保留一位小数，修约后为 15.2。

(2)末位有效数字后边的第一位数字大于 5

在拟舍弃的数字中，若左边第一个数字大于 5(不包括 5)时，则进一，即所拟保留的末尾数字加 1。例如，将 26.4844 修约到保留一位小数，修约后为 26.5。

(3)末位有效数字后边的第一位数字等于 5

①在拟舍弃的数字中，若左边第一个数字等于 5，而其右边的数字并非全部为零时，则进一，即所拟保留的末尾数字加 1。例如，将 2.0544 修约到保留一位小数，修约后为 2.1。

②在拟舍弃的数字中，若左边第一个数字等于 5，而其右边的数字全部为零时，所保留的末尾数字为奇数则进一，为偶数(包括 0)则不变。例如，对 27.0249 取四位有效数字时，结果为 27.02；取五位有效数字时，结果为 27.025。例如，将 27.025 和 27.035 取为四位有效数字时，则分别为 27.02 和 27.04。又如，将 0.6500、0.3500、1.0500 修约到保留一位小数，修约后分别为 0.6、0.4、1.0。

(4)对于被修约数字需舍弃两位位数以上时

在拟舍弃的数字中，若为两位以上数字时，不得连续多次修约，应根据所拟舍弃数字中左边第一位数字的大小，按上述规定一次修约，得出结果。例如，将 15.4546 修约成整数，因为拟舍弃的 4 个数中，左边第一位数是 4，按规则应将它弃去不计，另外 3 位数字 546 也随之消去，因此正确的修约结果为 15。而不正确的做法为：15.4546→15.455→15.46→15.5→16。

在样品分析和数字计算中，需要确定该用几位数字来代表测量或计算的结果才算合理。为了便于掌握记录和计算数字的一般原则，现就有关事项做一简要说明。

在一项数字中，列于数字中间或末端的“0”都是有效数字。例如，502.3 与 53.20 都是四位有效数字，但在数字之前的“0”是用来确定小数点的位置，不是有效数字。例如，0.0053 只有两位有效数字。

任何测量数据，其有效数字必须根据所用测量仪器及方法的精确度来决定。用万分之一分析天平称量时可以准确地计算到小数点后第三位，第四位是估计值可能有±1的误差，故为可疑数。例如：万分之一天平称量，试样为0.5183g。如果这一试样用普通的台秤称量，台秤只能准确到小数点后的第一位，保留小数点后两位就可以了，应该是0.52g，有效数字是两位，若记录为0.5200就不对了。还要区别数字的准确度和精密度的意义。一个数字的准确度是指这个数所含有效数字的个数。一个数字的精密度指最后一个有效数字对于零的位置。例如，205.8的准确度是四位有效数字，5.2与0.0052都准确到两位数字，5.2精密到一位小数，而0.0052精密到四位小数，准确度与小数点的位置无关，而精密度则由小数点的位置决定。

平行样品的测定，其结果报告算术平均值。进行结果表述时，测定的有效数字的位数一般应满足卫生标准的要求，甚至高于卫生指标的要求，即报告的结果比卫生标准的要求多一位有效数。例如，铅含量的卫生标准为1mg/kg，报告值为1.0mg/kg。样品测定值的单位应与卫生标准一致，常用单位有：g/kg、g/L、mg/kg、mg/L、μg/kg、μg/L等。计量单位应为中华人民共和国法定计量单位。

3. 可疑数据的取舍

与正常数据不是来自同一分布总体、明显歪曲试验结果的测量数据，称为离群数据。如果可能会歪曲试验结果，但尚未经检验断定其是离群数据的测量数据，称为可疑数据。在数据处理时，必须剔除离群数据以使测定结果更符合客观实际。正确数据总有一定分散性，如果人为地删去一些误差较大但并非离群的测量数据，由此得到精密度很高的测量结果，必须遵循一定的原则。

(1) Q 检验法

①将各数据按递增顺序排列：x_1，x_2，…，x_n。

②求出最大值与最小值之差 x_n-x_1 以及可疑数据与相邻数据的差值。

③按下式求出 Q：

$$Q = \frac{x_2 - x_1}{x_n - x_1} \text{或} Q = \frac{x_n - x_{n-1}}{x_n - x_1}$$

④根据测定次数 n 和要求的置信度(如90%)查 Q_{pn} 值表(见表2-1)，得出 $Q_{0.90}$。若 $Q \geqslant Q_{0.90}$，则弃去可疑值，否则应予保留。此法运算简单，符合统计性，但只适用于3~10次有测定。

表2-1　　不同置信度下舍弃可疑数据的 Q_{pn} 值表

测定次数/n	$Q_{0.90}$	$Q_{0.95}$	$Q_{0.99}$
3	0.90	0.97	0.99
4	0.76	0.84	0.93
5	0.64	0.73	0.82
6	0.56	0.64	0.74
7	0.51	0.59	0.68

续表

测定次数/n	$Q_{0.90}$	$Q_{0.95}$	$Q_{0.99}$
8	0.47	0.54	0.63
9	0.44	0.51	0.60
10	0.41	0.49	0.57

例2.1　测得数据40.02，40.12，40.16，40.15，40.15，40.20。对40.02用Q检验法进行检验。

解：

$$Q = \frac{x_2 - x_1}{x_n - x_1} = \frac{40.12 - 40.02}{40.20 - 40.02} = 0.56$$

查附录2，$Q_{0.90}=0.56$，则$Q=Q_{0.90}$。因此，可将40.02弃去。

(2)Cochran检验法

Cochran检验法是一种精密度检验法，可以用来剔除多组数据中精密度较差的数据组。l组测定值，每组n次测定值的标准偏差分别为S_1，S_2，…，S_n。这个标准偏差中最大者记为S_{max}，计算统计量为C，则

$$C = \frac{S_{max}^2}{\sum_{i=1}^{l} S_i^2}$$

根据l和n可由Cochran最大方差检验临界值C_r值表(略)查得临界值$C_{0.05}$。当C值大于表中给定的临界值$C_{0.05}$时，S_{max}为离群方差，表明该组数据精密度太差，应予剔除；否则，应予保留。

(3)狄克逊(Dixon)检验法

狄克逊检验法适用于一组测量值的一致性和剔除离群值。该方法对最小可疑值和最大可疑值进行检验的公式因样本的容量(n)而异，检验方法如下：

①将一组测量数据按递增顺序排列为x_1，x_2，…，x_n，其中x_1和x_n分别为最小可疑值和最大可疑值。

②按表2-2计算式求Q值：

表2-2　**狄克逊(Dixon)检验法统计量**

n值范围	可疑数据为最小值x_1时	可疑数据为最大值x_n时	n值范围	可疑数据为最小值x_1时	可疑数据为最大值x_n时
3~7	$Q = \frac{x_2 - x_1}{x_n - x_1}$	$Q = \frac{x_n - x_{n-1}}{x_n - x_1}$	11~13	$Q = \frac{x_3 - x_1}{x_{n-1} - x_1}$	$Q = \frac{x_n - x_{n-2}}{x_n - x_2}$
8~10	$Q = \frac{x_2 - x_1}{x_{n-1} - x_1}$	$Q = \frac{x_n - x_{n-1}}{x_n - x_2}$	14~25	$Q = \frac{x_3 - x_1}{x_{n-2} - x_1}$	$Q = \frac{x_n - x_{n-2}}{x_n - x_3}$

③根据给定的显著性水平(a)和样本容量(n)，从狄克逊检验临界值 Q_n 表(略)可查得临界值(Q_a)。

④若 $Q \leqslant Q_{0.05}$，则可疑值为正常值；若 $Q_{0.05}<Q \leqslant Q_{0.01}$，则可疑值为偏离值；若 $Q>Q_{0.01}$，则可疑值为离群值。

例 2.2　一组测量值从小到大顺序排列为：0.220，0.223，0.236，0.284，0.303，0.478。检验最大值 0.478 是否为离群值。

解：$n=7$，按下式计算 Q 值：

$$Q=\frac{x_2-x_1}{x_n-x_1}=\frac{0.478-0.310}{0.478-0.220}=0.651$$

查表得 $Q_{0.01}=0.637$，则 $Q>Q_{0.01}$，故最大值 0.478 为离群值，应予舍弃。

(4)格鲁布斯(Grubbs)检验法

格鲁布斯检验法适用于检验多组测量值均值的一致性和剔除多组测量值中的离群均值，也可用于检验一组测量值一致性和剔除一组测量值中的离群值，方法如下：

①有组测定值，每组 n 个测定值的均值分别为 $\bar{x}_1$，$\bar{x}_2$，…，$\bar{x}_i$，…，$\bar{x}_l$，其中最大均值记为 $\bar{x}_{max}$，最小均值记为 $\bar{x}_{min}$。

有组测定值，每组 n 个测定值的均值分别为 x_1，x_2，…，x_i，…，x_l，其中最大均值记为 x_{max}，最小均值记为 x_{min}。

②由 n 个均值计算总均值($\bar{x}$)和标准差($S_{\bar{x}}$)，即

$$\bar{x}=\frac{1}{l}\sum_{i-1}^{l}\bar{x}_i$$

$$S_{\bar{x}}=\sqrt{\frac{1}{l-1}\sum_{i=1}^{l}(\bar{x}_i-\bar{\bar{x}})^2}$$

③可疑均值为最大值($\bar{x}_{max}$)时按下式计算 T：

$$T=\frac{\bar{\bar{x}}-\bar{x}_{min}}{S_{\bar{x}}}$$

④根据测定值组数和给定的显著性水平(a)从 Grubbs 检验临界值 T_a 表(略)查得临界值(T)；

⑤若 $T \leqslant T_{0.05}$，则可疑均值为正常均值；若 $T_{0.05}<T \leqslant T_{0.01}$，则可疑均值为偏离均值；若 $T>T_{0.01}$，则可疑均值为离群均值，应予以剔除，即剔除含有该均值的一组数据。

(5)可疑数据检验方法的选择

①仅有一个可疑数据(最大值或最小值)时可用 Dixon 和 Grubbs 法。与 Dixon 法相比，Grubbs 法不但能处理一个可疑数据，还能适用于两个或多个可疑数据的情况。

②最大值和最小值皆为可疑数据这种情况下，应按 Grubbs 法先后检验 x_1 和 x_n 是否应舍去。如果经检验决定舍去数据 x_1，那么再检验数据时，测定次数应作为少一次来处理，且此时应选择 99%的置信水平。

③最小值和次小值或最大值和次大值为可疑数据。例如，x_1 和 x_n 都同属可疑数据，那么首先用 Grubbs 法检验内侧的那个数据，即通过计算 T_2 来检验 x_2 是否应舍去，这时的测定次数应作为少了一次。如果 x_2 属于可舍去数据，则 x_1 同时舍去。

以上各种情况下可疑数据的取舍准则也可简化为下述两步：

①除去可疑数据后，将其余数据平均，并求得标准偏差；

②如可疑数据与平均值相差大于 4S，则视其为离群值，予以舍弃。

2.2.2　实验室检验误差及控制

实验室检验的误差是由于被测量的数据形式通常不能以有限位数表示，同时由于认识能力不足和科学技术水平的限制等多种因素的影响，使得测量值(X)与真值(X_i)不完全一致，这种不一致在数值上的表现即为误差。误差表示测定结果与真值接近的程度，误差越小，说明测定的准确度越高。任何测量结果都有误差，并存在于一切测量全过程之中。

1. 实验误差的来源

产生影响监测数据质量的误差，主要来源于如下 6 个方面：①分析人员；②监测分析方法和监测分析仪器；③样品，如样品是否稳定、均匀；④试剂，包括有关的实验用水和用气；⑤标准，如砝码、基准试剂、标准物质；⑥环境，如空气的洁净度、环境温度、容器的洁净度等。

2. 误差的分类

误差按其性质和产生的原因，可以分为系统误差、随机误差和过失误差。

(1)系统误差

系统误差又称偏倚，指测量值的总体均值与真值之间的差别，是由测量系统中某些恒定因素造成的。在一定的测量条件下，系统误差会重复地表现出来，即误差的大小和方向在多次重复测量中几乎不变。因此，增加测量次数不能减小系统误差。

(2)随机误差

随机误差又称偶然误差，是由测量过程中多种无法控制的因素——随机因素的共同作用产生的。随机误差的特点是具有随机性，即误差忽大忽小，忽正忽负，且具有对称性。测量次数足够多时，绝对值相等的正负误差出现的次数趋于相等。因而随机误差具有抵偿性，即增加测量次数可以减小随机误差。随机误差遵从正态分布。

系统误差和随机误差是两种性质不同的误差，然而，两者之间又没有不可逾越的鸿沟，在一定条件下是可以相互转化的。例如，当样品中待测组分浓度较高时，容器对组分的吸附往往表现为随机误差；而当浓度低到一定限度以下时，这种吸附对测定结果表现为系统误差。误差的表现形式不同，减小误差所采取的办法也不同。

(3)过失误差

过失误差又称粗差。这类误差明显地歪曲测量结果，无规律可循，是在测量过程中犯了不应有的错误而造成的。在实验中一旦发现了过失误差，就必须舍弃或更正由此得到的数据。

3. 误差的发现和误差的传递

发现误差和减少误差的办法在测量系统中，如果发现了误差的存在，确定了误差的来源和类型，判断了误差的方向并且估计了误差的大小，总是可以减小测量系统的误差的。因此，发现误差是减小误差的前提。如何发现误差的存在，确定其性质和来源，进而制订减小误差的措施，这是质量保证工作中研究的重点。这些办法包括测量技术手段和数理统计手段以及这两者的结合。

通过误差传递的研究，可以探索提高最终结果准确度和精密度应该采取的措施。误差传递具有一定的规律性，系统误差的传递是按代数加和积累的，具有积累性和抵偿性；随机误差的传递是按平方(方差)加和的，只具有积累性，而不具有抵偿性。

4. 误差的表示方法

(1)总体与样本

①总体：在统计学中，对于所考查的对象的全体，也称为母体。

②个体：组成总体的每个单元。

③样本(子样)：自总体中随机抽取的一组测量值(自总体中随机抽取的一部分个体)。

④样本容量：样品中所包含个体的数目，用 n 表示。

(2)随机变量

来自同一总体的无限多个测量值都是随机出现的，叫随机变量。

$$\bar{x} = \frac{1}{n}\sum x_i \text{(平均值)}$$

$$\mu = \lim_{n\to\infty}\frac{1}{n}\sum x_i \text{(总体平均值)}$$

$$\delta = \frac{\sum |x-\mu|}{n} \text{(单次测量的平均偏差)}$$

(3)标准偏差

①总体标准偏差(无限次测量)

$$\sigma = \sqrt{\frac{\sum_{i=1}^{n}(x_i-\mu)^2}{n}}$$

式中：n——测量次数。

②样本标准偏差(有限次测量)

$$S = \sqrt{\frac{\sum_{i=1}^{n}(x_i-\bar{x})^2}{n-1}}$$

式中：$n-1$——自由度。

③相对标准偏差和相对平均偏差：

$$\text{相对标准偏差(变异系数)}CV = \frac{S}{\bar{x}} \times 100\%$$

$$\text{相对平均偏差} = \frac{\bar{d}}{x} \times 100\%$$

④标准偏差与平均偏差

当测定次数非常多($n>20$)时，$\delta=0.797\sigma=0.8\sigma$，但是，$\bar{d}\neq 0.8S$。

⑤平均值的标准偏差

统计学可证明平均值的标准偏差与单次测量结果的标准偏差存在下列关系：

$$\sigma_{\bar{x}} = \frac{\sigma}{\sqrt{n}},\ \delta_{\bar{x}} = \frac{\delta}{\sqrt{n}} \text{(无限次测量)}$$

$$S_{\bar{x}} = \frac{S}{\sqrt{n}},\ \overline{d_{\bar{x}}} = \frac{\bar{d}}{\sqrt{n}}\text{(有限次测量)}$$

增加测定次数，可使平均值的标准偏差减少，但测定次数增加到一定程度时，这种减少作用不明显，因此在实际工作中，一般平行测定 3~4 次即可；当要求较高时，可适当增加平行测量次数。

(4)随机误差的正态分布

1)频数分布

①频数：每组中数据的个数。

②相对频数：频数在总测定次数中所占的分数。

③频数分布直方图：以各组分区间为底、相对频数为高做成的一排矩形。

④离散特性：测定值在平均值周围波动，波动程度用总体标准偏差 σ 表示。

⑤集中趋势：向平均值集中，用总体平均值 μ 表示。在确认消除了系统误差的前提下，总体平均值就是真值。

2)正态分布(无限次测量)

①正态分布曲线

如果以 $x-\mu$(随机误差)为横坐标，曲线最高点横坐标为 0，这时表示的是随机误差的正态分布曲线。表达式为：

$$y = f(x) = \frac{1}{\sigma\sqrt{2\pi}}e^{-\frac{(x-\mu)^2}{2\sigma^2}}$$

记为 $N(\mu,\ \sigma^2)$。其中，μ 决定曲线在 X 轴的位置，σ 决定曲线的形状。σ 小则曲线高、陡峭，精密度好；σ 大则曲线低、平坦，精密度差。

②随机误差符合正态分布

大误差出现的概率小，小误差出现的概率大，绝对值相等的正负误差出现的概率相等，误差为零的测量值出现的概率最大。$x=\mu$ 时的概率密度为：

$$y(x = \mu) = \frac{1}{\sigma\sqrt{2\pi}}$$

3)标准正态分布 $N(0,\ 1)$

令

$$u = \frac{x - \mu}{\sigma}$$

则

$$y = f(x) = \frac{1}{\sigma\sqrt{2\pi}}e^{-\frac{u^2}{2}} \Rightarrow y = \Phi(u) = \frac{1}{\sqrt{2\pi}}e^{-\frac{u^2}{2}}$$

4)随机误差的区间概率

所有测量值出现的概率总和应为 1，即

$$P(-\infty,\ +\infty) = \frac{1}{\sqrt{2\pi}}\int_{-\infty}^{+\infty} e^{-\frac{u^2}{2\sigma^2}}dx = 1$$

求变量在某区间出现的概率

$$P(a,\ b)=\frac{1}{\sqrt{2\pi}}\int_a^b e^{-\frac{u^2}{2\sigma^2}}dx$$

随机误差超过 3σ 的测量值出现的概率仅占 0.3%。在实际工作中，如果重复测量中，个别数据误差的绝对值大于 3σ，则这些测量值可舍去。

(5)少量数据的统计处理

①分布曲线(有限次测量中随机误差服从 t 分布)

有限次测量，用 S 代替 σ，用 t 代替 u，则有

$$t=\frac{\bar{x}-\mu}{S_{\bar{x}}}=\frac{\bar{x}-\mu}{S}\sqrt{n}$$

置信度(P)：表示的是测定值落在 $\mu\pm tS_x$ 范围内的概率，当 $f\to\infty$，t 即为 u。

显著性水平(a)= $1-P$：表示测定值落在 $\mu\pm tS_x$ 之外的概率。

t 值与置信度及自由度有关，一般表示为 $t_{a,f}$(a 为 $1-P$，f 为 $n-1$)，见表 2-3。

表 2-3　**对于不同测量次数及不同置信度的 t 值**

测量次数 n	置信度				
	50%	90%	95%	99%	99.5%
2	1.000	6.314	12.706	63.657	127.32
3	0.816	2.920	4.303	9.925	14.089
4	0.765	2.353	3.182	5.841	7.453
5	0.741	2.132	2.776	4.604	5.598
6	0.727	2.015	2.571	4.023	4.773
7	0.718	1.943	2.447	3.707	4.317
8	0.711	1.895	2.365	3.500	4.029
9	0.706	1.860	2.306	3.355	3.832
10	0.703	1.833	2.262	3.250	3.690
11	0.700	1.812	2.228	3.169	3.581
12	0.687	1.725	2.086	2.845	3.153
∞	0.674	1.645	1.960	2.576	2.807

②平均值的置信区间

$$\mu=\bar{x}\ \pm t\frac{S}{\sqrt{n}}$$

意义：表示在一定的置信度下，以平均值为中心，包括总体平均值 μ 的范围。

从上述公式可知，只要选定置信度 P，根据 P(或 a)与 f 即可从表 2-2 中查出 $t_{a,f}$ 值，从测定的 $\bar{x}$、S、n 就可以求出相应的置信区间。

(6)显著性检验

1) t 检验

不知道 σ，检验 $\bar{x}$ 与 μ，$\bar{x}_1$，$\bar{x}_2$。

①比较平均值与标准值、统计量：

$$t = \frac{|\bar{x} - \mu|}{S}\sqrt{n}\,(S = S_{小})$$

若 $t>t_{表}$，则有显著差异，否则无。

②比较 $\bar{x}_1$，$\bar{x}_2$ 统计量：

$$t = \frac{|\bar{x}_1 - \bar{x}_2|}{\bar{S}}\ \frac{n_1 n_2}{n_1 + n_2},\quad \bar{S}^2 = \frac{(n_1 - 1)S_1^2 + (n_2 - 1)S_2^2}{n_1 + n_2 - 2}$$

2) F 检验

比较精密度，即方差 S_1 和 S_2，F 表为单侧表，统计量 $F = \frac{S_{大}^2}{S_{小}^2}$。若 $F>F_{表}$，则有显著差异，否则无。

5. 提高分析结果准确度的方法

(1) 选择合适的分析方法

①根据试样中待测组分的含量选择分析方法。高含量组分用滴定分析或重量分析法，低含量用仪器分析法。

②充分考虑试样中共存组分对测定的干扰，采用适当的掩蔽或分离方法。

③对于痕量组分，分析方法的灵敏度不能满足分析的要求，可先定量富集后再进行测定。

(2) 减小测量误差

①称量　分析天平的称量误差为±0.0002g，为了使测量时的相对误差在 0.1%以下，试样质量必须在 0.2g 以上。

②滴定管读数常有±0.01mL 的误差，在一次滴定中，读数两次，可能造成±0.02mL 的误差。为了使测量时的相对误差小于 0.1%，消耗滴定剂的体积必须在 20mL 以上。最好使体积在 25mL 左右，一般为 20~30mL。

③微量组分的光度测定中，可将称量的准确度提高约一个数量级。

(3) 减小随机误差

在消除系统误差的前提下，平行测定次数越多，平均值越接近真值。因此，增加测定次数，可以提高平均值精密度。在化学分析中，对于同一试样，通常要求平行测定 2~4 次。

(4) 消除系统误差

由于系统误差是由某种固定的原因造成的，因此找出这一原因，就可以消除系统误差的来源。消除系统误差主要有下列几种方法：对照试验、空白试验、校准仪器、分析结果的校正。

①对照试验。与标准试样的标准结果进行对照；与其他成熟的分析方法进行对照；国家标准分析方法或公认的经典分析方法；由不同分析人员、不同实验室来进行对照试验，内检、外检。

②空白试验。在不加待测组分的情况下，按照试样分析同样的操作程序和条件进行实验，所测定的结果为空白值，从试样测定结果中扣除空白值来校正分析结果，消除由试剂、蒸馏水、实验器皿和环境带入的杂质引起的系统误差，但空白值不可太大。

③校准仪器。仪器不准确引起的系统误差可通过校准仪器来减小其影响。例如砝码、移液管和滴定管等，在精确的分析中，必须进行校准，并在计算结果时采用校正值。

④分析结果的校正。校正分析过程的方法误差，利用重量法测定试样中高含量的 SiO_2，因硅酸盐沉淀不完全而使测定结果偏低，可用光度法测定滤液中少量的硅，然后将分析结果相加。

2.3 马铃薯实验室检测的要求及质量控制

2.3.1 实验室质量控制的意义

(1)提高分析检测质量，保证数据准确可靠且具有可比性。

(2)避免出现调查资料互相矛盾、数据不能利用的现象，将由于仪器故障及各种干扰影响导致数据的损失降至最低限度，避免造成分析检测过程中的人力、物力和财力的浪费。

(3)保证检测系统具备法律上的意义，避免由错误的检测分析数据导致生产的失误。

(4)通过质量控制和质量保证所涉及的学科门类的协调一致。

(5)一个实验室或一个国家是否开展质量保证活动是表征该实验室是否合格的重要标志。

2.3.2 分析测定数据的质量要求

分析测定质量控制的目的，是获得高质量的可靠的环境监测数据。高质量的检测，应该具有代表性、完整性、准确性、精密性和可比性。

(1)代表性是指在有代表性的时间、地点和样品；

(2)完整性是指按预期的计划取得有系统的、周期性的或连续的(包括时间和空间两者)特性；

(3)准确性是指检测结果与客观实际的接近程度；

(4)精密性是指检测结果具有良好平行性、重复性和再现性；

(5)可比性是指除采样、测定、分析等全过程都可比外，还应包括通过标准物质和标准方法的准确度传递系统和追溯系统，来实现不同时间和不同地点(如国际间、行业间、实验室间)数据的可比性和一致性。

2.3.3 实验室检测方法的质量评价

在实验室内建立一个新的检测方法，需要知道它的质量如何，才能评价它的测定结果。一般采用下列两种方法来评定一个检测方法的质量。

1. 精密度

精密度是指在一特定条件下，重复分析同一样品所得测定值的一致程度，是衡量一个分析方法最常用的指标，它是从量上重复测量一个样品所得结果的分散度，由分析的随机误差决定。有关精密度的 3 个专用术语如下。

(1)平行性：同一实验室中，当分析人员、分析设备和分析时间都相同时，用同一分析方法对同一样品进行的双份或多份平行样品测定结果之间的符合程度。

(2)重复性：在同一实验室内，当分析人员、分析设备和分析时间中至少有一项不相同时，用同一分析方法对同一样品进行的两次或两次以上独立测定结果之间的符合程度。

(3)再现性：在不同实验室内，即分析人员、分析设备甚至分析时间都不相同时，用同一分析方法对同一样品进行多次测定结果之间的符合程度。

因此，室内精密度即为平行性和重复性的总和，而室间精密度即为再现性。

精密度通常用变异系数或称相对标准差(RSD)来表示，即同一样品经若干次数测定，所得结果的标准差占平均的百分率。

$$\text{变异系数(或称相对标准差)} = \frac{\text{标准差}}{\text{平均值}} \times 100 = \frac{100S}{x}$$

变异系数愈小，表明重复测定所得结果愈集中，则方法的精密度越高。

2. *准确度*

在特定条件下获得的分析结果与真值之间的符合程度。一个分析方法的准确度是指对一个样品所得一组分析结果的平均值与真实数值之间的差数。准确度由分析的随机误差和系统误差决定，它能反映分析结果的可靠性。要想提高分析结果的准确度，不仅需要改善分析的精密度，同时要消除系统误差。对同一样品用不同方法获得的相同测定结果可以作为其真值的最佳估计。然而，一个植物样品某种营养素的真实含量往往是不知道的，因此，在样品分析中一般用回收率来表示分析方法的准确度。

一个分析方法或分析测量系统的准确度是反映该方法或该测量系统存在的系统误差和随机误差两者的综合指标，它决定着这个分析结果的可靠性。一般要求，样品测出的百分率与理论值比较不应超过方法精密度的相对标准差的 4 倍。由于马铃薯检测分析往往需要一系列的样品处理过程，如溶解、提取、浓缩、分离、灰化等步骤，而每一步骤都有可能造成被测物质的损失，这直接影响了分析结果的准确度。因此准确度的评价方法可以用测量标准物质，或以标准物质做回收率测定的办法来评价分析方法和测量系统的准确度，如通过对标准物质的分析，由所得结果了解分析的准确度；或在样品中加入标准物质，测定其回收率，这是目前实验室中常用而又方便的确定准确度的方法。通过回收率的测定，一是可以找出样品损失的关键步骤，以便改进样品的处理技术；二是可以判断方法的可靠性。回收率按下式计算：

$$P = \frac{x_1 - x_0}{m} \times 100\%$$

式中：P——加入的标准物质的回收率；

m——加入标准物质的质量；

x_1——加入标准样品的测定值；

x_0——未知样品的测定值。

收集不同浓度被测物的回收率，可作为常规分析中数据可靠性的控制依据。

3. 灵敏度

一个方法的灵敏度是指该方法对单位浓度或单位量的待测物质的变化所引起的响应量变化的程度。因此，它可以用仪器的响应量或其他指示量与对应的待测物质的浓度或量之比来描述。在实际工作中常以校准曲线的斜率度量灵敏度。一个方法的灵敏度可因实验条件的变化而改变，在一定的实验条件下，灵敏度具有相对的稳定性。

4. 选择性

分析方法的选择性是指它能排除多种干扰并准确测出目的物质的能力。马铃薯产品的成分比较复杂，基体效应往往较大。因此，一般都要预先分离以消除或减少基体干扰。

对分析方法的选择性可简单地通过测定空白样品的响应值或标准曲线的截距大小来判断。方法的选择是全部分析工作的基础，若方法选择不当，则全部分析工作都是无效的。

5. 检测限

检测限是指对某一特定的分析方法在给定的置信水平内可以从样品中检测待测物质的最小浓度或最小量。所谓“检测”是指定性检测，即断定样品中确实存在有浓度高于空白的待测物质，即分析方法所能识别的极限。

6. 测定限

测定限可分为测定下限与测定上限。

(1)测定下限

在限定误差能满足预定要求的前提下，用特定方法能够准确地定量测定待测物质的最小浓度或量，称为该方法的测定下限。测定下限反映出定量分析方法能准确测定低浓度水平待测物质的极限可能性。在没有(或消除了)系统误差的前提下，测定下限受精密度要求的限制(精密度通常以相对标准偏差表示)。对特定的分析方法来说，精密度要求越高，测定下限高于检出限越多。

(2)测定上限

在限定误差能满足预定要求的前提下，用特定方法能够准确地定量测定待测物质的最大浓度或量，称为该方法的测定上限。对没有(或消除了)系统误差的特定分析方法来说，精密度要求不同，测定上限也可能有所不同，要求越高，则测定上限低于检测上限越多。

7. 最佳测定范围

最佳测定范围也称有效测定范围，是指在限定误差能满足预定要求的前提下，特定方法的测定下限至测定上限之间的浓度范围。在此范围内能够准确地定量测定待测物质的浓度或量。

最佳测定范围应小于方法的适用范围。对测量结果的精密度(通常以相对标准偏差表示)要求越高，相应的最佳测定范围越小。

8. 检测上限

检测上限是指与校准曲线直线部分的最高界限点相应的浓度值。当样品中待测物质的浓度值超过检测上限时，相应的响应值将不在校准曲线直线部分的延长线上。校准曲线直线部分的最高界限点称为弯曲点。

2.3.4 制定实验室质量保证计划的原则

一项科学的、完整的、可行的质量保证计划，在技术、经济和法律上应该是合理的。

1. 技术上的合理性

技术上的合理性是指在技术路线上是科学的，必须赋予质量保证计划具备起码的保证数据质量的技术手段和措施。例如，在制定质量控制的实施方案时，可以采用平行样、极差控制图等多种手段控制精密度，也可以采用加标回收率、控制样品等许多措施来控制准确度。再简单的质量控制方案中，都必须具备评价准确度和精密度的手段，否则就达不到起码的要求。

2. 经济上的合理性

经济上的合理性是指在经济效益上是有利的。测定系统的可靠性是由测定系统的误差决定的。测定系统一经确定，其各个环节中的误差就多少限制在一定水平上了。测定系统的误差过大，必然导致监测数据可靠性的降低，进而导致测定结果的失真。因此，为了减少经济损失和降低测定失误的危险性，就要尽可能地减小测定系统的误差。然而，减小测定误差受到客观条件的限制。为了减小测定的总误差，经常需要调整系统中的某些环节，如选用新的测量仪器和方法、增大采样的频率、由技术水平高的人员检测、增加质量控制样品的比例等。能否调整这些环节，除了技术上的可能性以外，很大程度取决于可能的财源，如果投入的财源接近甚至超过了由提高可靠性而获得的直接或间接的经济效益，质量保证本身的价值就大大降低了。因此，质量保证计划的另一个基本出发点是：使用尽量少的费用，获得尽可能大的可靠性。换句话说，再好的质量保证计划，也总是要承担一定的风险的。

3. 法律上的合理性

法律上的合理性是指法律上的有效性。提高数据质量的目的在法律上体现为它的辩护能力，因此，质量保证计划的每个环节都应该具备法律上的保证，具备为符合法律要求所采取的措施和手段以及对这些措施手段的记录。

一般来说，质量控制程序应用的可能性及由此得到的真正效益的可能性与质量控制程序的复杂程度成反比，这一点是不言而喻的。复杂的质控程序必然要加大管理费用的投资，同时增大了检测分析的工作量。繁琐的、过分重复的和难以理解的质控程序会导致其难以实施，甚至会引起监测人员的反感和引入不必要的误差。因此，质量控制程序并不需要那种设想很好、周密复杂的质量控制程序应尽可能简单明了。在实际工作中，更有意义的是起码的、简单的、易于理解和执行的、比较科学的质量控制程序——“最小质量控制程序”。

2.3.5　质量控制与保证的内容

1. 质量控制的主要内容

质量控制的主要内容通常包括采样(样品的采集、处理、保存和运输)的质量控制和实验室质量控制(包括实验室内部和外部的质量控制)。

(1)内部质量控制

实验室自我控制质量的常规程序，能够反映分析质量稳定性如何，以便及时发现分析中异常情况，随时采取相应的校正措施。其内容包括空白试验、校准曲线核查、仪器设备的定期标定、平行样分析、加标样分析、密码样品分析和编制质量控制图等。

(2)外部质量控制

由常规测定之外的有经验人员来执行，以便对数据质量进行独立的评价。常用的方法有分析测量系统的现场评价和分析标准样品进行实验室间的评价。目的是协助各实验室发现问题，提高测定分析质量。

2. 质量保证的主要内容

①制订合理的检测计划。

②根据需要和可能、经济成本和效益，确定对检测数据的质量要求。

③规定相应的测定分析系统，如采样方法、样品处理和保存、实验室供应、仪器设备的认证、选择和校准、试剂和标准物质的认证及选择、分析测量方法、质量控制程序、数据的记录、数据处理、编制报告、技术培训和技术考核、实验室的清洁和安全等。

④编写有关的文件、标准、规范、指南、手册等。

3. 最低限度的质量保证内容

测定过程中最低限度的质量保证工作，应包括下面一些内容。

①具体采样点选择、测定的总体设计、实验室的结构设计。

②采样系统选择、测定仪器选择、确定分析方法。

③标准工作、标准的可追踪性、设备装置的安装和布局。

④测定仪器日常零点、跨度值的检查与调节，零点、跨度飘移控制限的规定以及相应的数据修正工作。

⑤测定数据精密度、准确度、完整性、代表性及可比性的检验。

⑥测定仪器单点和多点标准频次的规定和控制性检查。

⑦预防性和弥补性的维护工作。

⑧数据处理方法及数据有效性的鉴别，有关质量控制的文件及文件管理。

最低限度的质量保证程序中核心部分是测定仪器的校准、标准和修正。任何一个无人值守连续自动测定系统都必须建立一套质量保证程序。它应该包括两个性质不同却又同等重要的功能：一是通过对测定仪器给出数据的精度和准确度来评价数据的质量；二是通过一些修正性的活动来控制和改进数据的质量。这两个功能对整个系统的监测数据形成了一个控制环节，评价给出数据质量在什么时候变得不可接受，从而必须增强控制性活动，直到数据质量变得可接受为止。

2.3.6 实验室质量控制的几个重要概念

1. 灵敏度

分析方法的灵敏度是指该方法对单位浓度或单位量的待测物质的变化所引起的响应量变化的程度。它可以用仪器的响应量或其他指示量与对应的待测物质的浓度或量之比来描述，因此常用标准曲线的斜率来度量灵敏度。灵敏度因实验条件而变，其标准曲线的直线部分为

$$A=kC+a$$

式中：A——仪器的响应量；

C——待测物质的浓度；

a——校准曲线的截距；

k——方法的灵敏度，k 值大，说明方法灵敏度高。

在原子吸收分光光度法中，国际理论与应用化学联合会(IUPAC)建议将以浓度表示的“1%”吸收灵敏度，叫做特征浓度，而将以绝对量表示的“1%吸收灵敏度”称为特征量。特征浓度或特征量越小，方法的灵敏度越高。

2. 空白试验

空白试验又叫空白测定，是指用蒸馏水代替样品而所加试剂和操作步骤与试验完全相同的测定。样品分析时仪器的响应值(如吸光度、峰高等)不仅是样品中待测物质的分析响应值，还包括所有其他因素，如试剂中杂质、环境及操作进程的玷污响应值。这些因素是经常变化的，为了了解它们对样品测定的综合影响，在每次测定时均做空白试验，空白试验所得的响应值称为空白试验值。空白试验应与样品测定同时进行，对试验用水有一定的要求，即其中待测物质浓度应低于方法的检出限。当空白试验值偏高时，应全面检查空白试验用水、试剂的空白、量器和容器是否玷污、仪器的性能以及环境状况等。

3. 校准曲线

校准曲线是用于描述待测物质的测量值与相应的测量仪器的响应量之间的定量关系的曲线。校准曲线包括工作曲线和标准曲线。所谓工作曲线，是指标准溶液的分析步骤与样品分析步骤完全相同时绘制的校准曲线；所谓标准曲线，是指标准溶液的分析步骤与样品分析步骤相比有所省略时绘制的校准曲线。

检测中常用校准曲线的直线部分。某一方法的标准曲线的直线部分所对应的待测物质浓度(或量)的变化范围，称为该方法的线性范围。

4. 检测限

检测限是指某一分析方法在给定的可靠程度内可以从样品中检测待测物质的最小浓度或最小量。所谓检测是指定性检测，即断定样品中确定存在有浓度高于空白的待测物质。检测限有几种规定，简述如下：

(1)分光光度法中规定以扣除空白值后，吸光度为0.01相对应的浓度值为检测限。

(2)气相色谱法中规定检测器产生的响应信号为标准值两倍时的量，最小检测浓度是指最小检测量与样品量(体积)之比。

(3)离子选择性电极法规定某一方法的标准曲线的直线部分外延的延长线与通过空白电位且平行于浓度轴的直线相交时，其交点所对应的浓度值即为检测限。

(4)给定置信水平为95%时，样品浓度的一次测定值与零浓度样品的一次测定值有显著性差异者，即为检测限(L)。当空白测定次数 n 大于20时，$L=4.6\sigma$。其中，σ 为空白平行测定(批内)标准偏差。

(5)检测上限是指校准曲线直线部分的最高限点(弯曲点)相应的浓度值。

5. 测定限

测定限分为测定下限和测定上限。测定下限是指在测定误差能满足预定要求的前提下，用特定方法能够准确地定量测定待测物质的最小浓度或量；测定上限是指在限定误差能满足预定要求的前提下，用特定方法能够准确地定量测定待测物质的最大浓度或量。

最佳测定范围又叫有效测定范围，是指在限定误差能满足预定要求的前提下，特定方法的测定下限到测定上限之间的浓度范围。方法适用范围是指某一特定方法检测下限至检测上限之间的浓度范围。显然，最佳测定范围应小于方法适用范围。

2.3.7 实验室内部质量控制

实验室内部质量控制是实验室分析人员对分析质量进行自我控制的过程。在分析工作开始前，要根据分析的目的和要求，选择适宜的分析方法，最好选用标准分析方法，使分析结果具有可比性。由于实验环境和条件不可能恒定，即使采用标准方法，也应进行准确度和精密度检验，检验合格后，方法才可纳入常规应用。在试验过程中，如标准溶液、试剂、温度等因素的变化会引起准确度的变化，还需不断地监视分析误差。实验室内部质量控制可应用质量控制图或其他方法。

样品保存原则：浓溶液较稀溶液易保存，溶液越稀、越不易保存。

试剂水平的代号：一级品(优级纯)GR；二级品(分析纯)AR；三级品(化学纯)CR；四级品(实验试剂)CP。

2.3.8 质量控制的基本要素

1. 检测人员的技术能力

技术人员的专业水平对减少实验结果的变动性，使检测结果能保持在一定的水平上是非常重要的因素。

2. 适当的仪器和设备

现代的化学分析需有专门的测量设备和仪器以及实验室的环境都要有相应的条件。仪器和设备的良好操作、维修和保养、定期校准以及良好的保管制度等都是必需的。

3. 规范化的实验操作和良好的检测技术

实验室的操作包括设备的维修、记录、试样处理、试样配制以及玻璃器皿的清洗等环节。各实验室均应制定出相应的规章。良好的检测操作是对某些特殊的测量技术的要求，它还包含了检测人员的技术水平和实践经验以及仔细的测量操作记录，尤其是关键的操作。

4. 标准化的操作步骤

操作步骤的标准化包括样本采集、试样处理、仪器的校准以及测量的详细操作步骤的标准化。

5. 检测结果的出具

必须明确地做好文字记录和数据报告，要认真仔细抄写以免错误。内容的修改必须有正当的理由，而且要加以注明。个人所做的修改应在修改处写上姓名，随意删除记录或数据是不允许的。对检测负责的人员应在报告上签字，以表明检测内容的正确性。

6. 检测人员的技术培训

加强教育和技术培训是检测技术水平提高的先决条件。现代化学的复杂性及分析技术的飞速发展和新技术的应用，使一般专业技术人员必须定期接受培训以适应技术水平发展的需要以及不断提高技术人员的技术水平。此外也必须使检测人员熟悉检测中质量控制的规范和要求，实验室的质量保证手册应作为基本教材。

2.3.9 检测人员的职责(技术职责、行为规范)

检测人员对出具正确的检测数据负有直接责任，因此检测人员的重要职责是按实验室的技术规范和要求进行实验。应做到以下几点：

(1)检测工作中执行规定的检测方法和技术操作步骤，不任意改变方法或省略某些操作步骤。

(2)做好实验记录，正确表述检测结果。注意有效数字的应用和结果的真实性。

(3)维护好所使用的仪器和设备

(4)实验前做好实验室环境的清洁，所用器皿的洁净和校准工作。

(5)注意试剂的规格，并正确使用和配制。

(6)注意采样，正确制备试样和试样的储存、保管及完善的记录。

2.4　实验室安全及防护知识

2.4.1　实验室安全知识

在马铃薯实验室中，实验人员经常与毒性很强、有腐蚀性、易燃烧和具有爆炸性的化学药品直接接触，常常使用易碎的玻璃和瓷质的器皿以及在煤气、水、电等高温电热设备的环境下进行着紧张而细致的工作。因此，必须十分重视安全工作。

(1)进入实验室开始工作前，应了解煤气总闸门及电闸所在处。离开实验室时，一定要将室内检查一遍，应将水、电、煤气的开关关好，门窗锁好。

(2)在使用电炉、酒精灯、煤气灯等火源时，必须做到火着人在、人走火灭。

(3)使用电器设备(如烘箱、恒温水浴、离心机、电炉等)时，严防触电；绝不可用湿手或在眼睛旁视时开关电闸和电器开关。检查电器设备是否漏电时，应将手背轻轻触及仪器表面。凡是漏电的仪器，一律不能使用。

(4)使用浓酸、浓碱时，必须极为小心地操作，防止溅失。用吸量管量取这些试剂时，必须使用吸耳球，绝对不能用口吸取。若不慎溅在实验台或地面，必须及时用湿抹布擦洗干净。如果触及皮肤，应立即治疗。

(5)使用可燃物，特别是易燃物(如乙醚、丙酮、乙醇、苯、金属钠等)时，应特别小心，不要大量放在桌上，更不应放在靠近明火处。只有在远离火源时，或将火焰熄灭后，才可大量倾倒这类液体。低沸点的有机溶剂不准在明火上直接加热，只能在水浴上利用回流冷凝管加热或蒸馏。

(6)如果不慎倾出了相当量的易燃液体，则应按下列方法处理：

①立即关闭室内所有的火源和电加热器。

②关门，开启小窗及窗户。

③用毛巾或抹布擦拭洒出的液体，并将液体拧到大的容器中，然后再倒入带塞的玻璃瓶中。

(7)用油浴操作时，应小心加热，不断用温度计测量，不要使温度超过油的燃烧温度。

(8)易燃和易爆炸物质的残渣(如金属钠、白磷、火柴头)不得倒入污物桶或水槽中，应收集在指定的容器内。

(9)废液，特别是强酸和强碱不能直接倒在水槽中，应先稀释，然后倒入水槽，再用大量自来水冲洗水槽及下水道。玻璃滤器常用的洗涤液见表 2-4。

（10）毒物应按实验室的规定办理审批手续后领取，使用时严格操作，用后妥善处理。

表 2-4　　玻璃滤器洗涤液

过滤沉淀物	宜选用的有效洗涤液
脂肪、脂膏	四氯化碳或适当的有机溶剂
白朊、黏胶、葡萄糖	盐酸、热氨，5%~10%碱液或热硫酸和浓硝酸的混合液
有机物和碳化物	混有重金属盐的温热浓硫酸或含有少量硝酸钾和过氯酸钾的浓硫酸，放置过夜
氯化亚铜、铁斑	混有氯酸钾的热浓盐酸
硫酸钡	100℃浓硫酸
汞渣	热浓硝酸
硫化汞	热王水
氯化银	氨或硫酸钠的溶液
铝质或硅质残渣	先用2%氢氟酸，再用浓硫酸洗涤后，立即用蒸馏水冲洗，再用丙酮漂洗。反复漂洗至无酸痕为止
细菌	化学纯浓硫酸 5.72mL，化学纯浓硝酸 2.00g 和蒸馏水 94mL 充分混合均匀

2.4.2　实验室灭火

实验中一旦发生火灾切不可惊慌失措，应保持镇静。首先立即切断室内一切火源和电源，然后根据具体情况积极正确地进行抢救和灭火。常用的灭火剂和灭火方法有：

（1）在可燃液体着火时，应立即拿开着火区域内的一切可燃物质，关闭通风器，防止扩大燃烧。若着火面积较小，可用石棉布、湿布、铁片或沙土覆盖，隔绝空气使之熄灭。但覆盖时要轻，避免碰坏或打翻盛有易燃溶剂的玻璃器皿，导致更多的溶剂流出而加大火势。

（2）酒精及其他可溶于水的液体着火时，可用水灭火。

（3）汽油、乙醚、甲苯等有机溶剂着火时，应用石棉布或沙土扑灭。绝对不能用水，否则会扩大燃烧面积。

（4）金属钠着火时，可把沙子倒在它的上面。

（5）导线着火时不能用水及二氧化碳灭火器，应切断电源或用四氯化碳灭火器。

（6）衣服被烧着时切忌奔走，可用衣服、大衣等包裹身体或躺在地上滚动，以灭火。

（7）发生火灾时应注意保护现场。较大的着火事故应立即报警。

2.4.3　实验室急救

在实验过程中不慎发生受伤事故，应立取采取适当的急救措施。

（1）玻璃割伤及其他机械损伤：首先必须检查伤口内有无玻璃或金属等碎片，然后用硼酸水洗净，再涂擦碘酒或红汞水，必要时用纱布扎。若伤口较大或过深而大量出血，应迅速在伤口上部和下部扎紧血管止血，立即到医院诊治。

(2)烫伤一般用浓的(90%~95%)酒精消毒后，涂上苦味酸软膏。如果伤处红痛或红肿(一级灼伤)可擦医用橄榄油或用棉花蘸酒精敷盖伤处；若皮肤起泡(二级灼伤)，不要弄破水泡，防止感染；若伤处皮肤呈棕色或黑色(三级灼伤)，应用干燥而无菌的消毒纱布轻轻包扎好，急送医院诊治。

(3)强碱(如氢氧化钠，氢氧化钾)、钠、钾等触及皮肤而引起灼伤时，要先用大量自来水冲洗，再用 5%硼酸溶液或 2%乙酸溶液涂洗。

(4)强酸等触及皮肤而致灼伤时，应立即用大量自来水冲洗，再以 5%碳酸氢钠溶液或 5%氢氧化钠溶液洗涤。

(5)如酚触及皮肤引起灼伤，可用酒精洗涤。

(6)若煤气中毒时，应到室外呼吸新鲜空气，若严重时立即到医院诊治。

(7)水银容易由呼吸道进入人体，也可以经皮肤直接吸收而引起积累性中毒。严重中毒的征象是口中有金属味、呼出气体也有气味；流唾液，打哈欠时疼痛，牙床及嘴唇上有黑色硫化汞；淋巴腺及唾腺肿大。若不慎中毒，应送医院急救。急性中毒时，通常用碳粉或呕吐剂彻底洗胃，或食入蛋白(如 1L 生牛奶加 3 个生鸡蛋清)或蓖麻油解毒并使之呕吐。

(8)触电时可按下列方法之一切断电路：

①关闭电源；

②用木棍使导线与触电者分开；

③使触电者和土地分离，急救者必须做好防止触电的安全措施，手脚必须绝缘。

第3章　马铃薯样品的采集和处理

马铃薯采样(Sampling)是指从较大批量的马铃薯及产品(分析对象)中抽取有代表性的一部分作为分析材料的过程。抽取的分析材料称为样品(Sample)或试样。

有关管理和监督部门或生产企业自身为了解和判断马铃薯产品的营养与卫生质量，或查明产品在生产过程中的卫生状况，可使用采样检验的方法。根据抽样检验的结果，结合感官检查，可对马铃薯产品的营养价值和卫生质量做出评价，或协助企业找出某些生产环节中存在的主要卫生问题。马铃薯样品采集是马铃薯质量检测结果准确与否的关键，也是相关专业人员必须掌握的一项基本技能。

3.1　马铃薯采样及样品制备的基本要求

3.1.1　采样的意义

样品检测的一般程序为：样品的采集、制备和保存，样品的预处理，成分分析，分析数据处理及分析报告的撰写。样品的采集是分析检测的第一步。

在马铃薯样品分析检测过程中，不论是原料或者是半成品、成品，由于受到产地、品种、成熟期、加工与储藏方法等不同的影响，其成分、含量等都会有很大变化。对于相同的检测样不同的部分其组成也会有所不同。由于分析检验时采样很多、其检验结果必须代表整批产品的结果。因此，采样必须具有代表性，有代表性是指采集的样品能代表全部的检测对象，如果不能做到这一点，无论操作多么认真仔细都是没有意义的，必须高度重视。因此如何正确采样将关系到检测结果的可靠性和准确性，不可随意进行。

马铃薯采样的主要目的是鉴定马铃薯产品的营养价值和卫生质量，包括营养成分的种类、含量和营养价值；产品及其原料、添加剂、设备、容器、包装材料中是否存在有毒有害物质及其种类、性质、来源、含量、危害等。马铃薯采样检验的目的还在于检验试样感官性质上有无变化，一般成分有无缺陷，加入的添加剂等外来物质是否符合国家标准，产品的成分有无掺假现象、生产运输和储藏过程中有无重金属、有害物质和各种微生物的污染以及有无变化和腐败现象。

马铃薯采样是进行马铃薯生产加工指导、开发新产品、强化马铃薯生产加工监督管理、制定国家马铃薯相关质量标准、马铃薯生产及精深加工研究的基本手段和重要依据。

3.1.2　采样原则

1. 代表性

在大多数情况下，待鉴定马铃薯产品不可能全部进行检测，而只能抽取其中的一部分作为样品，通过对样品的检测来推断该产品总体质量。因此，所采的样品应能够较好地代表待鉴定产品各方面的特性，样品数量应符合检验项目的需要。若所采集的样品缺乏代表性，无论其后的检测过程和环节多么精确，其结果都难以反映总体的情况，常可导致错误的判断和结论。

2. 真实性

采样人员应亲临现场采样，以防止在采样过程中的作假或伪造，防止成分逸散(如水分、气味、挥发性酸等)或带入杂质、污染。所有采样用具都应清洁、干燥、无异味、无污染，应尽量避免使用对样品可能造成污染或影响检验结果的采样工具和采样容器。

3. 准确性

性质不同的样品必须分开包装，并应视为来自不同的总体；采样方法应符合要求，采样的数量应满足检验及留样的需要；可根据感官性状进行分类或分档采样；采样记录务必清楚地填写在采样单上，并紧附于样品。

4. 及时性

采样应及时，采样后也应及时送检。尤其是检验样品中水分、微生物等易受环境因素影响的成分，以及样品中含有挥发性物质或易分解破坏的物质时，应及时赴现场采样并尽可能缩短从采样到送检的时间，一般要求在4h内送检。

3.1.3　样品的分类

1. 根据样品数量分

根据样品数量划分，样品种类可分为大样、中样、小样三种。大样是指一整批；中样是从样品各部分取得的混合样品；小样是指做分析用，称为检样。检样一般以25g为准，中样以200g为准。

2. 根据采样程序分

要从一大批被测对象中采取能代表整批物品质量的样品，必须遵从一定的采样程序和原则。采样一般分为以下几步进行：

待检样品$\xrightarrow{\text{采样}}$检样$\xrightarrow{\text{混合}}$原始样品$\xrightarrow{\text{处理、缩分}}$平均样品→检验样品、复查样品、保留样品

(1)检样

先确定采样点数，由整批待检样品的各个部分分别采取的少量样品称为检样，这也是采样的第一步程序。

(2)原始样品

原始样品即初级样品，是将许多份待检样品混合在一起，得到能代表本批产品的样品。

(3)平均样品

将原始样品经过处理，按一定的方法和程序抽取一部分作为最后的检测材料，称为平均样品。样品一式3份，分别供检验、复验与备查或仲裁用。送检样品的取样量，每份样品量应是全部检验用量的4倍，一般不应少于0.5kg。

(4)检验样品

检验样品是由平均样品中分出，用于全部项目检验用的样品。

(5)复检样品

对检验结果有争议或分歧时，可根据具体情况进行复检，必须有复检样品。

(6)保留样品

对某些样品，需封存保留一段时间，以备再次检验。

3. 根据检验目的分

(1)客观样品

在日常生产监督管理工作过程中，为掌握产品卫生质量，对生产企业生产销售的产品应进行定期或不定期的抽样检验。这是在未发现产品不符合质量标准的情况下，按照日常计划在生产单位或零售市场进行的随机抽样。通过这种抽样，有时可发现存在的问题和产品不合格的情况，也可积累资料，客观反映各类马铃薯产品的质量状况。为此目的而采集供检验的样品称为客观样品。

(2)选择性样品

选择性样品主要有以下几类：①在质量检查中，发现某些可疑或可能不合格的产品和原料；②消费者提供情况、投诉时需要查清的产品和原料；③发现可能有污染，或会造成食物中毒的可疑产品；④质检、卫生监督部门或企业检验机构为查清产品污染来源、污染程度、污染范围或食物中毒原因而采集的样品。

(3)制定质量标准的样品

为研制某种产品质量标准，选择较为先进、具有代表性的生产条件、工艺条件下生产的产品进行采样，可在生产单位或销售单位采集一定数量的样品进行检测。

3.1.4 采样的一般方法

1. 采样工具和容器

(1)采样工具

①一般常用工具，包括钳子、螺丝刀、小刀、剪刀、镊子、瓶盖开启器、手电筒、蜡笔、圆珠笔、胶布、记录本、照相机等。

②专用工具：如长柄勺，适用于散装液体样品采集；玻璃或金属采样器，适用于深型桶装液体样品采样；金属探管和金属探子，适用于采集袋装的颗粒或粉末状产品；采样铲，适用于散装粮食或袋装的较大颗粒食品；长柄匙或半圆形金属管，适用于较小包装的半固体样品采集；电钻、小斧、凿子等可用于已冻结的冰蛋；搅拌器，适用于桶装液体样品的搅拌。

(2)盛样容器

盛装样品的容器应密封，内壁光滑、清洁、干燥，不含有待鉴定物质及干扰物质。容器及其盖、塞应不影响样品的气味、风味、pH 值及成分。盛装液体或半液体样品常用防水防油材料制成的带塞玻璃瓶、广口瓶、塑料瓶等；盛装固体或半固体样品可用广口玻璃瓶、不锈钢或铝制盒或盅、搪瓷盅、塑料袋等。采集大宗产品时应准备四方搪瓷盘供现场分样用；在现场检查粉状产品，可用金属筛筛选，检查有无昆虫或其他机械杂质等。

2. 采样准备

采样前必须审查待检测产品的相关证件，包括商标、运货单、质量检验证明书、兽医卫生检疫证明书、商品检验机构或卫生防疫机构的检验报告单等，还应了解该批食品的原料来源、加工方法、运输保藏条件、销售中各环节的卫生状况、生产日期、批号、规格等，明确采样目的，确定采样件数，准备采样用具，制订合理可行的采样方案。

3. 现场调查

了解并记录待检测产品的一般情况，如种类、数量、批号、生产日期、加工方法、贮运条件(包括起运日期)、销售卫生情况等。观察该批产品的整体情况，包括感官性状、品质、储藏、包装情况等。进行现场感官检查的样品数量为总量的1%~5%。有包装的产品，应检查包装物有无破损、变形、受污染；未经包装的产品，要检查其外观有无发霉、变质、虫害、污染等，并应将这些产品按感官性质的不同及污染程度的轻重分别采样。

4. 采样方法

由于马铃薯产品种类繁多，样品采集的类型也不一样，有的是成品样，有的是半成品样品，有的还是原料类型的样品，尽管商品的种类不同，包装形式也不同，但总的原则是采取的样品必须要具有代表性，能反映整个批次的样品结果。采样一般分概率采样(随机抽样)和代表性取样两种原则性方法。

随机抽样就是按照随机的原则，从大批待检样品中抽取部分样品。为保证样品具有代表性，取样时应从被测样品的不同部位分别取样，混合后作为被检试样。操作时，可用多点取样法，即从被检产品的不同部位，不同区域，不同深度，上、下、左、右、前、后多个地方采取样品，使所有的物料的各个部分都有机会被抽到。随机抽样可以避免人为倾向因素的影响，但这种办法对难以混合的产品(如马铃薯块茎等)则达不到效果，必须结合代表取样。

代表性取样是用系统抽样的方法进行采样，即已经了解样品随位置和时间而变化的规律，按此规律进行取样以便采集的样品能代表其相应部分的组成和质量，如分层采样、依生产程序流动定时采样、按批次和件数采样、定期抽取货架上陈列的产品的采样。

概率采样常应用一些随机选择的方法。在随机选择方法中，检测人员必须建立特定的程序和过程以保证在总样品集中那个样品有同等的被选概率。相反，当不能选择到具有代表性样品时，需要进行非概率抽样。常用概率采样方法如下。

(1)简单随机抽样

这种方法要求样品集中的每一个样品都有相同的被抽选概率，首先需要定义样品集，然后再进行抽选。当样品简单、样品集比较大时，基于这种方法的评估存有一定的不确定性。这种方法易于操作，是简化的数据分析方式，但是被抽选的样品可能不能完全代表样品集。

(2)分层随机抽样

在这种方法中，样品集首先被分为不重叠的子集，称为层。如果从层中的采样是随机的，则整个过程称为分层随机抽样。这种方法通过分层降低了错误的概率，但当层与层之间很难清楚地定义时，可能需要复杂的数据分析。

(3)整群抽样

在简单随机抽样分层随机抽样中，都是从样品集中选择单个样品。而整群抽样则从样品集中一次抽选一组或一群样品。这种方法在样品集处于大量分散状态时，可以降低时间和成本的消耗。整群抽样不同于分层随机抽样，它的缺点也是有可能不代表整群。

(4)系统抽样

在这种方法中，样品集首先在一个时间段内选取一个开始点。然后按有规律的间隔抽选样品。例如，从生产开始时采样，然后样品按一定间隔采集一次，如每10个采集一次。由于采样点分布更均匀，这种方法比简单随机抽样更精确，但是如果样品有一定周期性变化，则容易引起误导。

(5)混合抽样

这种方法从各个散包中抽取样品，然后将两个或更多的样品组合在一起，以减少样品间的差异。

分样方法：将原始样品充分混合均匀，进而分取平均样品或试样的过程，称为分样。分样常用的方法有“四分法”和“机械式分样器”，分别如图3-1和图3-2所示。

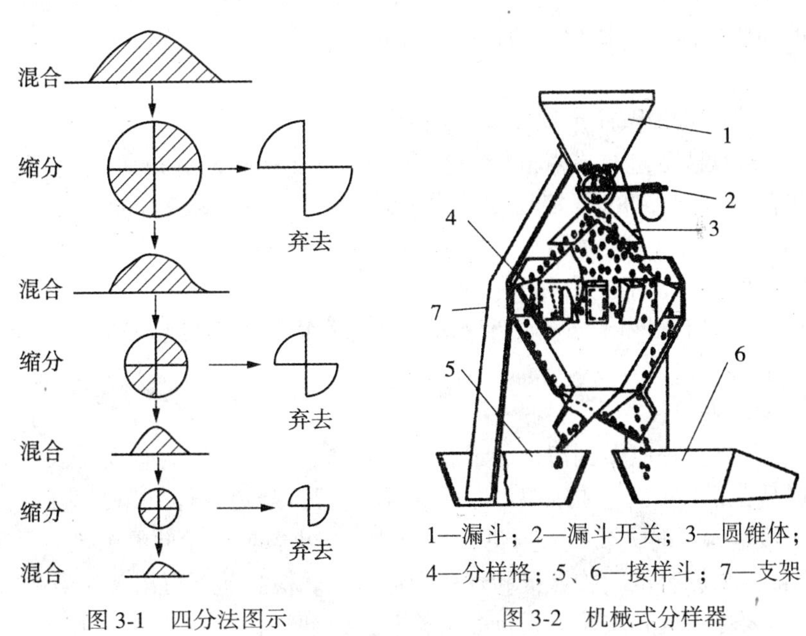

图3-1 四分法图示　　图3-2 机械式分样器

四分法是将样品倒在光滑平坦的桌面上或玻璃上，用两块分样板将样品摊成正方形，然后从样品左右两边铲起样品，于约10cm高处对准中心同时倒落，再换一个方向同样操作(中心点不动)。如此反复混合四五次，将样品堆成等厚的正方形，用分样板在样品上画两条对角线，分成四个三角塔形，取出其中两个对顶三角塔形的样品，剩下的样品再按上述方法反复分取，直至最后剩下的两个对顶三角塔形的样品接近所需试样质量为止。

5. 各类产品的采样方法

(1)颗粒状样品(粉状样品)

对于颗粒状样品采样时，应从某个角落，上、中、下各取一类，然后用四分法得平均样品。

颗粒状、粉状样品等均匀体物料，按照不同批次采样，同一批次的样品，按照采样点数确定采样的袋(桶、包)数。用双套回转取样管，插入每一袋的上、中、下三个部位，分别采样并混合在一起。

(2)半固体样品

对于桶(缸、罐)装样品，确定采样桶数后，用虹吸法分上、中、下三层分别取样，混合后再分取，缩减得到所需数量的平均样品。

(3)液体样品

液体样品先混合均匀，再分层取样，每层取 500mL，装入瓶中混匀得平均样品。流动液体可定时定量从输出的管口取样，混合后再采样。

(4)小包装样品

对于小包装样品是连同包装一起取样，一般按生产班次取样，取样数为 1/3000，尾数超过 1000 的取 1 罐，但是每天每个品种取样数不得少于 3 罐。同一批号的完整小包装样品，250g 以上的包装不得少于 6 个，250g 以下的包装不得少于 10 个。

(5)组成不均匀的固体样品

不均匀的固体样品，根据检验的目的，可对各个部分分别采样，再经过捣碎混合成为平均样品。

马铃薯产地样品采集按照产地面积和地形不同，采用随机法、对角线法、五点法、Z 形法、S 形法、棋盘法等进行多点采样。产地面积小于 $1hm^2$时，按照《农、畜、水产品污染监测技术规范》(NY/T398)规定划分采样单元；产地面积大于 $1hm^2$ 小于 $10hm^2$ 时，以 $1\sim3hm^2$作为采样单元；产地面积大于 $10hm^2$时，以 $3\sim5hm^2$作为采样单元。每个采样单元内采集一个代表性样品，不应采有病、过小的样品。

采样后将块茎用毛刷和干布去除泥土及其他黏附物。块茎样品采集量至少为 6~12 个个体，且不少于 3kg。

6. 采样注意事项

(1)采样所用工具都应做到清洁、干燥、无异味，不能将有害物质带入样品中。供微生物检验的样品，采样时必须按照无菌操作规程进行，避免取样染菌，造成假染菌现象；检测微量或超微量元素时，要对容器进行预处理，防止容器对检验的干扰。

(2)要保证样品原有微生物状况和理化指标不变。检测前不得出现污染和成分变化。

(3)采样后要尽快送到实验室进行分析检验，以便能保持原有的理化、微生物、有害物质等存在状况。检测前也不能出现污染、变质、成分变化等现象。

(4)装样品的器具上要贴上标签，注明样品名称、取样点、日期、批号、方法、数量分析项目、采样人等基本信息。

3.1.5　样品保存

对含性质不稳定的农药残留样品，应立即进行测定；容易腐烂变质的样品，应马上捣碎处理，在低于-20℃条件下冷冻保存；液体样品在冷藏条件下储存，或者通过萃取等处理，得到提取液，在冷冻条件下储存；短期储存(小于 7d)的样品，应按原状在 1~5℃下保存；储藏较长时，应在低于-20℃条件下冷冻保存，解冻后应立即分析。取冷冻样品进行检测时，应不使水、冰晶与样品分离，分离严重时应重新匀浆。检测样品应留备份并保存至约定时间，以供复检。

采集后的样品如果不能立即进行分析检验，应置于密封干燥洁净容器内，低温、避光妥善保存，以避免在保存时可能出现的变化，如吸水或失水、霉变、细菌污染等。运送途中要防止样品漏、散、损坏、挥发、潮解、氧化分解、污染变质等。气温较高时，样品宜低温运送。如果送检样品经感官检查已不符合相关质量标准或已有明显的腐败变质，可不必再进行理化检验，直接判为不合格产品。

1. 避免吸水失水

原来含水量高的样品易失水，反之则易吸水。含水量高的易发生霉变，细菌繁殖快。保存样品用的容器有玻璃、塑料、金属等，原则上保存样品的容器不能同样品的主要成分发生化学反应。

2. 防止霉变

特别是新鲜的马铃薯植物性样品，易发生霉变；当组织有损坏时更易发生褐变。因为组织受伤时，氧化酶发生作用，变成褐色。对于组织受伤的样品不易保存，应尽快分析。

3. 防止细菌污染

为了防止细菌污染，最理想的方法是冷冻。样品保存的理想温度为-20℃，有的为了防止细菌污染可加防腐剂。

4. 留样

样品在检验结束后一般应保留至少一个月，以备需要时复查，保留期限从检验报告单签发之日算起。保存的原则是：干燥、低温、避光、密封。保留样品放在密封洁净的容器内，加封后存放在适当的地方，并尽可能保持其原状。

留样方法可根据食品种类、性质、检验项目、保留条件及合同中的有关规定来决定，如易腐败变质的样品应保存在0~5℃的冰箱里，保存时间也不宜过长或不予保留；有些成分，如胡萝卜素、黄曲霉毒素 B_1、维生素 B_2 等，容易发生光解，以这些成分作为分析项目的样品必须在避光条件下保存；特殊情况下，样品中可加入适量的不影响分析结果的防腐剂，或将样品置于冷冻干燥器内进行升华干燥来保存。此外，样品保存环境要清洁干燥；存放的样品要按日期、批号、编号摆放以便查找。

对检验结果有怀疑或有争议时，可对样品进行复验。国际贸易中，双方在交货时，对产品的质量是否符合合同中的规定产生分歧时，也需进行复检。如果双方争执较大，还应由双方一起采样，将样品送权威和公正的第三方检验机构进行仲裁检测。

3.1.6　样品的制备

采集的样品可能颗粒过大、组成不均匀等，而样品制备的目的，在于保证样品的均匀一致，使样品分析的时候，取任何部分都能代表全部被测物质的成分。根据被测物的性质和检测要求，制备方法有下面几种。

1. 摇动或搅拌(液体样品、浆体或悬浮液体)

通过摇匀、充分搅拌等方法使样品充分混合，一般用玻璃棒、电动搅拌器、电磁搅拌。

2. 切细或搅碎(固体样品)

通过切细、粉碎、捣碎、研磨等方法制成混合均匀的样品，常用工具有粉碎机、绞肉机、研钵、高速组织捣碎机等。

3. 研磨或用捣碎机

在捣碎前应清除薯皮以及与检验项目无关的其他成分，目前一般都用高速组织捣碎机进行样品的制备。

3.1.7 样品记录

样品记录表包括以下基本内容：

(1)样品名称、种类、品种；

(2)识别标记或批号、样品编号；

(3)采样日期、采样时间；

(4)采样地点；

(5)样品基数及采样数量；

(6)包装方法；

(7)采样(收样)单位、采样(收样)人签名或盖章；

(8)储存方式、储存地点、保存时间；

(9)对市场抽检样品需标明原编号及生产日期、被抽样单位，并经被抽样单位签名或盖章；

(10)采样时的环境条件和气候条件。

3.2 马铃薯植物性样本材料的准备

3.2.1 马铃薯检验材料的培养和采取

1. 马铃薯检验材料的种类

用于马铃薯检验的材料非常丰富，根据其来源可分为大田和人工培养材料两大类。大田马铃薯材料有马铃薯幼苗、根、茎、叶、花、果实、种子等各种马铃薯组织或器官；人工培养的马铃薯材料包括通过马铃薯组织培养形成的突变性细胞、原生质体、愈伤组织以及人工选育的品种、杂交种、突变体等马铃薯材料。按其水分状况和生理状态又可分为新鲜马铃薯材料和干材料两类。可根据实验的目的和条件不同而加以选择。以下介绍常用马铃薯材料的培养方法。

(1)溶液培养(或砂基培养)

溶液培养也称为水培法，是将马铃薯生长发育所需要的矿质元素用适当的无机盐配制成营养液来培养马铃薯，并使其正常生长的一种培养方法。而砂基培养则是在洗净的石英砂或玻璃球等材料中加入营养液来培养马铃薯的方法，在科学研究和生产实践中，溶液培养已成为一种主要的栽培方法。用溶液培养马铃薯材料，可以避免土壤中复杂因素的影响，并能方便地观察马铃薯对矿质元素的吸收和运输。但在溶液培养过程中，经常会出现根系缺氧、溶液 pH 值和渗透势发生改变等因素引起的死苗现象。因此，在实验过程中必须注意以下问题：

1)营养液和培养缸的选择

合适的营养液对于水培马铃薯的生长十分重要。由于马铃薯对离子的配合、渗透压和 pH 值的要求各不相同，因此迄今还没有适合于所有马铃薯生长的万能溶液。目前常用的营养液有 Hoagland 营养液、W. Knop 营养液(具体配制方法可参考有关文献资料)。一般马铃薯都可选用某种营养液作为基本溶液，再根据不同马铃薯的特点进行适当调整。但是，无论选择哪种营养液，都需要注意各种元素之间的配比，它们必须是一种平衡溶液。实验室常规培养缸可选用玻璃、陶瓷、塑料等材质，缸内液面不宜过低，要求便于自然通气；容积在1~2L左右为宜，随着植株长大，可以更换2L以上或更大的培养缸。做缺素试验时，最好选用聚乙烯塑料培养缸，以避免抗体释放的元素干扰试验。做分根培养时，可在缸的底部中线焊上隔板，将缸体平均分成两个部分，培养缸选好后，还要配上合适的盖子，常用厚布或硬纸板在加热的石蜡中浸透，晾凉后打上大小合适的孔，供栽植幼苗用。如果是玻璃或透明的塑料培养缸，还需要将缸体涂黑或用黑纸包裹，外边再包上一层白纸，避免根系见光，同时可抑制藻类的生长。

2)调节溶液pH值和渗透势

在培养溶液里，随着作物的生长和根系的代谢作用，会使溶液pH值发生改变，可以经常更换溶液或采用含有缓冲能力的混合营养液来维持溶液pH值，一般pH值在5.5~6.5。马铃薯正常生长的同时，还必须使营养液维持一定的渗透势，以保持生理平衡。通常适宜于作物生长的渗透势为-0.3~-0.1MPa。可以通过加入NaCl等盐类来降低溶液的渗透势。

3)通气

进行大量溶液培养时，可以采用自动的通气装置，实验室的小规模试验通常使用小型的鱼缸加氧泵或手工定时打气的办法解决根系的通气问题。

4)溶液培养举例

①种子培养的方法步骤

a. 籽粒饱满、无病虫的马铃薯种子若干。用自来水洗净并控去水分后，用0.1% $HgCl_2$溶液消毒10min，取出后先用自来水反复冲洗，再用蒸馏水洗2~3次，并在蒸馏水中吸胀2~4h(吸胀时间长短因不同品种而异)，将其平铺在垫有2层吸水滤纸的培养皿上，在25℃恒温培养箱中催芽。待胚根长出0.5cm左右时，即可进行溶液培养。

b. 取1~5cm厚的塑料泡沫板，切割成与培养盆(缸)口形状相同且略大一些的块，再用打孔器在上面均匀的打成直径约1cm左右的孔，一面装上塑料纱网待用。

c. 在准备好的培养缸中装入1/4浓度的完全培养液至3/4高度。将塑料泡沫板盖好后，(有塑料纱网的一面朝下，选取生长一致的萌发马铃薯播种在小孔中，每孔23粒(并留下1个小孔插入通气管)。盖上1层湿纱布，按随机排列法整齐的摆放在温室中，光下培养。注意每天打开气泵2次，每次通气不少于30min。如果培养时间超过1周时，还需要更换培养液。

d. 培养结束后，按实验要求取一定部位的材料进行各项测定。倒去培养液，洗净培养盆。

②幼苗培养的方法步骤

a. 所用的塑料泡沫板不需要装塑料纱网，以便使根系通过小孔直接伸到培养液中。

b. 将待培养幼苗的根系先用自来水洗净，再用蒸馏水洗2~3次，放在吸水纸上吸去表面多余水分，用海绵条轻轻裹住幼苗基部，并插入泡沫板的小孔中。每个小孔可插3~4棵2叶龄的马铃薯幼苗，待全部插完(留1孔通气)后，小心地将根系放入培养液中盖好，一般培养幼苗的培养液应稀释到原浓度的1/4~1/2为宜，其余各操作步骤与种子培养相同。

③大田栽培苗或土壤盆栽苗的溶液培养

挖出的苗子用自来水洗净后(注意尽量不使根系受损伤)，应先在自来水中培养2~3d，待发出新根后再进行溶液培养。其余步骤与土壤盆栽相同。

(2)土壤盆栽

①盆栽土壤的准备

土壤盆栽需要提前准备装盆用的土壤，将土壤晒干过筛后搅拌均匀，保存在较大的容器中备用。在装盆前测定土壤含水量和N、P、K等各种营养元素的含量，然后再根据不同的实验目的对土壤进行拌肥、加水等处理。

②播种和管理

用于盆栽的种子要进行仔细选择，播种量应多于计划留苗数；播种密度应根据试验要求和植株的大小决定。播种时，要将已经称过重量的盆土留一部分出来作为盖土用，马铃薯种子的盖土深度应在1.5cm以下。播前将盆土压平，灌水，当水分渗入土壤后，将种子按适当的距离均匀排列好，再将盖土均匀覆盖在种子上并轻轻压平，上面最好再盖上一层干净的石英砂，防止浇水时形成板结。

2. 马铃薯材料的采取

实验结果的准确性和有效性在很大程度上取决于取样方法的科学性和样品的代表性，试验中所用的样品称为分析样品，分析样品的获得需要经过下列步骤：采取原始样品→分选平均样品→获得分析样品。

(1)原始样品的采取方法

①随机取样

在试验区域大田中或储藏库中选择有代表性的样点，其数目多少视田块和储藏库的大小而定，一般为3~5个。样点选好后，可随机采取一定数量的样株，也可在每一个样点中按规定的面积采取样株。

②对角线取样

在大田或储藏库可按对角线选定5个取样点，然后在每个取样点上随机取一定的样株，或在每个样点上按规定面积采取样株。

(2)平均样品的采取法

①混合取样法

马铃薯样品可采取混合取样法进行取样。其具体操作方法是将原始样品平铺在木板或玻璃板上。均匀地摊成一层，按对角线划成四等份。取对角线的两份为进一步取样的材料。而将其余的两份淘汰。再将留下的两份充分混合后用同样的方法重复上述的操作，每次淘汰50%，直到所取的样品达到要求数量为止，这种取样方法也称为四分法。液态样品如马铃薯汁液、伤流液在取样时，应将多个样品混合后量取一定的体积作为平均样品。

②按比例取样法

马铃薯植株材料往往不均衡，在这种情况下，应将原始样品按不同类型样品比例选取平均样品，例如按大、中、小不同类型样品的比例取样。然后将每一单个样品纵切剖开后各切取相同的比例，混合在一起组成平均样品。

③按生育期取样法

在马铃薯生理研究中，常常需要观察、分析马铃薯材料或某种因素的处理在不同生育期的动态变化，因此要按生育期取样。在幼苗期取样，因植株较小，采取的株数就比较多，随着植株逐渐长大，每次采取的株数也相应减少。原则是所取样品的干重应当大于分析用量的2倍，而且绝不能采单株作为样品，在各个生育期取样时，都应事先调查植株的生育状况，并将样本区分为若干类型，计算各种类型植株所占的比例，再依此采取相应的样株作为平均样品。

分析样本的选取从田间取样所得的平均样本常常数目还相当大，不可能全部进行烘干存放和分析，还需要再次从田间平均样本中进行取样。这时一般将植株各部分按对角线四分法取样，根、茎、叶、块茎各部分一般取100~200g鲜样进行干燥，以备作为分析材料。

如果选取材料不是整个植株，而是一个植株的某一器官的全部，或是某一器官的某一部位，这就必须要使各处理的取样部位一致，不然会因植株部位不同而造成误差；同时还应注意选取已经定型或对某试验因素最敏感的部位组成平均样本。

块茎分析样本取样不仅要注意平均样品中块茎大小、老嫩的比例，同时还应注意一个块茎剖面营养物质在剖面上的分布的不均匀性。因此，块茎取分析样品时在块茎老嫩、大小比例的基础上，对一个块茎切取时要按以下方法切取。即纵切一刀，在各纵切面上切取一小片，然后在纵切的两半块茎上垂直于纵切面横切一刀，再在两个横切面上各切一小片，由切下的小片材料组成平均样品。或者用打孔器从顶部到基部方向和垂直方向各取样一次，将取下的样品混匀，组成平均样品。由田间或温室花盆取回的样本，必须将泥土擦干净。

3. 注意事项

①取样时应避开地头、边行、粪堆、水沟或缺苗断垄等没有代表性的地方。

②取样后，按分析的目的分成各个部分。如根、茎、叶、花等，然后捆好，附上标签，分别装入样品袋。

③对于水分较多、容易霉烂变质的样品，经分选得到平均样品后可在冰箱中冷藏，或用干燥灭菌处理或烘干后供分析使用。

3.2.2 试样的预处理

马铃薯块茎中所含有的蛋白质、脂肪、糖类等对食品中维生素、微量元素等营养素的分析常产生干扰，因此在分析测定之前必须进行试样处理。处理试样必须注意既要排除干扰测定的因素，又要不使被测定的物质遭受损失，而且要使被测物质达到一定的浓缩，以使检出结果较佳。试样的预处理是全分析过程中重要的一个环节。

试样的处理方法应根据被测物质的理化性质以及产品的类型与特点而采取不同的处理方法。常用的方法参看3.3节的相关内容。

3.2.3 试样的保存

制备好的试样最好是在当天进行分析，以免因试样在存放过程中丢失营养素而造成各待测物质含量的改变而使检测结果不准确。如果不能当天进行分析，就必须妥善保存试样。试样应保存在密封、洁净的容器内，存放在避光处，温度在0~5℃，在此条件下，试样不能长期保存，应尽快分析。

样本的烘干和磨碎分析用的样本，如果可以用干样，可以将样本烘干并可作短期的保存。为了防止微生物影响下发生霉变，和材料本身酶类的分解，必须使样本材料的酶迅速钝化。为此，将新鲜材料放在 100～105℃的恒温箱内烘 0.5h，然后将温度下降到 60～70℃，继续烘 14～16h，使样本材料达恒重止。如果样本很多，一时不能将全部材料烘干，也可将已钝化的材料，放在空气流通的干燥地方摊成薄层进行风干，并注意经常翻动样本材料，以使风干均匀，防止腐烂霉变，然后再将风干的材料分批放干燥箱在 70℃恒温下烘 8～10h，达恒重止。已干燥的样本材料用粉碎机粉碎过筛，直到全部材料过筛为止。过筛后的材料放入能盖得严的玻璃瓶里或放在牛皮纸袋里，在干燥处保存。但不可存放太久。每次分析样品时，应将贮放在瓶中的样品在 70℃烘干 1～2h，达恒重时止。

3.2.4　马铃薯分析样品的处理与保存

采回的新鲜样品(平均样品)常混有泥土等杂质，不要用水冲洗，而应该用柔软的湿布擦净，然后置于空气流通处风干或烘干。烘干样品时，可先把植株放入 105℃烘箱中杀青 15～20min，及时终止酶活性并驱除水分，再转入 70～80℃，一直维持到样品烘干至恒重为止。一般烘干样品所需时间约为 1d 左右。

为了避免糖、蛋白质、维生素等成分的损失，可采用真空干燥或冷冻真空干燥法。根据样品的不同特点，烘干后还要分别进行如下处理。

1. 种子样品的处理与保存

一般样品最好用电动样品粉碎机粉碎。粉碎前应将机内清扫干净，最初粉碎出来的少量样品应弃去不用，然后正式进行粉碎，使全部样品通过 80～100 目筛孔的筛子。混合均匀后，按四分法取出一定量的样品作为分析样品储藏于干燥的磨口式广口瓶中，贴上标签，注明样品的名称、编号、采取地点、处理日期和采样人姓名等。长期保存时，还需要在标签上涂蜡并在样品中放入少量樟脑等防腐剂。

2. 茎秆样品的处理与保存

干燥后的茎秆样品也要粉碎，所使用的粉碎机与粉碎种子的电动磨粉机不同，实验室常用的小样品量马铃薯样品粉碎机即可用于茎秆样品的粉碎，该机的切割部分由几副排列相反的刀片组成。粉碎后的样品按种子样品保存的方法保存。

3. 新鲜样品和多汁样品的处理与保存

用于测定酶活性或某些成分(如维生素 C 等)的含量时，需要使用新鲜样品。因此，样品的保鲜非常重要。取样后应立即进行待测组分的提取；也可在液氮中冷冻保存，或用冰冻真空干燥法获得干燥样品后，在 0～4℃冰箱中保存。一般多汁样品，如块茎等，在保存过程中容易发生变化，取回样品后，应立即取出平均样品，再用锋利的不锈钢刀切成小块，在电动捣碎机中打成匀浆。如果样品含水量较少，可按样品重量加入适量的水或提取介质，然后捣碎。样品量少时，可在研钵中研磨，必要时可加少量石英砂。如果所测物质不稳定(如某些维生素和酶等)，则上述操作均应在低温下进行。样品匀浆若来不及测定，可暂存冰箱内，但时间不宜过长(一般不应超过 1～2h)。

4. 细胞丙酮干粉的制备

在分离、提纯或测定某种酶的活力时，制备丙酮干粉法是比较有效的方法之一。将新鲜样品打成匀浆，放入布氏漏斗，按匀浆重量缓慢加入 10 倍预冷至-20～-15℃的丙酮，迅速抽滤，再用5倍的预冷丙酮洗3次，在室温下放置1h左右至无丙酮气味，然后移至盛有五氧化二磷的真空干燥器中干燥。丙酮干粉的制备应在低温下完成，所提丙酮干粉可长期保存于低温冰箱内。用这种方法能有效地抽提出细胞中的物质，还能除掉脂类物质，从而免除脂类的干扰，且使得原先难溶的酶变得溶解于水。

3.3 马铃薯样品的前处理

对大多数样品都需要进行前处理(也称预处理)，将样品转化成可以测定的形态以及将被测组分与干扰组分分离。由于实际分析的对象往往比较复杂，在检测中最大的误差往往来源于前处理过程。

分离提取和富集技术在进行物质分离和检测的前处理中具有十分重要的意义，分离提取的好坏直接影响到分析结果的正确性。分离方法在定量分析中可以达到消除干扰和富集效果，保证分析结果的准确性，扩大分析应用范围。

3.3.1 前处理的目的和原则

1. 马铃薯样品分析中的注意事项

马铃薯样品的分析需要注意很多问题。从采样到样品分析的整个过程中，马铃薯产品不能发生明显的特性改变。

(1)酶的活动

酶的活动是马铃薯样品采样过程中普遍存在的问题。如果需要分析块茎中的成分，如淀粉、还原糖、蛋白质等的含量，在准备样品时不能激活任何种类的酶，否则成分会发生改变。

(2)脂肪保护

样品中的脂肪是很难研磨处理的，一般需要冷冻。非饱和脂肪酸可能发生各种氧化反应，光照、高温、氧气和过氧化剂都可能增加被氧化的概率。因此通常将这种含有高不饱和脂肪的样品保存在氮气等惰性气体中，并且低温存放在暗室或深色瓶子里。在不影响分析的前提下还可以加入抗氧化剂以减缓氧化的发生。

(3)微生物的生长和交叉污染

微生物普遍存在于大多数马铃薯产品中，如果不加控制可能改变样品的成分。冷冻、烘干、热处理和化学防腐剂常常用于控制马铃薯产品中微生物的增长。防腐剂的使用需要根据存储条件、时间和将要进行的分析项目而定。

(4)物理变化

样品中也可能发生几种物理变化，例如，由于蒸发或者浓缩，水分可能有所损失，脂肪或冰可能融化或者结晶，结构属性可能混乱。通过控制温度和外力可以将物理变化控制到最低限度。

2. 前处理的目的

(1)测定前排除干扰组分。

(2)对样品进行浓缩。

3. 前处理的原则

(1)消除干扰因素。

(2)完整保留被测组分。

(3)使被测组分浓缩。

总的目的是获得可靠的分析结果。

3.3.2　样品的前处理技术

马铃薯成分复杂，既含有大分子有机化合物，如淀粉、蛋白质、维生素等，又含有各种无机元素，如钾、钠、钙、铁等。这些组分往往以复杂的结合态或配位态形式存在。当应用某种化学方法或物理方法对其中某种组分的含量进行测定时，其他组分的存在常给测定带来干扰。为保证检测工作的顺利进行，得到准确的结果，必须在测定前排除干扰；此外，有些被检测物的含量极低，如污染物、农药、黄曲霉毒素等，要准确地测出它们的含量，必须在测定前对样品进行浓缩。以上这些操作统称为样品前处理，又称样品预处理，是马铃薯检验过程中的一个重要环节，直接关系着检验结果的客观和准确。

样品的前处理要根据被测物的理化性质以及样品的特点进行。样品的前处理常用下列几种方法。

1. 溶解法

水是常用溶剂，能溶解很多糖类、部分氨基酸、有机酸、无机盐等。酸碱能溶解某些不溶性糖类、部分蛋白质。

有机溶剂如乙醚、乙醇、丙酮、氯仿、四氯化碳、烷烃等，多用于提取脂肪、单宁、色素、部分蛋白质等有机化合物。实际检测中应根据“相似相溶”的原则，选用合适的有机溶剂。有机相中存在的少量水，若对测定有影响，可以用无水氯化钙、无水硫酸钠脱水。

2. 有机物破坏法

有机物破坏法主要用于样品中无机盐或金属离子的测定。无机盐或金属离子常与蛋白质等有机物质结合，成为难溶、难离解的有机金属螯合物，欲测定其中金属离子或无机盐的含量，需在测定前破坏有机结合体，释放出被测组分。通常采用高温，或高温及强氧化条件使有机物质分解，呈气态逸散，使被测组分残留下来。

有机物破坏法主要有以下几种：

(1)干法灰化

①原理

将一定量的样品置于坩埚中加热，小火炭化后，使其中的有机物脱水、炭化、分解、氧化，再置于 500~600℃电炉上灼烧灰化，直至残灰为白色或浅灰色为止，所得残渣即为无机成分，可供测定用。

②方法特点

干法灰化的优点在于有机物分解彻底，操作简单，不需要操作者经常看管；基本不加或加入很少的试剂，空白值低。但此法所需时间较长，因温度过高易造成某些易挥发元素的损失，坩埚对被测组分有吸留作用，致使测定结果和回收率降低。

③提高回收率的措施

a. 根据被测组分的性质，采取适宜的灰化温度。

b. 加入助灰化剂，防止被测组分的挥发损失和坩埚吸留。例如，通过加入氢氧化钠或氢氧化钙可使卤素转变为难挥发的碘化钠或氟化钙；加入氯化镁或硝酸镁可使磷元素、硫元素转变为磷酸镁或硫酸镁，防止它们损失。

近年来已开发了一种低温灰化技术，将样品放在低温灰化炉中，先将空气抽至0~133.3Pa，然后不断通入氧气，0.3~0.8L/min，用射频照射使氧气活化，在低于150℃的温度下可使样品完全灰化，从而克服高温灰化的缺点，但所需仪器价格较贵。

(2)湿法消化

湿法消化即将试样与浓酸共热分解试样。常用的浓酸有硫酸、硝酸、盐酸、高氯酸。高锰酸钾、过氧化氢也可用于试样的分解。

①原理

向样品中加入强氧化剂，并加热煮沸，使样品中的有机物质完全分解、氧化，呈气态逸出。待测成分转化为无机物存在于消化液中，供测试用，简称消化。

②方法特点

湿法消化的优点在于有机物分解速度快，所需时间短；由于加热温度较干法低，故可减少金属挥发逸散的损失，容器吸留也少。但在消化过程中，常产生大量有害气体，因此操作过程需在通风橱内进行；消化初期，易产生大量泡沫外溢，故需操作人员随时照管；此外，试剂用量较大，空白值偏高。

湿法消化也可用双氧水代替硝酸进行操作，滴加时应沿壁缓慢进行，以防暴沸。

近年来，已开发了一种新型样品消化技术，即高压密封罐消化法。此法是在聚四氟乙烯容器中加入适量样品和氧化剂，置于密封罐内并置120~150℃烘箱中保温数小时，取出自然冷却至室温，便可取此液直接测定。此法克服了常压湿法消化的一些缺点，但要求密封程度高，高压密封罐的使用寿命有限。

(3)常用湿法消化方法

①硝酸-高氯酸-硫酸法

称取5~10g粉碎的样品于250~500mL凯氏烧瓶中，加少许水使之湿润，加数粒玻璃珠，加4∶1的硝酸-高氯酸混合液10~15mL，放置片刻，小火缓缓加热。待作用缓和后放冷。沿瓶壁加入5mL或10mL浓硫酸。再加热，至瓶中液体开始变成棕色时，不断沿瓶壁滴加硝酸-高氯酸混合液(4∶1)至有机物分解完全。加大火力至产生白烟。溶液应澄清，无色或微黄色。在操作过程中应注意防止爆炸。

②硝酸-硫酸法

称取均匀样品10~20g于凯氏烧瓶(见图3-3)中，加入浓硝酸20mL、浓硫酸10mL，先以小火加热，待剧烈作用停止后，加大火力并不断滴加浓硝酸直至溶液透明不再转黑为止。每当溶液变深时，立即添加硝酸，否则溶液难以消化完全。待溶液不再转黑后，继续加热数分钟至有浓白烟逸出。消化液应澄清透明。

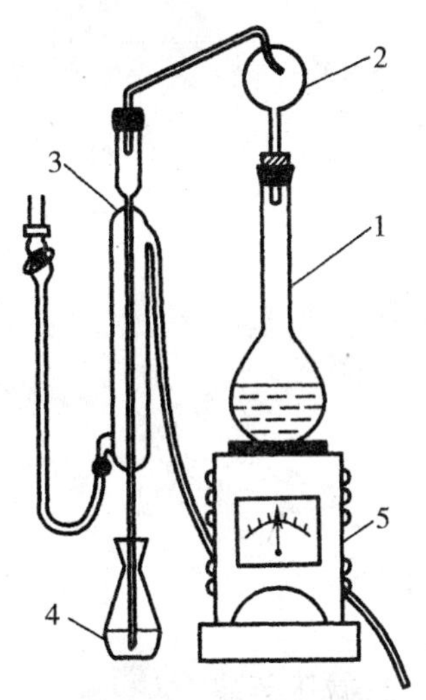

1—凯氏烧瓶；2—定氮球；
3—直形冷凝管及导管；
4—收集瓶；5—电炉
图3-3　凯氏烧瓶示意图

3. 蒸馏法

蒸馏法是利用被测物质中各组分挥发性的差异来进行分离的方法。可以用于除去干扰组分，也可以用于被测组分的蒸馏逸出，收集馏出液进行分析。

当加热液体时，低沸点、易挥发物质首先蒸发，故在蒸气中比在原液体中有较多的易挥发组分，在剩余的液体中含有较多的难挥发组分，因而蒸馏可使原混合物中各组分得到部分或完全分离。这只是在各组分的沸点差大于 30℃ 的液体混合物或者组分之间的蒸气压之比(或相对挥发度)大于 1kPa，才能利用蒸馏方法进行分离或提纯。

加热方式据蒸馏物的沸点和特性不同有水浴、油浴和直接加热。

如果液体中几乎不存在空气，器壁光滑、洁净，形成气泡就非常困难，这样加热时，液体的温度可能上升到超过沸点很多而不沸腾，这种现象称为“过热”。液体在此温度时的蒸气压已远远超过大气压和液柱压力之和，因此上升气泡增大非常快，甚至将液体冲出瓶外，称为“暴沸”。为了避免“暴沸”现象的发生，应在加热之前，加入沸石、素瓷片等助沸物，以形成气化中心，使沸腾平稳。在任何情况下，不可将助沸物在液体接近沸腾时加入，以免发生“冲料”或“喷料”现象。

(1)常压蒸馏

常压蒸馏为一般蒸馏方式，多数沸点较高，热稳定性好的成分可以采用这种方式。加热方式可以根据蒸馏物的沸点和特性不同可以选择水浴、油浴或直接加热。常压蒸馏装置如图 3-4 所示。

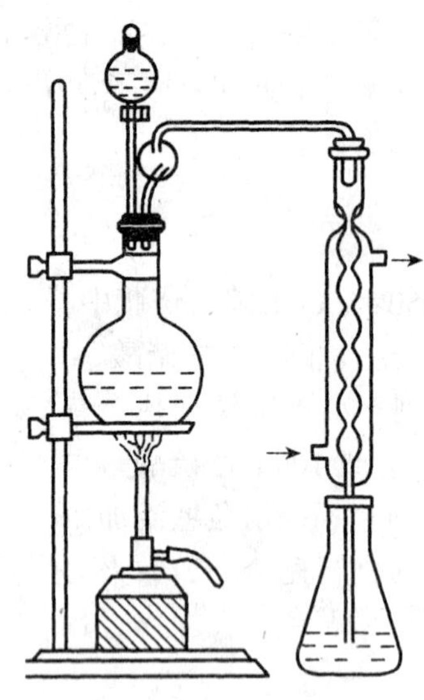

图 3-4　常压蒸馏装置

(2)减压蒸馏

某些被测物质热稳定性差，容易分解或沸点过高，可以采用减压蒸馏。减压装置可以采用水泵或真空泵。减压蒸馏装置如图 3-5 所示。

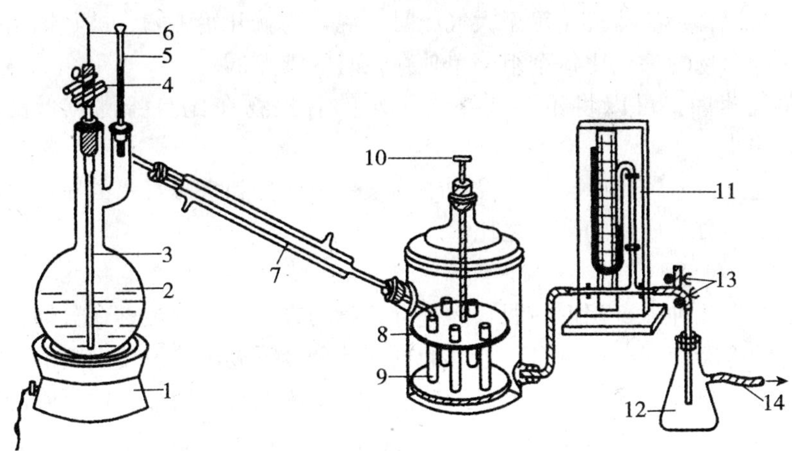

1—电炉；2—克莱森瓶；3—毛细管；4—螺旋止水夹；5—温度计；6—细铜丝；7—冷凝器；8—接收瓶；9—接收管；10—转动把；11—压力计；12—安全瓶；13—三通管阀门；14—接抽气机

图 3-5 减压蒸馏装置

(3)水蒸气蒸馏

当混合物中含有大量的不挥发的固体或含有焦油状物质时，或在混合物中某种组分沸点很高，在进行普通蒸馏时，由于受热不均匀会出现局部炭化或出现在沸点时发生分解，对如上这些混合物在利用普通蒸馏、萃取、过滤等方法难于进行分离的情况下，可采用水蒸气蒸馏的方法进行分离。水蒸气蒸馏是分离和提纯有机化合物的一种方法，如挥发酸的测定。水蒸气蒸馏是用水蒸气来加热混合液体，使具有一定挥发度的被测组分与水蒸气分压成比例地自溶液中一起蒸馏出来。水蒸气蒸馏装置如图 3-6 所示。

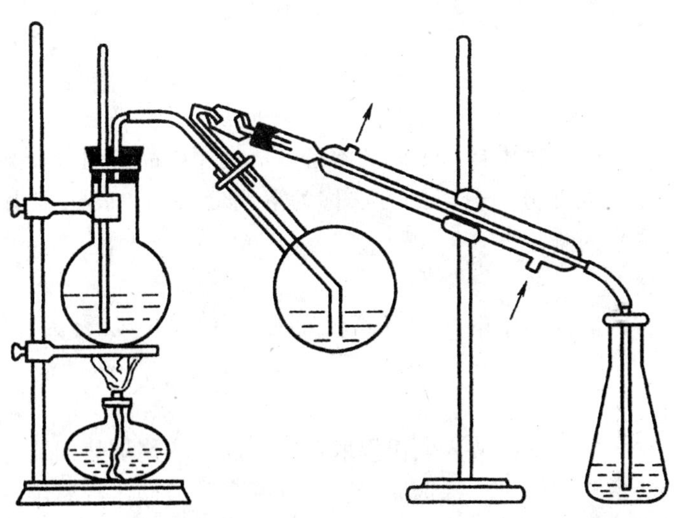

图 3-6 水蒸气蒸馏装置

水蒸气蒸馏的原理是两种互不相溶的液体混合物其蒸气压等于两种液体单独存在时的蒸气压之和。当混合物的蒸气压等于大气压时，混合物就开始沸腾，被蒸馏出来。因此互不相溶的液体混合物的沸点比每个组分单独存在时的沸点低。

利用水蒸气蒸馏，可以将不溶或难溶于水的有机物在比自身沸点低的温度(低于100℃)下蒸馏出来。

当水蒸气通入被蒸馏物中，被蒸馏物中的某一个组分和水蒸气水的质量之比等于两者分压和它们的相对分子质量的乘积之比。

(4)分馏

应用分馏柱将几种沸点相近的混合物进行分离的方法称为分馏。在分馏柱内，当上升的蒸气与下降的冷凝液互相接触时。上升的蒸气部分冷凝放出热量使下降的冷凝液部分气化，两者之间发生热量交换，其结果，上升蒸气中易挥发组分增加，而下降的冷凝液高沸点组分(难挥发组分)增加，如此继续多次，就等于进行了多次的气液平衡，即达到了多次蒸馏的效果。这样靠近分溜柱顶部易挥发物质的组分比率高，而在烧瓶里高沸点组分(难挥发组分)的比率高。这样只要分馏柱足够高，就可将这种组分完全彻底分开。

蒸馏和分馏的基本原理是一样的，都是利用有机物质的沸点不同，在蒸馏过程中低沸点的组分先蒸出，高沸点的组分后蒸出，从而达到分离提纯的目的。不同的是，分馏借助于分馏柱使一系列的蒸馏不需多次重复，一次得以完成(分馏即多次蒸馏)；应用范围也不同，蒸馏时混合液体中各组分的沸点要相差 30℃以上才可以进行分离，而要彻底分离，沸点要相差 110℃以上，而分馏可使沸点相近的互溶液体混合物(甚至沸点仅相差 1~2℃)得到分离和纯化。

(5)扫集共蒸馏法

一种专用设备，管式蒸馏器后接冷凝装置与微型层析柱。多用于农药残留量的检测。特点：需样量少，用注射器加料，节省溶剂，速度快，自动化式 5~6s 测一个样，有 20 条净化管道。

4. 溶剂提取法

(1)浸提法

①溶剂分层法

在同一溶剂中，不同的物质具有不同的溶解度。利用样品各组分在某一溶剂中溶解度的差异，将各组分完全或部分地分离的方法称为溶剂分层法。此法常用于维生素、重金属、农药及黄曲霉毒素的测定。

②浸泡法

用适当的溶剂将固体样品中的某种待测成分浸提出来的方法称为浸泡法，又称液-固萃取法。

③索氏提取法

索氏提取法是将一定量样品放入索氏提取器中，加入溶剂加热回流一定时间，将被测成分提取出来。此法溶剂用量少，提取完全，回收率高；但操作较麻烦，且需专用的索氏提取器。

(2)溶剂萃取法

溶剂萃取法用于从溶液中提取某一组分，利用该组分在两种互不相溶的试剂中分配系数的不同，使其从一种溶剂中转移至另一种溶剂中，从而与其他成分分离，达到分离和富集的目的，称为溶剂萃取法。若被转移的成分是有色化合物，可用有机相直接进行比色测定，即萃取比色法。萃取比色法具有较高的灵敏度和选择性，如用双硫腙法测定食品中的铅含量。溶剂萃取法设备简单、操作迅速、分离效果好、应用广泛，但是成批试样分析时工作量大，同时萃取溶剂常易挥发、易燃、有毒性，操作时应加以注意。萃取操作如图3-7所示。

1)萃取剂的选择

实现萃取分离所用的溶剂称为萃取剂，萃取蒸馏所用的添加剂有时也称为萃取剂。萃取剂应与原溶剂不互溶，对被测组分有最大溶解度，而对杂质有最小溶解度。即被测组分在萃取剂中有最大的分配系数，而杂质只有最小的分配系数。经萃取后，被测组分进入萃取剂中，即同仍留在原溶剂中的杂质分离开。此外，还应考虑两种溶剂分层的难易以及是否会产生泡沫等问题。对萃取剂的基本要求是：

①选择性系数要大，可使萃取分离操作简便，容易得到纯度高的萃取产品；

②对溶质的溶解度要大(即萃取容量高)，操作用量就少；

③与原溶剂的互溶度要小(即分离效果好)，萃取剂在萃余液中的损失较少；

④黏度要小，界面张力适度，对料液有较大的密度差，以方便操作；

⑤化学性质稳定，无毒性，挥发度低，不易燃烧；

⑥价廉易得，或容易回收。

萃取剂可用单组分溶剂，也可用多组分混合溶剂，主要取决于工艺上的选择。多组分萃取剂是由萃取反应剂、稀释剂、调节剂和协萃剂复配而成。其中萃取反应剂能选择性地与被萃组分发生反应，生成易溶于萃取溶剂的萃取化合物；稀释剂用以降低萃取剂的黏度和密度；调节剂用以提高萃取化合物在稀释剂中的溶解度；协萃剂本身也是萃取反应剂，可用它提高萃取剂的效能。

经常使用的萃取剂有：乙醇、苯、四氯化碳、氯仿、石油醚、三氯甲烷、正丁醇、醋酸酯等。按萃取剂的性能，大致可分为：

①中性萃取剂，如醇、酮、醚、酯、醛及烃类。它们能够直接溶解被萃组分(如四氯化碳用以萃取碘)；或先与被萃组分生成溶剂络合物(如用磷酸三丁酯萃取硝酸铀酰)。

②酸性萃取剂，如羧酸、酸性磷酸酯等。萃取时萃取剂将自身的氢离子换取料液中的金属阳离子，如用磷酸双-2-乙基己酯萃取液。有时先将萃取剂中的氢离子换成适当的金属离子，可避免萃余液酸度增高而影响萃取平衡关系。

③螯合萃取剂，也是酸性的萃取剂。螯合萃取剂有两个官能团参与反应，与被萃离子生成具有螯环的化合物，并释放出氢离子。这类萃取剂的选择性较好。

④胺类萃取剂，主要用叔胺和季铵盐。前者与料液中的游离酸结合而实现萃取，如用三辛胺萃取铬酸；后者以自身的阴离子换取料液中的阴离子而萃取。此外，石油炼制工业中用BIX法(见芳烃抽提)，以甘醇类的水溶液分离芳烃和烷烃。在特殊情况下，液化的氨、丙烷和二氧化硫以及熔融的盐类，也用作萃取剂。

反萃取所用的溶剂，称为反萃剂。对有机萃取液的反萃，通常用纯水或酸、碱、盐的水溶液。

2)萃取方法

萃取通常在分液漏斗中进行，一般需经 4～5 次萃取才能达到完全分离的目的。当用比水轻的溶剂从水溶液中提取分配系数小或振荡后易乳化的物质时，采用连续液体萃取器较分液漏斗效果更好。

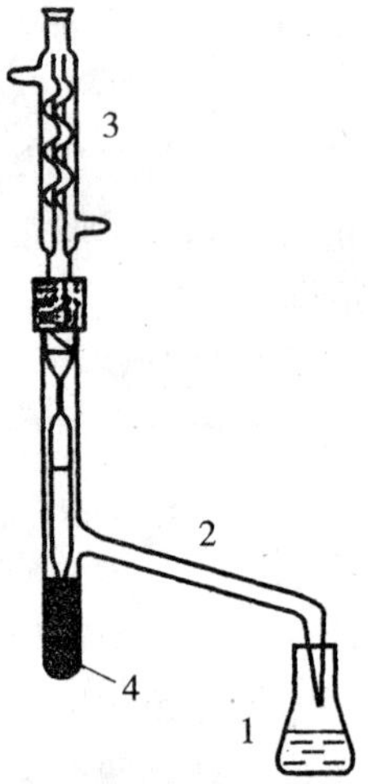

(3)捣碎法

将切碎的样品放入捣碎机中加溶剂捣碎一定时间，使被测成分提取出来。此法回收率较高，但干扰杂质溶出较多。

一般来说，提取剂的提取效果符合相似相溶的原则，故应根据被提取物的极性强弱选择提取剂。对极性较弱的成分(如有机氯农药)可用极性小的溶剂(如正己烷、石油醚)提取，对极性强的成分(如黄曲霉毒素 B_1)，可用极性大的溶剂(如甲醇与水的混合溶液)提取。溶剂沸点宜在 45～80℃。沸点太低易挥发，沸点太高则不易浓缩，且对热稳定性差的被提取成分也不利。此外，溶剂要稳定，不与样品发生作用。

1—锥形瓶；2—导管；
3—冷凝管；4—欲萃取相
图 3-7　萃取操作示意图

(4)振荡浸渍法

将样品切碎，放在一合适的溶剂系统中浸渍、振荡一定时间，即可从样品中提取出被测成分。此法简便易行，但回收率较低。

5. 盐析法(沉淀反应)

向溶液中加入某种无机盐，使溶质在原溶剂中的溶解度大大降低而从溶液中沉淀析出，称为盐析法。在试样中加入适当的沉淀剂，使被测组分沉淀下来或将干扰组分沉淀下来，再经过滤或离心把沉淀和母液分开。如在蛋白质溶液中加入大量盐(如硫酸钠、氯化铵等)，特别是重金属盐(碱性硫酸铜、碱性醋酸铅等)，使蛋白质从溶液沉淀析出，分离沉淀后进行测定，在进行盐析时。应注意溶液中所要加入的无机盐的选择，要求其不能破坏溶液中要析出的物质，不然达不到盐析提取物质的目的。

6. 化学分离法

(1)磺化法和皂化法

磺化法和皂化法是除去油脂的一种方法，常用于农药分析中样品的净化。例如，残留农药分析和脂溶性维生素测定中，油脂被浓硫酸磺化，或被碱皂化，由疏水性变成亲水性，使油脂中需检测的非极性物质能较容易地被非极性或弱极性溶剂提取出来。

①硫酸磺化法

硫酸磺化是用浓硫酸处理样品提取液，有效地除去脂肪、色素等干扰杂质。其原理是浓硫酸能使脂肪磺化，引进典型的极性官能团—SO_3，并与脂肪和色素中的不饱和键起加成作用，形成可溶于硫酸和水的强极性化合物，不再被弱极性的有机溶剂所溶解，从而达到分离净化的目的。此法简单、快速、净化效果好，但用于农药分析时，仅限于在强酸介质中稳定的农药(如有机氯农药中六六六、DDT)提取液的净化，其回收率在 80%以上。

②皂化法

皂化法是用热碱溶液处理样品提取液，以除去脂肪等干扰杂质。其原理是利用 KOH-乙醇溶液将脂肪等杂质皂化除去，以达到净化目的。此法仅适用于对碱稳定的农药提取液的净化。

皂化法原理：酸+碱→酸或脂肪酸盐+醇。

在残留农药分析和脂溶性维生素测定中，油脂被浓硫酸磺化或被碱皂化，使脂肪等干扰物质被除去，达到分离净化的目的。此方法适合于在强酸或强碱介质中稳定的物质(如农药)的净化。

(2)沉淀分离法

沉淀分离法是利用沉淀反应进行分离的方法。在试样中加入适当的沉淀剂，使被测组分沉淀下来，或将干扰组分沉淀除去，从而达到分离的目的。

(3)掩蔽法

利用掩蔽剂与样液中的干扰成分作用，使干扰成分转变为不干扰测定的状态，即被掩蔽起来。运用这种方法，可以不经过分离干扰成分的操作而消除其干扰作用，简化分析步骤，因而在食品分析中应用十分广泛。掩蔽法常用于金属元素的测定。

7. 色层分离法

色层分离法又称色谱分离法，是一种在载体进行物质分离的方法的总称，是一类非常有效的分离有机混合物的方法。根据分离原理不同，色层分离法可以分为吸附色谱分离、分配色谱分离、离子交换色谱分离等。由于此类分离方法分离效果好，目前应用更加普遍。

色谱分离是通过混合物在两相间的分配差异来实现的。构成色谱分离的两相，分别称为固定相和流动相，分离时流动相流过固定相。色谱法的分离原理就是利用待分离的各种物质在两相中的分配系数、吸附能力等亲和能力的不同来进行分离的。使用外力使含有样品的流动相(气体、液体)通过一固定于柱中或平板上、与流动相互不相溶的固定相表面。当流动相中携带的混合物流经固定相时，混合物中的各组分与固定相发生相互作用。由于混合物中各组分在性质和结构上的差异，与固定相之间产生的作用力的大小、强弱不同，随着流动相的移动，混合物在两相间经过反复多次的分配平衡，使得各组分被固定相保留的时间不同，从而按一定次序由固定相中先后流出。与适当的柱后检测方法结合，实现混合物中各组分的分离与检测。

色谱分析法有很多种类，从不同的角度出发可以有不同的分类方法。

从两相的状态看，流动相可以是气体，也可以是液体，由此可分为气相色谱法(GC)和液相色谱法(LC)。固定相既可以是固体，也可以是涂在固体上的液体，由此又可将气相色谱法和液相色谱法分为气-液色谱、气-固色谱、液-固色谱、液-液色谱。

(1)根据两相的物态类型，有液-固色谱和液-液色谱两类基本色谱方法。

①液-固色谱：固定相是粉末状或颗粒状固体，具有表面吸附活性，流动相是液体。混合物中各组分在固定相表面上的吸附强度不同，当流动相流过时各组分随流动相的移动速度不同而实现分离。柱色谱、薄层色谱大都属于这类色谱。

液-固色谱原理：液-固色谱是基于吸附和溶解性质的分离技术，当混合物溶液加在固定相上，固体表面借各种分子间力(包括范德华力和氢键)作用于混合物中各组分，以不同的作用强度被吸附在固体表面。由于吸附剂对各组分的吸附能力不同，当流动相流过固体表面时，混合物各组分在液-固两相间分配。

吸附牢固的组分在流动相分配少，吸附弱的组分在流动相分配多。流动相流过时各组分会以不同的速率向下移动，吸附弱的组分以较快的速率向下移动。随着流动相的移动，在新接触的固定相表面上又依这种吸附-溶解过程进行新的分配，新鲜流动相流过已趋平衡的固定相表面时也重复这一过程，结果是吸附弱的组分随着流动相移动在前面，吸附强的组分移动在后面，吸附特别强的组分甚至会不随流动相移动，各种化合物在色谱柱中形成带状分布，实现混合物的分离。

吸附剂对有机物的吸附作用有多种形式。以氧化铝作为固定相时，非极性或弱极性有机物只有范德华力与固定相作用，吸附较弱；极性有机物同固定相之间可能有偶极力或氢键作用，有时还有成盐作用。这些作用的强度依次为：成盐作用>配位作用>氢键作用>偶极作用>范德华力作用。

色谱分离使用的流动相又称展开剂，展开剂对于选定了固定相的色谱分离有重要的影响，在色谱分离过程中，混合物的各组分在吸附剂和展开剂之间发生吸附-溶解分配，强极性展开剂对极性大的有机物溶解的多，弱极性或非极性展开剂对极性小的有机物溶解的多，随展开剂流过不同极性的有机物以不同的次序形成分离带。

有机物的极性越强，在氧化铝上的吸附越强。在氧化铝柱中，选择适当极性的展开剂能使各种有机物按先弱后强的极性顺序形成分离带，流出色谱柱。当一种溶剂不能实现很好的分离时，选择使用不同极性的溶剂分级洗脱。

如一种溶剂作为展开剂只洗脱了混合物中一种化合物，对其他组分不能展开洗脱，需换一种极性更大的溶剂进行第二次洗脱。这样分次用不同的展开剂可以将各组分分离。

②液-液色谱：固定相是附着于载体的液层，流动相是另一种液体。混合物中各组分在两液相间的分配系数不同，则在两液相中的浓度不同，随流动相移动的速度也不同，从而实现分离。纸色谱和有些薄层色谱属于这类色谱。

(2)按固定相形状不同可分为柱色谱、纸色谱、薄层色谱。

①柱色谱：柱色谱属于液-固吸附色谱。具有进样量大、回收容易等优点，但其分辨率不如纸色谱和薄层色谱高。

②纸色谱：纸色谱属于液-液分配色谱，以滤纸为载体，是以滤纸纤维及其结合水作为固定相，以有机溶剂作为流动相的分配色谱分离。样品溶液点在纸上，作为展开剂的有机溶剂自下而上移动，样品混合物中各组分在水-有机溶剂两相发生溶解分配，并随有机溶剂的移动而展开，达到分离的目的。

纸色谱分离具有设备简单、操作方便、分离效率高、所需样品量少等优点，但分离量少，回收困难，分离速度慢。

③薄层色谱：最常用的薄层色谱也属于液-固吸附色谱。同柱色谱不同的是吸附剂被涂布在玻璃板上，形成薄薄的平面涂层。干燥后在涂层的一端点样，竖直放入一个盛有少量展开剂的的有盖容器中。展开剂接触到吸附剂涂层，借毛细作用向上移动。与柱色谱过程相同，经过在吸附剂和展开剂之间的多次吸附-溶解作用，将混合物中各组分分离成孤立的样点，实现混合物的分离。薄层色谱是柱色谱和纸色谱两者的结合。

(3)按色谱分离原理不同可分为吸附色谱、分配色谱、离子交换色谱法等。

①吸附色谱：利用吸附剂对不同组分的物理吸附性能的差异进行分离。吸附力相差越大分离效果越好。

②分配色谱：利用混合物的组分在两种互不相溶的液体中分布情况不同而得到分离。

这样的分离不经过吸附程序，仅由溶剂的萃取来完成，相当于一种连续性溶剂萃取方法。

③离子交换色谱法：以离子交换剂为固定相，利用其与流动相中待分离离子的交换反应或配位反应的强弱获取不同的迁移速度，达到物质分离的目的。

④凝胶色谱(凝胶渗透(过滤)色谱)：以凝胶作为固定相，当分离物通过时，小分子组分渗透于凝胶二维空间网状结构孔径内，形成流速慢的迁移，比网状结构内径大的分子通过胶粒间间隙随溶剂快速畅通流动。造成大分子先出，小分子随后的逆向筛分分离效果，通过凝胶本身的亲油性、亲水性也可选择性地分离极性、非极性物质。

⑤亲和色谱：以固定配体或生物大分子中一方作为固定相，利用它们间的亲和作用生成复合物而达到分离目的，典型例子是利用抗体(抗原)来分离抗原(抗体)。

(4)按流动相种类分类可分为气相色谱法(GC)和液相色谱法(LC)等，具体见表3-1。

表3-1　**按流动相分类的色谱类型**

色谱类型	流动相	主要分析对象
气相色谱(GC)	气体	挥发性有机物
高效液相色谱(HPLC)	液体	可以溶于水或有机溶剂的各种物质
超临界流体色谱(SFC)	超临界流体	各种有机化合物
电色谱(CEC)	电渗流	离子和各种有机化合物

高效液相色谱法是在经典色谱法的基础上，引用了气相色谱的理论，在技术上，流动相改为高压输送(最高输送压力可达 4.9×10^7Pa)；色谱柱是以特殊的方法用小粒径的填料填充而成，从而使柱效大大高于经典液相色谱(每米塔板数可达几万或几十万)，同时柱后连有高灵敏度的检测器，可对流出物进行连续检测。高效液相色谱法的特点是：

①高压。液相色谱法以液体为流动相(称为载液)，液体流经色谱柱，受到阻力较大，为了迅速地通过色谱柱，必须对载液施加高压，一般可达 150×10^5～350×10^5Pa。

②高速。流动相在柱内的流速较经典色谱快得多，一般可达1～10mL/min。高效液相色谱法所需的分析时间较之经典液相色谱法少得多，一般少于1h。

③高效。近来研究出许多新型固定相，使分离效率大大提高。

④高灵敏度。高效液相色谱已广泛采用高灵敏度的检测器，进一步提高了分析的灵敏度，如荧光检测器灵敏度可达 10^{-11}g。

⑤适应范围宽。气相色谱法与高效液相色谱法的比较：气相色谱法虽具有分离能力好、灵敏度高、分析速度快、操作方便等优点，但是受技术条件的限制，沸点太高的物质或热稳定性差的物质都难于应用气相色谱法进行分析。而高效液相色谱法，只要求试样能制成溶液，而不需要气化，因此不受试样挥发性的限制。对于高沸点、热稳定性差、相对分子量大(大于400以上)的有机物(这些物质几乎占有机物总数的75%～80%)原则上都可应用高效液相色谱法来进行分离、分析。据统计，在已知化合物中，能用气相色谱分析的约占20%，而能用液相色谱分析的约占70%～80%。

高效液相色谱按其固定相的性质可分为高效凝胶色谱、疏水性高效液相色谱、反相高效液相色谱、高效离子交换液相色谱、高效亲和液相色谱以及高效聚焦液相色谱等类型。

用不同类型的高效液相色谱分离和分析各种化合物的原理基本上与相对应的普通液相层析的原理相似。其不同之处是高效液相色谱灵敏、快速、分辨率高、重复性好，且须在色谱仪中进行。

8. 浓缩

样品经提取、净化后，有时净化液的体积较大，在测定前需进行浓缩，以提高被测成分的浓度。常用的浓缩方法有常压浓缩法和减压浓缩法两种。

(1)常压浓缩法

常压浓缩法主要用于待测组分为非挥发性的样品净化液的浓缩，通常采用蒸发皿直接挥发；若要回收溶剂，则可用一般蒸馏装置或旋转蒸发器。该法简便、快速，是常用的方法。

(2)减压浓缩法

减压浓缩法主要用于待测组分为热不稳定性或易挥发的样品净化液的浓缩，通常采用 K-D 浓缩器。浓缩时，水浴加热并抽气减压。此法浓缩温度低、速度快、被测组分损失少，特别适用于农药残留量分析中样品净化液的浓缩(AOAC 即用此法浓缩样品净化液)。

9. 现代前处理技术

(1)固相萃取分离法

固相萃取分离法是一种无需有机溶剂，简便快速，集采样、萃取、浓缩、进样于一体，能够与气相色谱或高效液相色谱仪联用的样品前处理技术。其分离原理是溶质在高分子固定液膜和水溶液间达到分配平衡后分离。

(2)固相微萃取(SPME)分离法

固相微萃取技术集萃取、富集和解吸于一体，具有无溶剂、可直接进样、操作简便快捷、灵敏的特点。固相微萃取操作示意图如图 3-8 所示。

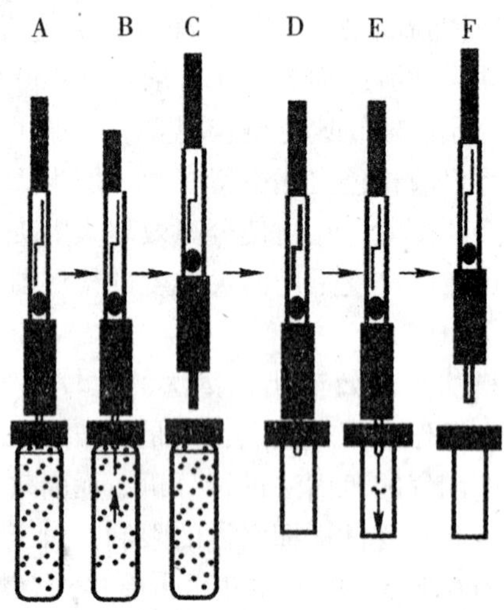

A—萃取器插入样品瓶；B—露出石英纤维进行萃取；C—石英纤维退入针头，拔出萃取器；D—萃取器插入 GC 进样口；E—露出石英纤维进行脱附；F—石英纤维退入针头，拔出萃取器

图 3-8　固相微萃取操作示意图

固相微萃取和溶剂萃取、固相萃取的区别见表 3-2。

表 3-2 三种萃取方法的比较

项　目	溶剂萃取	固相萃取	固相微萃取
萃取时间/min	60~180	20~60	5~20
样品体积/mL	50~100	10~50	1~10
所用溶剂体积/mL	50~100	5~10	0
应用范围	难挥发性	难挥发性	挥发性与难挥发性
检测限	ng/L	ng/L	ng/L
费用	高	高	低
操作	麻烦	简便	简便

(3)微波萃取分离法

通常，萃取溶剂和固体样品中目标物由不同极性的分子组成，萃取体系在微波电磁场的作用下，具有一定极性的分子从原来的热运动状态转为跟随微波交变电磁场而快速排列取向。在这一微观过程中，微波能量转化为样品内的能量，从而降低目标物与样品的结合力，另一方面微波所产生的电磁场加速被萃取组分由样品内部向萃取溶剂界面的扩散速率。缩短萃取组分的分子由样品内部扩散到萃取剂界面的时间，从而提高萃取速率。

(4)超声波萃取分离法

超声波在传递过程中存在着正负压强交变周期，在正相位时，对介质分子产生挤压，增加介质原来的密度；负相位时，介质分子稀散，介质密度减小。超声波并不能使样品内的分子产生极化，而是在溶剂和样品之间产生声波空化作用，导致溶液内气泡的形成、增长和爆破压缩，从而使固体样品分散，增大样品与萃取溶剂之间的接触面积，提高目标物从固相转移到液相的传质速率。

(5)超临界流体萃取分离法(SFE)

超临界萃取技术采用超临界压力，以二氧化碳流体代替有机溶剂，并发挥其在临界、超临界状态下，对弱极性物质(动植物挥发油、脂)有特殊的溶解能力的特性，在常温下对动植物的有效组分和精华进行萃取和分离，使生物活性不被破坏、产品中无溶剂残留等污染。实验室超临界流体萃取流程如图 3-9 所示。

超临界流体萃取分离法的优点：萃取用 CO_2 气体可以回收和循环利用，成本比较低，对组分或生理活性物质极少损失或破坏，没有溶剂残留，产品质量高。

(6)气浮分离法

气浮分离法原理：表面活性剂在水溶液中易被吸附到气泡的气液界面上。表面活性剂极性的一端向着水相，非极性的一端向着气相，含有待分离的离子、分子的水溶液中的表面活性剂的极性端与水相中的离子或其极性分子通过物理(如静电引力)或化学(如配位反应)作用连接在一起。当通入气泡时，表面活性剂就将这些物质连在一起定向排列在气-液

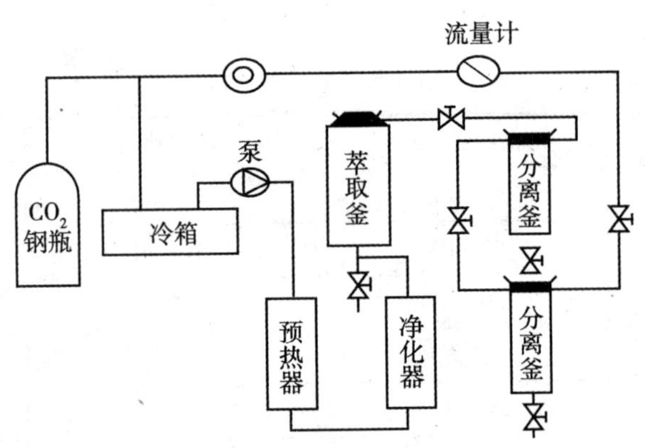

图 3-9　实验室 SFE 流程

界面，被气泡带到液面，形成泡沫层，从而达到分离的目的。

常用气浮分离法有：离子气浮分离法、沉淀气浮分离法、溶剂气浮分离法。

第 4 章　马铃薯质量检测的一般方法

在马铃薯质量检测工作中，对马铃薯及产品品质的好坏进行评价，就必须对马铃薯产品进行分析检测，品质鉴定。由于马铃薯制品种类繁多，成分复杂，检测目的不同以及被检物质的性质各异，因此必须采用多种检测方法才能满足各类产品、不同组分的检测。最常用的方法主要有：感观检测法、物理检测法、化学检测法、现代仪器分析法(理化检测法)、现代生物技术检测法等，这些检测方法各具特点，适应性各异。因此，在对具体马铃薯样品检测时，分析方法的选择显得尤为重要。

4.1　马铃薯样品的感官检测技术

感官检测(sensory test)，也称感官分析(sensory analysis)、感官评价(sensory evaluation)，是依靠人的感觉器官检查、分析产品感官特性的一种分析检测方法。最早的感官检测可以追溯到 20 世纪 30 年代左右，而它的蓬勃发展还是由于 20 世纪 60 年代中期到 70 年代开始的全世界对食品和农业的关注、能源的紧张、食品加工的精细化、降低生产成本的需要以及产品竞争的日益激烈和全球化。

4.1.1　方法原理

感官检测是凭借人体自身感觉器官(眼、耳、鼻、口、手等)的感觉(即视觉、听觉、嗅觉、味觉和触觉等)对产品的感官性状(色、香、味和外观形质)进行综合性的鉴别和评价的一种分析、检测方法，并且通过科学、准确的评价方法，使获得的结果具有统计学特性。感官检测在判定马铃薯产品质量上是最简易的，也是历史最悠久的检测方法。马铃薯产品作为一种刺激物，能刺激人体的多种感觉器官而产生不同的感官反应，一般可将这些感官反应分为：化学感觉(味觉、嗅觉)、物理感觉(触觉、运动感觉)、心理感觉(视觉、听觉)，这就是人们通常所说的食品的色、香、味等感官性状。如食品的酸、咸、甜、苦、辣、鲜、涩等形成的味觉，嫩、爽、滑、烂、脆、酥、韧等形成的触觉，香味、臭味等形成的嗅觉，外形、明度、色调、饱和度等形成的视觉，等等。

感官检测是在理化分析的基础上，集心理学、生理学、统计学知识发展起来的，它简便易行，直观实用，灵敏度较高，结果可靠，并且解决了一般理化分析所不能解决的复杂的生理感受问题，是马铃薯消费和进行马铃薯质量控制过程中不可缺少的重要方法，同时也是马铃薯产品的生产、销售和管理人员以及广大消费者必须懂得的一门技能。此方法目前已被国际上普遍认可和采用，并在食品工业原辅材料、半成品和成品质量检测和控制、储藏保鲜、新产品开发、产品评优、市场预测以及家庭饮食等方面得到广泛的应用。

4.1.2　感官检测的内涵

感官检测是一种根据客观情况进行主观意识判断分析的方法，马铃薯产品质量感官检测包括以下 3 个方面的内容。

1. 安全性

马铃薯是人类最重要的食品之一。食品是人类赖以生存的最基本条件之一，食物是否安全、是否有毒，人类在这方面已积累了大量的经验和知识，神农尝百草就是一个佐证。另外有一些明显影响安全性的因素，也同样影响食品的感官质量，例如食品腐烂变质后丧失原有的营养和风味，甚至可产生不愉快的气味；又如含氰甙类植物（木薯、苦杏仁等）的食物多半有苦味或不愉快的辣味。这些不良的感官性状其实就是安全性问题的表现。

2. 营养质量

营养质量主要是指食品中的蛋白质、碳水化合物、脂肪等营养物质的质量和含量，营养质量一般并不直接表现在感官质量上，而是通过间接的形式表现出来。人类在漫长的进化过程中，营养质量逐渐和感官质量建立了特殊的神经反应的联系。一般来说，香的食品多数是富含营养的，甜的食品多数是富含热能的。当然必须指出，感官性状良好的食品并不一定都富含营养。

3. 可接受性

可接受性一般指食品的外观、形状、价格等对人体产生的正或负的感受。对于人以外的动物，对食物的选择性往往立足于营养质量与安全性基础之上。感官检测作为生物体进化过程的产物，必然有其差异性和区域性，即不同种属之间、不同个体之间其感官检测的结果可能完全不同。人类选择熟食的同时，其体内的消化系统、生理结构及感官检测系统都逐渐适应了这一变迁。另外，不同地区、不同民族的饮食有着显著的不同也验证了这一点。

4.1.3　感观检测的特点

在国家食品质量标准中，衡量食品质量的指标有三方面，即感官、理化和卫生质量指标。感官质量指标主要是对食品的外观质量特性，如色泽、气味、滋味、透明度、稠度、组织结构等进行检测；理化质量指标规定了食品营养成分及含量要求；卫生质量指标规定了微生物、微量元素及有害成分的含量限定。从整体上说，三者之间是相互补充的，理化和卫生质量作为食品内在质量指标足以构成感官质量的骨架，是塑造感官质量的物质基础，食品的感官特性是理化、卫生质量的表现形式。当然感官检测不同于其他检测，又有其自身的特点。

1. 简易性、直接性、迅捷性

感官检测比任何仪器分析都要快捷、迅速，且所需费用较低。人只要有正常的感官功能就能进行食品的感官检测，可以说感官检测是人体必备的正常的功能。以视觉为例，人一眼就可看出马铃薯是否腐烂、食品是否霉变等。而相比于感官检测，仪器分析则具有复杂性、间接性、滞后性的特点。当感官质量符合要求，而内在质量达不到标准规定，只要对人身健康无害，产品可降级或降价销售；相反，感官质量不符合要求，即使内在质量再好，消费者也难以接受。

2. 准确性

感官检测也有其准确性的一面。例如，食品久置会产生馊味，用仪器就很难测定，甚至无法测定，但用味觉或嗅觉就很容易检出。现在越来越多的食品质量划分等级规定为优级品、一级品、二级品、合格品，这些质量等级都是在理化和卫生指标合格的基础上通过感官检测而获得的。仪器分析主要是针对食品的物理、化学以及微生物的指标而进行的，但其检测的对象必须对原始的感官检测判定结果有高度的符合率，这种仪器分析方式才能成立。感官检测的准确性与科学性是不容怀疑的。

3. 综合性

感官检测从生理角度而言，它是机体对食品所产生刺激的一种反应。就其过程来说是相当复杂的，首先是通过感官接受来自食品的刺激，同时混杂个人的嗜好与偏爱，进而在人体神经中枢综合处理来自各方的信息(这种信息还包括广告效应、价格高低、个体的经验与希望等)，最后付之于行动。感官检测的这一特性是其他检测无法做到的。

食品无不具有其自身的风味，风味本身就是食品在视觉、嗅觉、味觉和口感上的综合感觉，也只有人作为一个特殊的精密仪器才能全方位地品评。对食品而言，无论其营养价值、组成成分等如何，其可接受性最终往往是由感官检测结果来下结论。人们常用理化检测来测定食品中各组分的含量，特别是与感觉有关的组分，如糖、氨基酸、卤素等，这只是对组分含量的测定，并未考虑组分之间的相互作用和对感觉器官的刺激情况，缺乏综合性判断。人的感官是十分有效而敏感的综合检测器，可以克服理化方法的一些不足，对食品的各项质量指标做出综合性的感觉评价，并能加以比较和准确表达。

4. 其他

感官检测还具有一些理化和卫生检测无法比拟的优点，如在食品嗜好性试验、市场信息预测、新产品研制等，感官检测都发挥着仪器分析所不能达到的作用。又如在新产品的开发过程中，为了使新产品能够更好地符合消费者的审美观和需要，也必须通过消费者的感官检测来引导其开发。

4.1.4 感官检测的基本要求

感官检测是以人的感觉为基础，通过感官评价食品的各种属性后，再经概率统计分析而获得客观的检测结果的一种检测方法。评价过程不但受客观条件的影响，也受主观条件的影响。客观条件包括外部环境条件和样品的制备。主观条件则涉及参与感官检测人员的基本条件和素质。因此，外部环境条件、样品制备和检测人员是感官检测得以顺利进行并获得理想结果的三个必备要素。只有在控制得当的外部环境条件下，经过精心制备所试样品和参与试验的检测员的密切配合，才能取得可靠而且重现性强的客观鉴评结果。

1. 感官检测的环境条件

环境条件对食品感官分析有很大影响，这种影响体现在两个方面：①对鉴定人员心理和生理上的影响；②对样品品质的影响。建立食品感官分析实验室时，应尽量创造有利于感官检测的顺利进行和检测人员正常评价的良好环境，尽量减少检测人员的精力分散，以及可能引起的身体不适或心理因素的变化从而使得判断上产生错觉。

环境条件包括感官分析实验室的硬件环境和运作环境。感官分析的实验室由两个基本核心组成：试验区和样品制备区。

2. 感官检测样品的制备

在感官检测中，样品的图示、编号、呈送次数甚至盛具形状、颜色都会对鉴定人员产生心理和生理上的影响。因此，任何一个规范的感官检测试验，对被检样品处理的各项条件都应保持一致，样品制备的温度、时间等细节都必须符合同一标准。

(1)样品制备的要求

①均一性

均一性是感官检测样品制备中最重要的因素。所谓均一性就是制备的样品除所要评价的特性外，其他特性应完全相同。样品在其他感官质量上的差别会造成对所要评价特性的影响，甚至会使检测结果完全失去意义。其次对同样样品的制备方法尽量一致，如相同的温度、相同的蒸沸时间、相同的加水量、相同的烹调方法等，并尽量保持原有样品的风味。在样品制备中要达到均一的目的，除精心选择适当的制备方式以减少出现特性差异的机会外，还可选择一定的方法以掩盖样品间的某些明显的差别。对不希望出现差别的特性，要采用不同方法消除样品间该特性上的差别。

②样品量

样品量对感官检测的影响体现在两个方面，即检测人员在一次试验中所能鉴评的样品个数及试验提供给每个检测人员供分析用的样品数量。由于物理、心理等因素的影响，提供给检测员的试验样品数量对他们的判断会产生很大影响。因此，在试验中要根据样品品质、实验目的，提供合适的样品个数和每个样品的样品量。

感官检测人员在感官检测期间，理论上可以检测许多不同类型的样品，但实际能够检测的样品数还取决于检测人员的预期值、检测人员的主观因素、样品特性等。感官检测人员的预期值主要指参加感官检测的人员事先对试验了解的程度和对试验难易程度的估计。如果对试验方法了解不够，或试验难度较大，则可能会造成拖延试验时间，或降低检测样品数。检测人员对被检测验样品特性的熟悉程度，以及对试验的兴趣和认识也会影响检测人员所能正常检测的样品数。具有强烈气味或味道的样品，会造成检测人员感觉疲劳。通常样品特性强度越高，能够正常检测的样品数应越少。

因此，大多数感官检测试验在考虑各种因素影响后，每次的可检测样品数控制在 4~8 个，对有强烈刺激感官的样品，每次的可检测样品数应限制在 3~4 个。

③样品基质

对于大多数差异检测，只需要提供试验样品，不需要其他添加物，但对于一些嗜好性检测和接收性检测，则需要按日常消费习惯提供试验样品。

④样品温度量

在感观检测中，样品的温度是一个值得考虑的因素，只有以恒定和适当的温度提供样品才能获得稳定的结果。

温度对样品的刺激影响除了过冷、过热的刺激造成感官不适、感觉迟钝和日常饮食习惯限制温度变化外，还涉及温度升高后，挥发性气味物质挥发速度加快，影响其他的感觉，以及食品的质构和其他一些物理特性，如松脆性、黏稠性会随温度的变化而产生相应的变化，从而影响检测结果。

样品温度的控制应以最容易感受样品间所检测特性为基础，通常是将样品温度保持在该产品日常食用过的温度。

⑤器皿

感观检测所用器皿应符合实验要求，同一实验内所用器皿最好外形、颜色和大小相同，器皿本身应无气味或异味。通常采用玻璃或陶瓷器皿比较适宜，但清洗麻烦。也有采用一次性塑料或纸杯、盘作为感官鉴评实验用器皿。

试验器皿和用具的清洗应慎重选择洗涤剂，不应使用会遗留气味的洗涤剂。清洗时应小心清洗干净并用不会给器皿留下毛屑的布或毛巾擦拭干净，以免影响下次使用。

(2)样品制备过程的注意事项

①样品的总量要用精确仪器测量、称重或测量体积。

②样品中添加的每种配料也要用精确仪器测量。

③样品制备时注意时间、温度、搅拌速率、制备器具的大小及型号。

④注意保留时间，即样品制备好后到进行评定时允许的最长和最短时间。

(3)不能直接感官分析样品的制备

有些检测样品由于风味浓郁或物理状态(黏度、颜色、粉状度等)原因而不能直接进行感官分析。为此，需根据检测目的进行适当稀释，或与化学组分确定的某一物质进行混合，或将样品添加到中性的食品载体中，再照常规食品的样品制备方法进行制备与分发。

①为评估样品本身的性质而进行的检测

将均匀定量的样品用一种化学组分确定的物质(如水、乳糖、糊精等)稀释或在这些物质中分散样品，每一个试验系列的每个样品使用相同的稀释倍数或分散比例。由于这种稀释可能改变样品的原始风味，因此配制时应避免改变其所测特性。当确定风味剖面时，对于相同样品有时推荐使用增加稀释倍数和分散比例的方法。

也可采用将样品添加到中性的食品载体中，在选择样品和载体混合的比例时，应避免二者之间的拮抗作用或协同作用。操作时，将样品定量地混入所选用的载体中，然后按直接感官检测样品的制备与呈送方法进行操作。

②为评估食物制品中样品的影响而进行的检测

一般情况下，使用一个较复杂的制品，使样品混于其中，在这种情况下，样品将与其他风味竞争。

在同一检测系列中，评估每个样品使用相同的样品/载体比例。制备样品的温度应与评估时的正常温度相同，同一检测系列的样品温度也应相同。

3. 感官检测人员的条件

感官检测人员的感觉敏感度及对各种评价项目表现的准确程度决定感官检测的精度。由于个体感官灵敏性差异较大，而且有许多因素会影响到感官灵敏性的正常发挥。因此，感官检测人员的选择和训练是使感官分析试验结果可靠和稳定的首要条件。依照评价目的不同，检测人员可分为分析型检测员和偏爱(嗜好)型检测员。分析型检测员主要用于识别特性的差异、特性的大小等。因此尽量排除检测员个人所具有的情感，客观地进行评定。检测试样的特性是目的，检测员只起到测定仪器的作用，故又称为客观型检测员。偏爱型检测员主要通过市场调查等调查个人的爱好，因此其判断属于情感领域。人的感觉或情感是检测的目的，故又称为主观型检测员。

4. 感官检测的影响因素

感官检测是一种根据客观情况进行主观意识判断的方法，因此必会受到多种因素的影响，从而使所得的评判结果产生偏差。影响感官检测的因素主要有以下几方面：

(1)样品本身

样品本身的形状、气味、色泽等会影响人的心理，使评判结果产生差异。

(2)检测人员的动机和态度

检测人员对马铃薯产品感官检测工作感兴趣，且能认真负责时，检测结果往往比较有效，如果检测人员态度不端正，就有可能导致检测结果失真。

(3)检测人员的习惯

人们的饮食习惯会影响感官检测结果。

(4)检测形式

感官检测分为分析型和偏爱型。不同类型有不同的检测方式，人们对不同的检测形式会产生不同的心理，因此应根据不同的类型选择合适的检测形式。

(5)提示误差

在检测过程中，人的脸部表情、声音等都将使检测人员之间产生互相提示，使评判结果出现误差。

(6)检测室的环境

环境条件不适当时，会使检测人员产生不舒适感，从而导致检测结果偏差。

(7)年龄和性别

年龄和性别因素也会造成检测结果的不同。

(8)身体状况

许多疾病(如病毒性感冒)患者会丧失、降低或改变其感官感觉的灵敏性，另外睡眠状况、是否抽烟及不同的饱腹感也会影响检测结果。

(9)实验次数

如果对同一食品品尝次数过多，常会引起感官的疲劳，降低感官敏感性。

(10)评判误差

一是不合适的评判尺度定义会引起结果的偏差；二是对比效应，提供试样的检测顺序也会影响检测结果；三是记号效应，对物品所作的记号也会影响判断结果，在有的国家偶数较受欢迎，而有的国家奇数则较受欢迎。

正因为食品感官检测存在着众多的影响因素，从而使得食品的掺杂、掺假、伪造手段复杂，方式多变。常见的掺杂、掺假、伪造方法主要有：

①以次充好，即用廉价次等或已失去营养价值的食品全部代替或代替其中的一部分；

②粉饰伪装，即为了掩饰食品的外观质量缺陷或为了提高食品中某些成分含量，而添加其他非本身成分物质；

③加杂增重，即为了增加食品重量而掺入非食品类异杂物质；

④全部伪造，即用假原料制成假食品。

以上无论哪一种方法，说到底其实都是对人感觉器官的蒙骗，是对感官检测的误导。

4.1.5　感观检测常用方法

1. 感官检测方法的选择及应用

(1)感官检测方法的选择

在感官检测中，如何选择具体的方法，一般需要考虑以下几点：

①检测目的。首先要从检测目的出发选择合适的方法。例如，判断了解两个样品差别时可以采用两点试验法、三点试验法、五中取二试验法和评分法等。对三个以上样品的品质、嗜好等进行比较时，可以采用的方法有顺位法、评分法、分类法及评估法等。

②精度要求。要检测出差异时，选择精度高的方法。如检测两个样品间差异时，对于同样的试验次数、同样的差异水平，三点试验法比两点试验法好。

③经济角度。选择检测方法时要考虑样品用量、检测员人数、试验时间、数据处理的难易等经济因素。

④影响因素。即使是专门培训过的检测人员，对于那些复杂的方法，也会有一定程度的不安和压力。这样的方法如果用于普通消费者，即使其方法精密度很高，也不一定会收到好的结果。

因此，在选择感官检测方法时，要根据具体情况，综合考虑多方面的因素，以确定某种最佳的方案。

(2)感官检测的应用

①原材料检测。马铃薯产品生产中原材料质量的控制，进货的检测，很大程度上需依靠感官检测来把关，确定原料的分级来取舍。

通常采用分类法或评估法。对样品打分有困难时，用分类法可确定原材料品质的好坏级别。而对那些有着较具体的质量特征，且特征强度变化明显的样品，采用评估法可以对原材料进行分类，并可以得出具体的综合评分结果。

②生产过程检测。生产过程中的检测包含了工艺条件的检查、控制，半成品的检测。检查样品与常规样或标准样，有无差异及差异的大小，通常采用差别检测法，如两点检测法、三点检测法、二-三点检测法等。

③成品检测。对于成品感官质量的检测，可采用描述性检测法。而对某批产品感官质量的趋向性或质量异常的检出，则需采用评估法或分类法。

④产品品质的研究。在产品质量管理及质量控制环节中，产品的品质研究是其中重要的组成部分。了解产品感官质量的好坏，可采用差别检测法；分析产品感官指标的内容，可用描述性检测法，对某个指标的分析研究，可采用排序法。

⑤市场调查与新产品开发。市场调查，要了解消费者是否喜欢某种产品，更要了解他们喜欢或不喜欢的理由。在市场调查中。感官检测作为市场调查的一部分而被使用。而新产品的开发，首先就要通过市场调查，了解消费者的消费嗜好，对产品的期望倾向，从而得出新产品的设想。而试制品充分利用感官分析的方法与技巧，不断从各个方而进行改进，使产品得到消费者的接受与欢迎。在这一类的感官分析中，多采用差别检测法中的两点检测法及三点检测法，或使用类别检测法中的排序法。

2. 感官检测方法的分类

感官检测中，根据作用不同分为两大类，即分析型感官检测和偏爱型感官检测，它们的区别详见表4-1。通常根据试验目的，明确选定其中一种类型，防止混用。

(1)分析型感官检测

分析型感官检测是把人的感觉器官作为一种检测测量的工具，通过感觉器官的感觉来评定样品的质量特性或鉴别多个样品之间差异的方法。这种类型的检测适用于质量检查及产品评优等工作，例如评定各种食品的外观、口味、口感等特性都属于分析型感官检测。

表 4-1　　两种感观检测类型的区别

类型	分析型	偏爱型
分析工具评价基准	感观/标准化	感观/个人反应
分析的特性	区别性、描述性、定量化	接受、偏爱
检测员结果	必须选择及培训/客观	无需培训/主观
应用	分析及描述性检测	市场调查

分析型感官检测是通过感觉器官的感觉来进行检测的，因此，在检测过程中降低个人感觉之间差异的影响，提高检测的重现性，以获得高精度的测定结果，必须注意评价基准的标准化、试验条件的规范化和检测员的素质选定等因素。

①评价基准的标准化

在感官检测产品的质量特性时，对每一测定项目，都必须有明确、具体的评价尺度及评价基准物，即评价基准应统一、标准化，以防检测员采用各自的评价基准和尺度，使结果难以统一和比较。对同一类产品进行感官检测时，其基准及评价尺度，必须具有连贯性及稳定性。因此制作标准样品是评价基准标准化最有效的方法。

②实验条件的规范化

感官检测中，分析结果很容易受环境及试验条件的影响，因此实验条件应规范化，如必须有合适的感官实验室、有适宜的光照等，以防实验结果受影响而出现大的波动。

③检测员的素质

从事感官检测的检测员，必须有良好的生理及心理条件，并经过专门的训练等，感官感觉要相对敏锐。

分析型感官检测是检测员对物品的客观评价，其分析结果不受人的主观意志干扰。

(2)偏爱型感官检测

偏爱型感官检测与分析型感官检测相反，它是指以样品为工具，根据消费者的嗜好程度评定产品特性，以此来了解人的感官反应及倾向的方法。比如在新产品开发的过程中，对试验品的评价，在市场调查中使用的感官检查都属于偏爱型感官检测。

偏爱型感官检测不需要统一的评价标准及其条件，而依赖于人们的生理及心理上的综合感觉，即个体人和群体人的感觉特征和主观判断起着决定性作用，检测的结果受到生活环境、生活习惯、审美观点等多方面的因素影响，因此其结果往往是因人、因时、因地而异。例如一种辣味食品在具有不同饮食习惯的群体中进行调查，所获得的结论肯定有差异，但这种差异并非说明群体之间孰好孰坏，只是说明了不同群体的不同饮食习惯，或者说明某个群体更偏爱于某种口味的食品。所以，偏爱型感官检测完全是一种主观的或群体的行为。它反映了不同个体或群体的偏爱倾向，不同个体或群体的差异。对马铃薯产品的开发、研制、生产有积极的指导意义。偏爱型感官检测是人的主观判断，因此是其他方法所不能替代的。

弄清感官检测的目的，分清是利用人的感觉测定物质的特性(分析型)还是通过物质来测定人们嗜好度(嗜好型)是设计感官检测的出发点。

3. 常用的几种感官检测方法

感官检测的方法很多，在选择适宜的检测方法之前，首先要明确检测的目的、要求等。根据检测的目的和要求及统计方法的不同，常用的感官检测方法一般分为三类：差别检测法、类别检测法及分析或描述检测法。

(1)差别检测法

差别检测法(difference test)是常用的感官检测方法，它具有简单方便的特点，其目的是要求检测员对两个或两个以上的样品做出是否存在感官差别的结论，一般规定不允许检测员回答“无差异”(即检测员未能察觉出样品之间的差异)。因此，在差别检测法中要注意避免因样品外观、形态、温度和数量等明显差异所引起的误差。差别检测法的结果处理是以做出不同结论的检测员的数量及检测次数为基础，例如，有多少人回答A，多少人回答B，多少人回答正确，解释其结果主要运用统计学的二项分布参数检查，判断是否存在着感官差别。

该类检测方法领先于其他感官方法，在许多方面有广泛的用途，例如在储藏时间对马铃薯产品的味觉、口感、鲜度等质量的影响，又如在外包装试验中，可以判断哪种包装形式更受欢迎，而成本高的包装形式有时不一定受消费者欢迎，都可以用差别试验法检测。常用的差别检测方法有成对比较检测法、二-三检测法、三点检测法、“A”和非“A”检测法、五中取二检测法、选择检测法、配偶检测法等。

1)成对比较检测法(paired comparison test)

以随机顺序同时出示两个样品给检测员，要求检测员对这两个样品进行比较，判断两个样品间是否存在某种差异及其差异方向(如某些特征强度的顺序)的一种评价方法称为成对比较检测法或者两点检测法。成对比较有两种形式，一种叫做差别成对比较(双边检测)，另一种叫做定向成对比较(单边检测)。决定采取哪种形式的检测，取决于研究的目的。如果感官检测员不知道样品何种感官属性不同，则采用差别成对比较；如果感官检测员已经知道两种产品在某一特定感官属性上存在差别，则采用定向成对比较。

①方法适用特点

成对比较检测法是最简单也是应用最广泛的感官检测方法，可用于确定两种样品之间是否存在某种差别，判别的方向如何或确定是否偏爱两种样品中的某一种或用于检测员的选择与培训。本方法简单、不易产生感官疲劳，但当比较的样品增多时，要求比较的数目立刻就会变得极大，以致无法一一比较。

②检测技术要点

把A、B两个样品同时呈送给检测员，要求检测员根据要求进行评价。在实验中，应使样品A、B和B、A在配对样品中出现次数均等，并同时随机地呈送给检测员。样品编码可以随机选取3位数组成，则每个检测员之间的样品编码尽量不重复。

进行成对比较试验时，从一开始就应分清是差别成对比较还是定向成对比较。如果检测目的只是关心两个样品是否不同，则是差别成对比较；如果想具体知道样品的特性，比如哪一个更好，更受欢迎，则是定向成对比较。成对比较检测法具有强制性，在成对比较检测法中有可能会出现“无差异”的结果，通常这是不允许的，因而要求检测员“强制选择”，当检测员认为样品间无差异，也要求他指出哪个样品更……或更喜欢哪个样品，以促进检测员仔细观察分析，从而得出正确结论。

③结果分析与判断

根据A、B两个样品的特性强度的差异大小，确定检测是差别成对比较还是定向成对比较。如果检测是希望出现某一指定样品，例如样品A比另一样品B具有较大的强度，或者更被偏爱，即样品A的特性强度(或被偏爱)明显优于样品B，换句话说，参加检测的检测员作出样品A比样品B的特性强度大(或被偏爱)的判断概率大于作出样品B比样品A的特性强度大(或被偏爱)的判断概率，则该检测是定向成对比较(单边检测)；如果这两种样品有显著差别，但没有理由认为A或B的特性强度大于对方或被偏爱，即A不等于B，则该检测是差别成对比较(双边检测)。

对于单边检测，统计肯定答案的数字，将此数与"成对比较检验(单边)法检验和二-三点检验表"中相应的某显著水平的数相比较，若大于或等于表中的数，则说明在此显著水平上，样品间有显著性差异。比如，样品A投票的人数多，且大于或等于表中某一显著水平的数，则可得出结论，样品A的特性强度大于样品B的特性强度(或样品A更受偏爱)。

对于双边检测，统计答案总数(取两数中的大值)，将此数与"成对比较检验(双边)法检验表"中相应的某显著水平的数相比较，若大于或等于表中的数，则说明在此显著水平上，样品间有显著性差异，如果选择样品A的人数多，且大于或等于表中某一显著水平的数，则可认为样品A的特性强度大于样品B的特性强度(或样品A更受偏爱)。

2)二-三点检测法(duo-trio test)

先提供给检测员一个对照样品，接着提供两个样品，其中一个与对照样品相同或者相似，要求检测员在熟悉对照样品后，从后者提供的两个样品中挑选出与对照样品相同的样品，这种检测方法称为二-三点检测法，也称一-二点检测法。二-三点检测法有两种形式：一种叫固定参照模式，另一种叫做平衡参照模式。在固定参照模式中，总是以正常生产为参照物；而在平衡参照模式中，正常生产的样品和要进行检测的样品被随机用做参照样品。如果参评人员是受过培训的，他们对参照样品很熟悉的情况下，使用固定参照模式；当参评人员对两种样品都不熟悉，而他们又没有接受过培训时，使用平衡参照模式。

①方法适用特点

此检测法的目的是区别两个同类样品间是否存在感官差异，尤其适用于检测员熟悉对照样品的情况，如成品检测和异味检查，但差异的方向不能被检测指明，即感官检测员只能知道样品可察觉到差别，而不知道样品在何种性质上存在差别。由于该检测方法精度较差(猜对率为1/2)，故常用于风味强度较强、刺激较烈和产生余味持久的产品检测，以降低鉴评次数，避免味觉和嗅觉疲劳。另外，外观有明显差别的样品不适宜此法。

②检测技术要点

同时或连续提供给每位检测员一个参照物和两个编号的样品，其中一个样品和参照物相同。指令检测员按一定顺序检测样品，并首先检测定为对照的样品，要求检测员识别与对照样品不同的样品。

在固定参照二-三点检测中，样品有两种可能的呈送顺序，如R_AAB和R_ABA，R_A是对照产品。而在平衡参照二-三点检测中，样品有四种可能的呈送顺序，如R_AAB、R_ABA、R_BAB、R_BBA，前二组含作为对照样品的R_A，后二组含作为对照样品的R_B，组成足够数量的系列样品，提供给每位检测员一组样品。如果组成样品组的总数大于检测员数，则进行取舍。如果多余一组，则随机去掉一组，如果多余两组，则随机去掉含 R_A 为对照的一组和含 R_B 为对照的一组。如果多余三组，则随机去掉含 R_A 为对照的一组和含 R_B 为对照的一组，然后再随机去掉一组。

样品在所有的检测员中交叉平衡，一半的检测员得到一种样品类型作为参照，而另一半的检测员得到另一种样品类型作为参照在检测员之间随机地分配样品组。不同样品同时或连续地提供给检测员，指令检测员按从左到右的顺序检测样品，首先检测对照样品，然后识别出与对照样品相同的样品。二-三点检测是强迫选样检测，要求对提出的问题必须给予回答，即每位检测员必须指出两个样品中与对照样品不同的那个样品。

③结果分析与判断

二-三点检测虽然有两种形式，但从检测员的角度来讲，这两种检测的形式是一致的，只是所使用的作为参照物的样品不同。在结果分析中，统计有效鉴评表数为 n，回答正确的表数为 R，查"成对比较检验(单边)法检验和二-三点检验表"中为 n 的一行的数值，若 R 小于其中所有数，则说明在 5%水平，两样品无显著差异；若 R 大于或等于其中某数，说明在此数所对应的显著水平上，两样品间有显著差异。

3)三点检测法(triangular test)

在检测中，同时提供三个编码样品，其中有两个是相同的，另外一个样品与其他两个样品不同，要求检测员挑选出其中不同于其他两个样品的检测方法称为三点检测法，也称为三角试验法。

①方法适用特点

在感官检测中，三点检测法是一种专门的方法，用于两样品间的差异分析，而且适合于样品间细微差别的鉴定，其差别可能是样品的所有特征。或者与样品的某一特征有关，如品质控制或仿制产品，也可用于挑选和培训检测员或者测试检测员的能力。当样品间没有可觉察的差别时，做出正确选择的概率是 1/3。因此，在试验中此法的猜对率为 1/3，这要比成对比较法和二-三点法的 1/2 猜对率准确度低得多。但是，如果检测员对一样品产生感觉疲劳、产生适应性或者实在难以区分试验的 3 个样品时就不能选用三点检测法。

②检测技术要点

每次随机呈送给检测员 3 个样品，其中两个样品是一样的，一个样品则不同，并要求在所有的检测员间交叉平衡。为了使三个样品的排列次序和出现次数的概率相等，这两种样品可能的组合是：BAA、ABA、AAB、ABB、BAB 和 BBA。在实验中，组合在六组中出现的概率也应是相等的，当检测员人数不足六的倍数时，可舍去多余样品组，或向每个检测员提供六组样品做重复检测。要求检测员从左到右依次品尝每个样品，评价过程中，允许检测员重新检测已经做过的那个样品。检测员找出与其他两个不同的一个样品或者相似的样品，然后对结果进行统计分析。

③结果分析与判断

按三点检测法要求统计回答正确的问答表数和总的回答数目，查"三点检验法检验表"可得出两个样品间有无差异。若正确回答个数等于或大于表中相应的数值，则说明两样品间有差异。

4)"A"和"非 A"检测法("A" or "not A" test)

在检测员熟悉样品“A”以后，再将一系列样品提供给检测员，其中有“A”，也有“非 A”，要求检测员指出哪些是“A”，哪些是“非 A”的检测方法称为“A”和“非 A”检测法，这种是与否的检测法，也称为单项刺激检测。

①方法适用特点

此检测本质上是一种顺序成对比差别检测或简单差别检测。检测员先评价第一个样品，然后再评价第二个样品，要求检测员指明这些样品感觉上是否相同或不同。此检测只能表明检测员可觉察到样品的差异，但无法知道样品品质差异的方向。适用于确定由于原料、加工、处理、包装和储藏等各环节的不同所造成的产品感官特性的差异，特别适用于检测具有不同外观或气味样品的差异检测，也适用于确定检测员对一种特殊刺激的敏感性。

②检测技术要点

实际检测时，分发给每个检测员的样品数应相同，但样品“A”的数目与样品“非 A”的数目不必相同，样品有 4 种可能的呈送顺序，如 AA、BB、AB、BA，这些顺序要能够在检测员之间交叉随机化。每次试验中，每个样品要被呈送 20～50 次。每个评价者可以只接受一个样品，也可以接受 2 个样品，一个“A”，一个“非 A”，还可以连续品评 10 个样品。供样品应有适当的时间间隔，每次评定的样品数量视检测人员的生理疲劳程度而定，受检测的样品数量不能太多，以免产生感官疲劳，应以评品人数较多来达到可靠的目的。

需要强调的是，参加检测的检测员一定要对样品“A”和“非 A”非常熟悉，否则，没有标准或参照，结果将失去意义。检测中，每次样品出示的时间间隔很重要，一般是间隔 2～5min。

③结果分析与判断

统计评价的结果汇入表 4-2 中，表中 n_{11} 为样品本身是“A”，检测员也认为是“A”的回答总数；n_{22} 为样品本身为“非 A”，检测员也认为是‘“非 A”的回答总数；n_{21} 为样品本身是“A”，而检测员认为是“非 A”回答总数；n_{12} 为样品本身为“非 A”，检测员认为是“A”的回答总数。$n_{1.}$ 为第 1 行回答数之和，$n_{2.}$ 为第 2 行回答数之和，$n_{.1}$ 为第 1 列回答数之和，$n_{.2}$ 为第 2 列回答数之和，n 为所有回答数，然后用 χ^2 检测来进行解释。

表 4-2　　**实验结果统计表**

判别数（样品 / 判别）	“A”	“非 A”	累计
判为“A”的回答数	n_{11}	n_{12}	$n_{1.}$
判为“非 A”的回答数	n_{21}	n_{22}	$n_{2.}$
累　计	$n_{.1}$	$n_{.2}$	n

假设检测员的判断与样品本身的特性无关。

当回答总数为 $n \leqslant 40$ 或 $n_{ij}(i=1, 2; j=1, 2) \leqslant 5$ 时，χ^2的统计量为：

$$\chi = \frac{(\left| n_{11} \times n_{22} - n_{12} \times n_{21} \right| - n/2)^2 \times n}{n_{.1} \times n_{.2} \times n_{1.} \times n_{2.}}$$

当回答总数 $n>40$ 和 $n_{ij}>5$ 时，χ^2的统计量为：

$$\chi^2 = \frac{(\left| n_{11} \times n_{22} - n_{12} \times n_{21} \right|)^2 \times n}{n_{.1} \times n_{.2} \times n_{1.} \times n_{2.}}$$

将χ^2统计量与χ^2分布临界值比较：

①当$\chi^2 \geqslant 3.84$ 时，为 5%显著水平；当$\chi^2 \geqslant 6.63$ 时，为 1%显著水平。因此，在此选择的显著水平上检测员的判断与样品本身特性有关，即认为样品“A”与“非 A”有显著差异。

②当$\chi^2<3.84$ 时，为 5%显著水平；当$\chi^2<6.63$ 时，为 1%显著水平。因此，在此选择的显著水平上检测员的判断与样品本身特性无关，即认为样品“A”与“非 A”无显著差异。

5）五中取二检测法（two out of five test）

同时提供给检测员 5 个以随机顺序排列的样品，其中 2 个是同一类型，另 3 个是另一种类型，要求检测员将这些样品按类型分成两组的一种检测方法称为五中取二检测法。

①方法适用特点

五中取二检测法主要是为了评定在两种样品间是否存在感官上的细微差异，当检测员人数少于 10 人时，多用此方法。从统计学上讲，五中取二检测中单纯猜对率仅为 1/10，而不是三点试验的 1/3、二-三点检测的 1/2，因此统计上更具有可靠性。但此方法由于要从 5 个样品中挑出 2 个相同的样品，同样易受感官疲劳和记忆效果的影响，并且需用样品量较大，所以主要用于视觉、听觉和触觉的鉴评，而不适用于风味的评定。

②检测技术要点

在检测时，呈送给每个检测员 5 个已编号的样品，其中 2 个样品属于一种类型而其他 3 个属于另外一种类型。与三点检测法一样，尽可能同时提供样品。如果样品较大，或者在外观上有轻微的差异，也可将样品分批提供而不至于影响检测效果。在每次评价中，样品的呈送有一个排列顺序，其可能的组合有 20 个，如：AAABB、ABABA、BBBAA 等。如果检测员人数不是正好 20 个，呈送样品的顺序组合，可从以上随机选择，但选取的组合中含有 3 个 A 的组合数应与含有 3 个 B 的组合数相同。要求检测员从左到右检测每个样品，然后选择出与其他 3 个样品不同的那两个样品，计算正确答案的个数，再参照“五中取二检验法检验表”分析结果。试验中不能有“没有差异”这样的答案，如果检测员不能感知差异也必须猜测一个答案。

③结果分析与判断

根据试验中正确作答的人数，查“五中取二检验法检验表”得出五中取二试验正确回答人数的临界值，最后作比较。假设有效评价表数为 n，回答正确的评价表数为 k，查表中 n 栏的数值。若 k 小于某一数值，则说明在此显著水平上两种样品间无差异；若 k 大于或等于某一数值，则说明在此显著水平两种样品有显著差异。

(2)类别检测法

类别检测法中，要求检测员对 2 个以上的样品进行评价，判定出哪个样品好，哪个样品差，以及它们之间的差异大小和差异方向，通过实验可得出样品间差异的排序和大小，或者样品应归属的类别或等级，选择何种方法解释数据，将取决于实验的目的以及样品的数量，常用χ^2检测法、t 检测法等分析。常用方法有分类检测法、排序检测法、评分检测法、评估检测法、分等检测法等，以下重点介绍分类检测法和排序检测法。

1) 分类检测法

把样品以随机的顺序出示给检测员，要求检测员对样品进行评价后，划出样品应属的预先定义的类别，这种检测方法称为分类检测法。

①方法适用特点

分类检测法是以过去积累的已知结果为根据，在归纳的基础上，进行产品分类。当样品打分有困难时，可用分类法评价出样品的好坏，得出样品的优劣、级别，也可用于估价产品的缺陷等情况。

②检测技术要点

把样品以随机的顺序出示给检测员，要求检测员按顺序鉴评样品后，根据鉴评表所规定的分类方法对样品进行分类。

③结果分析与判断

统计每一个样品被划入每一类别的频数。然后用χ^2检测比较两种或多种样品落入不同类别的分布，从而得出每一种产品应属的级别。

2) 评分检测法(scoring test)

要求检测员把样品的品质特性以数字标度形式来评价的一种检测方法称为评分检测法。在评分检测法中，所使用的数字标度为等距标度或比率标度。等距标度(interal scale)是指有相等单位但无绝对零点的标度。相等的单位是指相同的数字间隔代表了相同的感官知觉差别。等距标度可以度量对象强度之间差异的大小，但不能比较对象强度之间的比率。比率标度(ratio scale)是指既有绝对零点又有相等单位的标度。比率标度不但可以度量对象强度之间的绝对差异，还可以度量对象强度之间的比率，这是一种最精确的标度。

①方法适用特点

评分检测法不同于其他方法的是所谓的绝对性判断，即根据检测员各自的评价基准进行判断。它出现的粗糙评分现象也可由增加检测员人数来克服。由于此方法同时评价一种或多种产品的一个或多个指标的强度及其差别，所以应用较为广泛，尤其用于评价新产品、评比评优等。

②检测技术要点

检测前，首先应确定所使用的标度类型，标度可以用等距的，也可以是比率的。使检测员对每一个评分点所代表的意义有共同的认识。样品的出示顺序(评价顺序)可利用拉丁法随机排列。检测时先由检测员分别评价样品指标，然后由组织者按事先规定的规则转换成分数值，也可由检测员直接给出样品的分数值。

③结果分析与判断

在进行结果分析与判别前，先要将问答票的评价结果按选定的标度类型转换成相应的数值。以问答票的评价结果为例，可按 $-3\sim3$(7 级)等值尺度转换成相应的数值。极端好$=3$，非常好$=2$，好$=1$，一般$=0$，不好$=-1$，非常不好$=-2$，极端不好$=-3$。当然，也可以用 10 分制或百分制等其他尺度然后通过相应的统计分析和检测方法来判断样品间的差异性。当样品只有两个时，可以采用简单的 t 检测；而样品超过两个时，要进行方差分析并最终根据 F 检测结果来判别样品间的差异性。

3)排序检测法(ranking test)

比较数个样品，按某一指定质量特征由强度或嗜好程度将样品排出顺序的方法称为排序检测法，也称顺序检测法。

①方法适用特点

排序检测法只排出样品的次序，表明样品之间的相对大小、强弱、好坏等，属于程度上的差异。而不评价样品差异的大小。其优点是可利用同一样品，对其各类特征进行检测，排出优劣，且方法较简单，结果可信，即使样品间差别很小，只要检测员认真，或者其有一定的检测能力，都能在相当精确的程度上排出顺序。参加检测的检测员人数一般不得少于 8 人，如果参加人数在 16 人以上，得到的结果将更为准确。

当试验目的是就某一项性质对多个产品进行比较时，比如甜度、新鲜程度等，使用排序检测法是最简单的方法，比其他任何方法更节省时间。排序法具有广泛的用途，常用于进行消费者接受性调查及确定消费者嗜好顺序；选择或筛选产品；确定由于不同原料、加工工艺、处理、包装和储藏等各环节造成的对产品感官特性的影响，也可用于更精细的感官检测前的初步筛选。当评定少量样品的复杂特性时，选用此法是快速而高效的。此时的样品数一般小于 6 个，但样品数较大(如大于 20 个)，且不是比较样品间的差别大小时，用此法也具有一定优势，可不设对照样，将两组结果直接进行对比。

②检测技术要点

排序检测法在进行检测前，应由组织者对检测提出具体的规定，对被评价的指标和准则要有一定的理解，如对哪些特性进行排列；排列的顺序是从强到弱还是从弱到强；检测时操作要求如何；评价气味时是否需要摇晃等。

在检测中尽量同时提供样品，检测员同时收到以均衡、随机顺序排列的样品，其任务就是将样品排序。同一组样品还可以以不同的编号被一次或数次呈送，如果每组样品被评价的次数大于 2，那么试验的准确性会得到最大提高。在倾向性试验中，告诉参评人员，最喜欢的样品排在第一位，第二喜欢的样品排在第二位，依此类推，不要把顺序颠倒。相邻两个样品的顺序无法确定时，鼓励检测员去猜测。如果实在猜不出，可以取中间值。例如 4 个样品中有 3 个的顺序无法确定时，就将它们都排为 $(2+3)/2=2.5$。

排序检测只能按照一种特性进行，如要求对不同的特性进行排序，则按不同的特性安排不同的顺序，对样品分别进行编号，以免发生相互影响。每个检测员以事先确定的顺序检测编码的样品，并安排出一个初步顺序。排出初步顺序后，若发现不妥之处，应重新核查并调整顺序，确定各样品在尺度线上的相应位置。

③结果分析与判断

计算出排序总数，并用 Friedman 检测和 Page 检测对结果统计评估，对被检样品之间是否有显著差异作出判定。

(3)分析或描述性检测法(analysis or description test)

分析或描述性检测法是检测员对产品的所有品质特性进行定性、定量的分析及描述评价，常采用检测、图示法、方差分析、回归分析、数学统计等方法得出样品各个特性的强度或样品的感官特征。此检测方法可适用于一个或多个样品，以便同时定性和定量地表示一个或多个感观指标，如外观、气味、风味、组织特性和几何特性等，因此要求检测员除具备人体感知样品品质特性和次序的能力外，还要具备用适当和准确的词语描述样品品质特性及其在样品中的实质含义的能力，以及对总体印象、总体特征强度和总体差异进行分析的能力。分析或描述性检测法的用途有：①新产品的研制和开发；②鉴别产品的差别；③质量控制；④为仪器检测提供感官数据；⑤提供产品特征的永久记录；⑥监测产品在储存期间的变化。分析或描述性检测法通常根据定性或定量而分为简单描述性检测法、定量描述和感官剖面检测法。

1)简单描述性检测法

要求检测员对构成样品质量特征的各个指标，用合理、清楚的文字，尽量完整、准确地进行定性的描述，以评价样品品质的检测方法，称简单描述性检测法。描述检测按评价内容可分为风味描述和质地描述。可用于识别或描述某一特殊样品或许多样品的特殊指标，或将感觉到的特性指标建立一个序列。常用于质量控制，产品在储存期间的变化或描述已经确定的差异检测，也可用于培训检测员。

简单性描述的方式通常有自由式描述和界定式描述。前者由检测员自由地选择自己认为合适的词汇，对样品的特性进行描述，而后者则是首先提供指标检查表，或是评价某类产品时的术语，再由检测员选用其中合适的指标或术语对产品的特性进行描述。如用于外观的词汇有色泽深、浅、有杂色、有光泽、苍白、饱满、暗状、油斑、白斑、褪色、斑纹等；用于口感的词汇有黏稠、粗糙、细腻、油腻、润滑、酥、脆等；用于组织结构的词汇有致密、松散、厚重、不规则、蜂窝状、层状、疏松等。

描述实验对检测员的要求较高，他们一般都是该领域的技术专家，或是该领域的优选检测员，并且有较高的文学造诣，对语言的含义有正确的理解和恰当使用的能力。

这种方法可以应用于 1 个或多个样品。在操作过程中样品出示的顺序可以不同，通常将第一个样品作为对照是比较好的。每个检测员在品评样品时要独立进行，记录中要清楚每个样品的特征。在所有检测员的检测全部完成后，在组长的主持下进行必要的讨论，然后得出综合结论。该方法的结果通常不需要进行统计分析。为避免试验结果不一致或重复性不好，可以加强对检测人员的培训，并要求每个检测人员都使用相同的评价方法和评价标准。

这种方法的不足之处是，检测小组的意见可能被小组当中地位较高的人，或具有性格的人所左右，而其他人员的意见不被重视或得不到体现。

综合结论描述的依据是按某描绘词汇出现频率的多寡作根据，一般要求言简意赅，字斟句酌、以力求符合实际。

2)定量描述和感官剖面检测法

要求检测员尽量完整地描述食品感官特性以及这些特性强度的检测方法称为定量描述检测或称为定量描述分析(quantitative descriptive analysis，QDA)。一个“产品”是由许多参数来刻画的，这些参数可能仅是单一的(例如球的直径)，也可能是多元的(例如产品的形状、质地等)。如果目标是评价所有特性，则可建立“综合感官剖面”，如果评价只与风味、气味、质地或外貌有关，则可建立“部分感官剖面”。

定量描述检测是 20 世纪 70 年代发展起来的，其特点是数据不是通过一致性讨论而产生的，评价小组领导者不是一个活跃的参与者，同时使用非线性结构的标度来描述评估特性的强度，通常称之为QDA图或蜘蛛网图，并利用该图的形态变化定量描述试样的品质变化。这种检测方法可在简单描述性检测所确定的词汇中选择适当的词汇，可单独或组合地用于鉴评气味、风味、外观和质地，多用于产品质量控制、质量分析、判定产品差异性、新产品开发和产品品质改良等方面，还可以为仪器检测结果提供可对比的感官数据，使产品特性可以相对稳定地保存下来。

定量描述和感官剖面检测法依照检测方式的不同可分为一致方法和独立方法两大类型。一致方法的含义是检测中所有的检测员(包括评价小组组长)以一个集体的一部分而工作，目的是获得一个评价小组赞同的综合印象，使描述产品风味特点达到一致、获得同感的方法。在检测过程中，如果不能一次达成共识，可借助参比样来进行，有时需要多次讨论方可达到目的。独立方法是由检测员先在小组内讨论产品的风味，然后每个检测员单独工作，记录对食品感觉的评价成绩，最后算平均值的方法，获得评价结果。无论是一致方法还是独立方法，在检测开始前，评价组织者和检测员应完成以下工作：①制定记录样品的特殊目录；②确定参比样；③规定描述特性的词汇；④建立描述和检测样品的方法。

通常，在正式小组成立之前，需要一个熟悉情况的阶段，以了解类似产品，建立描述最好方法和同意评价识别的目标，同时，确定参比样品(纯化合物或具有独特性质的天然产品)和规定描述特性词汇。具体进行时，还根据目的的不同设计出不同的检测记录形式，此方法的检测内容通常有以下几项：

①样品质量特性、特征的鉴定：采用适当的词汇，评价感觉到的特性、特征。

②感觉顺序的确定：记录显现及察觉到的各特性、特征所出现的先后顺序。

③特性、特征强度的评估：对所感觉到的各种特性、特征的强度做出评估。特性特征强度可由多种标度来评估。

a. 用数字评估。如：没有=0，很弱=1，弱=2，中等=3，强=4，很强=5。

b. 用标度点评估。在每个标度的两端写下相应的叙词，其中间级数或点数根据特性特征而改变，如：弱□□□□□□□强。

c. 用直线评估。在直线段上规定中心点为“0”，两端各标叙词，或直接在直线段规定两端点叙词，如弱-强，以所标线段距一侧的长短表示强度。

④余味和滞留度的测定：样品被吞下(或吐出)后，出现的与原来不同特征，称为余味；样品已被吞下后，继续感觉到的特性特征，称为滞留度。在一些情况下，可要求检测员鉴别余味并测定其强度，或者测定滞留度的强度和持续时间。

⑤综合印象评估：对产品全面、总体的评估。如：优=3，良=2，中=1，差=0。在一致方法中，鉴别小组赞同一个综合印象。在独立方法中，每个检测员分别评估综合印象，然后计算其平均值。

⑥强度变化的评估：有时可能要求以曲线(如时间-感觉强度曲线)形式表现从感觉到样品刺激，到刺激消失的感觉强度变化。如食品中甜味、苦味的感觉强度变化；嗅觉、味觉的感觉强度变化。

定量描述法不同于简单描述法的最大特点是利用统计法对数据进行分析。统计分析的方法，随所用对样品特性特征强度评价的方法而定。检测员在单独的品评室对样品进行评价，试验结束后，将标尺上的刻度转化为数值输入计算机，经统计分析后得出平均值。定量描述分析和感官剖面检测同时一般还附有一个图，图形常有扇形图、棒形图、圆形图和蜘蛛网形图等。

4.2　马铃薯样品的物理检测技术

马铃薯样品的物理检测法是根据马铃薯样品的相对密度、折射率、旋光度、黏度等物理常数与组分含量之间的关系进行检测的方法。物理检测法是马铃薯加工工业进行生产、质量控制、产品开发常用的检测方法之一。

4.2.1　物理检测的意义

相对密度、折射率、旋光度、黏度等与物质的熔点、沸点一样，也是物质的物理特性常数。通过测定马铃薯产品的这些物理特性常数，可以指导马铃薯产品的生产过程、保证产品质量、鉴别组成、确定浓度、判断纯度以及品质。同时，由于这些物理特性常数测定便捷、方便，从而是马铃薯产品生产管理中常用工艺指标控制、市场管理中防止假冒伪劣产品进入市场常用的不可缺少的检测和监控手段。因此，食品的物理检测对保护马铃薯产品质量和安全都具有重要意义。

4.2.2　物理检测的内容

物理检测的内容主要有相对密度、折射率、旋光度等。

1. 相对密度

密度是指在一定温度下，单位体积物质的质量，用符号 ρ 表示，单位为 g/cm^3。一般情况下，物质都具有热胀冷缩的性质，密度值会随着温度的改变而改变，因此，表示密度时应标出测定时物质的温度，如 ρ_t。

相对密度是指某一温度下物质的质量与同体积某一温度下水的质量之比，用符号 $d_{t_2}^{t_1}$ 表示，其中，t_1 表示被测物的温度，t_2 表示水的温度。相对密度是物质重要的物理常数之一。工业上为了方便起见，物质的相对密度用物质在 20℃的质量与同体积的水在 4℃时的质量之比表示，符号为 d_4^{20}。

$$d_4^{20} = \frac{\text{物质(20℃)的质量}}{\text{同体积水(4℃)的质量}}$$

一般在各种手册中记载的相对密度多为 d_4^{20}，为了便于比较相对密度，必须将测得的 $d_{t_2}^{t_1}$ 换算成 d_4^{20}。

用密度计或密度瓶测定溶液的相对密度时，用测定溶液对同温度同体积的水的质量相对方便。如在常温下，用 d_{20}^{20} 表示液体在 20℃时对水在 20℃时的相对密度。若要把 $d_{t_2}^{t_1}$ 换算成 d_4^{20}，可按下式进行换算：

$$d_4^{20} = d_{t_2}^{t_1} \times \rho_4^{t_2}$$

相对密度的测定方法称为相对密度法。相对密度的测定简单快速，是食品生产中采用的工艺控制指标，生产部门常用于监测原料、半成品、成品的质量。相对密度法测定时对样品的成分无损耗，并且测定过的样品可进行其他项目的分析。

2. 折射率

折射率是均一物质的一种物理性质，是均一物质的重要物理常数之一。均一物质折射率的数值可作为判断其均一程度和纯度的标志，也是食品生产常用的工艺控制指标。均一物质的折射率常用折光仪来测定，其测定方法称为折光法。可以用折光法来测定样品中的组成、确定其溶液的浓度、判断样品的纯净程度和品质。必须指出，如果样品中的固形物是由可溶性固形物和悬浮物组成的，则不能用折光法来直接测定。因为悬浮物固体粒子不能在折光仪上反映出它的折射率，

3. 旋光度

旋光度是旋光性物质的固有特性。某些样品中含有旋光性物质时，其比旋光度在一定的范围内，如谷氨酸的比旋光度为+24.8°~+25.3°，通过测定它的比旋光度，即可控制产品质量。还原糖是光学活性物质，常用旋光仪测定马铃薯样品中的还原糖含量，其分析结果的准确度和重现性都非常好，这种测定旋光度的方法称为旋光法。

4.2.3 物理检测的几种方法

1. 相对密度法

测定相对密度的方法主要有密度瓶法、密度计法、密度天平法等，最常用的是密度瓶法和密度计法。密度瓶法测定结果准确，但耗时长；密度计法简单迅速，但测定结果准确度较差，且要求样品溶液较多。

(1)密度瓶法

1)测定原理

密度瓶具有一定的容积，在一定温度下，用同一密度瓶分别称取等体积的样品溶液与蒸馏水的质量，两者的质量之比即为该样品溶液的相对密度。

2)仪器

密度瓶是容积固定的玻璃称量瓶，是测定液体相对密度的专用精密仪器。密度瓶的种类和规格有多种。常用的有带温度计的精密密度瓶和带毛细管的普通密度瓶，如图4-1所示。密度瓶的容积有20mL、25mL、50mL、100mL四种规格，常用的是20mL和50mL两种规格。

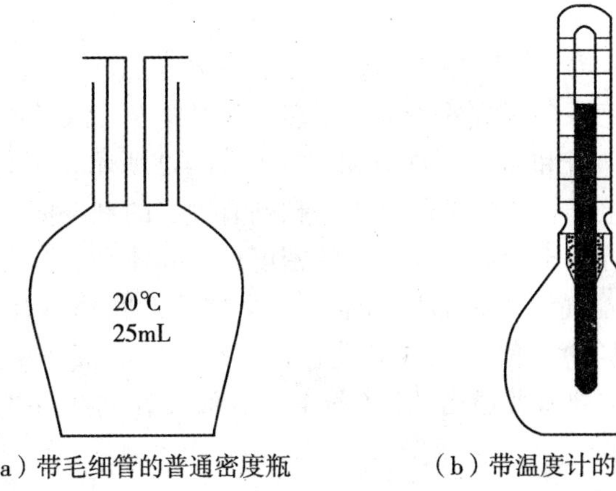

(a)带毛细管的普通密度瓶　　(b)带温度计的精密密度瓶

图4-1 密度瓶

3)测定方法

①把密度瓶清洗干净，再依次用乙醇、乙醚洗涤，烘干并冷却后，精确称量至恒重。

②装满样液，盖上瓶盖，置 20℃水浴中浸泡 30min，使内部液体的温度达到 20℃后保温 20min，用细滤纸条吸去支管标线上多余的样品溶液，盖上侧管帽后取出。用滤纸把瓶体擦干，置天平室内 30min 后称重。

③将样液倾出，洗净密度瓶，装入煮沸 30min 并冷却到 20℃以下的蒸馏水，按上法操作。称量出同体积 20℃蒸馏水与密度瓶的质量。

4)结果计算

①利用测得 20℃时同体积样液和蒸馏水的质量求 d_{20}^{20}，公式如下：

$$d_{20}^{20} = \frac{m_1 - m_0}{m_2 - m_0}$$

②利用下式把 d_{20}^{20} 换算成 d_4^{20}：

$$d_4^{20} = d_{20}^{20} \times 0.99823$$

式中：m_0——空密度瓶的质量，g；

m_1——空密度瓶与样品溶液的质量，g；

m_2——空密度瓶与蒸馏水的质量，g；

0.99823——20℃水对 4℃水的相对密度。

5)说明

①本法适用于测定各种液体样品的相对密度，特别适合于样品量较少的场合，对挥发性样品也适用，结果准确，但操作较繁琐。

②水及样液必须装满密度瓶，瓶内不得有气泡。

③水浴中的水必须清洁无油污，防止瓶外壁被污染。

④已达恒温的密度瓶拿取时，应戴隔热手套取拿瓶颈或用工具夹取。不得用手直接接触密度瓶球部，以免液体受热流出。

⑤测定较黏稠液体时，最好使用具有毛细管的密度瓶。

⑥天平室温度不得高于 20℃，否则液体会膨胀流出。

(2)密度计法

1)密度计

密度计是根据阿基米德原理制成的，种类很多，但结构及形式基本相同，其外壳材料通常使用玻璃。密度计由干管和躯体两部分组成，如图 4-2 所示。干管是一顶端密封的、直径均匀的细长圆管，熔接于躯体的上部。内壁粘贴有固定的刻度标尺，刻度标尺是利用各种不同密度的液体进行标定，制成不同标度的密度计。躯体是仪器的主体，为一直径较粗的圆管。为避免底部附着气泡，底部呈圆锥形或半球状，底部填有适当质量的压载物(如铅珠、汞或其他重金属等)，使密度计能垂直稳定地漂浮在液体中。某些密度计还附有温度计。常用的密度计主要有普通密度计(图 4-2)、波美计、糖锤度计、酒精计、乳稠计等，如图 4-3 所示。

①普通密度计

普通密度计是直接以 20℃为标准温度的相对密度值为刻度标尺的，相对密度值以纯水为 1.000。普通密度计主要有轻表和重表两种。轻表刻度小于 1(0.700~1.000)，用于测定密度比水小的液体；重表刻度大于1(1.000~2.000)，用于测量密度比水大的液体。

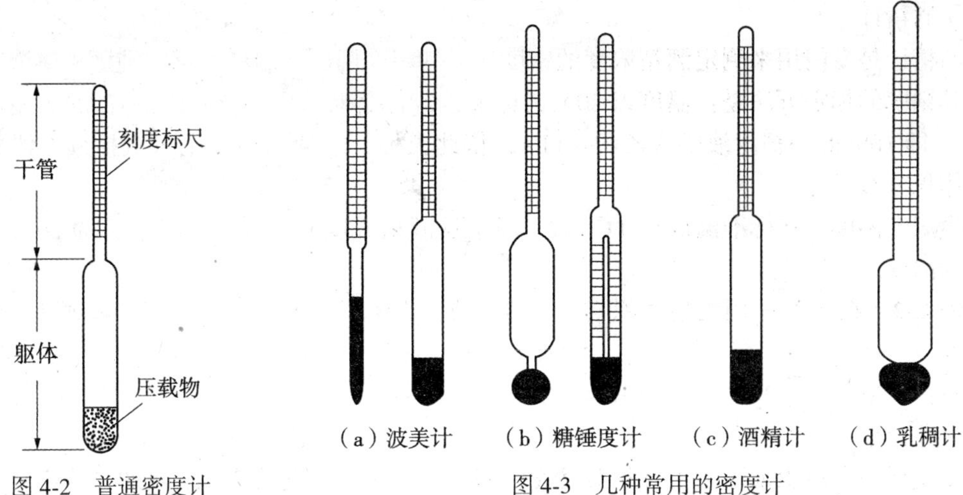

图4-2　普通密度计

(a)波美计　(b)糖锤度计　(c)酒精计　(d)乳稠计

图4-3　几种常用的密度计

②波美计

波美计是以波美度(刻度符号用°Bé表示)来表示液体浓度大小，用来测定溶液中溶质的质量分数的密度计。1°Bé表示质量分数为1%。波美计按标度方法不同有多种类型，常用的波美计其刻度方法以20℃为标准，在蒸馏水中刻度为0°Bé，在20%食盐溶液中20°Bé，在纯硫酸(相对密度1.8427)中其刻度为66°Bé，其余刻度等分。

波美计分为轻表和重表两种，轻表用以测定相对密度小于1的溶液，重表用以测定相对密度大于1的溶液。波美度与溶液相对密度之间的换算关系按下式进行。

轻表：$$°\text{Bé} = \frac{145}{d_{20}^{20}} - 145 \quad 或 \quad d_{20}^{20} = \frac{145}{145 + °\text{Bé}}$$

重表：$$°\text{Bé} = 145 - \frac{145}{d_{20}^{20}} \quad 或 \quad d_{20}^{20} = \frac{145}{145 - °\text{Bé}}$$

③糖锤度计

糖锤度计是专门用来测定糖液浓度的密度计，其刻度用已知浓度的纯蔗糖溶液来标定，以°B*x*表示。其刻度的标定方法是：温度以20℃为标准，若在蒸馏水中为0°B*x*，则在1%的蔗糖溶液中为1°B*x*(即100g糖液中含糖1g)，依此类推。常用的糖锤度计刻度读数范围有：0~6°B*x*、5~11°B*x*、10~16°B*x*、15~21°B*x*、20~26°B*x*等多种。

当测定温度不在标准温度(20℃)时，必须进行温度校正。当温度高于标准温度时，糖液体积增大，导致相对密度减小，即锤度降低，必须加上相应的温度校正值；反之，则应减去相应的温度校正值。

例4.1　在17℃时用糖锤度计测得一糖液的锤度为20.00°B*x*，那么该糖液中蔗糖的质量分数是多少？

解：由于测定温度不是20℃，因此观测糖锤度20.00°B*x*必须进行校正。由查得17℃时温度校正值0.18。

因17℃<20℃，测定温度低于标准温度，相时密度增大，锤度升高，所以观测糖锤度

20. 00°Bx 应减去温度校正值 0. 18，即 20. 00−0. 18 = 19. 82°Bx。

根据 1°Bx 相当于 100g 糖液中含糖 1g，可得该糖液中蔗糖的质量分数为 19. 82%。

④酒精计

酒精计是专门用来测定酒精浓度的密度计，其刻度用已知酒精浓度的纯酒精溶液来标定。其刻度的标定方法是：温度以 20℃为标准，若在蒸馏水中为 0，则在 1%的酒精溶液中为 1(即 100mL 酒精溶液中含乙醇 1mL)，依此类推。故从酒精计上可直接读取酒精溶液的体积分数。

当测定温度不在标准温度(20℃)时，需根据酒精温度浓度校正表，换算为 20℃酒精的实际浓度。

例 4. 2　在 25℃时用酒精计测某一酒精溶液，直接读数为 96. 5%，其实际酒精含量是多少?

解：查校正表，20℃时该酒精溶液实际含量为 96. 35%。

⑤乳稠计

乳稠计是专门用来测定牛乳相对密度的密度计，测定范围为 1. 015～1. 045，刻有 15～45 的刻度，以度(°)表示，它是将相对密度减去 1. 000 后再乘以 1000 作为刻度。若刻度为 30，即相当于相对密度 1. 030。乳稠计按其标度方法不同通常有两种：一种是 15℃/15℃，另一种是 20℃/4℃。这两种乳稠计的关系是前者的读数为后者读数加 2，即

$$d_{15}^{15} = d_4^{20} + 0.002$$

正常牛奶的相对密度 $d_4^{20} = 1.030$，而 $d_{15}^{15} = 1.032$。

使用乳稠计时，由于牛乳的相对密度随温度变化而变化，若测定温度不在标准温度(20℃)，则应将读数校正为标准温度下的读数。对于 20℃/4℃乳稠计，在 10～25℃范围内，温度每升高 1℃，乳稠计读数平均下降 0. 2°，即相当于相对密度平均减小 0. 0002。故当乳温高于标准温度 20℃时，则每高 1℃需加上 0. 2°；反之，若乳温低于标准温度 20℃时，则每降低 1℃需减去 0. 2°。

2)密度计的使用方法

①先用混合均匀的样液润洗适当容积的量筒，再将被测样品溶液沿筒壁缓缓注入量筒中，注意避免产生泡沫。

②将密度计洗净擦干，缓缓放入样液中，待其静止后，再轻轻按下少许，然后待其自然上升，静止并无气泡冒出后，从水平位置读取与液面相交处的刻度值。同时用温度计测量样品溶液的温度，如测定温度不是标准温度，应对测定值进行校正。

3)注意事项

①正确选择密度计，若选择不当，不仅无法读数，且有可能使密度计碰掉而损坏。

②被测溶液要注满量筒，量筒应与桌面垂直，以方便液面观察。

③密度计不能触及量筒内壁及底部。

④读数要在待溶液气泡上升完毕，温度一致之后，读数时视线应保持与刻度水平。

⑤测定被测溶液的温度，进行温度校正。

2. 折光法

折光法是通过测量物质的折射率来鉴别物质的组成，确定物质的纯度、浓度及判断物质的品质的分析方法。

(1)折射率

光线从一种透明介质进入另一种透明介质时就会产生折射现象。通常在测定折射率时，都是以空气作为对比标准的，即光线在空气中的速度与在这种物质中行进速度的比值称为相对折射率，简称折射率，用符号 n_D^{20} 表示，它的右上角注明的数字表示测定时的温度，右下角字母代表入射光的波长。例如水的折射率，$n_D^{20}=1.3330$，表示在20℃时用钠光灯 D 线照射所测得的水的折射率。

每一种均一物质都有其固有的折射率，对于同一物质的溶液来说，其折射率的大小与浓度成正比，因此，测定物质的折射率就可以判断物质的纯度及其浓度。由于折射率不受溶液黏度和表面张力的影响，所以折光法测得的物质含量较为准确。

(2)常用的折光计

折光计是用于测定折射率的仪器，刻有折射率读数，有的直接刻有糖溶液质量分数。常用的折光计有手提式折光计和阿贝折射仪。

1)手提式折光计(糖量计)

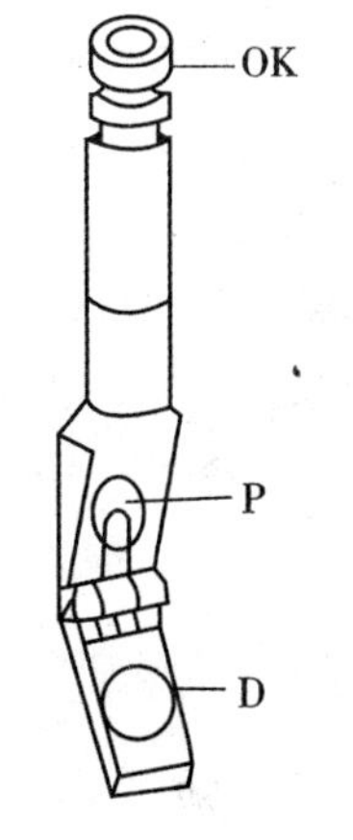

图 4-4　手提式折光计

手提式折光计主要由目镜(OK)、折光棱镜(P)和盖板(D)三部分组成，如图 4-4 所示。

使用时，先打开棱镜盖板 D，用擦镜纸将折光棱镜 P 擦净，取一滴待测糖液置于折光棱镜 P 上，使溶液均匀涂布在棱镜表面，合上盖板 D，将光窗对准光源，调节目镜 OK，使视场内画线清晰可见，视场中明暗分界线相应读数即为糖溶液质量分数。

手提式折光计的测定范围为 0~90%，其刻度标准温度为 20℃，若测量时在非标准温度时，则需进行温度校正。

2)阿贝折射仪

①构造

阿贝折射仪的构造如图 4-5 所示，其光学系统由观察系统和读数系统两部分组成。

阿贝折射仪的折射率刻度范围为 1.3000~1.7000，测量精确度可达±0.0003，可测糖液浓度或固形物范围为 0~95%，可测定温度为 10~50℃的折射率。

②校正

阿贝折射仪的低刻度值部分可用蒸馏水在标准温度(20℃)下校准，测得折射率为 1.33299。若温度不在 20℃，应查出该温度下蒸馏水的折射率来校正。对于高刻度值部分，通常是用特制的具有一定折射率的标准玻璃板来校准。校准时，先把进光棱镜打开，在标准玻璃抛光板面上加一滴溴化萘，然后将标准玻璃抛光板粘在折射棱镜表面上，使标准玻璃板抛光的一端向下，以便接受光线，测得的折射率应与标准玻璃板的折射率一致，如遇读数不准时，可旋动仪器上特有的校正旋钮，将其调整到正确读数。

③使用方法

a. 分开两面棱镜，以脱脂棉球蘸取乙醇擦净棱镜表面，挥发干乙醇。

b. 测定液体时，加 1~2 滴样液滴于下面棱镜平面中央，迅速闭合两块棱镜，调整反

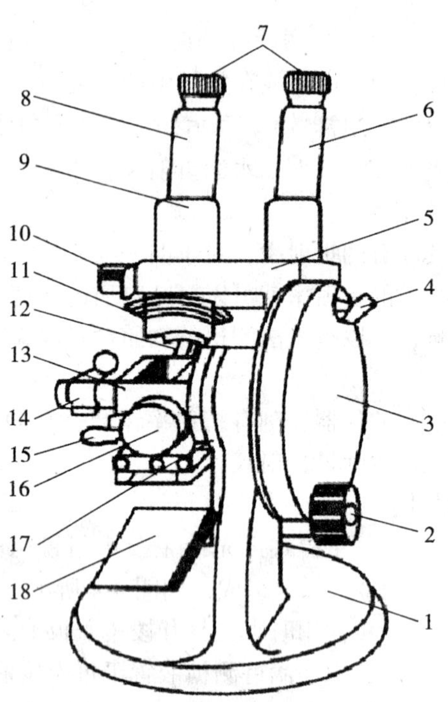

1—底座；2—棱镜调节旋钮；3—圆盘组(内有刻度板)；4—小反光镜；5—支架；6—读数镜筒；7—目镜；8—观察镜筒；9—分界线调旋钮；10—消色调节旋钮；11—色散刻度尺；12—棱镜锁紧扳手；13—棱镜组；14—温度计插座；15—恒温器接头；16—保护罩；17—主轴；18—反光镜

图 4-5　阿贝折射仪

射镜，使光线射入棱镜中。

c. 由目镜观察，转动棱镜旋钮，使视野分成明暗两部分。

d. 旋动补偿器旋钮，使视野中除黑白两色外，无其他颜色。

e. 转动棱镜旋钮，使明暗分界线在十字线交叉点。

f. 从读数筒中读取折射率或溶液的质量分数。

g. 测定样液温度。折射率一般在 20℃下测定，如果测定时温度不在 20℃，应按照实际温度进行校正。如在 30℃测定某糖浆固形物含量为 21%，查得 30℃校正值为 0. 78，则固形物准确含量应为 21%与 0. 78%的和，即 21. 78%。若室温在 10℃以下或 30℃以上时，一般不宜进行换算，必须在棱镜周围通过恒温水流，使样品达到规定温度后再测定。

h. 每次测定后，必须将镜身各机件、棱镜表面用水、乙醇或乙醚擦拭干净，并使之干燥、洁净。

3. 旋光法

旋光法是应用旋光仪测量旋光物质的旋光度以确定其含量的分析方法。

(1)偏振光

光是一种电磁波，光波的振动方向是与其前进方向相垂直的。自然光由不同波长的垂直与前进方向的各个平面内振动的光波所组成，如图 4-6 所示，表示一束朝着视线直射过来的光的横截面，光波的振动平面可以是 A、B、C 等无数垂直于前进方向的平面。

如果使自然光通过一个特制的叫做尼科尔棱镜的晶体(这种晶体只能使与棱镜的轴平行的平面内振动的光通过)，其光波振动平面就只有一个与镜轴平行的平面。这种仅在某一平面上振动的光，叫做平面偏振光，简称偏振光，如图4-7所示。

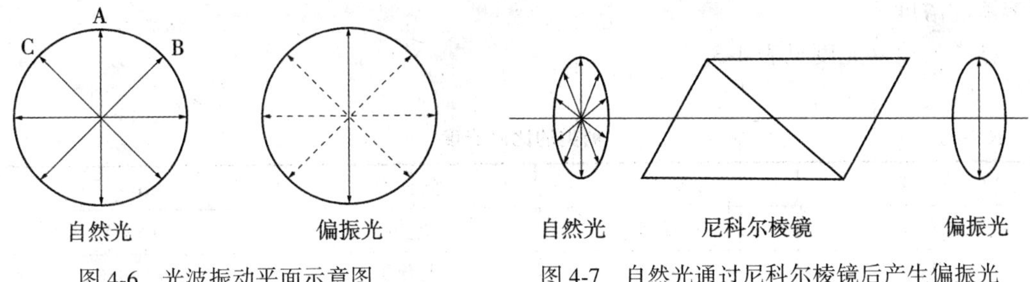

图4-6 光波振动平面示意图

图4-7 自然光通过尼科尔棱镜后产生偏振光

如果将两个尼科尔棱镜平行放置，那么通过第一棱镜后的偏振光仍能通过第二棱镜，在第二棱镜后面可以看到最大强度的光。

(2)旋光活性物质与旋光度

如果在与镜轴平行的两个尼科尔棱镜间放置一支玻璃管，管中分别放置各种有机物的溶液，那么可以发现，光经过某些溶液(如酒精、丙酮)后，在第二棱镜后面仍可以观察到最大强度的光；而当光经过另一些溶液(如蔗糖、乳酸)后，在第二棱镜后面观察到的光的亮度就减弱了，但将第二棱镜向左或向右旋转一定的角度后，在第二棱镜后面又可以观察到最大强度的光。这种现象是因为这些有机物质可以将偏振光的振动平面旋转一定的角度，具有这种性质的物质，称其为"旋光活性物质"。旋光活性物质使偏振光振动平面旋转的角度叫做"旋光度"，以符号 a 表示，使偏振光振动平面向左旋转(反时针方向)的称为"左"旋，以符号"-"表示；使偏振光振动平面向右旋转(顺时针方向)的称为"右"旋，以符号"+"表示。测定物质旋光度的仪器称旋光仪。

(3)旋光度表示方法—比旋光度

旋光度的大小，主要决定于物质的性质，也与光源波长、测定温度、溶液的浓度与液层厚度等有关。在记录物质的旋光度时，应注明光源和测定温度。例如，用 α_{λ}^{t} 表示旋光度时，温度标在 α 的右上角，光源标在右下角。$[\alpha]_{D}^{20}$ 表示温度20℃时用钠光D线(波长589.3nm)的旋光度。

在一定条件下，对同一物质来说，旋光度的大小与通过被测溶液的液层厚度成正比，同时也和旋光性物质的浓度成正比。当偏振光线通过被测物质的浓度为1g/mL、液层厚度1dm时，所测得旋光度称为该物质的比旋光度，常以 $[\alpha]_{\lambda}^{t}$ 表示。假设测定管长(即光线通过的液层厚度)为 L(dm)，被测定物质溶液的浓度为 c(g/mL)，旋光度 A 和比旋光度 $[\alpha]_{\lambda}^{t}$ 的关系可用下式表示：

$$A = [\alpha]_{\lambda}^{t} \times L \times c$$

式中：$[\alpha]_{\lambda}^{t}$ ——比旋光度，(°)；

α——旋光度，(°)；

t——温度，℃；

λ——光源波长，nm；

L——液层厚度或旋光管长度，dm；

c——溶质的浓度，g/mL。

从上式可知，如果已知物质的比旋光度，就可以根据测定物质的旋光度，求得旋光物质溶液的浓度。

糖类的比旋光度见表 4-3。

表 4-3　**糖类的比旋光度**

糖　类	$[\alpha]_D^{20}$	糖　类	$[\alpha]_D^{20}$
葡萄糖	+52.5	乳糖	+53.5
果糖	−92.5	麦芽糖	+138.5
转化糖	−20.0	糊精	+194.5
蔗糖	+66.5	淀粉	+196.5

(4)旋光仪的结构及原理

旋光仪又称旋光计，是一种能产生偏振光的仪器，可用来测定光学活性物质对偏振光旋转角度的方向和大小，从而进一步定性与定量。

①普通旋光仪

最简单的旋光仪是由两个尼科尔棱镜构成，一个用于产生偏振光，称起偏器；另一个用于检验偏振光振动平面被旋光质旋转的角度，称为检偏器。当起偏器与检偏器光轴互相垂直时，即通过起偏器产生的偏振光的振动平面与检偏器光轴互相垂直时，偏振光通不过去，故视野最暗，此状态为仪器的零点。若在零点情况下，在起偏器和检偏器之间放入旋光质，则偏振光部分或全部地通过检偏器，结果视野明亮。此时若将检偏器旋转一角度使视野最暗，则所旋角度即为旋光质的旋光度。实际上这种旋光仪并无实用价值，因用肉眼难以准确判断什么是“最暗”状态。为克服这个缺点，通常在旋光计内设置一个小尼科尔棱镜，使视野分为明暗两半，这就是半影式旋光计，如图 4-8 所示。此仪器的终点不是视野最暗，而是视野两半圆的照度相等。由于肉眼较易识别视野两半圆光线强度的微弱差异，故能正确判断终点。普通旋光仪读数尺的刻度以角度表示。

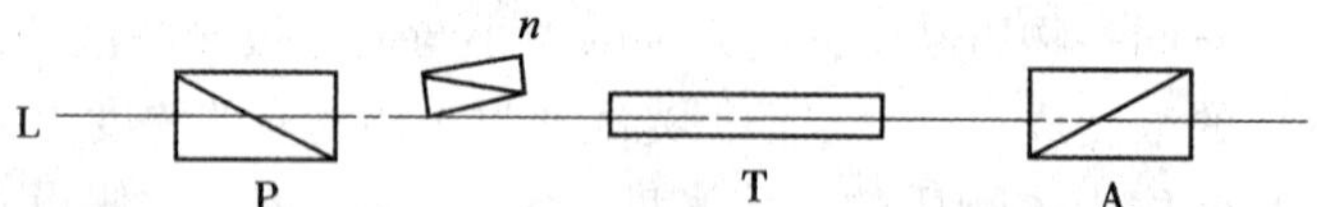

L—光源；P—起偏器；n—小棱镜；T—旋光质；A—检偏器

图 4-8　半影式旋光仪示意图

②检糖计

检糖计是测定糖类的专用旋光仪，其测定原理与半影式旋光计基本相同，如图 4-9 所示。

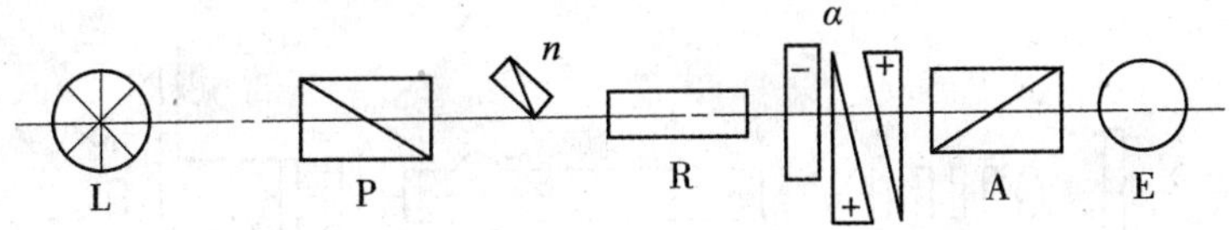

L—光源；P—起偏器；n—小棱镜；R—糖液；A—检偏器；E—读数尺

图 4-9 检糖计的基本光学元件

检糖计读数尺的刻度是以糖度表示的，最常用的是国际糖度尺，以°S 表示。其标定方法是：在 20℃时，把 26.000g 纯蔗糖（在空气中以黄铜砝码称出）配成 100mL 的糖液，在 20℃用 200mm 观测管以波长 λ = 589.4400nm 的钠黄光为光源测得的读数定为 100°S。1°S 相当于 100mL 糖液中含有 0.26g 蔗糖，读数为 x°S，表示 100mL 糖液中含有 0.26xg 蔗糖。国际糖度与角旋度之间的换算关系如下：

$$1°S = 0.34626°；\ 1° = 2.888°S$$

③WZZ 型自动旋光仪

前面介绍的普通旋光仪和检糖计，虽然具有结构简单、价格低廉等优点，但也存在着以肉眼判断终点、有人为误差、灵敏度低及须在暗室内工作等缺点。WZZ-1 型自动旋光仪采用光电检测器及晶体管自动示数装置，具有体积小、灵敏度高、没有人为误差、读数方便、测定迅速等优点，如图 4-10 所示。目前该旋光仪在食品检测分析中应用十分广泛。

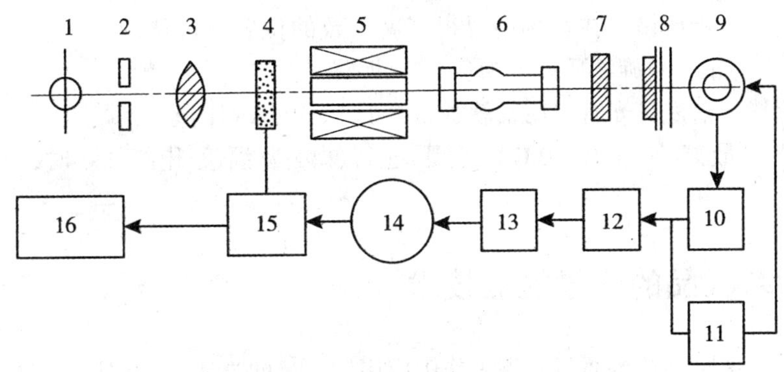

1—光源；2—小孔光栅；3—物镜；4—起偏器；5—磁旋线圈；6—观察管；7—滤光片；8—检偏器；9—光电倍增管；10—前置放大器；11—自动高压；12—选频放大器；13—功率放大器；14—伺服马达；15—蜗轮蜗杆；16—读数器

图 4-10 WZZ-1 型自动旋光计工作原理

④WXG-4 型旋光仪

在旋光仪中放入盛有被测溶液的试管后，由于溶液具有旋光性，使平面偏振光旋转一个角度，零点视场便发生了变化，如图 4-11 所示。转动测量手轮及检偏镜一定角度，能再次出现亮度一致的视场，这个转角就是溶液的旋光度，它的数值通过读数放大镜从读数度盘及游标读出。

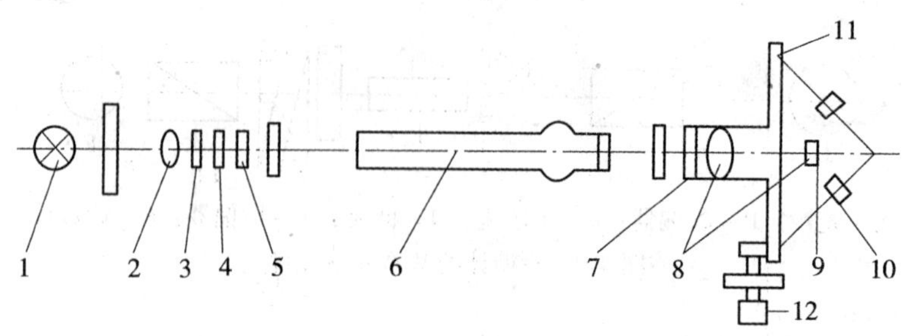

1—钠光源；2—聚光镜；3—滤色镜；4—起偏器；5—半荫片；6—旋光测定管；
7—检偏镜；8—物镜、目镜组；9—聚焦手轮；10—放大镜；11—读数度盘；12—读数手轮

图 4-11　WXG-4 型旋光仪光路图

(5)旋光仪的使用方法

①将仪器接通 220V 交流电源，开启电源开关，预热约 5min 后，钠光灯正常发光，就可开始观察使用。

②检查仪器零点三分视场亮度是否一致，如果不一致，说明零点有误差，应在测量读数中加上或减去偏差值，或放松读数度盘盖背面 4 只螺钉，微微转动读数度盘进行校正(只能校正 0.5°左右误差)。

③选取适宜长度的旋光管，注满被测溶液，将旋光管中气泡赶入凸处部位，擦下两头残留溶液，放入镜筒中部空舱内后，闭合镜筒盖。

④转动度盘、检偏镜，在视场中寻得亮度一致的位置，再从读数度盘及游标上读数(右旋物质读数为正，左旋物质读数为负)。

⑤使用完毕，清洗旋光管，用柔软绒布擦干，安放入箱内原位。

注意：测定最好在 20℃ ±2℃ 温度下进行，因为温度升高 1℃ 时，旋光度约减少 0.3%。

4.3　马铃薯样品的化学检测技术

化学检测技术是马铃薯质量检测工作中应用较广泛的方法，根据检测目的和被检物质的特性，可进行定性和定量分析。

4.3.1　定性分析

定性分析的目的，在于检测某一物质是否存在，它是根据被检物质的化学性质，经适当分离后，与一定试剂产生化学反应，根据反应所呈现的颜色或特定性状的沉淀来判定其存在与否。

4.3.2　定量分析

定量分析的目的，在于检测某一物质的含量。可供定量分析的方法颇多，除利用重量和容量分析外，近年来，定量分析的方法正向着快速、准确、微量的仪器分析方向发展。

1. 重量分析

重量分析法是将被测成分与鲜品中的其他成分分离，然后称量该成分的质量，计算出被测物质的含量。它是化学分析中最基本、最直接的定量方法。尽管操作麻烦、费时，但准确度较高，常作为检验其他方法的基础方法。

目前，在马铃薯质量检测中，仍有一部分项目采用重量法，如水分、溶解度、蒸发残渣、灰分等的测定都是重量法。由于红外线灯、热天平等近代仪器的使用，使重量分析操作已向着快速和自动化分析的方向发展。

定量分析的基本过程为：

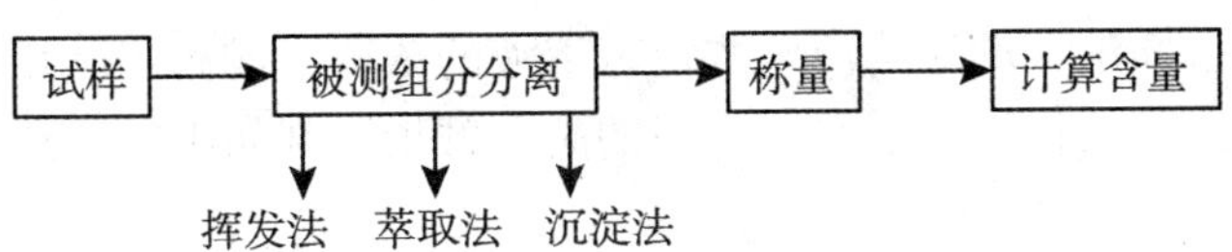

根据使用的分离方法不同，重量法可分为以下 3 种：

①挥发法

挥发法是将被测成分挥发或将被测成分转化为易挥发的成分去掉，称残留物的质量，根据挥发前和挥发后的质量差，计算出被测物质的含量。例如测定水分含量。

②萃取法

萃取法是将被测成分用有机溶剂萃取出来，再将有机溶剂挥发出去，称残留物的质量，计算出被测物质的含量。例如测定食品中脂肪含量。

③沉淀法

沉淀法是在样品溶液中，加入一适当过量的沉淀剂，使被测成分形成难溶的化合物沉淀出来，再根据沉淀物的重量，计算出该成分的含量。如在化学中经常使用的测定无机成分。

使用沉淀法分析某物质的含量时，存在沉淀形式和称量形式两种状态。往试液中加入适当的沉淀剂，使被测组分沉淀出来，所得的沉淀称为沉淀形式；沉淀经过滤、洗涤、烘干或灼烧之后，得到称量形式，然后再由称量形式的化学组成和重量，便可算出被测组分的含量。沉淀形式与称量形式可以相同，也可以不同，如测定 Cl^-时，加入沉淀剂 $AgNO_3$ 得到 AgCl 沉淀，此时沉淀形式和称量形式相同。测定 Mg^{2+}时，沉淀形式为 $MgNH_4PO_4$，经灼烧后得到的称量形式为 $Mg_2P_2O_7$，则沉淀形式与称量形式不同。

(1)沉淀重量法对沉淀形式的要求

①沉淀的溶解度要小，才能使被测组分沉淀完全，根据一般分析结果的误差要求，沉淀的溶解损失不应超过分析天平的称量误差，即 0.2mg。

②沉淀应易于过滤和洗涤。

③沉淀必须纯净，不应混杂质沉淀剂或其他杂质，否则不能获得准确的分析结果。

④应易于转变为称量形式。

(2)沉淀重量法对称量形式的要求

①要有足够的化学稳定性。沉淀的称量形式不应受空气中的 CO_2、O_2的影响而发生变化，本身也不应分解或变质。

②应具有尽可能大的分子质量。称量形式的分子质量大，则被测组分在称量形式中的含量小，称量误差也小，可以提高分析结果的准确度。

2. 容量分析

容量分析法是将已知浓度的操作溶液(即标准溶液)，由滴定管加到被检溶液中，直到所用试剂与被测物质的量相等时为止。反应的终点，可借指示剂的变色来观察。根据标准溶液的浓度和消耗标准溶液的体积，计算出被测物质的含量。

根据其反应性质不同，容量分析可分酸碱中和滴定法、氧化还原滴定法、沉淀滴定法及配位滴定法四类。

(1)中和法

中和法是利用已知浓度的酸溶液来测定碱溶液的浓度，或利用已知浓度的碱溶液来测定酸溶液的浓度。终点的指示是借助于适当的酸、碱指示剂如甲基橙和酚酞等的颜色变化来决定。

(2)氧化还原法

氧化还原法是利用氧化还原反应来测定被检物质中氧化性或还原性物质的含量，其中包括碘量法、高锰酸钾法。另外，氧化还原法还有重铬酸钾法和溴酸盐定量法等。

①碘量法　是利用碘的氧化性来直接测定还原性物质的含量，或者利用碘离子的还原性，使其与氧化剂作用，然后用已知浓度的标准硫代硫酸钠溶液滴定析出的碘，返滴定测定氧化性物质的含量。如测定肌醇的含量。

②高锰酸钾法　是利用高锰酸钾的氧化性来测定样品中还原性物质的含量。用高锰酸钾作滴定剂时，一般在强酸性溶液中进行。如测定马铃薯还原糖的含量。

(3)沉淀法

沉淀法是利用形成沉淀的反应来测定其含量的方法。如氯化钠的测定，利用硝酸银标准溶液滴定样品中的氯化钠，生成氯化银沉淀，待全部氯化银沉淀后，多滴加的硝酸银与铬酸钾指示剂生成橘红色铬酸银沉淀使溶液显色即为滴定终点。由硝酸银标准滴定溶液消耗量计算氯化钠的含量。

(4)络合滴定法

在理化检验中主要是应用氨羧络合滴定中的乙二胺四乙酸二钠(EDTA)来直接滴定的方法。它利用金属离子与氨羧络合剂定量地形成金属络合物的性质，在适当的 pH 范围内，以 EDTA 溶液直接滴定，借助于指示剂与金属离子所形成络合物的稳定性较小的性质，在达到当量点时，EDTA 自指示剂络合物中夺取金属离子而使溶液中呈现游离指示剂的颜色，用以指示滴定终点的方法。例如食盐中镁的测定即采用此法。

4.4　马铃薯样品的现代检测技术

现代检测技术是马铃薯质量检测的主要技术支撑。现代检测技术种类很多，分为光学分析法、电化学分析法、色谱分析法及其他分析方法等类型，如图 4-12 所示。

4.4.1　光学分析法

光学分析法是依据物质发射的电磁辐射或物质与电磁辐射相互作用而建立起来的各种

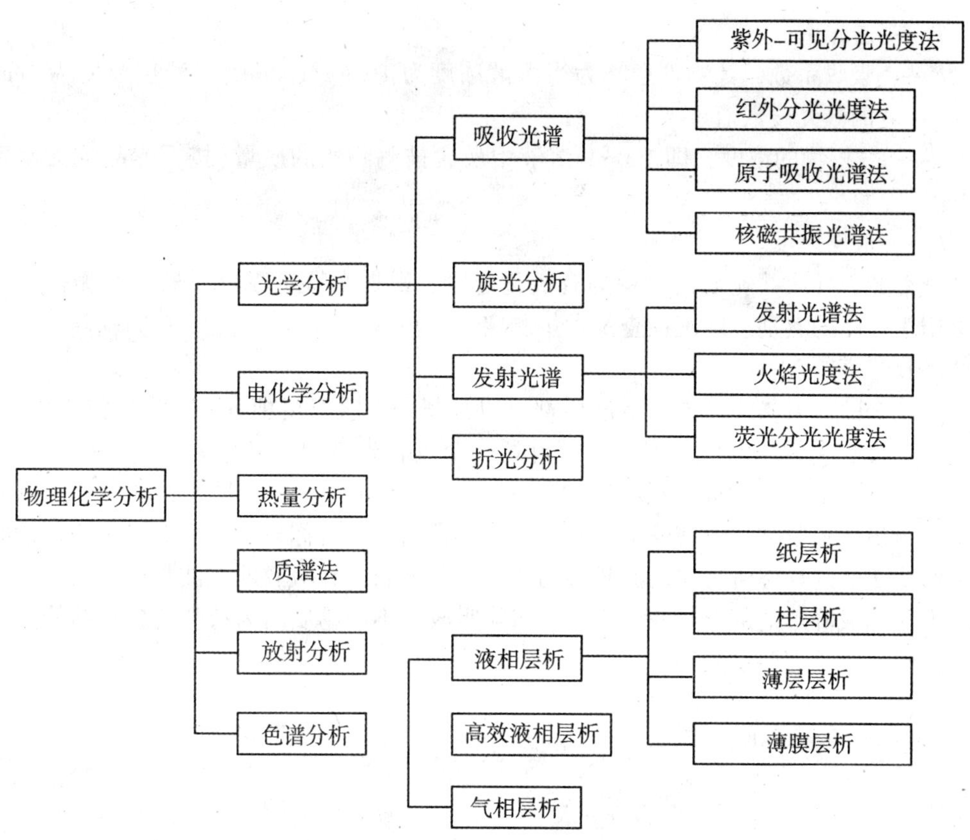

图 4-12　现代检测技术(物理化学分析)的分类

分析法，分为光谱法和非光谱法。其中光谱法是利用物质与电磁辐射作用时，物质内部发生量子化能级跃迁而产生的吸收、发射或散射辐射等电磁辐射的强度随波长变化的定性、定量分析方法，按能量交换方向分为吸收光谱法与发射光谱法，按作用结果不同分为原子光谱(线状光谱，如原子吸收、原子发射、原子荧光光谱法等)与分子光谱(带状光谱，如红外吸收、紫外-可见吸收光谱等)；非光谱法是利用物质与电磁辐射的相互作用测定电磁辐射的反射、折射、干涉、衍射和偏振等基本性质变化的分析方法，分为折射法、旋光法、比浊法、X 射线衍射法。由于具有灵敏度高、选择性好、用途广等优点，光学分析法在马铃薯质量检测领域发挥着重要的作用。

1. 紫外-可见分光光度法

研究物质在紫外(200～400nm)、可见光(400～760nm)区分子吸收光谱的分析方法称为紫外-可见分光光度法。

(1)基本原理

①朗伯-比尔定律

分光光度法是基于物质对光选择性吸收的特性而建立起来的分析方法，它以朗伯-比尔定律为基础。朗伯-比尔定律的数学式为：

$$A = \lg T^{-1} = EcL$$

式中：A——吸光度；

T——透光率；

E——吸收系数，其物理意义为当溶液浓度为 1%（g/100mL）、液层厚度为 1cm 时的吸光度数值。

c——分析物的浓度，即 100mL 溶液中所含被测物质的质量（按干燥品或无水物计算）；

L——液层厚度。

凡具有芳香环或共轭双键结构的有机化合物，根据在特定吸收波长处所测得的吸光度，可用于食品的鉴别、纯度检查及含量测定。

②吸收光谱

每一波长的入射光通过样品溶液后都可以测得一个吸光度值 A。以波长作为横坐标，以相应的吸光度 A 为纵坐标作图，便可得到一个吸收光谱图，又称为吸收曲线，如图 4-13 所示。由图 4-13 可以看出吸收光谱的特征：曲线 1 处的峰称为最大吸收峰，它所对应的波长称为最大吸收波长；在峰旁边有一个小的曲折（3 处）称为肩峰，很多物质是没有肩峰的；曲线 2 处的峰谷所对应的波长称为最小吸收波长，在吸收曲线波长最短的一端；吸收相当强而不成峰形的部分（4 处），称为末端吸收。不同物质因为特殊的分子结构，有不同的最大吸收峰，有些物质则没有吸收峰。

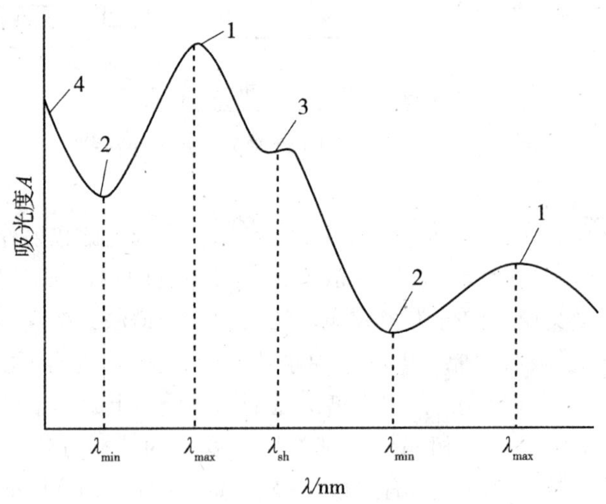

图 4-13　物质的紫外-可见吸收光谱

有共轭基团的物质在紫外-可见区才产生吸收，但吸收曲线并不反映物质非共轭部分的结构，因此，在同一条件下，吸收曲线不同的肯定为不同的物质。但结构相似的物质可能有相同的吸收曲线。

（2）紫外-可见分光光度计组成及类型

1）仪器基本组成

目前分光光度计的种类很多，但基本构造相似，一般由光源、单色器、吸收池、检测器、信号处理器、显示器等几个部分组成。其工作原理及主要仪器如图 4-14、图 4-15、图 4-16、图 4-17 所示。

光源 → 单色器 → 吸收池 → 检测器 → 信号显示、记录装置

图 4-14 分光光度计工作原理示意图

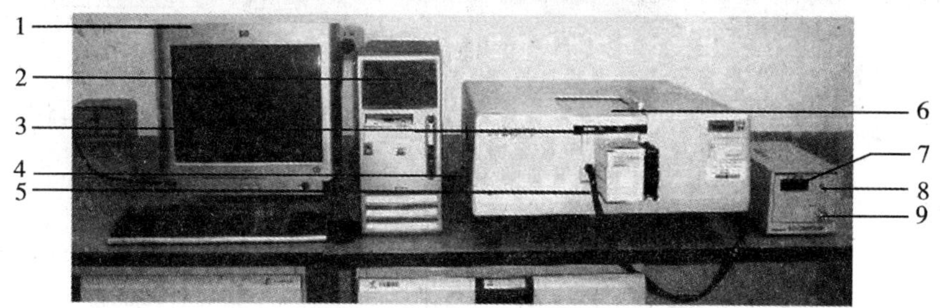

1—显示器；2—PC；3—循环水进口；4—电源开关；5—控温器；6—样品室；
7—温度控制显示屏；8—控温装置开关；9—温度调节旋钮

图 4-15 UV-2401 紫外/可见分光光度计

①光源

光源的作用是提供激发能，使待测分子产生吸收。光源要有足够的发射强度而且稳定，能提供连续的辐射，且发光面积小。常用可见光源为碘钨灯(用于可见光区)和氘灯(用于紫外光区)。

②单色器

单色器的功能是把从光源发射出的连续光谱分为波长宽度很窄的单色光，它包括色散元件、狭缝和准直镜三部分。其中色散元件是分光光度计的关键部件，它是将复合光按波长的长短顺序分散成为单色光的装置，其分散的过程称为光的色散。色散后所得的单色光经反射后，通过狭缝到达溶液。常用的色散元件是棱镜和光栅，近年来多用光栅。

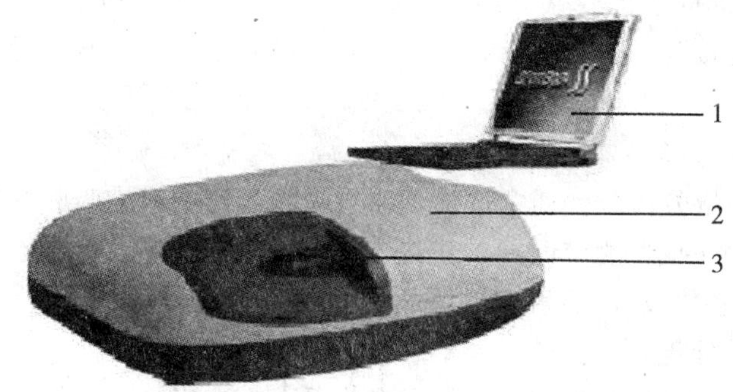

1—PC；2—Ultrosrec 4300 pro 紫外/可见分光光度计；3—进样池

图 4-16 Ultrosrec 4300 pro 紫外/可见分光光度计

③吸收池

吸收池是分光光度分析中盛放溶液样品的容器，材质通常有玻璃和石英两种，一般无

1—样品室；2—平面显示器；3—PC 机；4—电源开关

图 4-17　UV-3150 紫外/可见/近红外分光光度计

色、透明、耐腐蚀。玻璃吸收池只能用于可见光区；而石英池既适用于可见光区，也可用于紫外光区。此外，还有一次性使用的用于可见光区的塑料材质吸收池。

④检测器

检测器是一个光电转换元件，它是测量光线透过溶液以后强弱变化的一种装置。在分光光度计中，最普遍采用的检测器是光电管或光电倍增管。

⑤显示器

常用的显示器有电表指示器、图表记录器及数字显示器等。

2）紫外-可见分光光度计的类型

常用的紫外-可见分光光度计有单光束分光光度计、双光束分光光度计、双波长分光光度计及多道分光光度计四种类型。

目前最普遍应用的是双光束分光光度计。对于多组分混合物、混浊试样（如生物组织液）分析，以及存在背景干扰或共存组分吸收干扰的情况下，利用双光束分光光度计法，往往能提高方法的灵敏度和选择性。利用双光束分光光度计，能获得导数光谱。

（3）注意事项

1）入射光波长的选择

进行样品溶液定量分析时，通常选被测物质吸收光谱中最大吸收峰处的波长作为测定波长，以提高灵敏度并减少测定误差。若被测物有几个吸收峰，可选不易有其他物质干扰的、较高（百分吸收系数较大）的和宽的吸收峰波长进行测定。

2）溶剂的选择及处理方法

溶剂的性质对溶质的吸收光谱的波长和吸收系数都有影响。极性溶剂的吸收曲线较稳定，且价格便宜，故在分析中常用水（或一定浓度的酸、碱及缓冲液）和醇等极性溶剂作为测定溶剂，但水、醇等极性溶剂会引起吸收峰位置及宽度的改变，使用时应注意。

测定样品吸光度的溶剂应能完全溶解样品，且在所用的波长范围内有较好的透光性，即不吸收光或吸收很弱。许多溶剂在紫外区吸收峰，只能在其吸收较弱的波段使用。表 4-4 列出了溶剂的波长极限，当所采用的波长低于溶剂的极限波长时，则应考虑其他溶剂或改变测定波长。

分光光度法要求“光谱纯”溶剂或经检验其空白符合规定的方能使用。烃类溶剂可以通过硅胶或氧化铝吸附，或用化学方法处理以除去杂质。现将几种主要溶剂的特点及注意事项简述如表 4-4 所示。

表 4-4 主要溶剂的特点及注意事项

溶 剂	极限波长/nm	特点及注意事项
蒸馏水	210	应用范围较广；在应用前，混悬于水中的微小气泡必须事先煮沸除去，否则因气泡引起的散射光造成误差。
乙 醇	215	乙醇中常会有醛类杂质(其吸收峰约在 290nm)，可先加 1%的氢氧化钠及少量硝酸银，回流 1h 后再行蒸馏。95%乙醇为常用溶剂，市售无水乙醇常含有微量苯，紫外区有吸收，使用时需予以注意。
环己烷 正己烷	<220	通常含有苯，除去苯的方法是加 10%的浓硫酸和 1%的浓硝酸，振荡并放置 24h 后，用稀氢氧化钠溶液和高锰酸钾溶液依次洗涤，再用氯化钠干燥，蒸馏即得。
氯 仿	245	许多不溶于乙醇的物质能溶于氯仿，氯仿容易被光和空气破坏，添加 1%乙醇可予以防止，使用前加硫酸振荡，用水洗涤，再用氯化钠干燥，蒸馏即得。
乙 醚	210	乙醚有应用范围很广、对有机化合物溶解度大的优点。它的挥发性大，测量须在封闭条件下进行，操作不便是其缺点。使用前应除去其中的过氧化物。

3)参比溶液的选择

参比溶液又称空白溶液。在分光光度测定中，常使用参比溶液，其作用不仅是调节仪器的零点。还可以消除由于比色皿、溶剂、试剂、样品基底和其他组分对于入射光的反射和吸收所带来的影响。因此，正确选用参比溶液，对提高分析的准确性有重要的作用。选择参比溶液的一般原则如下：

①如果试液和显色剂均无色，可用蒸馏水作为参比溶液。

②如果显色剂或其他试剂是有色的，应选用试剂(不加试液)做参比溶液。

③如果显色剂为无色，而被测试液中存在其他有色离子，可采用不加显色剂的被测试液做参比溶液。

④如果显色剂和被测试液均有颜色，则应采用褪色参比，即在一份试液中加入适当的掩蔽剂，以掩蔽被测组分。使它不再与显色剂作用，而显色剂及其他试剂均仍按试液测定方法加入作为参比溶液来消除干扰。

(4)紫外-可见分光光度法的应用

1)定性分析

①判断异构体。紫外吸收光谱的重要应用在于测定共轭分子。共轭体系越大，吸收强度越大，波长红移。

②判断共轭状态。可以判断共轭生色团的所有原子是否共平面等。如二苯乙烯(CH=

CH-phe)顺式比反式不易共平面，因此反式结构的最大吸收波长及摩尔吸光系数要大于顺式。顺式：$\lambda_{max}=280nm$，$k=13500$；反式：$\lambda_{max}=295nm$，$k=27000$。

③已知化合物的验证。与标准谱图比对，紫外-可见吸收光谱可以作为有机化合物结构测定的一种辅助手段。

2)单组分定量分析

紫外-可见吸收光谱是进行定量分析最广泛使用的、最有效的手段之一。尤其在医院的常规化验中，95%的定量分析都用此法。其用于定量分析的优点是：

①可用于无机及有机体系。

②一般可检测 $10^{-4}\sim10^{-5}$mol/L 的微量组分，通过某些特殊方法(如胶束增溶)可检测 $10^{-6}\sim10^{-7}$mol/L 的组分。

③准确度高，一般相对误差1%~3%，有时可降至百分之零点几。

3)混合物分析

据吸光度的加和性，测定混合物中 n 个组分的浓度，可在 n 个不同波长处测量 n 个吸光度值，列出 n 个方程组成的联立方程组。

4)平衡常数的测定

在化学平衡研究、分子识别中常常需要测定酸解离常数、pH 值、氢键结合度等。

5)络合物结合比的测定

通过紫外-可见吸收光吸收光谱的测定，可以求得主客体络合物的结合比。常用方法有：摩尔比法、连接变换法或 Job 法、斜率比法、B-H 议程(Benesi-Hildbrand Method)等。

(5)紫外-可见分光光度定量分析的方法

用紫外-可见分光光度测定成分含量时一般采用如下几种方法。

①百分吸收系数法

吸收系数有摩尔吸收系数和百分吸收系数两种，百分吸收系数可以直接测得，而摩尔吸收系数不能直接测得，两种吸收系数之间可以互相转算。在测定条件(溶液的浓度、酸度、单色纯光度等)不引起对朗伯-比尔定律偏离的情况下，可以采用百分吸收系数，根据测得的样品吸光度，按下式求出样品的质量分数，若有必要，还可以换算成样品的物质的量浓度。

$$c=\frac{A}{E_{1cm}^{1\%}}$$

式中：c——样品的质量分数,%；

A——吸光度；

$E_{1cm}^{1\%}$——百分吸收系数。

②标准曲线法

不是任何情况都可以用百分吸收系数来计算样品溶液浓度的，特别是在单色光不纯的情况下，吸光度的值会随所用仪器的不同而在一个相当大的幅度内变化不定。若仍用百分吸收系数来换算浓度，则将产生很大误差。但对于任一台工作正常的紫外分光光度计，固定其工作状态和测定条件，则浓度与吸光度之间的关系，在很多情况下仍然是直线关系或近似于直线的关系。测定时，将一系列(5~10个)不同浓度的标准溶液在同一条件下测定吸光度，观察浓度与吸光度成直线关系的范围，然后以吸光度为纵坐标，浓度为横坐标，

绘制 $A\text{-}c$ 曲线，称为标准曲线，也可用直线回归的方法求出回归直线方程，再根据样品溶液所测得的吸光度从标准曲线来计算浓度。在仪器和方法固定的条件下，标准曲线和回归直线方程可多次使用。标准曲线法由于对仪器的要求不高，是分光光度法中最常用的简便易行的方法。

③直接比较法

直接比较法是在相同条件下配制样液和对照品(可以是标准品，也可以是浓度已知对照样品)溶液，在所选波长处同时测定吸光度 $A_{样品}$ 及 $A_{对照}$，按下式计算样品溶液的浓度：

$$\frac{c_{样品}}{c_{对照}}=\frac{A_{样品}}{A_{对照}}$$

该法的测定误差比标准曲线法要大一些，为了减少误差，应将样液浓度与对照品溶液浓度配制得较为接近。

2. 红外分光光度法

红外分光光度法(IR)是指利用物质的红外光谱进行定性、定量分析及测定分子结构的方法。本章主要介绍中红外光谱和近红外光谱在检测中的应用。

通常将红外光谱根据试验技术和应用的不同划分为三个区，见表 4-5。

表 4-5　　**红外光谱区的划分**

区　域	波长/μm	波数/cm^{-1}	能级跃迁类型
近红外区	0.76~2.5	4000~13158	OH、NH、CH 键的倍频吸收
中红外区	2.5~50	200~4000	分子振动，伴随着分子的转动
远红外区	50~500	20~200	分子转动

红外吸收光谱主要是由分子中所有原子的多种形式的振动引起的，不同形式的振动均有其相应的吸收峰。不同基团振动的吸收峰总是出现在某一特定的区域，如羧基在 3700~3000cm^{-1}、羰基 1850~1640cm^{-1}。

(1) 中红外光谱分析

1) 基本原理

中红外光谱区可分成 1300~4000cm^{-1} 和 600~1800(1300)cm^{-1} 两个区域。最有分析价值的集团频率在 1300~4000cm^{-1}，这一区域的吸收峰有比较明确的官能团和频率的对应关系，称为集团频率区、官能团区或特征区。区内的峰是由伸缩振动产生的吸收带，比较稀疏，容易辨认，常用于鉴定官能团。

在 600~1800(1300)cm^{-1} 区域内，除单键的伸缩振动外，还有因变形振动产生的谱带。这种振动与整个分子的结构有关。当分子结构稍有不同时，该区的吸收就有细微的差异，并显示出分子特征。这种情况就像人的指纹一样，因此称为指纹区。指纹区对于指认结构类似的化合物很有帮助，而且可以作为化合物存在某种基团的旁证。

2) 组成及类型

①仪器的基本组成

a. 光源。红外光谱仪中所用的光源通常是一种惰性固体，电加热使之发射高强度的连续红外辐射。常用的是能斯特灯或硅碳棒。

b. 吸收池。因玻璃、石英等材料不能透过红外碳棒光，红外吸收池要用可透过红外光的 NaCl、KBr、CsI 等材料所制成的窗片，需注意防潮。固体试样常与纯 KBr 混匀压片，然后直接进行测定。

c. 单色器。单色器由色散元件、准直镜和狭缝构成。色散元件常用复制的闪耀光栅。

d. 检测器。常用的红外检测器有高真空热电偶、热释电检测器和碲镉汞检测器。

e. 记录系统。

②仪器的类型

中红外光谱分析的仪器目前主要有两类：光栅色散型红外光谱仪和 Fourier(傅里叶)变换红外光谱仪。

a. 光栅色散型红外光谱仪。光栅色散型红外光谱仪的组成部件与紫外-可见分光光度计相似，主要由光源、吸收池、单色器、检测器、放大器及记录机械装置组成，如图 4-18 所示。

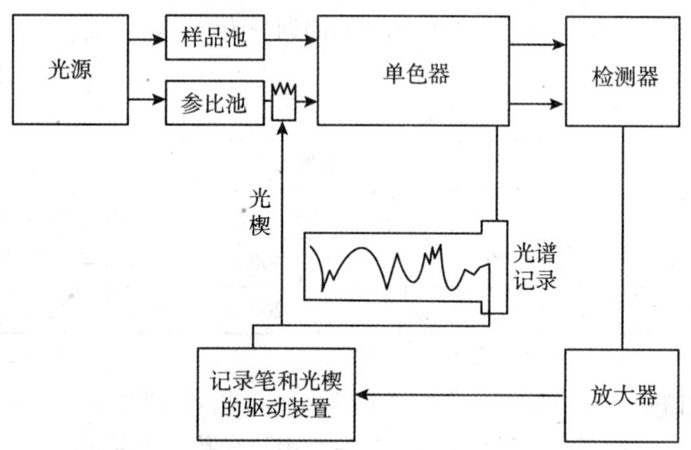

图 4-18　双光束光栅色散型红外分光光度计工作示意图

b. 傅里叶变换红外光谱仪(FTIR)。傅里叶变换红外光谱仪没有色散元件，主要由光源(硅碳棒、高压汞灯)，干涉仪、检测器、计算机和记录仪组成，如图 4-19 所示。它的工作原理如图 4-20 所示。

傅里叶变换红外光谱仪的核心部分为干涉仪，由光源发出的红外光经过干涉仪调制得到一束干涉光，干涉光通过样品后成为带有光谱信息的干涉光到达检测器，检测器将干涉光信号转变为电信号，这种信号以干涉图的形式送往计算机进行傅里叶变换的数学处理，最后将干涉图还原成光谱图。它与光栅色散型红外光谱仪的主要区别在于干涉仪和电子计算机两部分。

3)试样的处理和制备

要获得一张高质量的红外光谱图，除了仪器本身的因素外，还必须有合适的样品制备方法。

①红外光谱法对试样的要求

1—显示器；2—PC 机；3—样品槽；4—电源指示灯；5—干燥指示灯；6—电源开关

图 4-19 IRPrestige 傅里叶变换红外光谱仪结构组成图

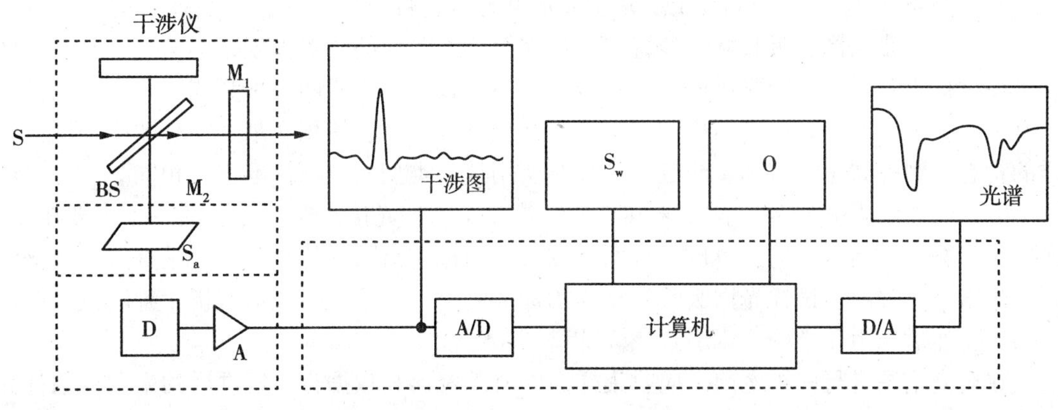

图 4-20 傅里叶变换红外光谱仪工作原理示意图

红外光谱的试样可以是液体、固体或气体，一般要求如下：

a. 试样应该是单一组分的纯物质，纯度应大于 98%或符合商业规格，才便于与纯物质的标准光谱进行对照。多组分试样应在测定前尽量预先用分馏、萃取、重结晶或色谱法进行分离提纯，否则各组分光谱相互重叠，难以判断。

b. 试样中不应含有游离水。水本身有红外吸收，会严重干扰样品谱而且会侵蚀吸收池的盐窗。

c. 试样的浓度和测试厚度应选择适当，以使光谱图中的大多数吸收峰的透射比处于 10%~80%范围内。

②制样的方法

a. 气体样品：可在玻璃气槽内进行测定，它的两端粘有红外透光的 NaCl 或 KBr 窗片。先将气槽抽真空，再将试样注入。

b. 液体和溶液试样：有液体池法和液膜法等方法。沸点较低、挥发性较大的试样，可注入封闭液体池中，液层厚度一般为 0.1~1mm。沸点较高的试样，直接滴在两片盐片之间，形成液膜。

对于一些吸收很强的液体，当用调整厚度的方法仍然得不到满意的谱图时，可用适当的溶剂配成稀溶液进行测定。一些固体也可以溶液的形式进行测定。常用的红外光谱溶剂应在所测光谱区内本身没有强烈的吸收，不侵蚀盐窗，对试样没有强烈的溶剂化效应等。

c. 固体试样有以下几种制样方法：

压片法：将 1～2mg 试样与 200mg 纯 KBr 研细均匀，置于模具中，用$(5\sim10)\times10^7$ Pa 压力在油压机上成透明薄片，即可用于测定。试样和 KBr 都应经干燥处理，研磨到粒度小于 2μm，以免散射光影响。

石蜡糊法：将干燥处理后的试样研细与液状石蜡混合，调成糊状，夹在盐片中测定。

薄膜法：主要用于高分子化合物的测定。可将它们直接加热熔融后涂制或压制成膜。也可将试样溶解在低沸点的易挥发溶剂中，涂在盐片上，待溶剂挥发后成膜测定。

4)红外光谱法的应用

红外光谱法广泛用于有机化合物的定性鉴定和结构分析。

①定性分析

a. 已知物的鉴定。将试样的谱图与标准的谱图进行对照，或者与文献上的谱图进行对照。如果两张谱图各吸收峰的位置和形状完全相同，峰的相对强度一样，就可以认为样品是该种标准物。如果两张谱图不一样或峰位不一致，则说明两者不为同一化合物，或样品有杂质。如果用计算机谱图检索，则采用相似度来判别。使用文献上的谱图应当注意试样的物态、结晶状态、溶剂、测定条件以及所用仪器类型均应与标准谱图相同。

b. 未知物结构的测定。测定未知物的结构，是红外光谱法定性分析的一个重要用途。如果未知物不是新化合物，可以通过两种方式利用标准谱图进行查对。一是查阅标准谱图的谱带索引，寻找与试样光谱吸收带相同的标准谱图；二是进行光谱解析，判断试样的可能结构，然后再由化学分类索引查找标准谱图对照核实。

在对光谱图进行解析之前。应收集样品的有关资料和数据，了解试样的来源，估计其可能是哪类化合物；测定试样的物理常数，如熔点、沸点、溶解度、折射率等，作为定性分析的旁证；根据元素分析及相对摩尔质量的测定，求出化学式并按下式计算化合物的不饱和度。

$$\Omega=1+n_4+\frac{n_3-n_1}{2}$$

式中：n_1、n_2、n_3分别为分子中所含的四价、二价和一价元素原子的数目。

当$\Omega=0$时，表示分子是饱和的，应是链状烃及其不含双键的衍生物；当$\Omega=1$时，可能有一个双键或脂环；当$\Omega=2$时，可能有两个双键和脂环，也可能有一个叁键；当$\Omega=4$时，可能有一个苯环等。但是，二价原子如 S、O 等不参加计算。

谱图解析一般先从基团频率区的最强光谱带开始，推测未知物可能含有的基团，判断不可能含有的基团，再从指纹区的谱带进一步验证，找出可能含有基团的相关峰，用一组相关峰确认一个基团的存在。对于简单化合物，确认几个基团之后，便可初步确定分子结构，然后查对标准谱图核实。

②定量分析

红外光谱定量分析是通过对特征吸收谱带强度的测量来求出组分含量。其理论依据是朗伯-比尔定律。

a. 选择吸收带的原则：必须是被测物质的特征吸收带。例如分析酸、酚、醛、酮时，必须选择与 $\rangle C{=}O$ 基团的振动有关的特征吸收带；所选择的吸收带的吸收强度应与被测物质的浓度有线性关系；所选择的吸收带应有较大的吸收系数且周围尽可能没有其他吸收带存在，吸光度的测定以免干扰。

b. 吸光度的测定有一点法和基线法。

一点法：该法不考虑背景吸收，直接从谱图中分析波数处读取谱图纵坐标的透过率。再由公式 $A=\lg T^{-1}$ 计算吸光度。实际上这种背景可以忽略的情况较少，因此多用基线法。

基线法：通过谱带两翼透过率最大点作光谱吸收的切线，称为该谱线的基线，则分析波数处的垂线与基线的交点，与最高吸收峰顶点的距离为峰高，其吸光度为 $A=\lg(I_0/I)$。

可用标准曲线法、求解联立方程法等方法进行定量分析。

(2)近红外光谱分析

现代近红外光谱(NIR)分析技术是近年来一门发展迅猛的高新分析技术，越来越引人注目，在分析化学领域被誉为分析巨人(Giant)。这个巨人的出现带来了又一次分析技术革命。使用传统分析方法测定一个样品的多种性质或浓度数据，需要多种分析设备，耗费大量人力、物力和时间，因此成本高，且工作效率低，远不能适应现代化工业的要求。与传统分析技术相比，近红外光谱分析技术能在几秒至几分钟内，仅通过对样品的一次近红外光谱的简单测量，就可以同时测定一个样品的几种至十几种性质数据或浓度数据。而且，被测样品用量很小、无损坏和污染。因此，具有高效、快速、成本低和绿色的特点。NIR 分析技术的应用，显著提高化验室工作效率，节约大量费用和人力，将改变化验室面貌。在线 NIR 分析技术能及时提供被测物料的直接质量参数，与先进控制技术配合，进行质量卡边操作，产生巨大经济效益。NIR 配合先进控制(APC)推广应用将显著提高工业生产装置操作技术水平，推进工业整体技术进步。

现代 NIR 分析技术是综合多学科(光谱学、化学计量学和计算机等)知识的现代分析技术。实用的成套 NIR 分析技术包括近红外光谱仪、化学计量学光谱分析软件和被测样品的各性质各浓度的分析模型。

1)分析原理与测定过程

近红外光是指波长在 700~2500nm 范围内的电磁波。有机物以及部分无机物分子中化学键结合的各种基团(如 C=C，N—C，O=C，O—H，N—H)的运动(伸缩、振动、弯曲等)都有它固定的振动频率。当分子受到红外线照射时，被激发产生共振，同时光的能量一部分被吸收，测量其吸收光，可以得到极为复杂的图谱，这种图谱表示被测物质的特征。不同物质在近红外区域有丰富的吸收光谱，每种成分都有特定的吸收特征，这就为近红外光谱定量分析提供了基础。在近红外光谱范围内，测量的主要是含氢基团(C—H，O—H，N—H，S—H)振动的倍频及合频吸收。与其他常规分析技术不同。现代近红外光谱技术是一种间接分析技术，是通过校正模型的建立实现对未知样本的定性或定量分析。

图 4-21 给出了近红外光谱分析模型建立及应用的框图。其分析方法的建立主要通过以下几个步骤完成：一是选择有代表性的训练样品并测量其近红外光谱；二是采用标准或认可的参考方法测定所关心的组成或性质数据；三是根据测量的光谱和基础数据通过合理的化学计量学方法建立校正模型；在光谱与基础数据关联前，为减轻以至于消除各种因素

对光谱的干扰，需要采用合适的方法对光谱进行预处理(导数光谱的应用可消除基线漂移的影响，二阶导数可消除基线倾斜所造成的误差)；四是未知样本组成性质的测定，在对未知样本测定时，根据测定的光谱和校正模型适用性判据，要确定建立的校正模型是否适合对未知样本进行测定。若适合，则测定的结果符合模型允许的误差要求，否则只能提供参考性数据。

2)近红外光谱的技术特点

①分析速度快

光谱的测量过程一般可在 1min 内完成(多通道仪器可在 1s 之内完成)，通过建立的校正模型可迅速测定出样品的组成或性质。

②分析效率高

通过一次光谱的测量和已建立的相应的校正模型，可同时对样品的多个组成或性质进行测定。

③分析成本低

近红外光谱在分析过程中不消耗样品，自身除消耗一点电外几乎无其他消耗，与常用的标准或参考方法相比，测试费用可大幅度降低。

④测试重视性好

由于光谱测量的稳定性，测试结果很少受人为因素的影响，与标准或参考方法相比，近红外光谱一般显示出更好的重视性。

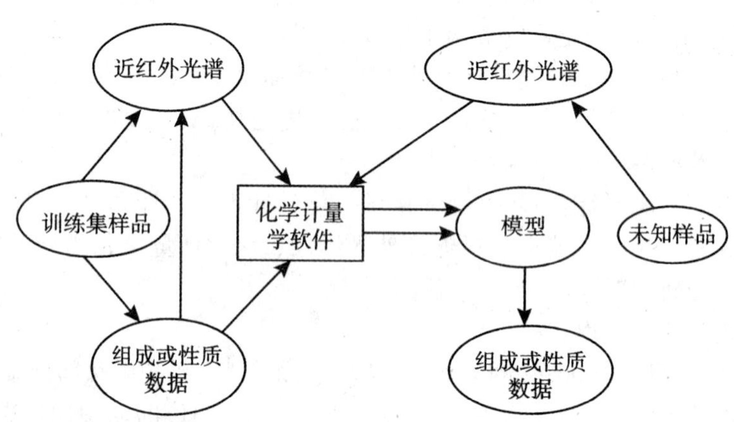

图 4-21 近红外光谱分析模型

⑤样品测量一般无须预处理，光谱测量方便

由于近红外光较强的穿透能力和散射效应，根据样品物态和透光能力的强弱可选用透射或漫反射测谱方式。通过相应的测样器件可以直接测量液体、固体、半固体和胶状类等不同物态的样品。

⑥便于实现在线分析

由于近红外光在光纤中良好的传输特性，通过光纤可以使仪器远离采样现场，将测量的光谱信号实时地传输给仪器，调用建立的校正模型计算后可直接显示出生产装置中样品的组成或性质结果。另外通过光纤也可测量恶劣环境中的样品。

⑦典型的无损分析技术

光谱测量过程中不消耗样品，从外观到内在都不会对样品产生影响。鉴于此，该技术在活体分析和医药临床领域正得到越来越多的应用。

虽然近红外光谱分析技术在在线检测农产品/食品品质上的研究已持续了10多年，但大多数还只是在实验室范围内进行在线检测，形成真正的商业化产品的很少。目前，农产品/食品品质的在线检测研究还存在着以下问题：一是近红外光谱很容易受到各个因素的影响(如样品的温度、样品检测部位以及装样条件等)，而对于在线检测来说，样品是运动的，因而近红外光谱更容易受到影响，如何获得较稳定的光谱仍是一个问题；二是在线检测研究中所应用的模型大多为PLS或是神经网络模型，而这些模型都是抽象的，不可描述的，对可描述模型的研究以及可描述模型在在线检测中的应用研究有所欠缺。

3)近红外光谱仪器基本类型

近红外光谱仪器一般由光源、分光系统、测样部件、检测器和数据处理系统五部分构成。根据光的分光方式近红外光谱仪可分为滤光片型、光栅扫描型、固定光路多通道检测、傅里叶变换和声光调谐等几种类型。

4)近红外光谱数据处理技术

现代近红外光谱分析技术包括近红外光谱仪、化学计量学软件和应用模型三部分。三者的有机结合才能满足快速分析的技术要求。因此，校正模型的建立方法是主要的研究领域。常用的校正方法包括多元线性回归(MLR)、主成分分析(PCR)、逐步回归(SMR)、偏最小二乘法(PLS)、人工神经网络(ANN)法等。在定量分析中，多元线性回归(MLR)和逐步回归(SMR)分析方法是进行多组分分析的常用方法，选择合适的波长点和波长间隔，可用统计分析的方法验证分析结果，但由于在分析样品时只用了一些特征波长点的光谱信息，其他点的信息被丢失，故这两种方法易产生模型的过适应性。偏最小二乘法(PLS)和主成分分析(PCR)方法则是两种全光谱分析方法，它们利用了全部光谱信息，将高度相关的波长点归于一个独立变量中，根据为数不多的独立变量建立回归方程，通过内部检验来防止过模型现象，比MLR和SMR分析精度提高，消除了线性相关的问题，很适合在NIR中使用。人工神经网络方法(ANN)是近几年得到迅速推广的一种算法，在NIR分析中也显出了优越性——复杂的NIR谱图可以方便地建立起ANN定量分析模型。就目前来说，PLS是近红外光谱分析上应用最多的回归方法。

5)近红外光谱技术的应用

NIR是一项集仪器、化学计量学软件、模型三位于一体的成套技术。近红外光谱产生分子振动，主要反映C—H、O—H、N—H、S—H等化学键的信息。因此NIR能测量绝大多数种类的化合物及混合物，具有广泛的应用价值，其应用除传统的农副产品的分析外已扩展到众多的其他领域，主要有石油化工、基本有机化工、高分子化工、制药与临床医学、生物化工、环境科学、纺织工业和食品工业等领域。

在农业领域，NIR可通过漫反射方法，将测定探头直接安装在粮食的谷物传送带上，检验种子或作物的质量，如水分、蛋白含量及小麦硬度的测定，还用于作物及饲料中的油脂、氨基酸、糖、灰分等含量的测定以及谷物中污染物的测定；近红外光谱还被用于植物的分类、棉花纤维、饲料中蛋白及纤维素的测定，并用于监测可耕土壤中的物理和化学变化。

在食品分析中，NIR 不仅作为常规方法用于食品的品质分析，而且已用于食品加工过程中组成变化的监控和动力学行为的研究。如用 NIR 评价微型磨面机在磨面过程化学成分的变化；在奶酪加工过程中优化采样时间，研究不同来源的奶酪的化学及物理动力学行为；通过测定颜色变化来确定农产品的新鲜度、成熟度，了解食品的安全性；通过检测水分含量的变化来控制烤制食品的质量；检测苹果、葡萄、梨、草莓等果汁加工过程中，可溶性和总固形物的含量变化；在啤酒生产线上，监测发酵过程中酒精及糖分的含量变化。

在药物分析中，NIR 的应用始于 20 世纪 60 年代后期。在当时药物成分一般通过萃取以溶液形式测定。随着漫反射测试技术的出现，无损药物分析在 NIR 分析中占有非常重要的位置。现在近 NIR 已广泛用于药物的生产过程控制。近红外光谱在医药分析中的应用包括：药物中活性成分的分析，如药剂中非那西丁、咖啡因的分析。NIR 在活性成分分析过程中，其缺陷是难以满足低含量成分分析的要求，一般认为检测限为 0.1%。药物固态剂量分析，NIR 技术的这一应用被认为是药物分析的重大进步，它使 NIR 技术不再仅局限在实验室当中，而是进入过程分析，聚合物光谱技术已用于制药过程的混合、造粒、封装、粉磨压片等过程。无探伤测定片剂分析，这在成品药物的质量检验中非常重要，由于容易实现在线和现场分析，从而避免出现批次药物不合格的损失。

在生命科学领域，NIR 用于生物组织的表征，研究皮肤组织的水分、蛋白和脂肪；近红外光谱还用于乳腺癌的检查。除此之外，NIR 还用于血液中血红蛋白、血糖及其他成分的测定及临床研究，均取得较好的结果。

3. 原子吸收光谱法

原子吸收光谱分析(atomic absorption spectrometry，AAS)是最近十几年间迅速发展起来的一种新的分析微量元素的仪器分析技术，进行这种分析的仪器为原子吸收分光光度计，在食品分析中主要用来进行铜、铅、镉等微量元素的分析。

(1)基本原理

原子吸收光谱分析法是基于从光源发射出的待测元素的特征谱线，利用样品的原子蒸气通过原子化器时，该元素的特征谱线强弱改变，引起原来的辐射信号发生变化而进行分析的一种光谱分析方法。

原子吸收值与原子浓度的关系符合朗伯-比尔定律。

(2)原子吸收分光光度计的基本结构

原子吸收分光光度计型号很多，性能各异，但其基本结构与普通的紫外可见分光光度计相同，只是用锐线光谱代替了连续光谱，用原子化器代替了吸收池。原子吸收分光光度计主要由锐线光源、原子化器、单色器和检测系统等部分组成，其基本结构如图 4-22 所示。

1)锐线光源

目前普遍应用的锐线光源主要是空心阴极灯，这种光源具有辐射强度大、稳定性好、背景吸收少等优点。它是一种低压气体放电管，由一个小体积、圆筒状的阴极(由待测元素的金属或合金化合物组成)和一个高熔点金属钨棒制成的阳极组成。

2)原子化器

将试样中的被测元素转入气相并转化为基态原子的过程称为原子化过程，完成这个转化的装置称为原子化器。目前较常使用的原子化器有火焰原子化器和高温石墨炉原子化器。

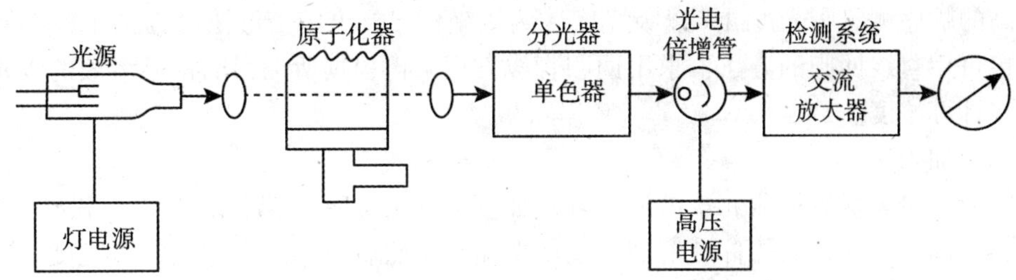

图 4-22 原子吸收分光光度计基本结构示意图

①火焰原子化器

火焰原子化器分为全消耗型和预混合型两种。由于全消耗型火焰原子化器火焰喷雾的干扰很大，颗粒大的粒子在火焰中产生严重的散射干扰、火焰燃烧不稳定、噪声大。所以，目前较常使用的为预混合型火焰原子化器。

②高温石墨炉原子化器

高温石墨炉原子化器为非火焰原子化器。实际上为电加热器。其结构如图 4-23 所示，包括炉体、石墨管和电、水、气供给系统。工作时，接通冷却水和惰性保护气(氮气或氩气)，通过上部可卸式窗口，将样品加到石墨管中，石墨管中的试样经过干燥、灰化、原子化，形成待测元素的原子蒸气，实现原子吸收。

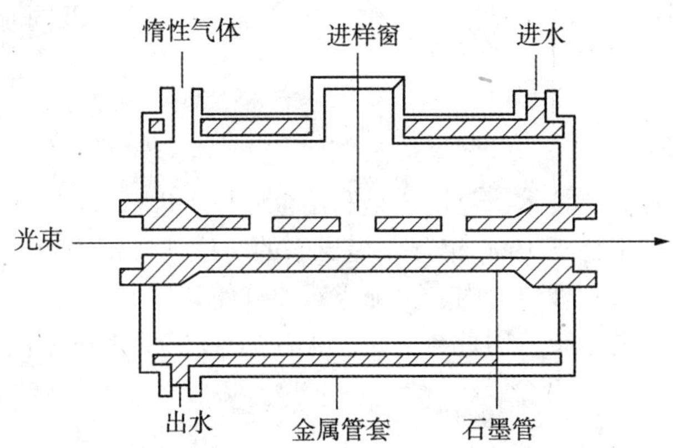

图 4-23 高温石墨炉原子化器结构示意图

③单色器

单色器的作用是将原子吸收所需的共振吸收线分离出来。单色器由入射和出射狭缝、反射镜和色散元件组成，色散元件为衍射光栅。

④检测系统

检测系统主要由检测器、放大器、对数变换器和显示装置组成。原子吸收分光光度计广泛使用光电倍增管作检测器。

(3)检测方法

①标准曲线法

配制一组不同浓度的被测元素的标准溶液。在与供试液完全相同的条件下，按照浓度由低到高的顺序测定吸光度 A。以吸光度 A 为纵坐标、标准溶液的浓度为横坐标绘制标准曲线。也可用直线回归的方法，求出回归直线方程，再根据所测得的样品溶液的吸光度从标准曲线计算浓度。

②标准加入法

同时取几份等量的被测元素试液，分别加入被测元素标准溶液，其中一份作为空白，稀释至相同体积，使加入的标准溶液浓度依次递增，然后分别测定它们的吸光度，以吸光度 A 为纵坐标、标准溶液的浓度 c 为横坐标绘制标准曲线。将该曲线外推至与横坐标轴相交，交点至坐标原点的距离即是被测元素稀释后的浓度。

③内标法

在标准样品和未知样品中加入内标元素，测定分析样品和内标样品吸收的光强度比，以吸收的光强度比值对被测元素含量绘制校正曲线，然后从校正曲线上推算出被测元素的含量。内标法应选择与被测元素吸收特性相近的元素。

(4)技术特点

原子吸收光谱法是根据蒸气中被测元素的基态原子对特征辐射的吸收来测定试样中该元素含量的方法。

AAS 具有以下优点：①准确度高；②灵敏度高；③选择性好，抗干扰能力强；④适用范围广。

AAS 的缺点：①工作曲线的线性范围窄，一般仅为一个数量级；②通常每测一种元素需要一种灯，使用不便；③对难溶元素和非金属元素的测定以及同时测定多种元素还有一定的困难。

4.4.2　色谱分析法

色谱或层析是一种分离技术，色谱法是利用色谱技术进行分离分析的方法。最早色谱法是由俄国植物学家茨维特于 1906 年首先提出来的。他把含植物色素的石油醚提取液倒入装有碳酸钙吸附剂的直立玻璃管内，再加入石油醚使其自由流出，结果不同色素组分相互分离而形成不同颜色的谱带，因此得名为“色谱”。该法后来虽广泛用于无色物质的分离，但“色谱”一词却被沿用至今。

1. 气相色谱法

气相色谱法或称气相层析法，流动相为气体的色谱方法称为气相色谱法，是近 30 年来迅速发展起来的一种新型分离分析技术。就其操作形式属于柱层析；按固定相的聚集状态不同，分为气-固层析及气-液层析两类；按分离原理可分为吸附层析及分配层析两类，气-液层析属于分配层析，气-固层析多属于吸附层析。气相色谱法的特点，可概括为高效能、高选择性、高灵敏度，用量少、分析速度快，而且还可制备高纯物质等，因此气相色谱法在食品工业、石油炼制、基本有机原料、医药等方面得到广泛应用。在食品检测中，使用气相色谱法测定食品中农药残留量、溶剂残留量、高分子单体(如氯乙烯单体、苯乙烯单体等)以及食品中添加剂的含量。但也有不足之处，首先是气相色谱法不能直接给出定性的结果，它不能用来直接分析未知物，如果没有已知纯物质的色谱图和它对照，就无法判定某一色谱峰代表何物；另外，分析高含量样品，准确度不高；分析无机物和高沸点有机物时还比较困难等。所有这些，均需进一步加以改进。

(1)基本原理

气相色谱法是一种以固体或液体作为固定相，以惰性气体如 H_2、N_2、He、Ar 等作为流动相的柱层析。按分离原理不同，色谱柱分为吸附柱和分配柱两种。吸附柱是将固体吸附剂装入色谱柱而构成的，利用吸附剂对各组分的吸附性能不同实现分离；分配柱一般是将固定液涂布在载体上，构成液体固定相，利用组分的分配系数差别实现分离。其基本原理是用载气(流动相)将气态的待测物质，以一定的流速通过装于柱中的固定相，由于待测物质各组分在两相间的吸附能力或分配系数不同，经过多次反复分配，逐渐使各组分得到分离。分配系数小的组分最先流出柱外，分配系数大的组分最后流出柱外。在色谱柱内各成分被分离后先后进入检测器，色谱信号用记录仪或数据处理器记录。

(2)基本组成

气相色谱法其色谱过程是通过气相色谱仪来完成的。图 4-24 为气相色谱一般流程。载气由高压瓶供给，经压力调节器降压、净化器净化后，由稳压阀调至适宜的流量而进入层析柱，待流量、基线稳定后才可进样。液态样品用微量注射器吸取，由进样器注入，样品被载气带入层析柱。气相色谱仪的全部装置大体由 5 大系统组成：气路系统、进样系统、分离系统、检测系统和记录系统。GC-14C 气相色谱仪的组成结构如图 4-25 所示。

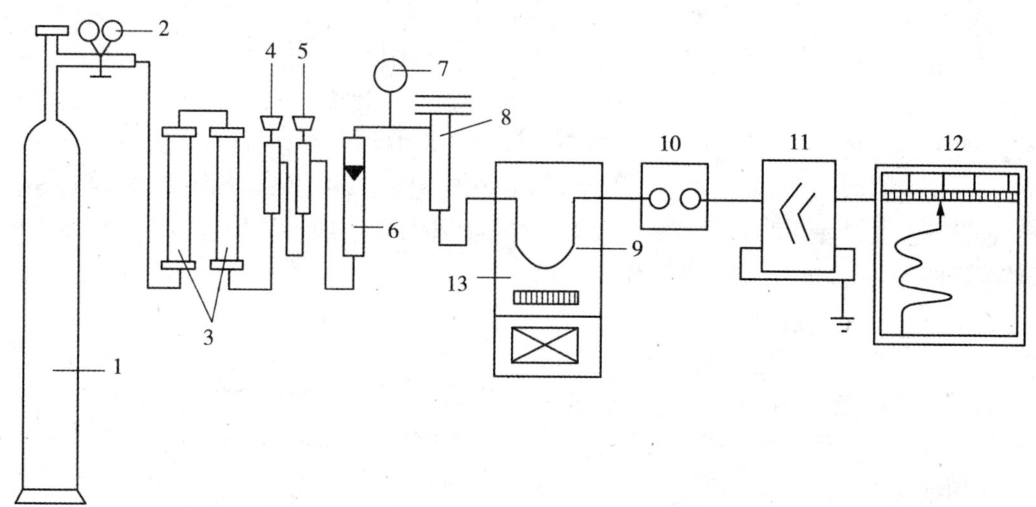

1—高压钢瓶；2—减压阀(载气调节)；3—清洁干燥管；4—稳压阀；5—针阀(流量调节)；6—流量计；7—压力表；8—汽化室；9—色谱柱；10—检测器；11—电子放大器；12—记录仪；13—色谱柱恒温箱

图 4-24 气相色谱分析一般流程图

(3)气相色谱条件的选择

①载气选择的依据及常用的载气

作为气相色谱载气的气体，要求其化学稳定性好、纯度高、价格便宜并易获得、能适合于所用的检测器。常用的载气为氢气、氮气和二氧化碳，要求其纯度在 99.9%以上。

②进样方法

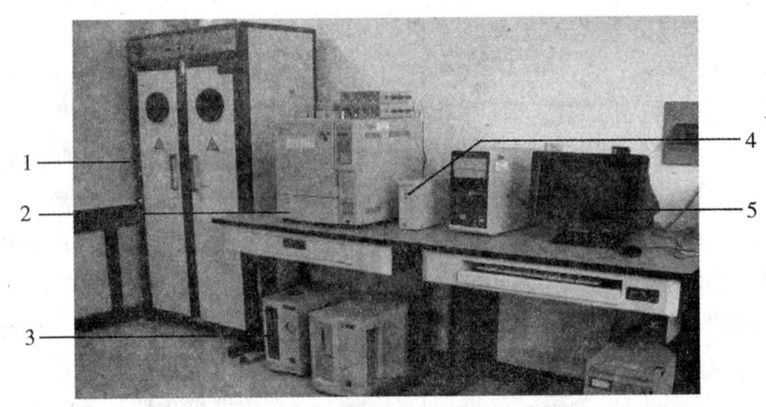

1—气路系统；2—气相色谱主机；3—氢气、氧气发生器；4—工作站；5—显示器

图 4-25　GC-14C 气相色谱仪

色谱分离要求在最短的时间内，以“塞子”形式打进一定量的试样。进样方法大致有 4 种：注射器进样、量管进样、定体积进样和气体自动进样。气体试样一般常用注射器进样及气体自动进样；液体试样一般用微量注射器进样，也可采用定量自动进样；固体试样通常用溶剂将试样溶解，然后采用液体进样方法进样，也有用固体进样器进样的。

③固定相

固定相是固体吸附剂或涂有固定液的担体构成。固体吸附剂一般采用 40~60 目、60~80 目、80~100 目。当用同等长度的柱子，颗粒细的分离效率就要比粗的好些。固定液一般为一些高沸点的液体，固定液含量对分离效率的影响很大，它与担体的质量比一般为 15%~25%。担体是一种多孔性化学惰性固体，在气相色谱中用来支撑固定液。担体通常分为硅藻土和非硅藻土两大类，每一大类又有多种小类。一般食品检测中均采用填充柱，载体为经酸洗并经硅烷化处理的硅藻土。

(4)定性与定量分析

1)定性分析

利用气相色谱法分析某一样品得到各组分的色谱图后，首先要确定每个色谱峰究竟代表什么组分，即进行定性分析。气相色谱的定性方法很多，主要包括以下几种方法：

①用纯物质对照定性

a. 保留值定性。这是最简便的一种定性方法。它是根据同一种物质在同一根色谱柱上，在相同的色谱操作条件下，保留值相同的原理定性。在同一色谱柱和相同条件下分别测得组分和纯物质的保留值，如果被测组分的保留值与纯物质的保留值相同，则可以认为它们是同一物质。

b. 加入纯物质增加峰高法定性。在样品中加入纯物质，对比加入前和加入后的色谱图。如果某个组分的峰高增加，表示样品中，可能含有所加入的这一种组分。

②采用文献数据定性

当没有纯物质时，可利用文献发表的保留值来定性。最有参考价值的是相对保留值。只要能够重复其要求的操作条件，这些定性数据是有一定参考价值的。

③其他方法结合定性

a. 与化学方法结合定性。有些带有官能团的化合物，能与一些特殊试剂起化学反应，经过此处理后、这类物质的色谱峰会消失、提前或移后，比较样品处理前后的色谱图，便可定性。另外，也可在色谱柱后分流收集各流出组分，然后用官能团分类试剂分别定性。

b. 与质谱、红外光谱等仪器结合定性。单纯用气相色谱法定性往往很困难，但可以配合其他仪器分析方法定性。其中仪器分析方法如红外光谱、质谱、核磁共振等对物质的定性最为有用。

2)定量分析

在合适的操作条件下，样品组分的量与检测器产生的信号(色谱峰面积或峰高)成正比，此即为色谱定量分析的依据。

$$m=f\times A;\ m=f\times h$$

式中：m——物质的量，g；

A——峰面积；

h——峰高；

f——校正因子，其物理意义为单位峰面积或峰高所代表的物质的量。

一般定量时常采用面积定量法。当各种操作条件(色谱柱、温度、载气流速等)严格控制不变时，在一定的进样量范围内峰的半宽度是不变的，峰高就直接代表某一组分的量或浓度。对出峰早的组分，因半宽度较窄，测量误差大，用峰高定量比用峰高乘半宽度的面积定量更为准确；但对出峰晚的组分，如果峰形较宽或峰宽有明显波动时，则宜用面积定量法。

①峰面积的测量方法

峰面积 A 测量的准确度直接影响定量结果，因此对于不同峰形的色谱峰，需要采取不同的测量方法。

a. 峰高(h)乘半宽度($W_{1/2}$)法：适用于对称峰。

$$A=1.065\times h\times W_{1/2}$$

一般测定样品含最时，多用相对计算法，这时上式 1.065 可略去。

b. 峰高(h)乘平均峰宽法：适用于不对称峰。

$$A=1.065\times h\times(W_{0.15}+W_{0.85})\times\frac{1}{2}$$

c. 用面积仪和定量仪测量。

②校正因子(f)及其测定

色谱定量的原理是组分含量与峰面积(或峰高)成正比。不同的组分有不同的响应值，因此相同质量的不同组分，它们的色谱峰面积(或峰高)亦不等，这样就不能用峰面积(或峰高)来直接计算组分的含量。为此，提出校正因子，选定一个物质做标准，被测物质的峰面积用校正因子校正到相当于这个标准物质的峰面积，再以校正后的峰面积计算组分的含量。

在气相色谱中，通常多用相对质量校正因子进行校正，它的定义是待测物质(i)单位峰面积相当物质的量与标准物质(s)单位峰面积所相当物质的量之比，以 f_w 表示。

$$f_i=\frac{m_i}{A_i};\ f_s=\frac{m_s}{A_s};\ f_w=\frac{f_i}{f_s}$$

式中：A_i、A_s——待测物质 i 和标准物质 s 的峰面积；

m_i、m_s——物质的量，g。

2. 气相色谱-质谱联用技术

作为分析仪器中较早实现联用技术进行分析的方法，气相色谱-质谱联用技术近年来得到了迅速的发展，在所有联用技术中 GC-MS 发展最完善，应用最广泛，在销售的商品质谱仪中占相当大的比例。目前，从事有机物分析的实验室几乎都把 GC-MS 技术作为主要的定性确认手段之一，很多情况下又用 GC-MS 技术进行定量分析。GC-MS 技术在分析检测和研究的许多领域起着越来越重要的作用，特别是一些浓度较低的有机化合物的检测。

质谱分析是光将物质离子化，按离子的质荷比分离，然后测量各种离子谱峰的强度而实现分析目的的一种分析方法。GC-MS 是指色谱仪和质谱仪的在线联用技术。其中的色谱作为质谱的特殊进样器，利用它对混合物的强有力的分离能力，使混合物分离成各个单一组分后按时间顺序依次进入质谱离子源，获得各组分的质谱图以便确定结构并进行分析。

GC-MS 联用系统的一般组成如图 4-26 所示。

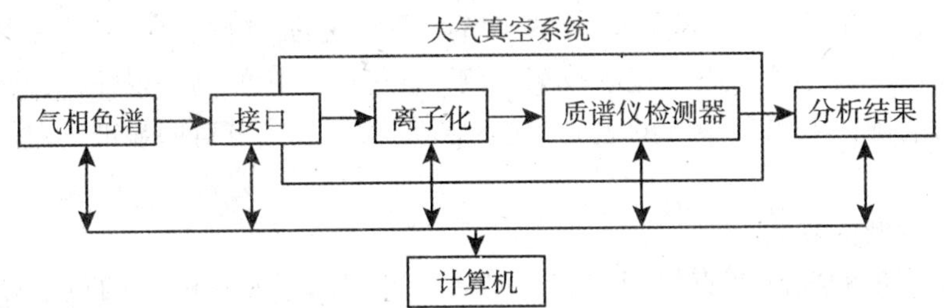

图 4-26　GC-MS 联用系统组成框图

从气相色谱柱中流出的成分可直接引入质谱仪的离子化室，但是充填柱必须经过一个分子分离器(见图 4-27)以降低气压并将载气与样品分子分开。在分子分离器中从气相色谱来的载气及样品离子经过一个小孔加速喷射入喷腔中，具有较大质量的样品分子将在惯性的作用下继续直线运动而进入捕捉器中。载气由于质量较小扩散速率较快，容易被真空泵抽走，必要时使用多次喷射。经过分子分离器后，50%以上的样品被浓缩并进入离子源，而压力则由 1.0×10^5Pa 降至 1.3×10^{-2}Pa。

组分经过离子源电离后，位于离子源出口狭缝安装的总离子流监测器检测到离子流信号，经放大记录后成为色谱图。当某组分出现时，总离子流检测器发出触发信号，启动质谱仪开始扫描获得该组分的质谱图。

3. 高效液相色谱法

高效液相色谱法是 20 世纪 70 年代快速发展起来的一项高效、快速的分离分析技术。它是以经典的液相色谱为基础，以高压下的液体为流动相的色谱过程。高效液相色谱法只要求试样能制成溶液，而不需要汽化，因此不受试样挥发性的限制。对于高沸点、热稳定性差、相对分子质量大(大于 400)的有机物，原则上都可用高效液相色谱法来进行分离、分析。高效液相色谱法的主要仪器如图 4-28、图 4-29 所示。

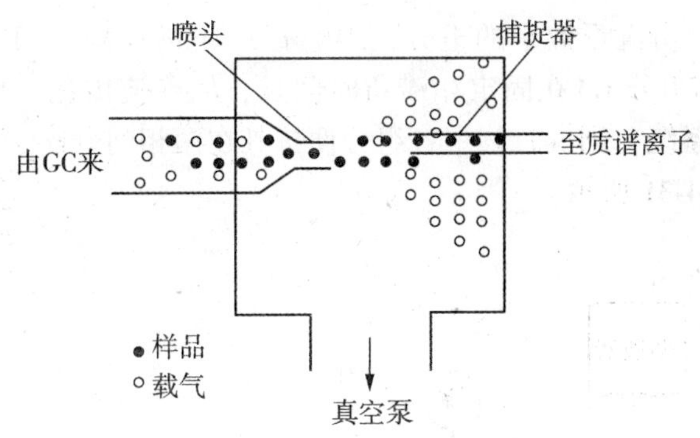

图 4-27　喷射式分子分离器

1—工作站(电脑)；2—打印机；3—Waters600 型泵；4—液相柱；
5—Waters 柱温箱；6—Waters2487 双波长紫外检测仪

图 4-28　Waters 高效液相色谱仪

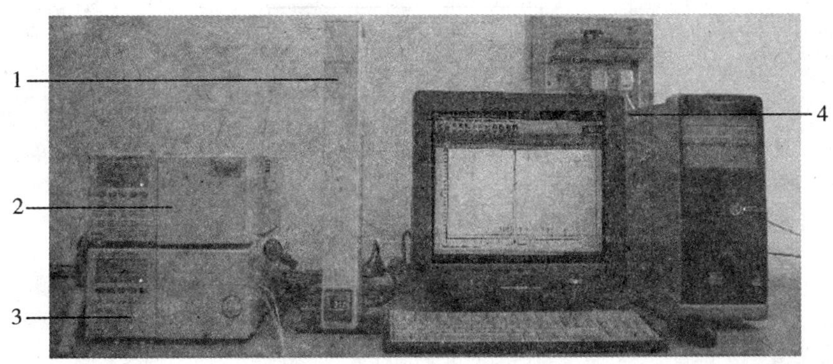

1—柱温箱；2—SPD-10ATvp 检测器；3—LC-10ATvp 泵；4—工作站(电脑)

图 4-29　岛津 LC-10ATvp 高效液相色谱仪

(1)分析原理与类型

①原理

同其他色谱过程一样，高效液相色谱也是溶质在固定相和流动相之间进行的一种连续多次的交换过程。它借溶质在两相间分配系数、亲和力、吸附能力、离子交换或分子不同引起的排阻作用差别使不同溶质进行分离。在高效液相色谱过程中的流动相是液体(溶剂)，又叫洗脱剂或载液。开始时溶质加在柱头，随流动相一起进入色谱柱，接着在固定相和流动相之间分配。分配系数小的组分(如组分 A)不易被固定相滞留，流出色谱柱较早；分配系数大的(如组分 C)在固定相滞留时间长，较晚流出色谱柱。若一个含有多组分的混合物进入色谱系统，则混合物中各组分便按其在两相间分配系数的不同先后流出色谱柱，如图 4-30、图 4-31 所示。

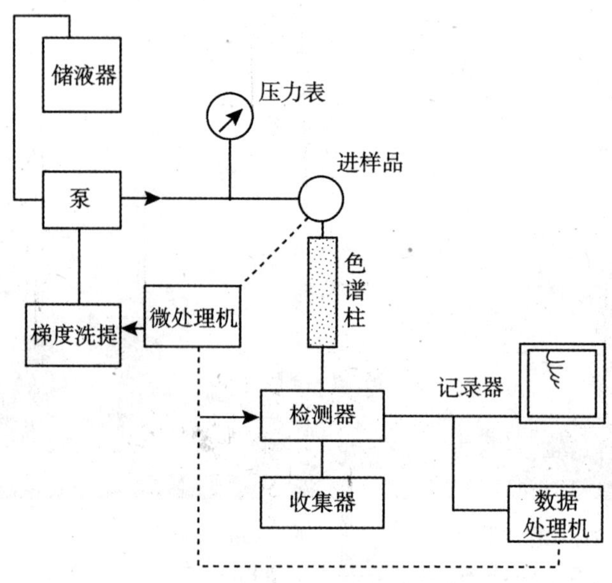

图 4-30　高效液相色谱结构原理

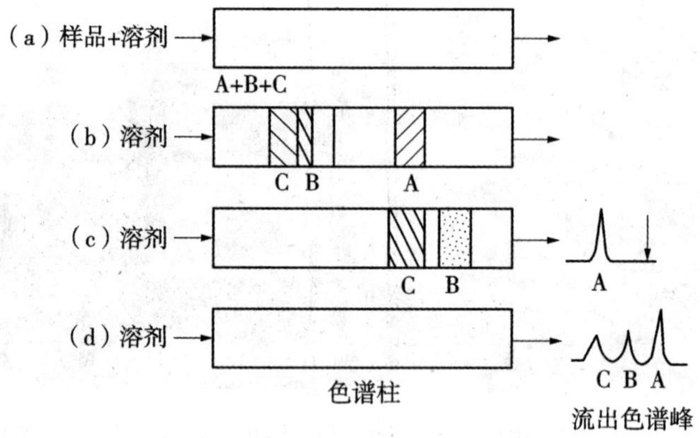

图 4-31　高效液相色谱分析原理

②类型

高效液相色谱有多种分类方法。按固定相不同可分为液固色谱法(LSC)和液液色谱法(LLC)；按分离原理分为吸附色谱法(AC)、分配色谱法(DC)、离子交换色谱法(IEC)、排阻色谱法(EC，又称分子筛)、凝胶过滤(GFC)、凝胶渗透色谱法(GPC)和亲和色谱法。液固色谱法、液液色谱法、离子交换色谱法及排阻色谱法的分离原理见表 4-6。

表 4-6 不同色谱分离法的分离原理

色 谱	固定相	分离原理
液固色谱法	固体吸附剂	根据固定相对组分吸附力大小不同而分离，分离过程是一个吸附解吸附的平衡过程
液液色谱法	将特定的液态物质涂于担体表面，或化学键合于担体表面形成的固定相	根据被分离的组分在流动相和固定相中溶解度不同而分离。分离过程是一个分配平衡过程
离子交换色谱法	离子交换树脂	树脂上可电离离子与流动相中具有相同电荷的离子及被测组分的离子进行可逆交换，根据各离子与离子交换基团具有不同的电荷吸引力而分离
排阻色谱法	有一定孔径的多孔性填料	流动相是可以溶解样品的溶剂，小分子量的化合物可以进入孔中，滞留时间长；大分子量的化合物不能进入孔中，直接随流动相流出

在实际操作中，首先根据样品的情况、相对分子质量的大小、水溶性等，来决定选择何种液相色谱方法。具体情况见图 4-32。

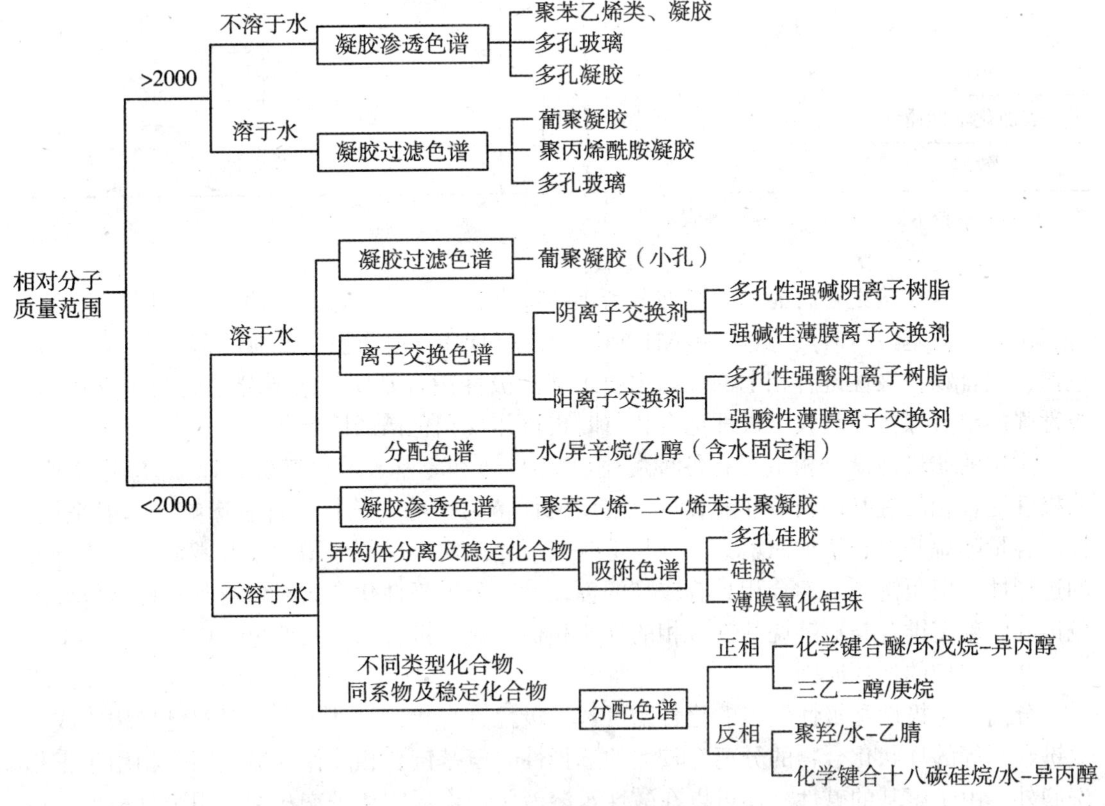

图 4-32 液相色谱方法的选择

(2)高效液相色谱的固定相和流动相

1)固定相

①基质(担体)

液相色谱填料可以是陶瓷性质的有机物基质，也可以是有机聚合物质。无机物质主要是硅胶和氧化铝。无机物基质刚性大，在溶剂中不容易膨胀。有机聚合物质主要有交联苯乙烯-二乙烯笨、聚甲基丙烯酸酯。有机聚合物质刚性小、易压缩、溶剂或溶质容易渗入有机聚合物基质中，导致填料颗粒膨胀，结果减少传质，最终使柱效降低。硅胶基质的填料被用于大部分的 HPLC 分析，尤其是小分子量的被分析物。聚合物填料用大分子的被分析物质，主要用来制成分子排阻和离子交换柱。表 4-7 列出了一些常用基质的性质。

②化学键合固定相

将有机物官能团通过化学反应共价键合到硅胶表面的游离羟基上而形成的固定相称为化学键合相。这类固定相的突出特点是耐溶剂冲洗，并且可以通过改变键合相有机官能团的类型来改变分离的选择性。

表 4-7　**各种基质的性质比较**

项　目	硅　胶	氧化铝	交联苯乙烯-二乙烯苯	聚甲基丙烯酸酯
耐有机溶剂	+++	+++	++	++
适用 pH 值范围	+	++	+++	++
抗膨胀/收缩	+++	+++	+	+
耐压	+++	+++	++	+
表面化学性质	+++	+	++	+++
效能	+++	+++	+	+

注：+++表示好，++表示一般，+表示差。

化学键合相按键合官能团的极性分为极性键合相和非极性键合相两种。常用的极性键合相主要有氰基(—CN)、氨基($—NH_2$)和二醇基(DIOL)键合相。极性键合相常用作正相色谱，混合物在极性键合相上的分离主要是基于极性键合基团与溶质分子间的氢键作用，极性强的组分保留值较大。极性键合相有时也可作反相色谱的固定相。

常用的非极性键合相主要有各种烷基($C_1 \sim C_{18}$)和苯基、苯甲基等，以 C_{18}应用最广。非极性键合相的烷基链长对样品容量、溶质的保留值和分离选择性都有影响。一般来说，样品容量随烷基链长增加而增大，且长链烷基可使溶质的保留值增大，并常常可改变分离的选择性；但短链烷基键合相具有较高的覆盖度，分离极性化合物时可得到对称性较好的色谱峰。苯基键合与短链烷基键合相的性质相似。化学键合固定相的色谱应用见表 4-8。

③固定相的选择原则

分离中等极性和极性较强的化合物可选择极性键合相。氰基键合相对双键异构体或含双键数不等的环状化合物的分离有较大的选择性。氨基键合相除作为极性固定相用于正相洗脱外，由于氨基的碱性，还可以在酸性水溶液中用作弱阴离子交换剂，用于分离酚、羧酸等；氨基键合相上的氨基能与糖类分子中的羟基产生选择性相互作用，故被广泛用于糖

表 4-8　**化学键合固定相的色谱应用**

<table>
<tr><th>试样种类</th><th>键合基团</th><th>流　动　相</th><th>色谱类型</th><th>实　　例</th></tr>
<tr><td>低级性溶解于羟类</td><td>$—C_{18}$</td><td>甲醇-水、乙腈-水
乙腈-四氢呋喃</td><td>反相</td><td>多环芳、甘油三酯、类脂、脂溶性维生素</td></tr>
<tr><td rowspan="3">中等极性可溶于醇</td><td>$—CN$</td><td>乙腈、正己烷</td><td rowspan="2">正相</td><td>脂溶性维生素、芳香醇、胺、类脂止痛药</td></tr>
<tr><td>$—NH_2$</td><td>氯仿、正己烷
异丙醇</td><td>芳香胺、脂、氯化农药、苯二甲酸</td></tr>
<tr><td>$—C_{18}$、$—C_8$、$—CN$</td><td>甲醇、水、乙腈</td><td>反相</td><td>可溶于醇的天然产物、维生素、芳香酸
黄嘌呤</td></tr>
<tr><td rowspan="5">高极性可溶于水</td><td>$—C_8$</td><td>甲醇、水、乙腈</td><td rowspan="2">反相</td><td rowspan="2">水溶性维生素、胺、芳醇、抗生素、止痛药</td></tr>
<tr><td>$—CN$</td><td>缓冲溶液</td></tr>
<tr><td>$—C_{18}$</td><td>甲醇、水、乙腈</td><td>反相离子对</td><td>酸、磺胺类染料、儿苯酚胺</td></tr>
<tr><td>$—SO_3^-$</td><td>水和缓冲溶液</td><td>阳离子交换</td><td>无机阳离子、氨基酸</td></tr>
<tr><td>$—NR_3^+$</td><td>磷酸缓冲溶液</td><td>阳离子交换</td><td>核苷酸、糖、无极阴离子、有机酸</td></tr>
</table>

类的分析，但它不能用于分离羰基化合物(如甾酮、还原糖等)，因为它们之间会发生反应生成席夫碱。需要特别注意的是，在流动相中也不应含有羰基化合物(如丙酮)。二醇基键合相适用于分离有机酸，还可作为分离蛋白质的凝胶色谱的柱填料。

分离非极性和极性较弱的化合物可选择非极性键合相。利用特殊的反相色谱技术，例如反相离子抑制技术和反相离子对色谱法等，非极性键合相也可用于分离离子型或可离子化的化合物。短链烷基键合相能用于极性化合物的分离，而苯基键合相适用于分离芳香化合物。

高效色谱柱是高效液相色谱仪的心脏，而其中最关键的是固定相及其填装技术。不同的液体色谱法所用的固定相不同。高效液相色谱常用的固定相见表 4-9。

2) 流动相

流动相常称为缓冲液。它不仅仅携带样品在柱内流动，更重要的是在流动相与溶质分子作用的同时，也与固定相填料表面作用。正是流动相溶质填料表面的相互作用，使得液相色谱成为一项非常有用的分离技术。高效液相色谱中流动相通常是一些有机溶剂、水溶液和缓冲液等。

①流动相的选择

流动相的选择应考虑：流动相应不改变填料的任何性质；流动纯度要高；流动相与检测器匹配；流动相黏度要低；溶解度要理想；样品容易回收。

在选用流动相时，溶剂的极性仍为重要的依据。例如在正相液液色谱中，可先选中等极性的溶剂为流动相，若组分的保留时间太短，表示溶剂的极性太大；接着可选用极性较弱的溶剂，若组分保留时间太长，则表明溶剂的极性又太小，说明合适的溶剂其极性应在上述两种溶剂之间。如此多次实验，以选得最适宜的溶剂。

表 4-9　　**高效液相色谱常用的固定相**

色　谱	固　定　相	特　点
排阻色谱	软质凝胶，如葡聚糖凝胶、琼脂糖凝胶等	适用于水为流动相，软质凝胶在压强 9816Pa 左右即遭破坏，因此这类凝胶只适用于常压排阻色谱法
	半硬质凝胶，如交联聚苯乙烯凝胶	适用于非极性有机溶剂，不能用于丙酮、乙醇等极性溶剂。同时，由于不同溶剂其溶胀因子各不相同，因此不能随意更换溶剂，能耐较高压力，流速不宜过大
	半硬质凝胶，如多孔硅胶、多孔玻璃珠等	化学稳定性、热稳定性强、机械强度好、可在柱中直接更换溶剂缺点是吸附问题，需要进行特殊的处理
溶液色谱及离子对色谱	全多孔型担体(有氧化硅、氧化铝、硅藻土制成直径为 100μm 左右的全多孔型担体)	填料的不规则性和较宽的粒度范围内所形成的填充不均匀性是色谱峰扩展的主要原因
	表层多孔型担体(直径为 30～40μm 的实心核(玻璃微珠)，表层上附有一层厚度约为 1～2μm 的多孔硅胶)	传质速度快
液固色谱	硅胶、氧化硅、分子筛、聚酰胺	同液液色谱
离子交换色谱	薄膜型固定相(以薄壳玻璃珠为担体，在其表面涂约 1%的离子交换树脂)	比较稳定，pH 适用范围较宽，因此在高效液相色谱中应用较多
	离子交换键合固定相(用化学反应将离子交换基团键合在惰性单体表面)	室温下即可分离，柱效高，试样容量较前者大
反相色谱	各种胫基硅烷的化学键合硅胶，最常用的为 C_{18}，又称 ODS，即十八烷基硅烷键合硅胶	适用于极性样品的分离、分析

常用溶剂的极性从大到小顺序排列如下：水(极性最大)、甲醚胺、乙腈、甲醇、丙醇、丙酮、二氧六环、四氢呋喃、甲乙酮，正丁醇、乙酸乙酯、乙醚、异丙醚、二氯甲烷、氯仿、溴乙烷、苯、氯丙烷、甲烷、四氯化碳、二硫化碳、环乙烷、乙烷、庚烷、煤油(极性最小)。

为了获得合适的溶剂强度(极性)，常采用二元或多元组合的溶剂系统作为流动相。通常根据所起的作用，采用的溶剂可分成底剂及洗脱剂两种。底剂决定基本的色谱分离情况；洗脱剂则起调节试样组分的滞留并对某几个组分具有选择性的分离作用。因此，流动相中底剂和洗脱剂的组合选择直接影响分离效率。正相色谱中，底剂采用极性溶剂，如正己烷、苯、氯仿等；洗脱剂根据试样的性质选择极性较强的针对性溶剂，如醚、酚、酮、醇和酸等。在反相色谱中，通常以水为流动相的主体，以加入不同配比的有机溶剂作调节剂，常用的有机溶剂是甲醇、乙腈、二氧六环、四氢呋喃等。

②液相色谱常用的流动相

一般根据色谱分离条件选择流动相的强度，液固色谱通常是在极性吸附剂上选用非极性(如己烷)以至极性(如醇)溶剂作为流动相运行，为了减轻由于保留时间增长产生峰形拖尾、柱效降低的现象，通常加入一定量的水控制吸附剂的活性，所需的水常常加到流动相或吸附剂中，水的量对非极性流动相是非常重要的。

正相色谱，例如键合聚乙二醇-400 填料，一般采用己烷、庚烷、异辛烷、苯和二甲苯等作为流动相。往往还在非极性溶剂中加入一定量的甲醇、乙醇、乙腈、水-甲醇、水-乙腈作为流动相，绝大多数离子交换色谱在水溶液中进行。缓冲液作为离子平衡时的反离子源，使得流动相 pH 和离子强度不变，排阻色谱具有排阻和吸附的混合过程，因此可根据不同的分析对象选择合适的流动相。

(3)高效液相色谱装置部件

高效液相色谱仪由输液系统、进样系统、分离系统、检测系统和色谱数据处理系统 5 部分组成。典型高效液相色谱仪的流程如图 4-33 所示。其中分离系统是高效液相色谱仪最重要的部分，核心是色谱柱。为适应不同的分离、分析要求，色谱柱有不同的柱型，内装不同性质的填料。最常使用的色谱柱是长 10~30cm、内径 2~5mm 的内壁抛光的不锈钢管柱，内装 5~10μm 高效微粒固定相，采用高压匀浆装柱技术填充。

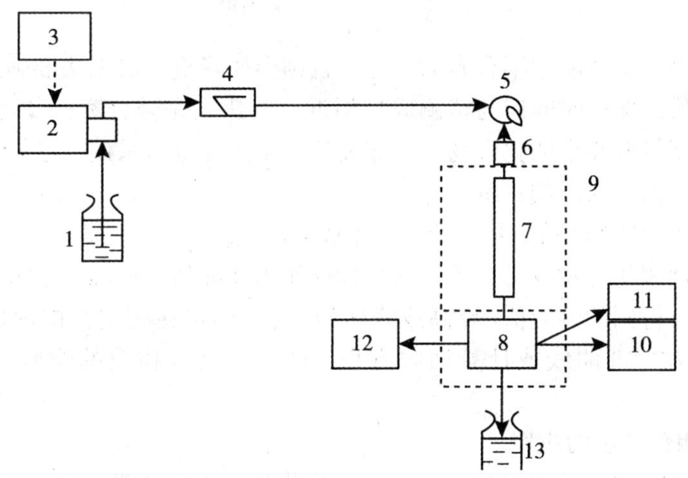

1—溶液储器；2—泵；3—梯度控制器；4—压力、流量测量；5—进样器；6—保护柱；7—分离柱；8—检测器；9—温控设备；10—数据处理设备；11—记录仪；12—流分收集器；13—废液瓶

图 4-33 高效液相色谱流程示意图

被分析组分在柱流出液中浓度的变化，可通过检测器转化为光学的或电学的信号而被检出，从而完成定性、定量任务。HPLC 最常用的检测器，包括示差折光检测器(RI)、紫外检测器(UV)、荧光检测器和电化学检测器。

(4)检测方法

1)内标法(加校正因子测定供试样品中某个杂质或主成分含量)

内标法是在样品中加入一定量的某一种物质作为内标物进行的色谱分析，被测物的响应值与内标物的响应值之比是恒定的，此比值不随进样体积或操作期间所配制的溶液浓度的变化而变化，因此得到较准确的分析结果。具体操种步骤如下：

①先准确称取被测组分 a 的标样再称取 W_a 内标物，加入一定量溶剂混合，即得混合标样。取任意体积(μL)注入色谱仪，得色谱仪峰面积 A_a(被测组分 a 标样峰面积)及峰面积 A_s(内标物峰面积)，用下式计算相对响应因子 S_a：

$$S_a = \frac{\frac{A_a}{W_a}}{\frac{A_s}{W_s}}$$

②称取被测物 W 然后加入准确称重的内标物 W'_s，加入一定体积溶剂混合。取任意体积(μL)注入色谱仪，测得被测组分 a 的峰面积 A'_a，内标物峰面积为 A'_s 按下式计算被测物中 a 组分的质量 W'_a：

$$W'_a = \frac{A'_a \times W'_s}{A'_s} \times S_a$$

a 组分在被测物中的含量为：

$$\omega_a = \frac{\frac{A'_a}{A'_s} \times W'_s \times S_a}{W} \times 100\%$$

注意：内标物质是样品中不含有的组分，否则会使峰重叠而无法准确测量内标物质的峰面积；内标物质的保留时间应与待测成分相近，并达到完全分离，分离度 R≥1.5；内标物质必须是纯度符合要求的化合物，若非纯品无干扰峰也可采用。已知含量的较纯物质也可用，但需扣除内标物质的重量。

2)外标法(测定供试样品中某个杂质或主成分含量)

外标法是以被测化合物或已知其含量的标样作为标准品，配成一定浓度的标准系列溶液，注入色谱仪。得到的响应值(峰高或峰面积)与进样量在一定范围内成正比。用标样浓度对响应值绘制标准曲线或计算回归方程，然后用被测物质的响应值求出被测物质的量。

(5)高效液相色谱法的应用

高效液相色谱法被广泛用于合成化学、石油化学、生命科学、临床化学、药物研究、环境监测、食品检测及法学检验等领域。其应用远远广于气相色谱法。

1)在食品分析中的应用

①分析食品营养成分，如蛋白质、氨基酸、糖类、色素、维生素、香料、有机酸(邻苯二甲酸、柠檬酸、苹果酸等)、有机胺、矿物质等；

②分析食品添加剂，如甜味剂、防腐剂、着色剂(合成色素如柠檬黄、苋菜红、靛蓝、胭脂红、日落黄、亮蓝等)、抗氧化剂等；

③分析食品污染物，如霉菌毒素(黄曲霉毒素、黄杆菌毒素、大肠杆菌毒素等)、微

量元素、多环芳烃等。

2)在环境分析中的应用

高效液相色谱法在环境分析中可用于检测环芳烃(特别是稠环芳烃)、农药(如氨基甲酸酯类)残留等。

3)在生命科学中的应用

HPLC技术目前已成为生物化学家和医学家在分子水平上研究生命科学、遗传工程、临床化学、分子生物学等必不可少的工具。其在生化领域的应用主要集中于两个方面:

①低分子质量物质，如氨基酸、有机酸、有机胺、类固醇、卟啉、糖类、维生素等的分离和测定。

②高分子质量物质，如多肽、核糖核酸、蛋白质和酶(各种胰岛素、激素、细胞色素、干扰素等)的纯化、分离和测定。

过去对这些生物大分子的分离主要依赖于等速电泳、经典离子交换色谱等技术，但都有一定的局限性，远远不能满足生物化学研究的需要。因为在生化领域中经常要求从复杂的混合物基质，如培养基、发酵液、体液、组织中对感兴趣的物质进行有效而又特异的分离，通常要求检测限达ng级或pg级，或pmol、fmol，并要求重复性好、快速、自动检测、制备分离、回收率高且不失活。在这些方面，HPLC具有明显的优势。

4)在医学检验中的应用

主要用于体液中代谢物测定、药物代谢动力学研究、临床药物监测等。

①合成药物，如抗生素、抗忧郁药物(冬眠灵、氯丙咪嗪、安定、利眠宁、苯巴比妥等)、磺胺类药等。

②天然药物，如生物碱(吲哚碱、颠茄碱、鸦片碱、强心甙)等。

5)在无机分析中的应用

主要用于阳离子、阴离子的分析等。

4. 液相色谱-质谱联用分析技术

分离热稳定性差及不易蒸发的样品，气相色谱就有困难，而用液相色谱就可方便地进行，因此高效液相色谱仪和质谱仪的在线联用技术也就发展起来了。液相色谱-质谱联用(LC-MS)与GC-MS类似，液相色谱作为质谱的特殊进样器，与GC-MS的差别是LC-MS适合于热不稳定、难挥发和大分子类化合物的快速分离和鉴定。

5. 薄层色谱法

薄层色法(TLC)是一种基于混合物组分在固定相和流动相之间的不均匀分配或保留而将其分离的方法。与HPLC不同，TLC将固定相涂铺在载板上，使之形成均匀的薄层。被分离的样品溶液点加在薄层板下沿的位置，再把下沿向下放入盛有流动相(深度约5mm)的密闭缸中，进行色谱展开，此过程中样品中各组分不断地被吸附剂吸附，又不断地被展开剂溶解而展开。由于吸附剂对不同组分有不同的吸附能力，展开剂也对其有不同的溶解、解吸能力，因此当展开剂不断展开时，不同组分最终达到分离的目的。薄层展开如图4-34所示。被展开的组分斑点即色谱谱带，通过适当技术对色谱带进行处理可得到定性和定量的检测结果。

(1)薄层色谱法中的薄层板及薄板的涂铺、点样、展开

1)薄层板

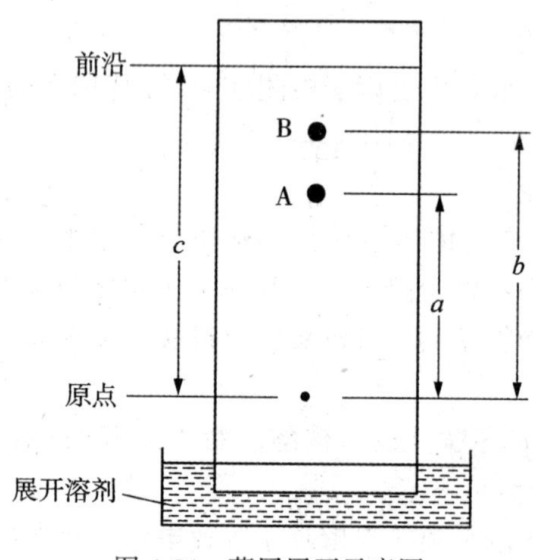

图 4-34　薄层展开示意图

TLC 分离的选择性主要取决于固定相的化学组成及其表面的化学性质。可通过改变涂层材料的化学组成或对材料表面进行化学改性来实现改变薄层色谱分离的选择性。此外，固定相的物理性质，如比表面积、平均孔径等也对其色谱行为产生影响。

①载体

对 TLC 载体的基本要求为：机械强度好、化学惰性好(对溶剂、显色剂等)、耐一定温度、表面平整、厚度均匀、价格适宜。

②固定相

TLC 固定相包括改性固定相和未改性固定相两类。硅胶和氧化铝是最常用的两种未改性固定相。

③黏合剂

在制备薄层板时，一般需在吸附剂中加入适量黏合剂，其目的是使吸附剂颗粒之间相互吸附并使吸附剂薄层紧密地附着在载板上，常用黏合剂可分为无机黏合剂和有机黏合剂两类。

④荧光指示剂

荧光指示剂是便于在薄层色谱图对一些基本化合物斑点(无颜色斑点、无特征紫外吸收斑点)定位的试剂。加入荧光指示剂后，可以使这些化合物斑点在激发光波照射下显出清晰的荧光，便于检测。

2)薄层板的涂铺

涂板方法可以分为涂布法、倾注法、喷洒法及浸渍法四类，其中涂布法是应用最广泛的涂板方法。其基本操作原理如图 4-35 所示。

TLC 固定相薄层涂布大多采用湿法匀浆，要求薄层均匀、平整、无气泡、不易造成凹坑和龟裂。薄层板活化处理可以获得适宜活性，提高色谱分离效率和选择性。

3)点样

点样是 TLC 分离和精确定位的关键，不同种类的样品常需选用不同的配样溶剂。一般采用易挥发的非极性或弱极性溶剂配样。最适合点样的样品浓度应为 0.01%～0.1%。

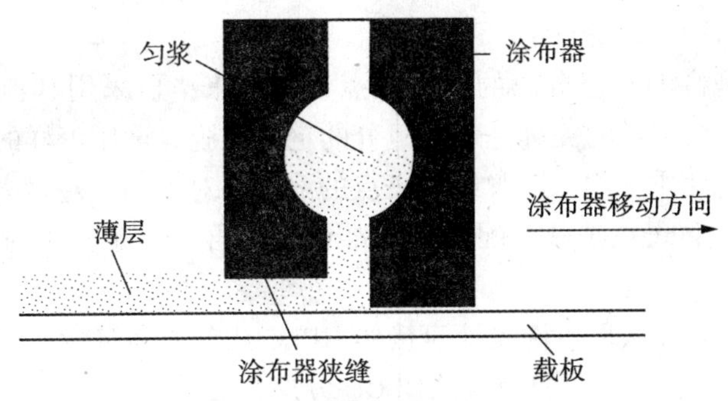

图 4-35 薄层板涂铺操作原理

点样基线距离底边 3.0cm，点样直径一般在 1mm 左右为佳，点间距离为 1.5~2cm，点样时必须注意不能损伤薄层表面。

4) 展开

TLC 展开就是流动相沿薄层(固定相)运动，以实现样品混合组分分离的过程。这一过程需在具有一定形状的展开室中进行。薄层展开有 3 种形式，直线式展开方式为实际应用中使用最普遍的展开方式。

对展开剂的选择不仅需考虑极性、选择性等因素，还应注意以下因素的影响：①溶剂纯度，含有杂质影响分离。②溶剂吸收环境水分，会使极性等性质改变。③存放条件不适宜或储存时间过长，溶剂会变性。④混合流动相之间发生作用会使溶剂性质改变。溶剂极易挥发，流动相组成随时改变。

(2) 薄层色谱定性定量方法

1) 斑点定位

斑点定位必须采用非破坏性方法。当斑点紫外光显示时，可采用长波长和短波长紫外灯，使用方便、灵活。采用化学试剂显色时，通过手动或电动喷雾器向展开好的薄层板喷洒显色试剂。

2) 定性方法

①利用保留值定性

在特定的色谱系统中化合物的 R_f 值一定，比较未知物和标准物的 R_f 值能够作为鉴定未知物的依据。R_f 值的准确测定受多方面因素影响，为了增加 R_f 值定性的可靠性，必须通过改变色谱系统的选择性，重复测定同一化合物的 R_f 值。如果在分离机理不同的色谱体系中，比较 R_f 值仍能得到肯定的结果，那么其可靠性将更大。

②板上化学反应定性

板上化学反应定性主要有以下两种方式：

a. 反应后生成特征颜色的化合物，借以鉴定反应物。

b. 反应后生成复杂的、无法鉴定组分的混合物，但可根据生成物的“指纹”特征加以鉴定。

除以上定性方法外，还有板上光谱定性、TLC 与其他联用技术间接联用定性、薄层色谱-傅里叶变换红外光谱联用定性以及薄层色谱-质谱联用定性。

3)定量方法

①间接定量法

间接定量法就是将 TLC 已分离的物质斑点洗脱下来，再采用其他方法对该洗脱液进行定量分析。TLC 间接定量的关键是斑点组分的定量洗脱。选用怎样的洗脱方法，取决于组分和薄层吸附剂的性质。用来洗脱组分斑点的溶剂，对下一步定量方法应无影响。

a. 分光光度法：将斑点洗脱液配制成标准体积，再在同条件下对样品和标准液进行吸光度测量。

b. HPLC 法：以 TLC 法斑点洗脱液直接作 HPLC 法分离和定量。

c. GC 法：以 TLC 法斑点洗脱液直接作 GC 分离和定量。

d. 质谱法：采用组分质谱图中的特征离子峰可进行定量。

②直接定量法

a. 斑点面积测量法：以半透明纸扫下 TLC 图上的斑点界限，然后测量其面积，将斑点面积同平行操作的标准样面积相比较进行定量。

b. 目测法：将被测样品和系列溶液点在同一薄层板上，展开后用适当方法显色，可以得到系列斑点，将被测样品的斑点面积大小和颜色与标准系列的斑点相比较，可推测出样品的含量范围。这种定量法非常适用于对常规大组样品的重复分析。

6. 高效毛细管电泳法

在电解质溶液中，位于电场中的带电离子在电场力的作用下，以不同的速度向其所带电荷相反的电极方向迁移的现象，称为电泳。利用电泳现象对某些化学或生物物质进行分离分析的方法和技术称为电泳法或电泳技术。高效毛细管电泳(high performance capillary electrophoresis，HPCE)，是以内径 20～200μm 的熔融石英毛细管柱作为分离通道、以高压直流电场为驱动力对各种小分子、大分子以至细胞等进行高效分离、检测或微量制备等的分析技术。其具有仪器简单、易自动化、分析速度快、分离效率高、操作方便、消耗少等特点，因此在分析检测中应用范围极广。

(1)毛细管电泳系统组成部分

①进样系统：包括样品架，缓冲液架，定位，驱动系统。

②气压系统供给系统：提供气压进样、冲洗、分离所需的动力。

③电压系统供给系统：提供进样、分离所需要的电压。

④光路系统：包括检测器及光源系统。

⑤电泳系统：包括毛细管、卡盒、接口模块。

⑥冷却系统：包括样品冷却系统、毛细管冷却系统。

⑦工作站系统：控制主机运行，采集并处理数据。

常用毛细管电泳系统主要仪器为 P/ACE MDQ 毛细管电泳仪，如图 4-36 所示。P/ACE MDQ 毛细管电泳仪可用于分离检测样品中多种组分，如核酸、糖类小分子、有机酸、无机酸盐的分析，蛋白质、多肽的研究、药物分离的开发，环境监测等。其原理为样品流经一根很细的毛细管，在高电压的作用下，样品中的各组分以不同的速率迁移，当这些组分流经毛细管上的一个透明的小窗口时，有一套单波长紫外检测仪(UV)和多波长光电二极管检测仪(PDA)可以检测它们的光吸收，将信号输送给电脑进行分析，报告结果。

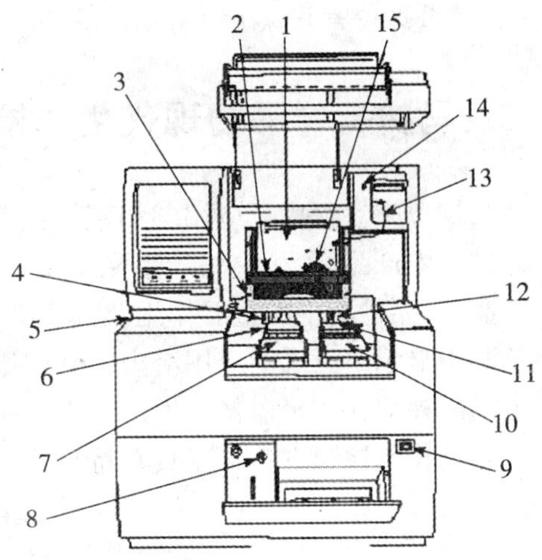

1—光源模组(带 D2 内部灯)；2—插入棒；3—接口板；4—高压电极；5—高压电源供应系统；6—内部样品托盘；7—内部缓冲液托盘；8—冷却液进入端；9—电源开关；10—外部缓冲液托盘；11—外部样品托盘；12—接地电极；13—纤维光学板；14—检测器；15—毛细管卡盒

图 4-36　P/ACE MDQ 毛细管电泳仪主要部件图解

(2)分离原理

根据分离样本的原理设计不同，毛细管电泳主要分为以下几种类型：毛细管区带电泳(CZE)、毛细管等速电泳(CITP)、毛细管胶束电动色谱(MECC)、毛细管凝胶电泳(CGE)、毛细管等电聚焦(CIEF)。下面简单介绍 CZE、MECC、CIEF 的分离原理及应用。

①毛细管区带电泳(CZE)

CZE 是 HPCE 的基本操作模式，一般采用磷酸盐或硼酸盐缓冲液，实验条件包括缓冲液浓度、pH 值、电压、温度、改性剂(乙腈、甲醇等)。用于带电物质(药物、蛋白质、肽类等)的分离、分析，对于中性物质无法实现分离。其分离原理如图 4-37 所示。

图 4-37　CZE 的分离原理

②毛细管胶束电动色谱(MECC)

MECC 是一种基于胶束增溶和电动迁移的新型液体色潜，在缓冲液中加入离子型表面活性剂作为胶束剂，利用溶质分子在水相和胶束相分配的差异进行分离。MECC 拓宽了 CZE 的应用范围，适合于中性物质的分离，亦可区别中性化介物，可用于氨基酸、肽类、小分子物质、中性物质、药物样品及体液样品的分析。

③毛细管等电聚焦(CIEF)

CIEF 是根据等电点差别分离生物大分子的高分辨率电泳技术。其分离原理为：具有不同等电点的生物试样在电场力的作用下迁移，分别到达满足其等电点 pH 的位置时呈电中性，停止移动，形成窄溶质带而相互分离。CIEF 用于检测含有离子的样品(蛋白质、肽类)，等电点仅差 0.001 可分离的物质。

4.5　马铃薯样品的现代生物检测技术

长期以来获得广泛应用的物理、化学、仪器等检测方法，由于存在某些局限，已不能满足现代农产品/食品检测的需要。随着生物技术的发展，人们已逐步认识到生物技术在农产品/食品检测中的重要作用及其意义。生物技术检测方法以自身独特优势在农产品/食品检测中显示出巨大的应用潜力，其应用几乎涉及食品检测的各个方面，包括农产品/食品的品质评价、质量监督、生产过程的质量监控及农产品/食品科学研究。

生物技术检测方法不仅具有特异的生物识别功能、极高的选择性，而且它可与现代的物理化学方法相结合，产生一些简单、结果精确、灵敏、专一、微量和快速、成本低廉的检测方法，在农产品/食品检测中占有越来越重要的地位。

4.5.1　概述

在农产品/食品检测中应用的生物检测技术主要有：

1. 免疫法

免疫法是最灵敏的生物检测方法，具有高特异性和高灵敏性(灵敏度可达 1ppb、1ppm)，操作简便，再现性好，应用前景较好。用免疫法可进行蛋白质检测，由于不同蛋白质的物理、化学性质差别极小，只能通过各种免疫方法或标记探针法加以区别。

(1)荧光抗体法

将荧光抗体溶液滴加于固定的标本上，一定时间后用缓冲液冲洗，若有相应抗原存在，即与荧光抗体结合，在荧光显微镜下可看到发荧光的抗体复合物。荧光抗体法在微生物污染鉴定中经常使用，最常用于沙门氏菌的检测。

(2)放射免疫法

放射免疫法灵敏度高，但操作相对复杂。放射免疫法同位素半衰期短，保存及操作不便，目前应用情况受到限制。

(3)酶联免疫吸附法

酶联免疫吸附法是一种基本的酶免疫检测方法，其选择性好、灵敏度高、快速、易操作、结果判断客观准确、实用性强。酶免疫法和其他免疫法一样，都是以抗体和抗原的特异性结合为基础的。以酶或辅酶为标记物，标记抗原或抗体，用酶促反应的放大作用来显示初级免疫学反应。酶联免疫吸附法除了可以检测食品中的毒素、残留农药及微生物外，还可用于营养素的测定。

(4)凝集反应法

当有电解质存在时，颗粒状的抗原与其特异性的抗体结合并生成可见凝集块的反应称为凝集反应，有直接反应法和间接反应法。利用凝集反应可测定抗体的效价，也可用于细菌、病毒等的分类。

(5)沉淀反应法

沉淀反应法常见的是一种琼脂扩散试验。单向扩散是利用不同抗原抗体在琼脂中扩散速度不同而会在琼脂中出现几条相互分离的沉淀带。双向扩散则是利用抗原抗体都向中间层——琼脂扩散而形成沉淀带，根据分离沉淀带的数量可确定抗原抗体种类。

(6)免疫扩散法

利用蛋白质在半固体基质上的扩散作用，使抗原和抗体在浓度比例合适的部位产生沉淀带或沉淀环，从而检测蛋白质。如血清中 IgG、IgA、IgM 含量的测定。

(7)免疫电泳法

免疫电泳法是将电泳和琼脂扩散沉淀反应相结合的一种方法，即先将血清或蛋白质抗原在琼脂凝胶中进行电泳。带电的蛋白质抗原向负极移动，加入抗血清后，不同区点的抗原再与抗体进行沉淀，当相应抗原抗体接触，在适当比例下形成弧形沉淀带，根据沉淀带的位置对蛋白质的各组分进行检测。如免疫球蛋白含量的测定。

2. 酶检测法

酶检测法就是用酶来测定某些用一般化学方法难于检测的食品成分的含量或测定食品中某些特殊酶的活性或含量。其最大特点就是特异性强，所以常用于结构和物理化学性质比较相近的同类物质的分析鉴定，如测定食品中残存有机农药的含量、微生物污染或了解食品的制备、保存情况。酶检测法的样品一般不需要进行很复杂的预处理，由于酶的催化效率很高，反应条件温和，酶检测法的检测速度也比较快。常用的方法有以下几种：

(1)终点测定法

在以待测物质为底物的酶反应中，如果使底物能够接近完全地转化为产物，而且底物或产物又具有某种特征性质，通过直接测定转化前后底物的减少量、产物的增加量或辅酶的变化等就可以定量待测物质。

(2)动力学测定法

在反应体系中精确加入一定数量的酶，测定反应物或产物变化的速度。测定的参数可以是吸光度、荧光度、pH 值等。

(3)多酶偶联测定法

当被测定的底物或反应产物没有易于检测的物理化学手段时，可采用两种或两种以上的酶进行连续式或平行式的偶联反应，使底物通过两步或多步反应，转化为易于检测的产物，从而测定待测物质的含量。例如葡萄糖的定量测定。

(4)利用辅酶作用或抑制剂作用测定法

如果待测物质可作为某种酶专一的辅酶或抑制剂，则这种物质的浓度和将其作为辅酶或抑制剂的酶的反应速度之间有一定关联，因此通过测定该酶的反应速度就能进行这种物质的定量。嘌呤、核苷酸、维生素、辅酶及食品中农药、杀虫剂的检验可用此法。

(5)通过酶反应循环系统的高灵敏度测定法

对于极微量的物质进行酶法检测时，由于灵敏度的原因，在很多情况下不能应用常规的终点测定法，可设计一个酶反应循环系统来提高检测灵敏度。

(6)酶标免疫检测法

抗体与相应的抗原具有选择和结合的双重功能。若要测定样品中抗原的含量，就将酶与待测定抗原的对应抗体结合在一起，制成酶标抗体。然后将酶标抗体与样品液中待测抗原，通过免疫反应结合在一起，形成酶-抗体-抗原复合物，通过测定复合物中酶的含量就可得出待测抗原的含量。此法可用于食品的污染检测，尤其适用于毒素的快速检测。

(7)放射性同位素测定法

酶的活性可以采用同位素标记的底物进行测量。经酶解后随时间所生成的放射性产物含量与酶的浓度成正比。也可用放射性同位素的底物在酶的作用下得到的产物，分离测定产物的同位素含量。此法可用于需要进行极微量的分析或因新发现的酶还未找到适当的分析法时的测定。

3. 核酸探针技术

核酸探针技术又名基因探针技术或核酸分子杂交技术，具有敏感性高(可检出 10^{-9} ~ 10^{-12} 的核酸)和特异性强等优点。两条不同来源的核酸链如果具有互补的碱基序列，就能够特异性的结合而成为分子杂交链。据此，可在已知的 DNA 或 RNA 片段上加上可识别的标记(如同位素标记、生物素标记等)，使之成为探针，用以检测未知样品中是否具有与其相同的序列，并进一步判定其与已知序列的同源程度。

核酸探针技术已被广泛应用于进出口动植物及其产品的检验。用于检验食品中一些常见的致病菌及产毒素菌，如大肠杆菌、沙门氏菌等多种病原体的检验。近年来，放射性同位素标记的核酸探针正越来越多地用于产肠毒素性大肠杆菌的快速检测。

4. 多聚酶链反应技术(PCR)

多聚酶链反应技术是一种极敏感的分子生物学方法，是一项 DNA 体外扩增技术，在体外对特定的双链 DNA 片段进行高效扩增，故又称基因体外扩增法。多聚酶链反应技术快速、特异、敏感，在食品中致病菌的检测方面具有很大的应用潜力。如可用于单核细胞增多症李氏杆菌、金黄色葡萄球菌、顽固性梭状芽孢杆菌、沙门氏菌等的检测。

5. 基因芯片技术

基因芯片技术能同时将大量探针固定于支持物上，可以一次性对样品大量序列进行检测和分析，从而解决了传统核酸印迹杂交技术的操作繁杂、自动化程度低、操作序列数量少、检测效率低等不足，是一种在生物技术产品检测中极有发展前景和应用价值的技术，也是近年来国内外研究的热点。基因芯片检测技术完全可能成为 21 世纪最具活力的检测技术之一。利用基因芯片检测技术可以判断植物是否含有外来的基因序列，而鉴定该植物是否为生物技术作物。

6. 免疫传感器

免疫传感器是根据生物体内抗原-抗体特异性结合并导致化学变化而设计的生物传感器，其主要由感受器、转换器和放大器组成。免疫传感器是多学科边缘交叉的产物，其研究涉及电化学、物理、生物、免疫学和计算机等领域的相关知识。免疫传感器主要有：酶免疫传感器、电化学免疫传感器(电位型、电流型、电导型、电容型)、光学免疫传感器(标记型、非标记型)、压电晶体免疫传感器、表面等离子共振型免疫传感器和免疫芯片等。

基于抗原-抗体特异性结合的工作原理，免疫传感器在农产品/食品检测中的应用主要体现在对生物性危害的检测，如可用于致病菌、生物毒素、农药、兽药等的检测。

当今农产品/食品检测趋向于简便、快捷、灵敏和微量化。现代生物技术以其自身的独特优势在食品检测中显示出巨大的应用潜力，已引起分析化学家和生物学家的浓厚兴趣，并得到广泛的应用，前景广阔。国外生物技术在农产品/食品检测中的应用研究已比较系统、完整、成熟，国内由于各种条件的限制，目前实际应用并不多。生物技术要在农产品/食品检测中取得更加广泛的应用，仍需在价格、效能、方便、实用性和可靠性方面进行深入的研究。

4.5.2 免疫分析法

根据标志物的不同，标志免疫学技术可分为酶标志免疫分析技术、放射标志免疫分析技术和荧光标志免疫分析技术三种。与其他免疫学技术相比，标志免疫分析技术最大的优点是灵敏度大为提高。

1. 酶免疫测定法

酶免疫学技术包括很多种，目前 ELISA 是最常用的酶免疫技术之一。

(1)分类

ELISA 可以分为直接法、间接法和夹心法。

直接法指酶标抗原和抗体直接与包被在酶标板上的抗原抗体结合形成酶标抗原抗体复合物，加入酶反应底物，测定产物的吸光值，计算出包被在酶标板上的抗体或抗原的量。其反应原理如图 4-38(a)所示。

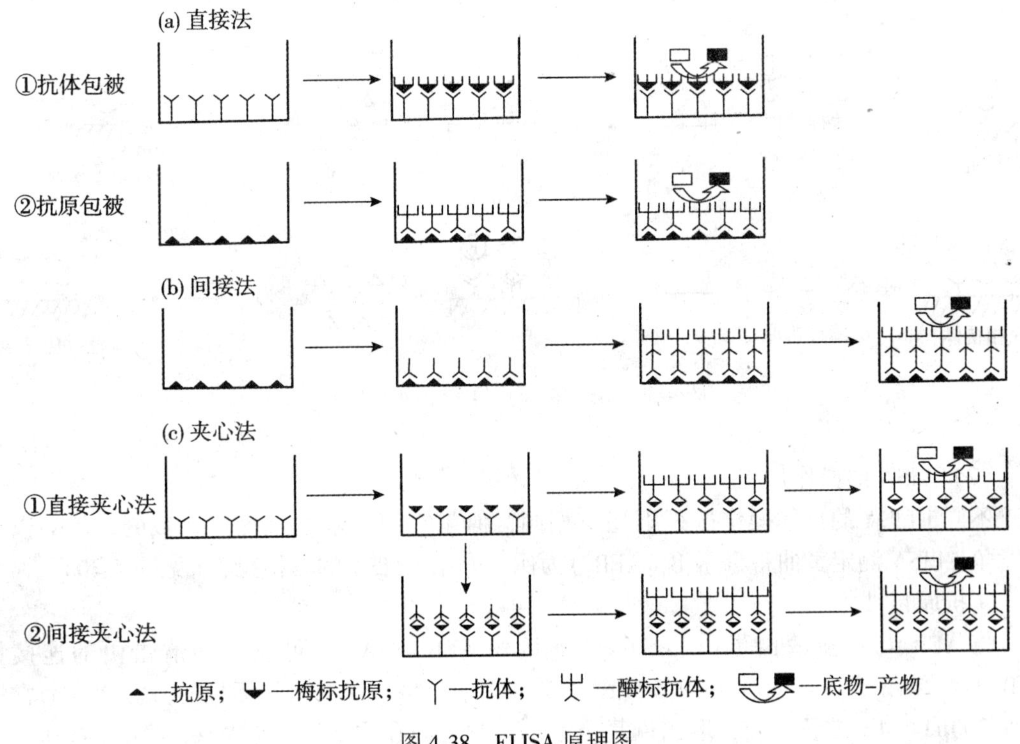

图 4-38　ELISA 原理图

间接法是将酶标记在二抗上，当抗体(一抗)和包被在酶标板的抗原结合形成复合物后，再以酶标二抗和复合物结合，通过测定酶反应产物的颜色可以(间接)反映一抗和抗原的结合情况，进而计算出抗原或抗体的量，如图 4-38(b)所示。

夹心法是将未标记的抗体包标在酶标板上，用于捕获抗原，再用酶标的抗体与抗原反应形成抗体-抗原-酶标抗体复合物，也可以像间接法一样应用酶标二抗和抗体-抗原-抗体复合物结合形成抗体-抗原-抗体-酶标二抗复合物。前者称为直接夹心法，后者称为间接夹心法，如图 4-38(c)所示。

上述三种方法又可以分为竞争法和非竞争法。如图 4-38 所示均为非竞争反应方法。这些方法不存在抗原抗体的竞争反应。所谓竞争法就是在抗原抗体反应过程有竞争现象的存在。以下以直接法中的酶标抗原竞争法(见图 4-39)为例进行说明。首先先将包被了抗体的酶标板的微孔分为测定孔和对照孔，在测定孔中同时加入酶标抗原和非酶标抗原(通常来自于待测样品)，标记抗原和非标记抗原相互竞争包被抗体的结合点，没有结合到包被抗体上的标记抗原和非标记抗原通过洗涤去除。如果非标记抗原浓度越高，则结合到包被抗原的量就越多，而酶标记抗原结合在包被抗体的量就越少；相反，非标记抗原浓度越低，则结合到包被抗体的标记抗原的量就越多。对照孔中不加入非标记抗原，只加标记抗原，这样对照孔中结合的酶标记抗原的量最多，酶反应产物的颜色越深。而测定孔中，颜色的深浅则反映了非标记抗原(待测物)的浓度，颜色越深非标记抗原(待测物)的浓度越低，颜色越浅则(待测物)浓度越高。同样夹心法和间接法也有相应的竞争法，其中以间接竞争法最为常用。

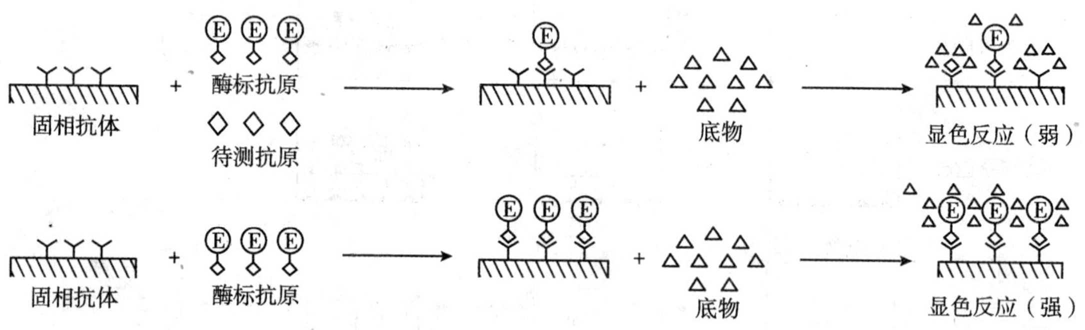

图 4-39　酶标抗原竞争 ELISA 示意图

(2)ELISA 的操作过程

不同 ELISA 的具体操作过程不完全相同，但是它们的基本过程是一致的。下面以间接竞争 ELISA 测定黄曲霉毒素 B_1(AFB_1)为例，介绍 ELISA 的具体操作(见图 4-40)。

①抗原包被

将 AFB_1 与牛血清白蛋白(BSA)的连接物 AFB_1-BSA(也可以是卵清蛋白的连接物 AFB_1-OV)溶解于 0.1mol/L pH9.5 碳酸盐缓冲液中，将溶液加入酶标板的微孔内，通常短孔加 200μL，4℃放置过夜，取出恢复至室温，倾去微孔内溶液(包被液)，用含有 0.05% 的吐温-20 的 0.05mol/L pH7.0 的磷酸盐缓冲溶液(PBST)满孔洗涤 3 次，每次 5min，扣干，即得到包被有 AFB_1-BSA 的酶标板。在这个过程中 AFB_1-BSA 通过物理吸附包被(黏附)在酶标板微孔的内壁上，没有包被的抗原被洗涤去除。

②封阻

酶标板被抗原包被后，在微孔中加入一定浓度 BSA、OV、明胶或脱脂牛奶等溶液以封住微孔内没有被抗原包被的空隙，避免抗体的非特异性吸附于这些空隙，以提高实验结

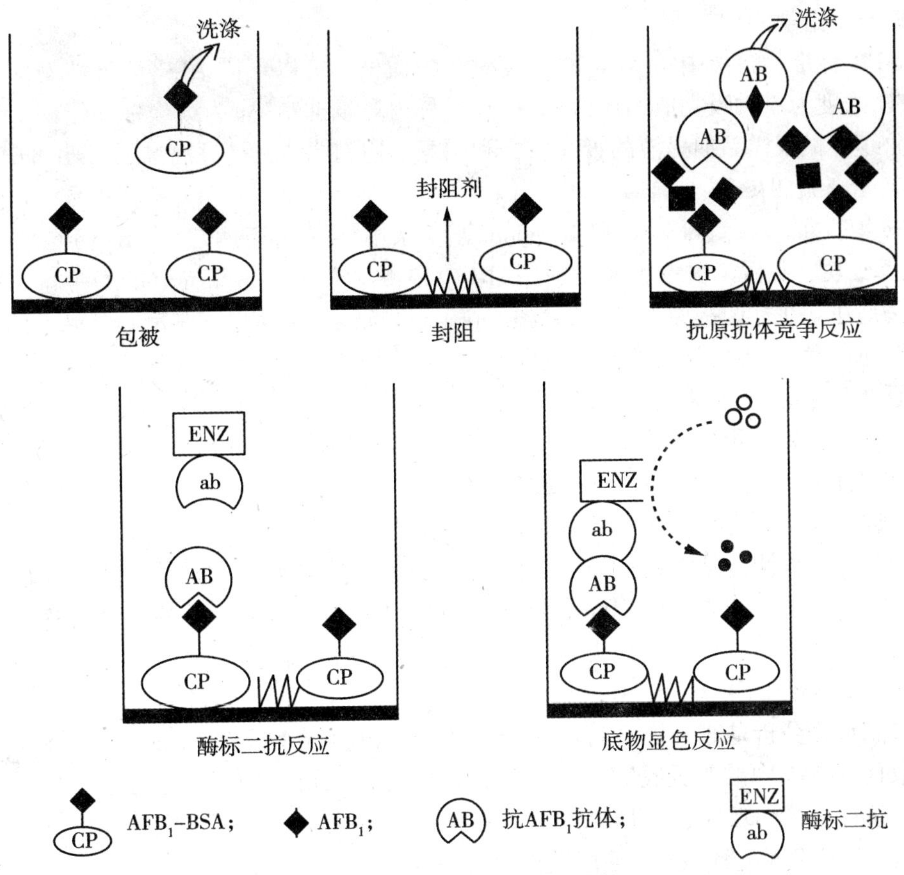

图 4-40 间接竞争 ELISA 测定 AFB_1 过程示意图

果的准确性和可靠度。常用的封阻剂包括 BSA、OV、明胶或脱脂牛奶等。

③抗原抗体竞争反应

在酶标板的每个微孔中加入一定量的(例如 90μL)适当稀释度的抗体(抗血清)。同时分别加入一定量的(例如 10μL)不同稀释倍数的 AFB_1 标准溶液或待测样品的抽提液(不同浓度的 AFB_1 标准溶液用于作标准曲线),混匀,37℃保温保湿 1~2h,包被在酶标板上的固定抗原 AFB_1-BSA 和添加的 AFB_1 标准品或样品抽提液中的 AFB_1 游离抗原竞争抗体的结合位点,PBST 洗涤扣干 3 次,游离的抗原抗体复合物被洗涤去除。

④酶标二抗与抗原抗体复合物的反应

将一定量(例如 100μL)适当稀释的酶标二抗溶液加入各反应孔,37℃保温保湿 1~2h,酶标二抗和抗原抗体复合物反应,形成抗原-抗体酶标二抗的复合物固定在酶标板上,PBST 洗涤扣干 5 次,将游离多余的酶标二抗去除。

⑤底物显色反应和吸光位的测定

每孔加反应底物 100μL(40mg 邻苯二胺溶于 100mL pH 值为 5.0 的 0.2mol/L 柠檬酸-0.1mol/L 磷酸氢钠缓冲溶液,加入 150μLH_2O_2 现配现用),37℃保温保湿,避光反应 30min,每孔加 50μL 浓度为 2mol/L 的 H_2SO_4 终止反应,5min 后,以酶联免疫测定仪于 490nm 测吸光值。

⑥ELISA 竞争抑制曲线

以 AFB_1 标准物溶液中的 AFB_1 的浓度对数为横坐标，以不同 AFB_1 浓度所对应的吸光值和 AFB_1 浓度为零时吸光值的比值的百分数(称为竞争抑制率)为纵坐标，绘制 ELISA 竞争抑制曲线。根据样品抽提液的吸光值，利用竞争抑制曲线，计算出样品 AFB_1 的含量。

2. 放射免疫测定法

1968 年，Momrae、Johnson 和 Bergdoll 等专家用放射免疫测定法(RIA)检测肠毒素(SE)获得成功，此后。很多实验室利用(RIA)检测培养液和食品提取的肠毒素。放射免疫测定法是建立在标记抗原和非标记抗原对特异性抗体的竞争性抑制反应基础上的，可以将放射性同位素 ^{125}I 等标记到特异性抗体上用于检测未知样中 SE；或者将同位素标记到肠毒素抗原上，标记 SE 与未标记 SE 和特异性抗体发生竞争型结合，被检材料中未标记的 SE 可抑制标记 SE 与相应抗体的结合，抑制程度与标本中肠毒素的浓度成正比。然后，测定复合物中标记肠毒素的减少程度，可对检样中同型肠毒素进行定量。

RIA 将同位素测定的高灵敏性和抗原抗体反应的高度特异性有机结合起来，特异性强，灵敏度高。检测食品中各型肠毒素可达 1ng/mL 培养液或每克食品。但 RIA 需要有放射性废物处理系统和机构，也需要复杂放射性计数系统。从事 R1A 的工作人员必须进行专门训练，熟悉技术，还必须有从事该项工作的许可证，这些均限制了 RIA 法的使用。

3. 荧光酶免疫测定法

荧光酶免疫分析是通过提高酶反应产物的可检测极限来提高 EILSA 灵敏度的。将荧光底物取代 ELISA 中的普通底物，荧光底物在酶的催化下产生荧光。通过测定荧光的强度来测定抗原抗体的反应，这样可以大大地提高 ELISA 的灵敏度。主要原因是：通常的 ELISA 是通过比色测定酶反应产物颜色的深浅来衡量抗原抗体的反应情况，比色测定的极限约为 $10^{-3}\mu g/mL$，比色的光密度也限定在 0.001 或 0.01～2.0，这些都限制一般 ELISA 的灵敏度；而在荧光酶免疫分析(荧光 ELISA)中，荧光的测定极限可达 $10^{-6}\mu g/mL$，这比比色测定的极限降低了 3 个数量级，而且荧光的测定范围也远远大于比色的测定范围，这些都使得荧光 ELISA 的灵敏度高于普通 ELISA。

4. 免疫测定新技术

除了上述几种免疫检测技术之外，最近还出现很多以抗原抗体免疫学反应为基础的各种免疫快速检测技术。下面介绍其中的几种免疫快速检测技术。

(1)免疫检测试剂条

免疫检测试剂条是采用金标免疫技术的产品。试剂条的形状各异，但是其基本组成和分析检测原理是相同的。通常以长条状的硝酸纤维素为支撑物。被胶体金标的抗体吸附(黏附)于膜的一端，其前方有一样品孔(槽)，在膜的另一端分有一条对照带和反应带(见图 4-41)。在反应前，反应带和对照带这两条带通常是看不见的，反应带一般是与金标抗体相同的抗体，而对照带一般是产生抗体的抗原。它们是在试剂条的生产过程中和金标抗体一起吸附固定于硝酸纤维素膜上。使用时，将一定量(通常 100μL 左右)的样品液加入样品槽中与胶体金标的抗体反应，并沿硝酸纤维素膜向另一端移动扩散，与反应带和对照带反应。如果样品中存在待测抗原(即待检测物质)，那么它首先和金标抗体进行反应，形成抗原-金标抗体复合物，该复合物沿着硝酸纤维素膜扩散到达反应带位置时，进一步和该处固定的抗体发生反应而形成金标抗体-抗原抗体的复合物，并固定在该处而呈红色，即出现红色的反应带，同时过量的金标抗体和对照带的抗原反应形成红色的对照带。如果样品液中没有待测抗原(即待检测物质)存在，那么将不会出现反应带，但是金标抗体同样会与对照带的抗原反应形成红色的区带。如果试剂条变质失效或操作不当，那么在反应完成后就可能不出现任何带或仅出现反应带，此时应更换新的试剂条或重新实验。所以观察反应完成后是否出现反应带和对照带，以及它们颜色的深浅就可以判断出样液中是否含有待检测物质以及它们的大致含量。

应该注意的是上述对测试结果的判定仅仅是通常情况，在实际应用中不同的产品会有一些差异，所以在测试之前应仔细阅读产品的说明书。

采用免疫试剂条能在几十分钟，甚至几分钟内得到检测结果，从而判断样品是否含有待检测物质并初步鉴定待检测物质是否超标，因此非常适合于快速检测和分析，但是如果要知道样品中待检测物质准确和具体的含量，则常常需要采用其他方法进一步分析。

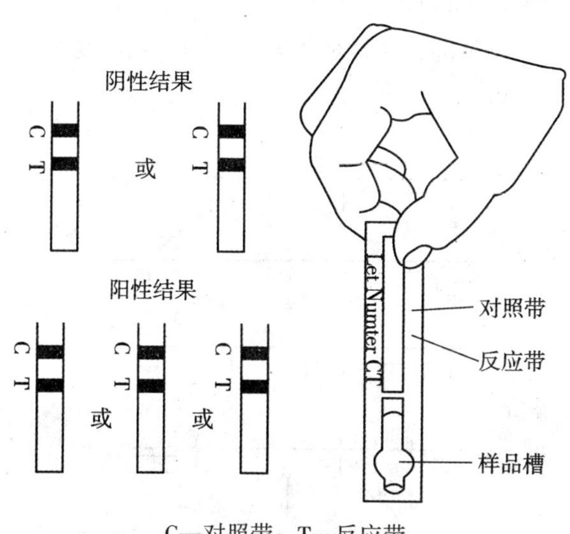

C—对照带；T—反应带

图 4-41　免疫检测试剂条

(2)自动酶免疫检测技术

采用自动控制技术和计算机技术等，可以自动完成酶免疫检测操作的全过程，即免疫分析的自动化，或自动酶免疫技术。该技术的优点包括可以实现分析过程的全自动化，从而减轻工作量，减少人为影响，增加检测结果的准确性。能够实现多个样品的同时测定，节约了检测时间和费用。

4.5.3　分子生物学技术

分子生物学是从分子水平研究生命本质的一门新兴边缘学科。它以核酸和蛋白质等生物以及它们在遗传信息和细胞信息传递中的作用等为研究对象，是当前生命科学中发展最快并与其他学科广泛交叉和渗透的前沿领域。

目前分子生物学技术广泛地应用于科学的各个领域。近年来，核酸分子生物学技术，特别是核酸分子杂交和 PCR 技术在农产品/食品检测方面也得到了很好的应用。

1. PCR 技术

聚合酶链反应(PCR)又称无细胞分子克隆系统或特异性序列体外引物定向酶促扩增法。PCR 技术具有特异性强、灵敏度高、操作简便、快速、对标本的纯度要求低、无放射性污染等特点。因而此方法在疾病诊断、法医判定、考古研究、食源性病原菌和食品转基因成分的检测等方面也得到了广泛的应用并显示出巨大的发展前景。

(1)PCR 原理

与天然 DNA 的复制过程一样，PCR 的 DNA 体外酶促扩增包括变性、退火和延伸三个基本的过程。它们之间通过温度的改变来实现相互转换。所谓变性是指模板 DNA 在 95℃ 左右的高温下，双链 DNA 解链成单链 DNA，并游离于溶液中的过程；对引物在适合的温度下退火是指人工合成的一对引物在适当温度下(通常是 50~65℃)分别与模板 DNA 需要扩增配区域的两翼进行准确配对结合的过程；引物与模板 DNA 结合后，在适当的条件下(温度一般为 70~75℃)以 4 种 dNTP 为材料，通过聚合酶的作用，单核苷酸从引物的 3′末端掺入，沿模板合成新股 DNA 链，这就是所谓的延伸。经反复循环，使靶末端 DNA 成指数增加，PCR 的基本过程如图 4-42 所示。

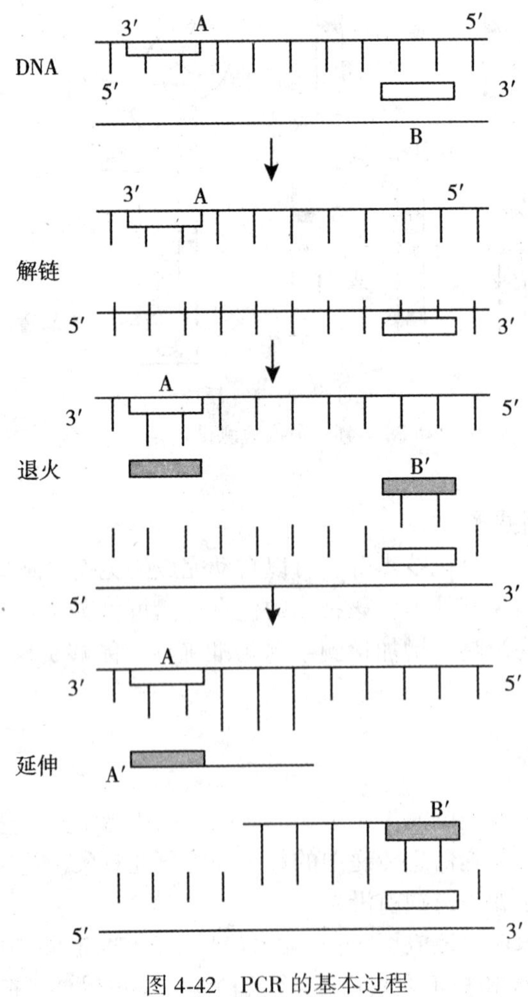

图 4-42　PCR 的基本过程

(2)PCR 的操作过程

不同 PCR 的原理和操作过程相同，但是不同的 PCR 其具体的操作过程和反应溶液稍有差异，在此仅就标准 PCR 反应过程和操作要点进行叙述。

1)反应体系

标准 PCR 的反应体积为 20～100μL，其中含有 1×PCR 缓冲溶液(10mmol/L Tris-HCl(pH8.3)、2mmol/L$MgCl_2$、100μg/mL 明胶)、四种 dNTP 各 20μmol/L、一对引物各 25μmol/L、模板为 0.1μg(根据具体情况加以调整，一般需要 10^2～10^5拷贝的 DNA)和 2U 的 Taq DNA 聚合酶。

2)反应步骤

在 0.5mL 的小离心管中依次加入 PCR 的反应缓冲液、四种 dNTP 引物、DNA 模板，混匀，95℃加热 10min，以除去样品中蛋白酶、氯仿等对 Taq DNA 聚合酶的影响。然后，每管加入 2U 的 Taq DNA 聚合酶，混匀，离心 30s，加 50μL 液体石蜡封盖反应体系，以防反应液挥发(现在有些 PCR 由于具有很好的密封性，也可以不加液体石蜡)，同时根据实验要求设计 PCR 仪的各种循环参数，将离心管置于 PCR 仪中进行 PCR 循环。

3)PCR 扩增产物的检测

PCR 扩增结束后，根据实验目的的不同可以采用多种方法对扩增产物进行分析。下面介绍其中较为常用的几种方法：

①凝胶电泳分析

PCR 产物电泳，EB(溴化乙锭)染色，紫外灯下观察，初步判断产物的特异性，包括琼脂糖凝胶电泳和聚丙烯酰胺凝胶电泳。

a. 琼脂糖凝胶电泳。根据扩增片段的大小，采用适当浓度的琼脂糖制成凝胶，取 PCR 的扩增产物 5～10μL 点样于凝胶中，电泳，EB 染色，紫外灯下观察。成功的 PCR 扩增可得到分子量均一的一条区带，对照标准分子量谱带对 PCR 产物谱带进行分析。

b. 聚丙烯酰胺凝胶电泳。6%～10%聚丙烯酰胺凝胶电泳分离效果比琼脂糖好，条带比较集中，可用于科研及检测分析。

②分子杂交

分子杂交包括斑点杂交、Southern 印迹杂交和微孔板夹心杂交等。在这些杂交中，通过分析 PCR 的扩增产物与相应探针结合后的杂交体，从而判断出 PCR 产物是否是预先设计的目的片段，还能鉴定出产物中是否存在突变，以及扩增产物的大小和特异性等。这些杂交的具体操作过程，请参阅相关文献。

③核酸序列分析

分析 PCR 产物的序列，是检测 PCR 产物特异性最可靠的方法。

④颜色互补分析法

颜色互补分析法是利用三原色原理，当不同 PCR 片段(例如在多重 PCR 中 A 和 B 两个片段)同时扩增时，用引物 5′端修饰技术将不同引物用不同颜色荧光素标记(A 片段引物标记绿色的荧光素，B 标记红色的罗丹明)。如果仅有一条片段被扩增，扩增产物激发后，只有一种颜色(红色或绿色)；如果两条不同大小的片段均被扩增，可通过电泳分离，紫外激发后观察到不同颜色的两条带；如果两条被扩增片段大小相同，电泳后可见一条红绿补色的黄色带；如果不用电泳法分离扩增片段，通过一定手段除去未掺入引物，也可观察到扩增产物的颜色，此时扩增产物无论大小，只要均被扩增，就可见一条红绿补色的黄色带。

该法简便、易于自动化，可用于检测基因缺失、染色体转位和病原微生物。例如采用多重 PCR 结合颜色互补分析法，通过观察 PCR 产物的颜色，可以同时快速检测多种病原菌，是当今农产品/食品安全快速检测的发展方向之一。

(3) PCR 的类型

PCR 技术自诞生以来，发展迅速，应用面广。因实验材料、实验目的和实验要求等的不同，在标准的 PCR 基础上，已衍生出近几十种不同类型的 PCR，主要有不对称 PCR、多重 PCR、反向 PCR、标记 PCR、定量 PCR 等，这些 PCR 和标准 PCR 的原理相同，但是由于实验目的的不同，各自的具体操作过程稍有不同，此处不再逐一介绍。

2. 生物芯片技术

生物芯片也称为微阵列，它利用微电子、微机械、化学和物理技术、计算机技术，使样品检测、分析过程实现连续化、集成化、微型化。因此，生物芯片具有多元化、高通量、检测时间短、样品用量少和便于携带等诸多优点。

生物芯片技术主要包括 4 个基本要点：芯片阵列的构建、样品的制备及标记、生物分子反应、信号检测和数据处理。

①芯片阵列的构建：将 DNA 片段或蛋白质等生物分子按设计好的顺序排列在表面处理过的载体上。

②样品的制备及标记：生物样品往往是非常复杂的生物分子混合体，除少数特殊样品外，一般不能直接与芯片反应，因此要对样品进行生物处理，以获取其中所需的蛋白质或核酸等分子，并对其进行标记，作为后续反应的检测信号。

③生物分子反应：芯片上的生物分子之间的反应是芯片检测的关键一步。通过选择合适的反应条件使生物分子间的反应处于最佳状况中，减少生物分子之间的错配比例。

④信号检测和数据处理：常用的检测方法是将芯片置入芯片扫描仪中，得有关生物信息，然后利用计算机软件对所得数据进行分析处理。

生物芯片类型可以从不同的角度来划分。当前人们常常提到的基因芯片、蛋白质芯片、芯片实验室，就是从芯片的检测对象和使用目的来区分的。此外，还有组织芯片、细胞芯片等具有不同检测目的的芯片。

基因芯片又称 DNA 芯片或 DNA 微阵列，包括寡核苷酸芯片和 cDNA 芯片两大类。基因芯片是生物芯片中最基础也是研究开发最早、最为成熟和目前应用最广泛的产品。主要应用在基因表达检测、寻找新基因、杂交测序、基因突变和多态性分析以及基因文库作图等方面。

基因芯片的理论基础是杂交测序，即利用核酸杂交的原理检测未知分子。在硅片、玻片等固相载体上按特定排列方式固定大量核酸探针或基因片段，与标记的待检样品进行杂交，通过检测标记物信号得到杂交结果，利用计算机分析从而获得大量生物信息。

(1) 样品的处理和标记

①样品处理

生物样品往往是非常复杂的生物分子混合体，除少数特殊样品外，一般不能直接与芯片反应。必须将样品进行生物处理。如 RNA 样品通常需要首先逆转录成 cDNA，并进行标记后才可进行检测；从血液或活组织中获取的 DNA、mRNA 样品在标记成为探针以前，必须扩增以提高阅读灵敏度。除了检测前对样品分子的放大外，通常仍需要有高灵敏度的检测设备来采集、处理和解析生物信息。

②标记

根据样品来源、基因含量、检测方法和分析目的不同，采用的基因分离、扩增及标记方法各异。为了获得基因的杂交信号，必须对目的基因进行标记。标记方法有同位素标记法、生物素标记法、荧光标记法等，不同方法各有利弊。

(2)杂交反应

杂交是 DNA 芯片技术中除 DNA 阵列构建外最重要的一步，复杂程度和具体条件的控制根据探针的类型、长度以及研究目的进行选择。如用于基因表达检测，杂交时需要高盐浓度、样品浓度高、低温和长时间(往往要求过夜)，但严谨性要求则比较低，这有利于增加检测的特异性和低拷贝基因检测的灵敏度；若用于突变检测，要鉴定出单碱基错配，故需要在短时间内(几小时)、低盐、高温条件下进行高严谨性杂交。多态性分析或者基因测序时，每个核苷酸或突变位点都必须检测出来，通常设计出一套 4 种寡聚核苷酸，在靶序列上跨越每个位点，只在中央位点碱基有所不同，根据每套探针在某一特定位点的杂交严谨程度，即可测定出该碱基的种类。

(3)信号检测与数据分析

①信号检测

基因芯片在与荧光标记的目标 DNA 或 RNA 杂交后，必须用信号检测装置将芯片测定结果转变成可供分析处理的图像数据，这便是芯片的扫描测定步骤，由芯片扫描仪来完成。目前大部分生物芯片采用荧光染料标记。专用于荧光扫描的扫描仪有激光共聚热扫描仪和电荷耦合装置芯片扫描仪。

②数据分析

数据分析简单来说就是对芯片高密度杂交点阵进行图像处理，并从中提取杂交点的荧光强度信号进行定量分析，通过有效数据的筛选和相关基因表达谱的聚类，最终整合杂交点的生物学信息，发现基因的表达谱与功能可能存在的联系。芯片数据分析主要包括图像分析、标准化处理、Ratio 值分析、基因聚类分析。

3. 蛋白质芯片

蛋白质芯片又称蛋白质微阵列，也有人称之为肽芯片，是一种高通量、微型化和自动化的研究蛋白质和蛋白质、蛋白质和 DNA 或 RNA、蛋白质和小分子等相互作用的技术方法。它是继基因芯片之后又一项对人类健康具有重大应用价值的生物芯片。蛋白质芯片技术是指把制备好的已知蛋白质样品(如酶、抗原、抗体、受体、配体、细胞因子等)固定于经化学修饰的玻璃片、硅片等载体上，蛋白质与载体表面结合，同时仍保留蛋白质的物理和化学性质。根据这些分子的特性，通过蛋白质芯片技术可以高效地大规模捕获能与之特异性结合的待测蛋白质，经洗涤、纯化后，再进行确认和生化分析。它为获得重要生命信息(如未知蛋白质的组分、序列、生化特性、污染物的检测等)提供有力的技术支持，也是蛋白质组研究的重要手段。

目前，蛋白质芯片的种类很多，主要有蛋白质微阵列、微孔板蛋白质芯片、三维凝胶块芯片以及分子扫描技术或质谱成像法。这里主要介绍蛋白质微阵列。

(1)蛋白质微阵列的原理

蛋白质微阵列是较为常用的一种蛋白质芯片，类似于较早出现的基因芯片，即在固相支持物表面高密度地排列探针蛋白质(最常用的探针蛋白质是抗体)，可特异性地捕获样品中的靶分子，利用 CCD(charge-coupled device)照相技术与激光扫描系统获取阵列图像，最后利用专门的计算机软件包进行图像分析、结果定量和解释。另外还可以利用表面增强激光解析离子化-飞行时间质谱技术(SELDI-TOF-MS)将靶蛋白离子化，然后直接分析靶蛋白质的分子量以及相对含量。具体方法有直接检测模式和间接检测模式，前者是将样品中蛋白质预先用荧光素或同位素标记，结合到芯片上的蛋白质就会发出特定的信号；后者则采用的是标记第二抗体分子，其原理和操作过程类似于 ELISA 方法。这种以阵列为基础的芯片检测技术操作简便、成本低廉、结果重复性较好，并能很快获得测试结果。用于蛋白质组研究的蛋白质微阵列可对靶蛋白进行定性或定量分析，如图 4-43 所示。就应用前景来说，这种芯片具有更大的潜力。

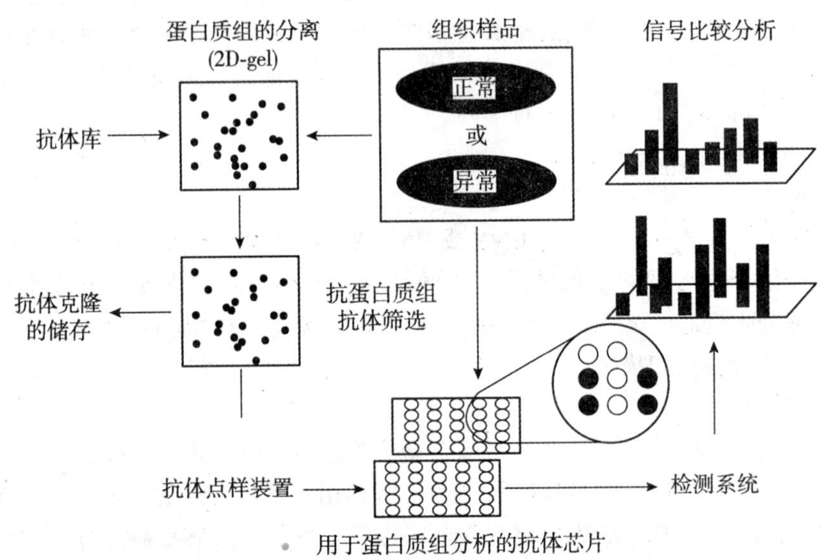

图 4-43　抗代表蛋白质芯片的设计应用流程

(2)样品检测和结果分析

芯片的检测过程即生物分子的特异结合或识别的过程，芯片上的生物分子间的反应是芯片的关键步骤。通过选择合适的反应条件使生物分子间的反应处于最佳状况，可以减少生物分子之间的错配比例。根据探针(标记样品)是否与载体固定的配基进行特异性反应，可以检出样品是否含有与配基特异性相互作用的分子，并能鉴定其组分。反应时可直接加样品于固定配基的芯片上；或将样品通过特殊通路进入反应池；也可在芯片反应池(通常直径数十微米至数百微米)周围制成聚丙烯酰胺凝胶，样品经电泳后进入反应池，其优点是同时去除了未结合的分子。

目前，对于吸附到蛋白质芯片表面的靶蛋白的检测方式主要有两种：一种为蛋白质标记法，即样品的蛋白质预先用荧光物质或同位素等标记，结合到芯片上的蛋白质就会发出特定的信号，用CCD照相技术及激光扫描系统等对信号进行检测，包括酶联显色、放射性核素放射自显影显色、荧光显色等；另一种是以质谱技术为基础的直接检测法，如表面增强激光解析离子化-飞行时间质谱技术(SELDI-TOF-DS)。

4. 生物芯片技术在农产品/食品检测中的应用

(1)应用生物芯片技术检测转基因产品

生物芯片是转基因农产品/食品检测的新方法。目前对于转基因农产品/食品的检测，先是检测用于制造该食品的植物、动物性原料是不是转基因的。这类方法和目前已知的同类PCR法相比，除操作简便、快速、结果准确外，还具有高通量的特性，解决了转基因检测中样品核酸制备中的困难，同时可降低检测成本和所需时间，这是转基因农产品/食品检测的发展方向之一。

(2)生物芯片在营养与食品化学、生物安全性检测领域的应用

①生物芯片技术在营养研究领域的应用

生物芯片技术在营养研究领域将发挥重要作用。近年来，在肥胖研究中，人们发现了与营养及肥胖有关的蛋白和基因，如瘦素、神经肽Y、增食因子、黑色素皮质素、载脂蛋白、非偶联蛋白等。采用生物芯片技术研究营养素与蛋白和基因表达的关系，将为揭示肥胖的发生机理及预防打下基础。此外，还可以利用生物芯片技术研究金属硫蛋白(金属硫蛋白基因)及锌转运体基因等与锌等微量元素的吸收、转运与分布的关系；视黄醇受体(视黄醇受体基因)与维生素A的吸收、转运与代谢的关系等。

②生物芯片在食品化学、生物安全性检测方面的应用

目前，食品营养成分的分析、食品中有毒、有害化学物质(农药、化肥、重金属、激素等)的分析、检测，食品中污染的致病微生物的检测，食品中生物毒素(细菌毒素、真菌毒素)的检测等大量的监督检测工作几乎都可以用生物芯片来完成。

第 5 章　马铃薯块茎品质检测

马铃薯块茎是储藏器官，是经济产量部分，块茎内各种物质成分的含量高低，不仅影响其营养价值，而且还会影响食味、加工工艺和品质。

5.1　马铃薯块茎的储藏物质

块茎内各种物质的含量因品种、土壤肥料、栽培技术水平及自然气候条件的不同而有很大差异。

5.1.1　马铃薯块茎的干物质

马铃薯块茎的干物质平均占块茎重量的25%左右，干物质含量高低，关系到块茎品质高低，关系到加工制品的质量、产量和经济效果。干物质含量高，油炸食品（如薯片、薯条）的耗油量低，在加工过程消耗与蒸发水分所用的能源消耗减少，单位原料所生产的产品量也多，但过高也会使生产出来的食品过硬。一般鲜食块茎要求干物质含量 20%~21%，油炸和干制品为 22%~25%，略煎炸食品为 20%~24%。

块茎内干物质含量，从块茎开始形成之日起就在不断积累，只是各时期增长速度不同。从块茎形成至淀粉累积期近 2 个月积累的干物质量占总量的 40%~60%，淀粉累积期至成熟的 1 个多月积累量占总量的 40%~60%，其中积累最快时期是块茎迅速膨大期，也是块茎生长最快的时期。块茎干物质含量因气候条件，栽培技术而有很大变化，品种之间也有明显的差异。据研究干物质最高和最低之间差距，由品种之间所决定的变幅为 3%~8%，晚熟品种的干物质含量比早熟品种高，潮湿阴凉的气候，干物质含量低，氮肥过多及植株生长过旺的块茎干物质含量相对较低，适量的氮磷钾比例可以提高块茎干物质的含量。就一个块茎来说，正常情况下块茎基部含量高于顶部，但如果生长期间遇到干湿交替，发生块茎次生生长，会出现基部干物质含量低于顶部的情况。块茎剖面上髓部的干物质含量最低，维管束周围含量最高，由此向外、向里渐次减少。随着块茎的长大，维管束系统比重增加了，同时与髓部之间的差距也增加了。据研究，属于中等大小块茎（直径 35~65mm），其块茎组织比重变化与整个块茎比重变化等值，而大薯（直径>65mm）组织间比重大小比整薯间比重变化要大好几倍，一般新育出的品种的中等大小块茎，组织之间干物质含量相对比较稳定。

5.1.2　碳水化合物

食物中的碳水化合物包括单糖、双糖和多糖，每 100g 鲜马铃薯中含有碳水化合物 17.5~28.0g。单糖如葡萄糖和果糖；双糖如蔗糖、麦芽糖和乳糖；多糖主要包括淀粉和膳食纤维。淀粉是葡萄糖的聚合体。膳食纤维是来自植物细胞壁的非淀粉多糖，是一类不为人体消化酶所消化的一组化合物。它包括纤维素、半纤维素、果胶、树胶及藻多糖，另外木质素在化学结构上不是多糖类，但因检测方法不能排除，也就将木质素包括在膳食纤维中。

粗纤维是20世纪80年代以前在食物成分中的一种称谓。粗纤维的检测方法是用强酸和强碱消化方法，所测的粗纤维不能代表人体内不可消化的膳食纤维。由于科学的进步，营养学研究中重视了膳食纤维对人体健康的重要性，而相应地发展和更新了膳食中纤维的测定方法，并且废弃了粗纤维的检测方法，改用当前国际通用的"酶-重量法"分别检测植物性食物中总的和可溶性及不可溶性膳食纤维。当前各国食物成分表中的碳水化合物的含量基本上是用减差法计算的结果而非检测结果。本书中碳水化合物也采用减差计算法。

1. 淀粉

淀粉是马铃薯块茎的主要储藏物质，其含量一般占块茎干物质重量的70%~80%，栽培马铃薯的最大目的就是最大限度地获得淀粉。

(1)马铃薯块茎淀粉的生理特性

块茎淀粉呈卵圆形或圆形分布于细胞内，颗粒表面呈轮纹状。淀粉粒直径差异很大，为1~109μm，最典型的淀粉粒直径为30~60μm。淀粉粒在增大过程中，往往2~5粒聚合在一起，形成复粒和半复粒，在成熟块茎中，淀粉粒太大及太小百分比和排列稠密程度等都是品种的特性。淀粉粒的性状决定了淀粉的质量和用途。在生产淀粉食品时，大粒淀粉粒含最高，用淀粉加工食品，制造糖浆、糊精等的质量好；作为淀粉糨糊，又以中等大小淀粉粒为好。

马铃薯淀粉中72%~82%是支链淀粉。支链淀粉有优良的糊化特点，并易于人体吸收。随着块茎的增长和成熟，淀粉粒两个成员的分子量的差异也相应增大。直链淀粉的分子量为80000，而支链淀粉的分子量为300000。直链淀粉与β-淀粉酶作用时，全部分解成麦芽糖，而支链淀粉则只有一半分解成麦芽糖，另一半为糊精，所以直链淀粉与碘反应呈蓝色，支链淀粉呈紫色。直链淀粉是淀粉中的易溶解部分，支链淀粉是难溶解部分。

马铃薯淀粉粒中含有11%~22%的水分，0.06%~0.13%的磷，0.016%~0.07%的脂类，0.0%~0.3%的氮，0.002%~0.032%的硅，以及硫、钾、钠、镁、钙。马铃薯淀粉中磷含量较其他粮食作物的淀粉高2~3倍，含磷高的马铃薯品种，能提供黏度较高的淀粉。一般小粒淀粉粒含有较多的灰分和磷，所以能制成更黏的糨糊。马铃薯淀粉糊化温度低，吸水膨胀率大，透明度好，开始糊化温度为56℃，糊化完成温度为67℃(玉米淀粉的糊化温度为64℃和72℃，木薯淀粉的糊化温度为59℃和70℃，甘薯淀粉的糊化温度为70℃和76℃)。

马铃薯块茎淀粉含量与干物质之间存在一定的相关性，表现为干物质和淀粉百分比含量之间的差数是相对常数。19世纪末，德国美尔凯尔(Mepkep)教授和他的同事以实验的方法进行测定，认为马铃薯淀粉含量与干物质的差数是比较固定的，以5.75来表示，在这个基础上制定了Mepkep氏表，表中列举出马铃薯块茎比重、干物质和淀粉含量间的比例材料，直至现在用比重法测定块茎淀粉含量仍用此表进行换算。

马铃薯块茎淀粉分布是不均匀的，维管束周围含量最高，向外向里逐渐减少，以内髓和外皮最少，一个块茎的顶部比基部的淀粉少2%~3%。但如果土壤水分不足又会破坏这种正常比例，导致基部的淀粉比顶部的少。

(2)淀粉的积累与变化

马铃薯块茎的淀粉，主要是在块茎中合成的，多数学者认为，光合产物在白天以淀粉的形式暂时储藏在叶中，然后在夜间重新变成可溶性糖，再转运到块茎中重新合成淀粉，有关光合产物日变化规律的研究也证明了这一观点。叶片淀粉含量自早上 6 时至 18 时不断增加，而在夜晚则逐渐减少，相反，块茎的淀粉含量是昼低夜高。块茎中淀粉的合成是在含磷有机化合物与酶的参与下，地上部分转运来的光合产物-蔗糖分子与细胞内的三磷酸腺苷(ATP)作用，使糖分子磷酸化，产生 L-磷酸葡萄糖(磷酸酯与糖分子)。L-磷酸葡萄糖在磷酸化酶的作用下与短的多糖链(如麦芽糖)相连接，这时无机磷酸游离出来而产生了比较长的直链淀粉。L-磷酸葡萄糖在异磷酸化酶影响下形成支链淀粉，上述这两种作用是可逆的。

马铃薯块茎自形成的那一时刻开始，甚至在匍匐茎膨大之前，就有淀粉的积累，一直到块茎成熟，茎叶全部枯萎为止，块茎淀粉都在不断积累。表现在前期较缓慢，而以块茎增长后期和进入淀粉积累期之后增长速率显著增快，其中以淀粉积累期间的增率最快。在正常情况下，淀粉的积累可以一直延续到全部茎叶枯萎为止。

马铃薯块茎淀粉含量变化属于数量性状，受多基因所控制，而任何多基因性状在很大程度上又取决于外界条件和品种特性。自然气候条件和土壤肥力、栽培管理技术水平、块茎成熟度等都会影响到块茎淀粉的积累。不同品种淀粉含量有很大差异，低淀粉品种最低淀粉含量仅占块茎鲜重的 8%，而高淀粉品种高达 29. 4%，一般早熟品种淀粉含量低，平均含量为 11%~13%，中熟品种的淀粉含量为 14%~15%，晚熟品种的淀粉含量为 17%~18%。同一品种由于自然气候条件，栽培技术水平，生长时间的不同，淀粉含量有很大差异；因品种成熟期不同，淀粉含量差别达 6%~7%。据研究，土壤类型的差别所决定的差值高达 3%。

淀粉的积累与温度，尤其是夜间的温度更为密切，夜间的低温有利淀粉的积累。一般情况下，在块茎生长期间，降雨量不足时块茎淀粉含量提高，而土壤过湿或干湿交替块茎次生生长，则使淀粉含量下降。块茎淀粉含量还与群体有关，密度过大、过小都不利于淀粉含量的提高，在试验中，以每 $hm^2$13. 5 万、18 万、22. 5 万、27 万、31. 5 万个茎的密度栽植，块茎淀粉含量分别为干重的 68. 4%、70. 2%、69. 2%、69. 2%和 68%，这可能是因为密度小的情况下块茎大，淀粉含量相对较少，过密又因光照、水肥的不足影响淀粉的积累。土壤中养分状况对块茎淀粉含量影响很大，过多的氮肥使茎叶生长过旺，推迟了干重平衡期，甚至徒长倒伏、影响块茎淀粉的累积，使块茎淀粉含量降低。磷肥促进淀粉的合成和向块茎的转移，而使块茎淀粉含量增高。据报道，每亩施入 6. 4kg 的 P_2O_5 能提高淀粉含量 0. 8%~1. 0%。钾能促进叶片中淀粉合成，并促进淀粉从叶片向块茎转移，每亩施入 8~10. 7kg 的 K_2O，能使淀粉含量提高 0. 5%~1. 0%。镁在控制淀粉形成中起着重要作用，特别是氮磷钾充足的情况下，镁的作用更为明显，此时增施镁肥，可显著增加淀粉的产量。感染病毒病害的植株，块茎淀粉含量降低。不同年份由于温度、光照、降雨等的不同对块茎淀粉含量造成严重影响，晋薯 2 号在内蒙古农牧学院种植，1979 年块茎淀粉含量为 14. 35%，1980 年为 18. 7%，1981 年为 20. 0%，1982 年为 18. 6%，最高年份与最低年份相差 5. 65%。

马铃薯块茎淀粉含量受外界因子影响，因不同品种其影响程度是有差异的，有的品种耐干旱，有的品种抗高温，在不良的环境条件下淀粉含量变化表现相对比较稳定。因此，选择适应当地不良环境条件的优良品种种植，在生产上是十分有意义的。

2. 还原糖

马铃薯块茎中的还原糖是以葡萄糖、蔗糖和果糖的形式进入块茎的，成熟块茎不含果糖。块茎内糖分含量变化与淀粉相反，是随着块茎的成熟而下降，以刚形成的幼小块茎糖分最高，刚收获的成熟块茎的糖分含量最低，此时淀粉与总糖量之比约为30：1~50：1。刚收获的块茎中，葡萄糖约占糖分含量的65%~70%，而蔗糖占30%~35%，还有人发现，块茎中含有麦芽糖，此外在龙葵素与核蛋白类生物碱中，还含有其他呈化合状态的半乳糖、鼠李糖、木糖、丙糖和胞核糖。

块茎中还原糖含量问题，在工业加工上非常重视。马铃薯中还原糖和氨基酸发生美拉德反应(Maillard reaction)，生成棕黑色大分子物质类黑素(Melanoidins)，即马铃薯褐变。褐变程度取决于还原糖的含量，当块茎还原糖含量超过0.5%时，导致炸薯条、炸薯片和马铃薯全粉等产品的色泽灰暗，直接影响到马铃薯深加工产品的感官指标和市场竞争力。从营养学角度来看，马铃薯发生美拉德褐变会造成氨基酸尤其是必需氨基酸(如L-赖氨酸)、可溶性糖、Vc、矿质元素等营养成分的损失和生物有效性的降低，甚至产生有害物质如丙烯酰胺(Acrylamide)等，对食品安全构成隐患。褐变问题严重制约马铃薯的开发利用，是马铃薯生产加工中必须解决的一大难题。

块茎中糖分含量和马铃薯栽培区的气候条件有一定关系，来自北方地区与来自南方地区的同一品种块茎，前者的糖分积累比较多。块茎中蔗糖对单糖总量的百分比是品种的特性，一般比较稳定。块茎脐部糖分含量大大高于顶部，但在块茎迅速膨大阶段遇到高温干旱后的雨水充足和适宜温度下，块茎发生次生生长，导致了脐部淀粉水解成糖分供应块茎生长部分对糖分的需要，使块茎脐部糖分含量迅速提高，有时甚至使还原糖含量高达8%~9%。一般春季种植的块茎，总糖分含量比夏季种植的高，其中蔗糖与单糖的比值相对也较高，这可能是因为春季种植块茎生长期间正值日照长度相对较短，温度较高，湿度低不利淀粉的合成而有利蔗糖合成的结果。马铃薯还原糖含量还随品种不同而异，还因不同年份气候条件而有所不同。

块茎中的碳水化合物，除了上述的淀粉和还原糖外，还含有0.4~0.94%的脂肪，纤维素约占块茎干物质含量1.0%，含量变幅为0.2%~3.5%，主要集中在皮层，还有果胶物质、肌醇等。

5.1.3 含氮化合物

植物食品中的蛋白质均由20种氨基酸所组成。氨基酸约占蛋白质重量的16%。故在测定蛋白质时将所测出的氮量乘以6.25(100÷16=6.25)即换算成蛋白质之量；小麦面筋中氨基酸的含量为17.5%，因此在计算成蛋白质含量时乘以5.70，其他一些食物中的蛋白质的含量均以其氨基酸组成的含氮比换算成蛋白质的计算因子，由各种计算因子计算相应的食物中蛋白质之量。

蛋白质是一类化学结构非常复杂的有机化合物，其基本要素为碳、氢、氧、氮4种元素。有些蛋白质还含有硫、磷、铁、硒、碘等其他元素构成特殊的蛋白质。蛋白质的基本组分为氨基酸，常见的氨基酸有 20 种，它们以不同的数量和排列顺序构成不同生理功能的蛋白质。

马铃薯块茎全部含氮化合物的总称即粗蛋白质，一般以块茎全氮量乘以 6.25 所得。粗蛋白质含量为 0.7%~4.6%，平均含量为 2.0%。在全部含氮化合物中，约 60%为蛋白氮(其 40%为可溶蛋白，20%为非溶性，40%为非蛋白氮)。每 100g 鲜马铃薯中含有蛋白质 1.5~2.39g。可溶蛋白占总蛋白质含量的 71.6%~74.5%。非蛋白氮中包括有铵盐、硝酸盐、生物碱、核酸、酰胺、游离氨基酸和某些维生素，其中酰胺(天门冬酰胺和谷酰胺)占非蛋白氮化合物总量的 50%~60%。游离氨基酸占含氮化合物总量的 78%~83%。马铃薯块茎的蛋白质也叫马铃薯球蛋白，它与其他作物相比较，具有更高的营养价值，其蛋白质全价指数变幅为 60~92(以蛋类蛋白质指数为 100 计)，可利用价值 71%，比谷物高 21%；它含有人类所必需的氨基酸，约占氨基酸总量的 1/3，其中数量最多的是缬氨酸、精氨酸、赖氨酸(9.3mg/100g)、色氨酸(3.2mg/100g)，与鸡蛋相比，除蛋氨酸少于鸡蛋外，其余一些所含的氨基酸的量与鸡蛋相近。各品种间的蛋白质组分，在质上没有明显变化，只是在各组分的相对含量上有所不同。

蛋白质含量在块茎上的分布也是不均匀的，主要集中于生长点芽眼分生组织中，其次是皮层组织和薯皮，以髓部和外层最少，块茎基部的含量比顶部少。同一穴块茎，蛋白质含量可相差达 0.6%。一般来说，块茎内蛋白质含量与块茎干物重和淀粉含量成反比。所以一些国家利用马铃薯作饲料时要求粗蛋白和淀粉的比例不低于 1∶10。育种家的任务是粗蛋白含量不低于 10%。

在块茎生长期间，蛋白氮在全生育期变幅小，几乎全是生长初期形成的，块茎生长后期，几乎均以氨基态氮形式贮于块茎中。在整个形成期硝态氮和氨态氮一直在减少，可以被认为是用来合成氨基、酰胺及蛋白质三类。块茎氮素化合物的贮积过程与碳水化合物的贮积相反，其百分含量趋于逐渐减少。

块茎内粗蛋白含量因品种、自然气候条件、土壤、施肥、栽培管理等而有很大变化。据研究，因品种不同其变幅为 1.0%~2.9%，同时因年份、环境条件所决定的变幅为 0.6%~1.0%。不少试验资料证明，根部营养水平对块茎氨基酸含量有重要影响，提高土壤矿质元素含量、氮磷钾的合适比例可提高氨基酸含量，高温、长日照比潮湿阴冷天气的氨基酸含量高，泥炭土比砂壤土的氨基酸含量高、有的资料报道，提高磷钾肥有减少氨基酸的情况。

5.1.4　维生素

维生素是一类微量营养素，不能给人类提供能量，也不是人体组织结构的组成成分，但维生素是人体内许多酶的成分，人必须从食物中摄取这些微量营养素才能维持健康。现已知的维生素有十余种，根据其在脂肪和水中溶解的性质，可分为脂溶性维生素和水溶性维生素两大类。

马铃薯含有多种维生素，种类之多为许多作物所不及。它含有维生素 A(胡萝卜素)、维生素 B_1(硫胺素)、维生素 B_2(核黄素)、维生素 B_5(泛酸)、维生素 PP(尼克酸亦称烟酸)、维生素 B_6(吡哆醇)、维生素 C(抗坏血酸)、维生素 H(生物素)、维生素 K(凝血维生素)及维生素 M(叶酸)等。马铃薯是所有粮食作物中维生素含量最全的，其含量相当于胡萝卜的2倍、大白菜的3倍、番茄的4倍，B族维生素更是苹果的4倍。特别是马铃薯中含有禾谷类粮食所没有的胡萝卜素和维生素C，其中以维生素C含量最丰富，在鲜块茎中占0.02%~0.04%，比去皮苹果高50%。一个成年人每天食用0.5kg马铃薯，即可满足体内对维生素C的全部需要量。马铃薯中维生素的种类和含量见表5-1。

表5-1　**马铃薯块茎中的维生素含量(占干重mg/100g)**

维生素种类	含量(mg/100g)
A(胡萝卜素)	0.028~0.060
B_1(硫胺素)	0.024~0.20
B_2(核黄素)	0.075~0.20
B_6(吡哆醇)	0.009~0.25
C(抗坏血酸)	5~50
PP(烟酸或称尼克酸)	0.0008~0.001
H(生物素)	1.7~1.9
K(凝血维生素)	0.0016~0.002
P(柠檬酸)	25~40

1. 维生素C(Vc)

维生素C又称为抗坏血酸。化学结构为6个碳原子的A-酮基-L-呋喃古洛糖酸内酯的弱酸。自然界中仅L-抗坏血酸及其脱氧形式具有生理活性。Vc为无色结晶，易溶于水，微溶于乙醇和丙酮。Vc的结晶体在空气中稳定，但在水溶液中易被空气中的氧或其他氧化剂所氧化生成脱氧型抗坏血酸，并可再进一步氧化而失去维生素的生物活性。Vc是蔬菜与水果中的主要维生素，富含于深色蔬菜和酸味水果中。

Vc在马铃薯块茎中含量最丰富，其含量之多是多种蔬菜、水果中罕见的，只有番茄、甘蓝以及柑橘可与之媲美。欧美一些国家的人民对Vc的需要量有一半以上来自马铃薯，我国北方和西南山区人民Vc的来源也主要依靠马铃薯。据研究，人们食用200~300g马铃薯块茎能保证人体一昼夜对Vc需要量的50%。

Vc在块茎中以抗坏血酸和脱氢抗坏血酸形式存在，但脱氢抗坏血酸含量少，一般不超过总量的20%。Vc在块茎中的分布是不均匀的，顶部含量为21mg/100g，脐部含量为17.2mg/100g，周皮含量为16.9mg/100g，形成层含量为17.7mg/100g，髓部含量为16.1mg/100g。在块茎整个生长过程，Vc的浓度逐渐提高，直至茎叶衰老时达到最大值，如果延迟收获，Vc含量又会下降。Vc的主要损失在储藏期，一般经过6个月储藏可损失40%~60%，萌芽期又有所增加。未成熟的块茎比成熟块茎含量高。块茎的干物质含量和体积大小与Vc含量没有明显的相关，但品种之间其含量有较大差异，一般黄肉品种块茎Vc含量高于白肉品种；土壤气候条件引起Vc的差异比品种差异大，在轻质土壤生长的块茎Vc含量比褐土生长的高；过多的氮肥和钾肥会降低Vc的含量，而磷肥能提高Vc含量；干旱天气促进Vc的积累，而潮湿天气和冷凉降低Vc含量；生长期间过多的降雨量、低温和阴云天气都能导致Vc活性的降低，而且一般春种夏收的块茎Vc含量比夏种秋收块茎的含量高。块茎在烫漂过程Vc会因受热分解与淋浸而有所损失，且与薯片厚薄、薯肉比重、马铃薯品种、处理时薯片流速、烫漂水温与时间等有关。试验证明，66℃水烫浸 5min，Vc 保存率为 88.2%±1.7%，88℃水烫浸 5min，Vc 保存率是 76.6%±0.2%；60℃水烫漂 15min，Vc 保存率是 68.9%±3.1%，88℃水烫漂 15min，Vc 保存率是 54.1%±0.2%Vc。

2. 维生素 B_1

维生素 B_1 又称硫胺素，由一个嘧啶和一个噻唑组成。维生素 B_1 存在于植物性食物中，如酵母、谷物的麸皮和胚中含量较丰富，但也存在动物性食品中。维生素 B_1 为白色晶体，溶于水，不溶于有机溶剂，很易受热或氧化而遭破坏，尤其是在碱性环境中更易破坏，但在酸性溶液中加热至 120℃ 0.5h 也稳定。维生素 B_1 在干燥情况下很稳定，不受空气氧化。维生素 B_1 在食物中有多种形式，如以游离的、和蛋白质结合的形式，或单、双及三磷酸酯的形式存在。块茎中维生素 B_1 有两种状态，其中 3/4 呈游离状态，1/4 与磷结合。维生素 B_1 随着块茎的增大成熟而增加。在人们每天的食物中，马铃薯是维生素 B_1 的主要来源，食用 300g 马铃薯就能满足一个中等食量的成年人一昼夜对维生素 B_1 所需要量的 10%~15%。

3. 维生素 B_2

维生素 B_2 又称核黄素，是具有一个核糖醇侧链的异咯嗪的衍生物，橙黄色晶体。维生素 B_2 广泛存在于动植物性食物中，富含于绿色蔬菜和动物肉中，尤其是肝脏中。维生素 B_2 在常温下不受空气中氧化影响，耐酸和耐热，但在碱和光中不稳定，微溶于水，在溶液中呈强的黄绿色荧光；在强酸溶液中稳定，在碱性条件下或在可见光以及紫外光线中不稳定，但在微弱的人工光源中尚稳定。维生素 B_2 在块茎中分布是不均匀的，筛管周围和块茎中部含量最高，块茎的顶部比脐部多。维生素 B_2 的含量与维生素 B_1 相近。

马铃薯多数品种没有稳定的维生素 B_1 和维生素 B_2 的积累，它们的含量因栽培年份和技术的变化而有急剧变化，在砂壤土上栽培的比在黏土上的高，夏天收获的块茎比秋天收获的块茎多。

4. 维生素 PP(Vpp)

维生素 PP 又称烟酸，化学结构为吡啶 β-羧酸，烟酰胺是相应的胺。维生素 PP 广泛存在于动植物性食物中，在植物性食物如谷类、蔬菜中维生素 PP 多以人体不能利用的结合型存在，此种结合型可以用碱处理而使它具有生理活性的维生素 PP。维生素 PP 的白色结晶易溶于水，微溶于乙醇，不溶于乙醚。它们对热、光、空气或碱都不敏感。烟酰胺在酸或碱溶液中被水解成为烟酸。

5. 维生素 A(V_A)

维生素 A 的化学结构为视黄醇。动物性食品中含有维生素 A，主要是维生素 A 酯。维生素 A 是脂溶性长链醇，它有许多异构体。在哺乳动物组织中最常见的异构体是全反式视黄醇。维生素 A 溶于脂肪和脂肪溶剂，不溶于水。维生素 A 尤其是它的游离醇，对氧、酸和紫外线很敏感。

自 20 世纪 60 年代起，维生素 A 的含量已改用微克“视黄醇当量”表示，即 1 国际单位(IU)= 0.3μg 视黄醇，1 个视黄醇当量(RE)= 1μg 视黄醇。1μg 视黄醇相当于 0.344μg 醋酸视黄醇酯。V_A 的含量极少，块茎中不含 V_A。

5.1.5 酚类化合物

块茎中的酚类化合物有酪氨酸、肉桂酸、咖啡酸、绿原酸、莨菪亭、莨菪林等，它们大部分是苯基丙烷的衍生物。酪氨酸与绿原酸这两种物质是引起块茎酶促反应褐变的主要酚类化合物，酪氨酸(也可能有绿原酸)在含铜的酚酶和酪氨酸酶的催化下，使之氧化生成褐色，红色及最终为黑色的色素(黑素 melanin)，着色较浅的产物由绿原酸氧化而形成。在完整无损的细胞中，酚类化合物聚集在细胞内液泡膜所隔离的液泡中，当细胞壁受损伤的情况下，液泡膜受断裂，酚类物质渗透到胞质中，就会受到酶促氧化作用而褐变。褐变程度与酚类物质酪氨酸的含量成正相关，酪氨酸含量高的品种褐变严重；氮素高，酪氨酸含量高。钾能减少酪氨酸的含量，试验表明，块茎中钾含量为1.7%时，在100g鲜薯中酪氨酸含量为14.5mg，当块茎含钾量提高到2.7%，酪氨酸含量则降到3.5mg。块茎中铜积累过多能激活酚酶，叶面喷硼可使酚含量减少，同时还有助于提高Vc含量。矿质磷提高的情况下，使酚类氧化褐变反应减轻。

绿原酸与铁还会形成坚固的黑色络合物，经常发生在块茎煮熟后1h逐渐由灰绿变成黑色，但是黑色络合物的生成与柠檬酸和绿原酸的含量及比例有密切的相关性；也与细胞汁液pH值反应有关。柠檬酸对绿原酸(多酚类)的数量比为40~60时，薯肉不变黑，当比例为20以下时，薯肉变黑。块茎酚类物质主要集中在块茎的外部组织，薯肉含量较少，芽眼中的含量最多。块茎顶部的含量高于基部。绿原酸的生物合成过程如图5-1所示。

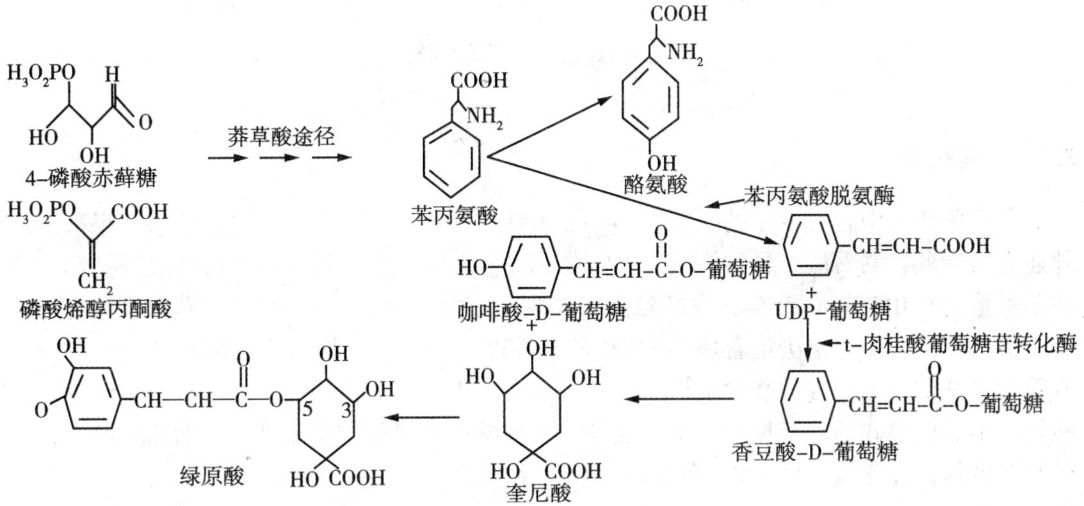

图5-1 绿原酸的生物合成过程

薯皮的大部分多苯酚化合物与木素化合在一起。木素是由苯基丙烷许多分子的缩合作用产物形成的，它伴随着纤维素的发生而发生，在细胞壁上沉积起来，使薯皮变得坚硬。木素含量越高，薯皮越坚硬，马铃薯抗机械损伤能力越强。

咖啡酸、莨菪亭等参与块茎的休眠，并且绿原酸、肉桂酸、莨菪林等还是保护机械组织和抗病害的有效成分。

据报道，块茎中多酚化合物，特别是绿原酸受气候条件影响很大。当马铃薯收获前，大约前三周空气平均温度低的时候，形成绿原酸多，10℃时的绿原酸比20~25℃多1.5倍。充分成熟的块茎比未成熟块茎的绿原酸含量高，收获前刈割茎叶能使块茎的绿原酸含量降低。当块茎组织受到机械损伤和病害感染时，酚类物质就会积累起来。一般来说，根据块茎内酪氨酸、绿原酸以及钾、柠檬酸含量情况，就可预测块茎褐变的程度。酶促褐变反应及抑制机理如图 5-2 所示。

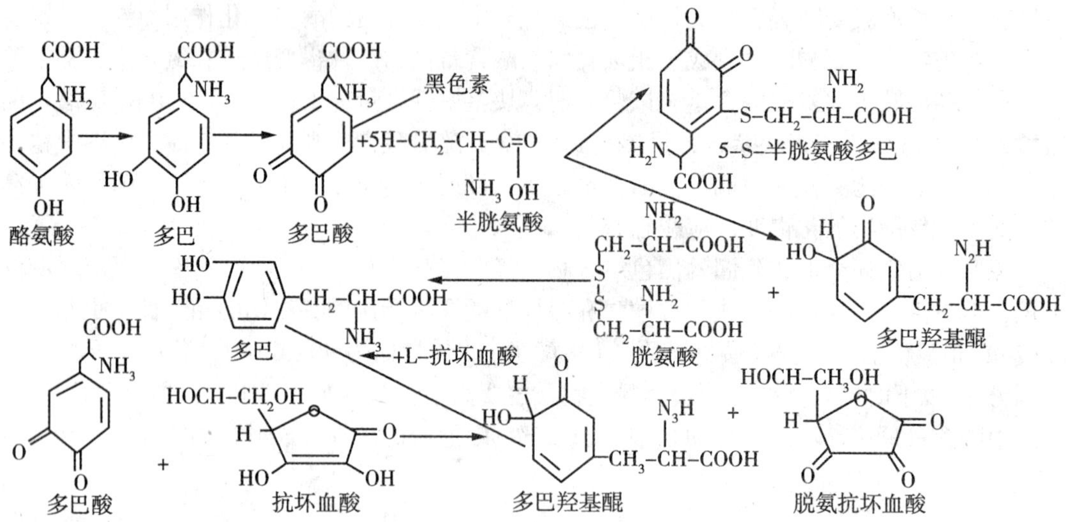

图 5-2　酶促褐变反应及抑制机理

5.1.6　有机酸

马铃薯块茎中含有少量的有机酸(40mg/100g)，主要含有草酸、柠檬酸和苹果酸，此外还有丙酮酸、酒石酸、异柠檬酸、a-酮戊二酸、延胡索酸、丙二酸、乙醛酸等。草酸占块茎鲜重的 0. 017%～0. 56%，柠檬酸占 0. 23%～0. 3%，有时可达到 1%，苹果酸比柠檬酸少 1 倍。有机酸的含量决定着块茎 pH 值的酸性度，特别是柠檬酸含量的高低与块茎薯肉煮熟变黑密切相关，柠檬酸含量提高可减轻薯肉变黑发生。据有关报道，施用硝酸钾、硝酸钙、硝酸镁形式的高施量的氮肥，使马铃薯植株中有机酸的积累提高，而施用高施量的硝酸铵肥料，会导致柠檬酸含量的减少。

5.1.7　类脂化合物

类脂化合物参与调节细胞的渗透性，以及原生质的吸附过程。在块茎中，脂肪占鲜薯的 0. 04%～0. 094%，平均占鲜薯的 0. 15%～0. 16%。马铃薯脂肪含有人和动物有机体的脂肪合成中所必需的亚油酸、亚麻酸。在类脂化合物的脂肪酸成分中，主要是油(烃)酸(47. 5%±3. 33%)和亚麻酸(24. 5%±5. 40%)，饱和酸(棕榈酸、硬脂酸、肉豆蔻酸)平均总含量为 26%。当在储藏之后，类脂化合物有某些提高，特别是早熟品种。一般来说，味道较好的品种，类脂化合物含量都较高。块茎在烹饪后类脂化合物含量降低 50%。饱和脂肪酸占脂肪酸总含量的 55%～75%。在储藏过程中，非饱和脂肪酸-油(烃)酸、亚油酸和亚麻酸含量占脂肪酸含量最多，大多数品种增长 10%～20%，而饱和酸-棕桐酸和硬脂酸含量减少，在块茎煮熟时，脂肪酸定性成分基本上没有变化。除了脂肪之外，块茎中还含有磷脂(占鲜重的0.04%)。

5.1.8 矿物质

每100g鲜马铃薯中含有钙11~60mg，磷68mg，锌17.4mg，铁0.4~4.8mg。人体需要的矿物质有20余种，在人体中含量较多的有钙、磷、钾、镁、钠、氯、硫7种，称为常量元素。另外还有14种微量元素，它们在人体内含量很少，但各具有一定的生理功能，必须由食物供给。这些元素包括铁、锌、铜、锰、铬、钼、钴、镍、锡、钒、硒、碘、硅以及氟。它们的化学特性分别简述如下。

1. 常量元素

(1)金属元素

钙(Ca)、钾(K)、钠(Na)、镁(Mg)是金属元素，均具有金属共有的特性。钙、镁属碱土金属，钙常以$CaCO_3$、$CaSO_4$等化合物形式存在，与二价阴离子组成的盐难溶于水。镁常以二价盐的形式存在，如硫酸镁、磷酸镁以及碳酸镁、氯化镁等。钾和钠均为碱金属，为较活泼的金属，其主要的盐类是KCl和NaCl。

(2)非金属元素

磷、硫和氯均为非金属元素。磷在自然界中主要以磷石灰和磷钙土存在，碱金属或碱土金属于PO_4^{3-}结合生成磷酸盐类，磷与脂类可形成磷脂，如卵磷脂等。硫的化学性质与氧相似，能与碱金属、碱土金属激烈反应，形成硫化物，多数蛋白质中含有硫。氯在室温下为黄绿色气体，易被液化，其化学性质非常活泼，为强氧化剂。氯与金属及非金属能形成氯化物，最常见的与人体健康有关的为氯化钠。

2. 微量元素

(1)金属元素

14种人体必需微量元素中铁、锌、铜、锰、铬、钼、钴、镍、锡和钒等10种为金属元素，其中前7种是较为重要的元素。

铁(Fe)在固态时以金属或铁的化合物形式存在，在水溶液中则以亚铁(Fe^{2+})或高价铁(Fe^{3+})形式存在，两种形式易相互变换。大多数具有生理功能的铁是以血红蛋白的形式存在。

锌(Zn)常以硫化物存在于矿物质中。锌的化学特性是正电性，但不参与氧化还原作用。锌在人体内为多种酶的组成成分之一。

铜(Cu)是过渡金属，具有氧化还原性质，可以释放或接受电子。它在生物体内常以Cu^{2+}形式存在，在人体内是铜蛋白的组成成分之一，也是许多氧化酶的组成成分之一。

锰(Mn)是一种过渡元素，可以有-3价到+7价的化合物，并以11种氧化态存在于自然界中。人体内含锰的酶大多数是Mn^{2+}。

铬(Cr)是一种耐腐蚀的金属，常见的化合物为氧化铬、铬酸钾等；吡啶甲酸铬是葡萄糖耐量因子，其铬是三价铬，在食物中多为Cr^{3+}，而Cr^{6+}有毒性。

钼(Mo)是过渡元素，极易改变其氧化状态，在体内氧化还原反应中起电子传递的作用，也是许多金属酶的组成成分。钼在体内的另一种形式是钼酸盐。

钴(Co)是铁系元素，其化合价有2价和3价，钴的化合物常具颜色，可作为化妆品的颜料。钴是维生素B_{12}的重要组成成分，还是几种酶的重要组分。

镍(Ni)、锡(Sn)和钒(V)在人体健康中的研究较少，其理化性质在本书中从简。

(2)非金属元素

人体需要的非金属微量元素有碘、硒、硅和氟。

碘(I)是卤族元素之一，是一种强氧化剂，在常温下呈黑色或蓝黑色的晶体，在0~55℃由晶体升华为气体。碘以I_2、I^0、I^{-1}或IO_3^-形式存在，并可与多种元素化合。KI和KIO_3是强化食盐的主要碘源。海水中含碘最丰富，但在自然环境中分布不均匀。碘是人类必需的微量元素。

硒(Se)为非金属元素，有几种同素异形体，可呈无定型或晶体存在。硒的化合物对人、畜均有毒，但也是必需的微量元素。硒的盐类如亚硒酸钠用于强化食盐以补充我国缺硒地区人群的硒摄入量。

氟(F)的化学特性是与正价元素结合成化合物。氟以少量且以不同浓度存在于土壤、水及动植物中，所有食物也都含有不同浓度的氟。氟化物有毒并有强腐蚀性。在中国有低氟地区，也有氟中毒地区。氟也是人体必需营养素。

硅(Si)为非金属，主要以二氧化硅和硅酸盐的形式存在于自然界中，且分布极广。硅是人体软骨和结缔组织必需的元素，也是合成黏多糖的必要成分。

5.1.9 龙葵素

龙葵素(Solanine)是植物体内所有糖苷生物碱的总称，又称茄碱(Solanine，$C_{45}H_{73}O_{15}N$)，是植物为抵御动物、昆虫和微生物等的侵害而合成的次生代谢产物，一般在植物的芽、嫩叶、花及未成熟的果实中含量比较高。龙葵素分子量为865.6，有苦味，针状结晶，在190℃呈褐色，熔点248℃，在280~285℃分解；溶于吡啶、甲醇、温乙醇，难溶于水、乙醚、氯仿。目前，已发现100多种糖苷生物碱，大多存在于茄科和百合科植物中。

美国Lane Labs公司销售的以糖苷生物碱为基础为预防皮肤癌的药物在2004年未得到FDA的批准，现有类似的糖苷生物碱凝胶作为去角质剂销售。

1. 龙葵素的组成结构

龙葵素是一种甾系糖苷生物碱，由茄啶即疏水苷元(糖苷配基)和亲水寡糖链组成，茄啶由1个环戊烷多氢菲(非极性的甾体单元)和1个含氮杂环(氮核)连接而成。构成寡糖链的单糖有葡萄糖、半乳糖、木糖、鼠李糖，苷元与单糖通过氧糖苷键连接(见表8-7)。龙葵素是茄啶分别与葡萄糖、乳糖和鼠李糖结合的配位体，α-茄碱(α-solanine)是茄啶与葡萄糖、乳糖和鼠李糖的配位体，α-卡茄碱(α-chaconine)是茄啶与葡萄糖和2个鼠李糖的配位体。龙葵素可以被酸水解，分解成茄啶和糖。蒸煮和洗块茎都可降低龙葵素的含量。据分析，在蒸气中蒸熟块茎，其含量减少65%，在水中煮熟块茎，其含量可减少80%。

表 8-7　　　　　　　　　　　　**龙葵素的组成**

组分	R_1	R_1	R_1	熔点/℃	旋光度[α]	相对分子质量
α-茄碱	半乳糖	葡萄糖	鼠李糖	286	-59°(吡啶)	867
β-茄碱	半乳糖	葡萄糖		290	-31°(甲醇)	721
γ-茄碱	半乳糖			250	-26°(甲醇)	559
α-卡茄碱	葡萄糖	鼠李糖	鼠李糖	243	-85°(吡啶)	851
β-卡茄碱	葡萄糖	鼠李糖		255	-61°(吡啶)	705
γ-卡茄碱	鼠李糖			244	-40. 3°(吡啶)	559

龙葵素的分子结构如图 5-3 所示。

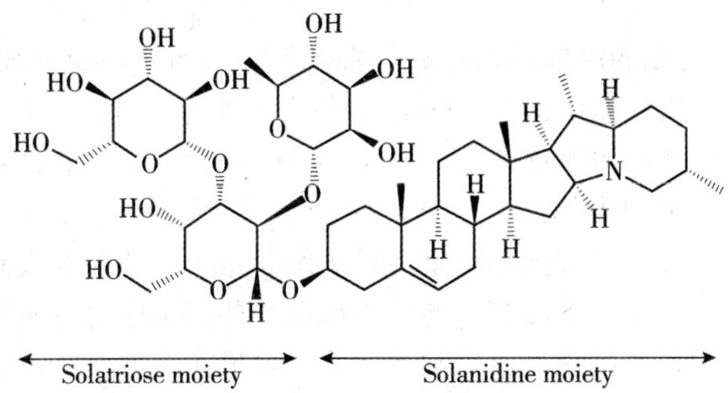

图 5-3　龙葵素的分子结构

2. 龙葵素的合成与代谢途径

龙葵素在植物的根、茎、叶中都能合成，但关于其合成途径的报道很少，可能遵循如下合成途径：

乙酰辅酶 A→甲羟戊酸(MVA)→菠菜烯(角鲨烯)→环阿屯醇→胆固醇→茄啶

该合成途径的关键化合物是乙酰辅酶 A，细胞的细胞质和线粒体中都有乙酰辅酶 A 合成酶，细胞质中的乙酰辅酶 A 合成酶直接活化进入细胞的乙酸，形成线粒体外的乙酰辅酶 A；从葡萄糖或者长链脂肪酸等分解产生的乙酰辅酶 A 是通过线粒体内的乙酰辅酶 A 合成酶催化产生的。因此，乙酰辅酶 A 可能是来源于糖酵解的终产物丙酮酸的氧化。龙葵素的代谢主要通过根系分泌完成，植物残株分解和种子萌发等为辅。

3. 龙葵素的药(毒)理

研究发现，龙葵素有抗肿瘤、强心健体、平喘镇痛、保肝护肝、降压抗炎及保护肾脏、胰脏等多种作用，但它也有很强的毒副作用，还可致畸、致突变。番茄碱对 30 余种病原菌有明显的抗性，能抑制白色念球菌和皮肤癣菌，杀死血吸虫寄主钉螺；龙葵素中抗疟作用依次为：α-卡茄碱>番茄碱>垂茄碱>α-茄碱。季宇彬等研究表明，龙葵素对小鼠肿瘤细胞膜 K^+，Na^+，-ATPase 及 Mg^{2+}，Ca^{2+}，-ATPase 有显著的抑制作用，降低肿瘤细胞膜的通透性，使肿瘤细胞无法异常扩增，显著延长了小鼠的生存时间。梁前进等的研究进一步验证了此结果。

龙葵素的致毒机理是抑制胆碱酯酶活性从而引起中毒，龙葵素的含量与品种特性、收获时间、受损程度、储藏条件等密切相关。α-茄碱可干扰受试雄性小鼠的生精功能，75mmol/L 的 α-茄碱即可对睾丸细胞产生毒性，细胞毒性随着 α-茄碱浓度增加而增强。龙葵素含量为 0~10mg/100gFW，在食用安全范围内；龙葵素含量为 10~20mg/100gFW，食用时麻口，并带有苦味；龙葵素含量超过 20mg/100gFW，食用后可能引起中毒，甚至死亡，对人的致死量为 3mg/kg 体重。一般符合健康标准的商品马铃薯块茎中龙葵素含量为 1~10mg/100g，最大允许含量为 20mg/100g，含量越低，品质越好。龙葵素进入人体，会影响到中枢神经，刺激胃肠道黏液，出现头痛、恶心、呕吐，有时腹泻，会使肚子割切般的疼痛，呼吸困难，严重口渴、浮肿等症状，严重的 2~8h 就引起死亡。高含量的龙葵素对哺乳动物同样有毒。因此，在生产中种植户应选择龙葵素含量低的品种进行栽培，并且在收获时避免破损，采取合理的储藏措施，消费者则应选择没发芽的马铃薯来食用。

龙葵素在块茎中大部集中于块茎的外层，特别是表皮层下排列的头 10 行细胞里。生马铃薯皮每 100g 湿重含 1. 30~56. 87mg α-卡茄碱和 0. 5~50. 16mg α-茄碱，薯肉每 100g 湿重含 0. 2~3. 32mg α-卡茄碱和 0. 01~2. 18mg α-茄碱，外皮层所含的龙葵素是总量的 84%~90%。因此，在食用块茎或加工时最好剥去 3~3. 5mm 厚外皮。在细胞中，龙葵素几乎全部在液泡内，芽的全部细胞中都含有。当芽萌发时，细胞中含量最多，特别是生长点分生组织最活化部分含量最高。芽周围的块茎薄壁组织含量少，切除芽眼时，块茎组织中的含量急剧降低，以后只在木栓层下面薯皮薄壁组织的某些细胞中含有龙葵素，大部分的皮层薄壁组织和块茎髓部、块茎的输导组织都不含有，可见龙葵素直接形成于分生组织。也有研究者认为龙葵素的合成分解与总新陈代谢，特别是与蛋白质的合成和分解有关。

龙葵素含量因品种、环境条件、栽培技术、收后处理及块茎大小等而有不同，其中光线对龙葵素含量影响最大，在光的作用下块茎的龙葵素含量迅速增加。块茎龙葵素含量，在一定范围内，随着光照时间的延长而增加，不同品种马铃薯含量有很大差异。提高光强度和温度都会增加龙葵素的含量，幼嫩块茎在光的作用下，其含量的增加更为迅速。块茎大小也影响龙葵素含量，一般小块茎含量高，大块茎含量低，但就一个块茎的绝对含量而言，则小块茎低于大块茎。马铃薯块茎经过烤焙和油炸后，薯皮部的龙葵素含量提高到占总含量 95%~99%。所以加工马铃薯块茎时应选择龙葵素低、并对光反应不敏感的品种，在生长期间做好及时培土，防止暴露在光照下，以及储藏运输等过程防止受光，煮食用或加工时最好剥去 3~3. 5mm 厚外皮，就可以大大减少龙葵素的含量。

5. 2 干物质的测定

干物质的测定常常是根据试验要求，把样品单株或各器官分别用烘箱烘干。样品数量一般为 5 株。样品本应包括根系，但由于根系采样不完整，反而影响整个测定的准确性，所以一般植株不包括根系。如果必须取根，为了便于比较，可根据不同生育时期的根系分布范围，挖取相同体积的土样，洗出、洗净全部根系。样品烘干温度可用 80℃烘 2~4d，至恒重为止，也可以先在 105℃烘箱中烘 1530min 杀青，再在 80℃温度下，根据样品大小和含水量多少继续烘干 4~40h，直到恒重为止。样品烘干过程中应注意：

①为了缩短烘干时间，最好能把植株各部分切碎；

②要经常通风翻动，开始时植株含水量高，每隔 30~60min 翻动 1 次，以后 1~2h 翻动一次；

③烘干温度不同，所得干重有差异，如果是同一试验最好能用同一温度烘干样品；

④样品数量过大，挤在烘箱中影响烘干速度时，可经杀青后，在阳光下风干 1~2d，然后再放入烘箱中经 1~2d 便可烘干；

⑤如无烘箱，也可先将样品用蒸气杀青，然后风干，再在锅里用文火(切忌旺火，以免烧焦样品)炒 30min 左右，然后称重；

⑥样品烘干之后，须先放在干燥器中冷却后称重，否则冷却期间干植株吸水很快，影响试验结果。

当所取样品用作分析其他项目时，有时从田间取得的平均样品常常数目相当大，不可能全部进行烘干。这样，还需从田间平均样本中抽取小样。其方法一般是将植株各部分按对角线四分法取样，根、茎、叶各部分的数量根据测定要求及条件而定。一般取 100~200g 鲜样即可。有时如果选取的材料不是整个植株或一个植株的某一器官的全部，而是某一器官的某一部位，这就必须要使各处理的取样部位一致，不然因植株部位不同而造成误差。同时还应注意选取已经定型或某试验因素最敏感的部位组成平均样品。

5.3 淀粉含量的测定

马铃薯淀粉含量的测定，目前最常用的方法是比重法和碘比色法，其中比重法更为简便，不需要太多的设备，方法简便易行，在田间就可进行，但该法比较粗放，而且所测的样品需要量大，所测的含量一般偏高。

5.3.1 比重法测定淀粉含量

1. 原理

马铃薯块茎由水分和干物质组成，块茎中水分愈多，则干物质含量愈少，块茎比重就愈接近水的比重，相反，在块茎中干物质含量愈高，水含量愈少，块茎的比重与水的比重相差愈大。由此可见，在块茎比重与块茎干物质含量之间存在着一定的相关性。19 世纪末，德国美尔凯尔(Mepkep)教授和他的同事，以实验的方法进行测定，测出的淀粉含量与干物质之间的差是比较固定的一个常数-5.75。他们在这个基础上制定了 Mepkep 氏表，由此测定块茎比重就可从表中查出淀粉价。马铃薯块茎的重量与同体积的水的重量之比就是块茎的比重，用公式表示如下：

$$\text{块茎比重 } D = \frac{A\text{(块茎在空气中重量)}}{A - B\text{(同一块茎浸入水中后的重量)}}$$

马铃薯块茎干物质中除 80%以上是淀粉和糖分外，还含有纤维素、半纤维素、灰分、蛋白质、脂肪、有机酸等，这部分约占干物质的 5.75%。因此，干物质含量中减去 5.75 即为淀粉价。所以，淀粉价也可以通过干物质含量进行推算。淀粉价包括糖分在内，因此，求淀粉含量应该把淀粉价减去糖分含量。根据大量材料分析，一般糖分的含量约占淀粉价的 1.5%。相关公式如下：

淀粉价(%)=干物质含量%-5.75%

淀粉含量(%)=淀粉价(1-0.015)

2. 方法

①先将块茎洗净，晾干(或擦干)，从中称出 5~10kg 块茎样品(A)；

②将上述样品浸入 17.5℃的水中称重(B)，一定要注意，使块茎全淹在水中，并要防止块茎碰到容器的壁；

③按公式求出比重；

④查美尔凯尔表(见表 5-2)，查出淀粉价。

表 5-2　**马铃薯块茎的比重、干物质及淀粉价对照表(Mepkep)**

5kg 马铃薯块茎在水中的重量/g	比重	干物质/g	淀粉价	5kg 马铃薯块茎在水中的重量/g	比重	干物质/g	淀粉价
235	1.0493	13.100	7.400	375	1.0811	19.921	14.165
240	1.0504	13.300	7.600	380	1.0822	20.157	14.405
245	1.0515	13.600	7.800	385	1.0834	20.414	14.662
250	1.0526	13.800	8.100	390	1.0846	20.670	14.918
255	1.0537	14.100	8.300	395	1.0858	20.927	15.175
260	1.0549	14.300	8.600	400	1.0870	21.184	15.432
265	1.0560	14.600	8.800	405	1.0881	21.419	15.667
270	1.0571	14.800	9.000	410	1.0893	21.676	15.924
275	1.0582	15.000	9.300	415	1.0905	21.933	16.181
280	1.0593	15.300	9.500	420	1.0917	22.190	16.438
285	1.0604	15.500	9.700	425	1.0929	22.447	16.695
290	1.0616	15.748	9.996	430	1.0941	22.703	16.951
295	1.0627	15.948	10.232	435	1.0953	22.960	17.208
300	1.0638	16.219	10.468	440	1.0965	23.217	17.468
305	1.0650	16.476	10.724	445	1.0977	23.474	17.722
310	1.0661	16.711	10.959	450	1.0989	23.731	17.979
315	1.0672	16.947	11.195	455	1.1001	23.978	18.235
320	1.0684	17.204	11.452	460	1.1013	24.244	18.492
325	1.0695	17.439	11.687	465	1.1025	24.501	18.746
330	1.0707	17.696	11.944	470	1.1038	24.779	19.027
335	1.0718	17.931	12.170	475	1.1050	25.036	19.284
340	1.0730	18.188	12.436	480	1.1062	25.293	19.541
345	1.0744	18.423	12.671	485	1.1074	25.549	19.791
350	1.0753	18.680	12.928	490	1.1086	25.806	20.054
355	1.0764	18.916	13.164	495	1.1099	26.085	20.533
360	1.0776	19.172	13.420	500	1.1111	26.341	20.589
365	1.0787	19.408	13.656	505	1.1123	26.598	20.846
370	1.0799	19.665	13.913	510	1.1136	26.876	21.124

5.3.2 碘比色法测定淀粉含量

1. 原理

淀粉与碘作用变成蓝色。淀粉含量多少与颜色深浅成正相关，颜色愈深则表示淀粉含量愈高，反之则低。根据这个原理，利用光电比色计进行比色，再通过公式的计算即可得到淀粉的含量。

2. 试剂

(1)60%高氯酸

取 80mL75%高氯酸加蒸馏水 20mL，即可制得 60%高氯酸试剂。

(2)碘试剂

称 5g 碘化钾溶于 50mL 蒸馏水，然后把 2.5g 碘溶于碘化钾溶液中，充分搅拌后即成碘试剂原液。应用时取 1 份原液加 9 份蒸馏水稀释后使用。

3. 标准曲线制作

在分析天平上称取恒重可溶性淀粉 0.1g，加水 2mL 调成糊状，然后边搅边加入 60%高氯酸 3.2mL，继续搅拌 10min 至全部溶解，定容到 250mL 容量瓶中，即得 400mg/kg 的原液。然后从原液中分别吸取 0.5mL、1.0mL、1.5mL、2.0mL、2.5mL、3.0mL 放入有刻度小试管，并各加蒸馏水 3mL、碘试剂 2mL，摇匀放置 5min，再分别加蒸馏水至 10mL 即成 20mg/kg、40mg/kg、60mg/kg、80mg/kg、100mg/kg、120mg/kg 的标准液，用蒸馏水作对照在波长 660nm 下比色，所得光密度为纵坐标，标准液浓度为横坐标，制成标准曲线。

4. 方法

称取粉碎干样品(块茎 0.1g，茎叶 0.5g，如果取鲜样则块茎取 0.5~1g，茎叶取 5g)，放在 50mL 烧杯中，加蒸馏水 2mL，调成糊状，在搅拌中加入 3.2mL60%高氯酸，继续搅拌 10min。然后用蒸馏水洗入到 100mL 容量瓶，加水定容至刻度并摇匀，静止或离心后取上清液 0.5mL 加入刻度试管中，加水 3mL，再加碘试剂 2mL 摇动，放置 5min，定容至 10mL，以蒸馏水作对照，放在波长 660nm 滤光镜下比色，得到不同光密度(若蓝色过深，应稀释后再加碘试剂，作用后比色，如果不立即比色，不要事先稀释，可在比色前再稀释)，计算可得淀粉含量。

5. 计算

$$\text{淀粉含量}(\%) = \frac{r}{\text{样重} \times \frac{1}{100} \times \frac{0.5}{10} \times 10^6} \times 100$$

式中：r——标准曲线上查出的浓度，mg/kg。

5.3.3 蒽酮硫酸法测定淀粉含量

1. 原理

淀粉是由葡萄糖残基组成的多糖，在酸性条件下加热使其水解成葡萄糖，然后在浓硫酸的作用下，使单糖脱水生成糠醛类化合物，利用苯酚或蒽酮试剂与糠醛化合物的显色反应，即可进行比色测定。此法还可测定马铃薯植株体内的淀粉含量。

2. 仪器与用具

电子天平；100mL 容量瓶 4 个，50mL 容量瓶 2 个；漏斗；小试管若干支；电炉；刻度吸管 0.5mL 1 支，2.0mL 3 支，5mL 4 支；分光光度计；记号笔。

3. 试剂

①浓硫酸(比重 1.84)；

②9.2mol/L$HClO_4$；

③2%蒽酮试剂：同蒽酮法(或 9%苯酚)；

④淀粉标准液：准确称取 100mg 纯淀粉，放入 100mL 容量瓶中，加 60~70mL 热蒸馏水，放入沸水浴中煮沸 0.5h，冷却后加蒸馏水稀释至刻度，则每 mL 含淀粉 1mg，吸取此液 5.0mL，加蒸馏水稀释至 50mL，即为每 mL 含淀粉 100μg 的标准液。

4. 方法

(1)标准曲线制作

取小试管 11 支从 0~10 编号，按表 5-3 加入溶液和蒸馏水，绘制相应的标准曲线。

表 5-3　各试管加入标准液和蒸馏水量

管　号	0	1~2	3~4	5~6	7~8	9~10
淀粉标准液/mL	0	0.4	0.8	1.2	1.6	2.0
蒸馏水/mL	2.0	1.6	1.2	0.8	0.4	0
淀粉含量/mg	0	40	80	120	160	200

(2)样品提取

将提取可溶性糖以后的残渣，移入 50mL 容量瓶中，加 20mL 热蒸馏水，放入沸水浴中煮沸 15min，再加入 9.2mol/L 高氯酸 2mL 提取 15min，冷却后，混匀，用滤纸过滤，并用蒸馏水定容(或以 2500r/mol 离心 10min)。

(3)测定

可采用苯酚法或蒽酮显色法测定。淀粉水解时，在单糖残基上加了 1 分子水，因而计算时所得的糖量乘以 0.9 才为扣除加入水量后的实际淀粉含量。按下式计算淀粉的百分含量：

$$淀粉含量(\%) = \frac{C \times \frac{V}{a}}{W \times 10^6} \times 100$$

式中：C——标准曲线查得的淀粉含量，μg；

V——提取液总量，mL；

a——显色时取液量，mL；

W——样品重，g。

淀粉水解完全度试验：样品测定中可同时制作 1 份用于淀粉水解完全度检验的样品，在酸解过滤后，将其残渣加上 2mL 水，搅拌均匀，吸 2 滴于白瓷盘上，加 2 滴 I_2-KI 溶液，显微镜下观察，若出现紫蓝色颗粒，证明水解不完全，其正式测试样品需再加高氯酸水解，直至不出现蓝紫色为止。

5.4 还原糖和可溶性糖含量的测定

5.4.1 3，5-二硝基水杨酸比色法测定还原糖

1. 原理

3，5-二硝基水杨酸溶液与还原糖(各种单糖和麦芽糖)溶液共热后被还原成棕红色的氨基化合物，在一定范围内，还原糖的量和棕红色物的颜色深浅的程度成一定比例关系，在540nm波长下测定棕红色物质的消光度值，查标准曲线，便可求出样品中还原糖的含量。

2. 仪器与设备

25mL血糖管或刻度试管；大离心管或玻璃漏斗；100mL烧杯；100mL三角瓶；100mL容量瓶；刻度吸管1mL、2mL、10mL；沸水浴；离心机(过滤法不用此设备)；电子天平；分光光度计。

3. 试剂

1mg/mL葡萄糖标准液：准确称取100mg分析纯葡萄糖(预先在80℃烘至恒重)，置于小烧杯中，用少量蒸馏水溶解后，定量转移到100mL的容量瓶中，以蒸馏水定容至刻度，摇匀，置冰箱中保存备用。

3，5-二硝基水杨酸试剂：3，5-二硝基水杨酸6.3g，2mol/L的NaOH溶液262mL，加到500g含有185g酒石酸钾钠的热水溶液中，再加5g结晶酚和5g亚硫酸钠，搅拌溶解。冷却后加蒸馏水定容至1000mL，贮于棕色瓶中备用。

4. 方法

(1)制作葡萄糖标准曲线

取7支具有25mL刻度的血糖管或刻度试管，编号，按表5-4所示的量，精确加入浓度为1mg/mL葡萄糖标准液和3，5-二硝基水杨酸试剂。

将各管摇匀，在沸水浴中加热5min，取出后立即放入盛有冷水的烧杯中冷却至室温，再以蒸馏水定容至25mL刻度处，用橡皮塞塞住管口，颠倒混匀(如用大试管，则向每管加入21.5mL蒸馏水，混匀)。在540nm波长下，用0号管调零，分别读取1~6号管中溶液的消光值。以消光值为纵坐标，葡萄糖mg数为横坐标，绘制标准曲线，求得直线方程。

表5-4　各试管加入溶液和试剂的量

管　号	0	1	2	3	4	5	6
葡萄糖标准液/mL	0	0.2	0.4	0.6	0.8	1.0	1.2
蒸馏水/mL	2.0	1.8	1.6	1.4	1.2	1.0	0.8
3，5-二硝基水杨酸试剂/mL	1.5	1.5	1.5	1.5	1.5	1.5	1.5
相当量葡萄糖/mg	0	0.2	0.4	0.6	0.8	1.0	1.2

(2)样品中还原糖的提取

准确称取 15g 马铃薯块茎鲜样，研成糊状，放入 100mL 烧杯，然后加 50mL 蒸馏水，搅匀，置于 50℃恒温水浴中保温 20min，使还原糖浸出。离心或过滤，用 20mL 蒸馏水洗残渣，再离心或过滤，将两次离心的上清液或滤液全部收集在 100mL 的容量瓶中，用蒸馏水定容至刻度，混匀，作为还原糖待测液。

(3)显色和比色

取 3 支 25mL 刻度试管，编号，分别加入还原糖待测液 2mL，3，5-二硝基水杨酸试剂 1.5mL，其余操作均与制作标准曲线相同，测定各管的消光值。分别在标准曲线上查出相应还原糖 mg 数，按下式计算还原糖百分含量：

$$\text{还原糖}(\%) = \frac{C \times \frac{V}{a}}{W \times 1000} \times 100$$

式中：C——标准曲线方程求得的还原糖量，mg；

V——提取液的体积，mL；

a——显色时吸取样品液的体积，mL；

W——样品重，g。

5.4.2　还原糖和可溶性糖含量的测定

马铃薯各器官，在不同时期的糖分含量变化，反映了碳水化合物的代谢与分配转移状况，同时还原糖含量还是块茎加工品质的重要指标。

1. 原理

可溶性糖包括还原糖和非还原糖。还原糖主要是葡萄糖、果糖、麦芽糖、乳糖等；非还原糖主要是蔗糖。还原糖可以直接测定其还原性，非还原糖可以用酸水解成还原糖后测定。还原糖具有醛基和酮基，在碱性溶液中能还原铜试剂中的 Cu^{2+} 成 Cu^{+}，氧化亚铜在砷钼酸试剂中重新被氧化，而钼被还原成钼蓝，砷酸盐可使蓝色加深。蓝色深浅与氧化亚铜量成正比，氧化亚铜量又与还原糖量成正比，故可用比色法测定还原糖含量。反应式是：

葡萄糖+费林试剂中 Cu 的络合物+$2H_2O$→葡萄糖酸+酒石酸钾钠+氧化亚铜(砖红色)

$3(NH_4)_2 \cdot AsO4 \cdot 2MoO_3 + 3Cu_2O + 3H_2SO_4 \rightarrow 2MoO_3 + 3CuAsO + 3(NH_4)_2SO_4 + 3H_2O + 3CuO$

2. 试剂的配制

(1)铜试剂

A 液：2.5g 无水 Na_2CO_3、2.5g 酒石酸钾钠($KNaC_4H_4O_6 \cdot 5H_2O$)、2.0g$NaHCO_3$及 20g 无水 Na_2SO_4 于 80mL 蒸馏水中，最后加水至 100mL 于 20℃以上(37℃最好)储存。如在几天之内产生沉淀可滤去。

B 液：15g$CuSO_4 \cdot 5H_2O$ 于 100mL 蒸馏水中，加入 1~2 滴 3~4mol/L 的 H_2SO_4。

A 液、B 液分别储存，用时按 A 液：B 液=25：1 比例混合。

(2)砷钼酸试剂

取 5g$(NH_4)_2MoO_4$ 溶于 10mL 蒸馏水中，缓慢加入 4.2mL 浓 H_2SO_4 混匀；另取 0.6g$Na_2HAsO_4 \cdot 7H_2O$ 溶于 5mL 水中，再加入前液。混合液在使用前应在 37℃温箱中放置 24~48h(或在 55℃水浴上加温 25min，加温时不断搅动)，溶液贮于棕色瓶中。

(3)甲基红指示剂

0.2g 甲基红溶于 100mL60%酒精贮于棕色瓶中。

3. 标准曲线制作

取纯葡萄糖在 105℃烘箱烘 2h 达恒重，称 0.2g 溶解于 1000mL 容量瓶，加水至刻度，则此葡萄糖浓度为 200μg/mL。从上液中依次取出 0mL、1mL、2mL、3mL、4mL、5mL、6mL，分别加入 10mL 刻度试管，然后均定容至 10mL，即成 0mL、20mL、40mL、60mL、80mL、100mL、120μg/mL 的标准液。分别从标准液中取出 2mL，放入 20mL 刻度试管并各加铜试剂 1mL，混匀后在沸水浴中加热 15min，取出放冷水中冷却后，各加入砷钼酸试剂 2mL，摇 2min，定容至 20mL，摇匀倒入比色杯，在 600nm 波长下比色，分别测得光密度，然后以葡萄糖浓度为横坐标，光密度为纵坐标，绘制成标准曲线。

4. 还原糖测定液的制备

准确称取块茎烘干样品粉末 0.1g，放入大试管中加入 25mL 蒸馏水，置沸水浴中加热 20min，冷却后加 10%醋酸铝沉淀蛋白质至无黄色絮状沉淀出现止(一般 5mL 左右)，再加草酸钾去除多余醋酸铝(至絮状物沉淀)，过滤后加入 100mL 容量瓶中，加蒸馏水冲残渣 2~3 次，定容至刻度。

5. 可溶性糖测定液制备

吸取上述提取液 4mL，加 20% HCl2mL，放入 15mL 刻度试管中，置 70℃水浴中水解 10min，滴加 20% NaOH 中和酸(加甲基红指示剂使溶液由初红变至淡黄)，定容至 15mL。

6. 测定

取 5 支 20mL 试管，其中二支加入 2mL 还原糖测定液，另二支加入 2mL 可溶性糖测定液，另外一支加 2mL 蒸馏水，再分别在各管加入铜试剂 1mL，混匀，置沸水中加热 15min，取出放冷，然后分别加入砷钼试剂 2mL，摇匀(2min)，定容至 20mL，摇匀后倒入比色杯中，在光电比色计上比色(600nm 黄光滤光片)读光密度(以空白作对照)，查标准曲线求得相应的浓度。

7. 计算

$$\text{还原糖}(\%)=\frac{1\ \text{液浓度}(\mu g/mL)\times\text{提取液总量}}{\text{组织干重}(g)\times 10^6}\times 100$$

$$\text{可溶性糖}(\%)=\frac{2\ \text{液浓度}(\mu g/mL)\times\text{提取液总量}}{\text{组织干重}(g)\times 10^6}\times 100$$

$$\text{非还原糖}(\%)=\text{可溶性糖}(\%)-\text{还原糖}(\%)$$

5.5 维生素含量的测定

5.5.1 块茎维生素 C(Vc)含量的测定(GB/T 6195—1986)

马铃薯块茎维生素含量是重要的品质指标，块茎中有还原型的 Vc 和再氧化的去氢 Vc，含量一般为 6~17mg/100g 鲜重。Vc 含量极易受外界因子的影响，且这种化合物极不稳定。因此，测定时除了外界条件必须一致外，测定速度还要快，避免受到破坏 Vc 的因子的影响。在碱反应和中和反应时，特别是加热时，Vc 被破坏得最快，同样有重金属时

Vc也被破坏。

1. 原理

Vc有双键，具有不稳定的特点，可被氧化和被还原。还原型的Vc能将蓝色的2，6-二氯靛酚染料还原成无色化合物而其自身氧化成脱氢抗坏血酸。

2，6-二氯靛酚(2，6-D)表现两种反应，一种反应在碱性介质中呈深蓝色，在酸性反应中呈粉红色；另一种反应在氧化状态呈深蓝色，在还原状态时则变成无色。本测定就是以酸性提取液中Vc的含量，用草酸、盐酸等阻滞剂来增加其稳定性。当用此染料滴定Vc的酸性溶液时，在Vc未全部氧化前，滴下的染料立即还原成无色，一旦溶液中Vc被全部氧化，滴下染料立即呈粉红色，此时到达终点，即表示溶液中Vc已全部被氧化。根据供试液所消耗的mL数，就可计算出样品Vc的含量。

2. 试剂

①1%盐酸：3mL比重1.19的浓盐酸用蒸馏水稀释至1L。

②1%草酸：5.0g草酸溶于蒸馏水稀释至500mL。

③10%硫酸铜：15.625g $CuSO_4 \cdot 5H_2O$ 溶于84.38mL蒸馏水中。

相当于0.001mol盐酸的氢离子浓度的2，6-二氯靛酚(2，6-D)，取60mg2，6-D加入150mL水中，再加4~5滴0.01mol/L的NaOH，用水定容至2000mL。

3. 方法步骤

(1)样品的称取

Vc在马铃薯块茎不同部位含量不同，块茎顶部最多，脐部少，茎皮与髓部少，而维管周围较多；而且不同植株不同块茎之间差异也较大。因此，平均试样非常重要。一般至少取15~20个洗净的块茎的试样配成。

具体方法是：先将马铃薯块茎纵切，并切下厚度约0.5cm的薄片。在每一半块茎中部与第一切口垂直方向切取另外两个薄片，将获得的薄片迅速切碎，再从其中取出10g放在玻璃面上。

(2)样品研磨

将所取样品放入捣碎机或研钵中，加入20mL 1%盐酸迅速研磨成匀浆状(在10min内很快研成)，把获得的匀浆洗入100mL的容量瓶里，用1%草酸溶液冲洗几次，洗液一并倒入容量瓶中，并用草酸定容至刻度，用力摇动，并放置5min左右，然后将瓶内容物过滤。如果滤液色深可用白陶土脱色。

(3)滴定

取10mL滤液，用微量滴定管以2，6-D标准液滴定至粉红色，保持1min不褪色为止，记下消耗的2，6-D的体积。

(4)校正

提取样品的混合酸液及其还原物质还原能力的校正值取1%盐酸和1%草酸各10mL混合，用同样的染料溶液滴定至粉红色为止，从试验溶液的滴定材料中，减去酸液滴定值即为所测材料的实际滴定值。

由于提取液可能含有某些数量的其他还原物质，这些物质和染料起反应，使分析的数字增大。为了精确分析，也要计算这些物质。因此，在10mL提取液中，加入0.1mL 10%的硫酸铜溶液，并在烘箱里加热10min，冷却后用同样染料溶液进行滴定。因为有铜时破坏了Vc，因此滴定的结果则表示滤液的还原力，这种情况下不必测定提取液用酸的滴定量校正数了。

4. 计算

$$Vc(mg/100g\text{鲜样重})=\frac{\frac{(a-b)T}{10}\times 100}{10}\times 100$$

式中：a——滴定供试液10mL所消耗染料的体积，mL；

b——校正值；

T——0.112mg(Vc)/mL2，6-D。

5.5.2 水溶性维生素含量的测定

水溶性维生素包括维生素B_1(硫胺素)、维生素B_2(核黄素)、维生素B_6(吡哆醇，吡哆醛，吡哆铵)、维生素B_{12}(氰钴胺素)、维生素PP(烟酸、抗赖皮病因子)、维生素B_5(泛酸)、维生素M(叶酸)、维生素H(生物素)。

水溶性维生素存在于植物性食物中，都能溶于水，在食物中常以辅酶的多种形式存在。满足组织需要后都能从机体排出。

1. 维生素B_1(硫胺素)的测定方法(GB/T5009.84—2003　荧光法)

维生素B_1，也称硫胺素，在酸性溶液中比较稳定，加热不易分解，而在碱性溶液中极不稳定。紫外线可使硫胺素降解而失去活性。铜离子可加快它的破坏。硫胺素在pH值为7的水溶液中，在235nm及267nm处有2个紫外线吸收高峰。硫胺素测定方法有微生物法和化学法等，其中化学法又有比色法、荧光法和近年来发展的色谱法。而国内外传统的经典方法和现在国际上比较通用的方法是荧光法。微生物法的缺点是往往有些不是硫胺素的物质(特别是硫胺素本身的分解产物)在实验中与硫胺素有相同的反应，尽管可以用很合适的空白试验加以弥补，却给实验带来了很大的烦琐，同时也增加了系统误差；而色谱法成本很高易受仪器条件限制不易于推广；比色法和荧光法除利用了硫胺素理化上的特异性具有良好的准确性与灵敏度外，在实验室条件和操作技术上也较经济、简便，且所需时间较短，所以国标采用荧光法来测定硫胺素的含量。

(1)原理

硫胺素在碱性铁氰化钾溶液中被氧化成噻嘧色素，在紫外线下，噻嘧色素发出荧光。在给定的条件下，以及没有其他荧光物质干扰时，此荧光的强度与噻嘧色素量成正比，即与溶液中硫胺素量成正比。如样品中含杂质过多，应经过离子交换剂处理，使硫胺素与杂质分离，然后以所得溶液做测定。

(2)仪器

电热恒温培养箱、荧光分光光度计。

(3)试剂(本实验用水均为蒸馏水，试剂不加说明均为分析纯试剂)

①正丁醇：分析纯需经重蒸馏后使用。

②无水硫酸钠(Na_2SO_4)。

③淀粉酶和蛋白酶：国产或进口均可。

④0.1mol/L HCl：8.5mL浓盐酸(相对密度1.19)用水稀释至1000mL。

⑤0.3mol/L HCl：25.5mL 浓盐酸用水稀释至 1000mL。

⑥2mol/L CH_3COONa 溶液：164g 无水乙酸钠溶于水中稀释至 1000mL。

⑦25% KCI 溶液：250g 氯化钾溶于水中稀释至 1000mL。

⑧25%酸性 KCI 溶液：8.5mL 浓盐酸用 25%氯化钾溶液稀释至 1000mL。

⑨15%NaOH 溶液：15g 氢氧化钠溶于水中稀释至 100mL。

⑩1%铁氰化钾溶液：1g 铁氰化钾溶于水中稀释至 100mL，放于棕色瓶内保存。

⑪碱性铁氰化钾溶液：取 4mL 1%铁氰化钾溶液，用 15%氢氧化钠溶液稀释至 60mL。用时现配，避光使用。

⑫3%乙酸溶液：30mL 冰乙酸用水稀释至 1000mL。

⑬活性人造浮石：称取 200g40~60 目的人造浮石，以 10 倍于其体积的 3%热乙酸溶液搅洗 2 次，每次 10min；然后用 5 倍于其体积的 25%热氯化钾溶液搅洗 1.5min；再用 3%热乙酸溶液搅洗 10min；最后用热蒸馏水洗至没有氯离子，于蒸馏水中保存。

⑭0.04%溴甲酚绿溶液：称取 0.1g 溴甲酚绿，置于小研钵中，加入 1.4mL0.1mol/L 氢氧化钠研磨片刻，再加入少许水继续研磨至完全溶解，用水稀释至 250mL。

⑮标准液：

a. 硫胺素标准储备液(0.1mg/mL)：准确称取 100mg 经氯化钙干燥 24h 的硫胺素，溶于 0.01mol/L 盐酸中，并稀释至 1000mL，于冰箱中避光保存。

b. 硫胺素标准中间液(10μg/mL)：将硫胺素标准储备液用 0.01mol/L 盐酸稀释 10 倍，于冰箱中避光保存。

c. 硫胺素标准工作液(0.1μg/mL)：将硫胺素标准中间液用水稀释 10 倍，用时现配。

(4)操作步骤

1)样品制备

样品采集后用匀浆机打成匀浆于低温冰箱中冷冻保存，用时将其解冻后混匀使用。干燥样品要将其尽量粉碎后备用。

2)提取

精确称取一定量试样(估计其硫胺素含量约为 10~30μg，一般称取 2~10g 试样)，置于 100mL 三角瓶中，加入 50mL 0.1mol/L 或 0.3mol/L HCl 使其溶解，放入 121℃高压锅中加热水解 30min，凉后取出。用 2mol/L 乙酸钠调其 pH 值为 4.5(以 0.04%溴甲酚绿为指示剂)。

按每 1g 样品加入 20mg 淀粉酶和 40mg 蛋白酶的比例加入淀粉酶和蛋白酶。于 45~50℃保温箱保温过夜(约 16h)。凉至室温，定容至 100mL，然后混匀过滤，即为提取液。

3)净化

用少许脱脂棉铺于盐基交换管的交换柱底部，加水将棉纤维中气泡排出，再加约 1g 活性人造浮石使之达到交换柱的 1/3 高度。保持盐基交换管中液面始终高于活性人造浮石。用移液管加入提取液 20~60mL(使通过活性人造浮石的硫胺素总量约为 2~5μg)。加入约 10mL 热蒸馏水冲洗交换柱，弃去洗液。如此重复 3 次。

加入 25%酸性氯化钾(温度为 90℃左右)20mL，收集此液于 25mL 刻度试管内，凉至室温，用 25%酸性氯化钾定容至 25mL，即为样品净化液。

重复上述操作，将 20mL 硫胺素标准使用液加入盐基交换管以代替样品提取液，即得到标准净化液。

4)氧化

将 5mL 样品净化液分别加入 A、B 两个反应瓶。

在避光条件下将 3mL15%氢氧化钠加入反应瓶 A，将 3mL 碱性铁氰化钾溶液加入反应瓶 B，振摇约 15s，然后加入 10mL 正丁醇；将 A、B 两个反应瓶同时用力振摇 1.5min。

重复上述操作，用标准净化液代替样品净化液。静置分层后吸去下层碱性溶液，加入 2~3g 无水硫酸钠使溶液脱水。

5)测定

荧光测定条件：激发波长 365nm，发射波长 435nm，激发波狭缝 5nm，发射波狭缝 5nm。依次测定下列荧光强度：

①样品空白荧光强度标准空白荧光强度(样品反应瓶 A)；

②标准空白荧光强度(标准反应瓶 A)；

③样品荧光强度(样品反应瓶 B)；

④标准荧光强度(标准反应瓶 B)。

(5)计算

$$X = (U - U_b) \times \frac{\rho \cdot V}{(S - S_b)} \times \frac{V_1}{V_2} \times \frac{1}{m} \times \frac{100}{1000}$$

式中：X——样品中硫胺素含量，mg/100g；

U——样品荧光强度；

U_b——样品空白荧光强度；

S——标准荧光强度；

S_b——标准空白荧光强度；

ρ——硫胺素标准工作液浓度，μg/mL；

V——用于净化的硫胺素标准工作液体积，mL；

V_1——样品水解后定容的体积，mL；

V_2——样品用于净化的提取液体积，mL；

m——样品质量，g；

100/1000——样品含量由 μg/g 换算成 mg/100g 的系数。

(6)注意事项

①加热酸性氯化钾而不使其沸的原因是热氯化钾滤速较快，而不沸则是使其不致因过饱和而在洗涤中结晶析出阻塞交换柱。被洗下的硫胺素在酸性氯化钾中极其稳定，可保存一周以上。

②硫胺素在碱性环境中被铁氰化钾氧化成噻嘧色素，振摇 15s 使其充分反应，这期间应保证黄色不褪证明铁氰化钾量充足不被其他还原性杂质耗尽，而强碱又可破坏硫胺素，所以除加入碱性铁氰化钾时边摇匀边加入外，其加入量一定不能过多，否则硫胺素被破坏。

③步骤是整个实验的关键，对每个样品所加试剂的次序、快慢、振摇时间等都必须尽量一致，尤其是用正丁醇提取噻嘧色素时必须保证准确振摇 90s。

2. 维生素B_2(核黄素)的测定方法(GB/T 5009.85—2003　荧光法)

核黄素是橘黄色无臭的针状结晶，能溶于水而不溶于乙醚、丙酮、氯仿及苯等，在酸性溶液中比较稳定，在碱性溶液中不稳定，易因日光和紫外线的照射而被破坏。核黄素对热很稳定，在中性溶液中于120℃下加热6h破坏也很少，因而食物在烹调过程中单纯的加热因素并不致使核黄素发生显著的损失。

(1)原理

核黄素在440~500nm波长光照射下发生黄绿色荧光。在稀溶液中其荧光强度与核黄素的浓度成正比。利用硅镁吸附剂对核黄素的吸附作用去除样品中的干扰荧光测定的杂质，然后洗脱核黄素，测定其荧光强度。试液再加入连二亚硫酸钠($Na_2S_2O_4$)，将核黄素还原为无荧光的物质，再测定试液中残余荧光杂质的荧光强度，两者之差即为食品中核黄素所产生的荧光强度。

(2)仪器

高压消毒锅；电热恒温培养箱；核黄素吸附柱；荧光分光光度计。

(3)试剂(试验用水为蒸馏水，试剂不加说明者为分析纯)

①硅镁吸附剂：60~100目，Sigma公司产品。

②2.5mol/L无水乙酸钠溶液。

③10%木瓜蛋白酶：用2.5mol/L乙酸钠溶液配制，使用时现配。

④10%淀粉酶：用2.5mol/L乙酸钠溶液配制，使用时现配。

⑤0.1mol/L HCl。

⑥1mol/L NaOH。

⑦0.1mol/L NaOH。

⑧200g/L连二亚硫酸钠($Na_2S_2O_4$)溶液：此液使用时现配。

⑨洗脱液：丙酮+冰醋酸+水(5+2+9)。

⑩0.04%溴甲酚绿指示剂。

⑪3%(体积分数)高锰酸钾溶液。

⑫3%(体积分数)过氧化氢溶液。

⑬核黄素标准液(纯度>98%，Sigma公司)

a. 核黄素标准储备液(25μg/mL)：将标准品核黄素粉状结晶置于真空干燥器或盛有硫酸的干燥器中。经过24h后，准确称取50mg，置于2L容量瓶中，加入2.4mL冰乙酸和1.5mL水。将容量瓶置于温水中摇动，待其溶解，冷却至室温，稀释至2L，移至棕色瓶中，加少许甲苯覆盖于溶液表面，于冰箱中保存。

b. 核黄素标准使用液：吸取2.00mL黄素标准储备液，置于50mL棕色容量瓶中，用水稀释至刻度。避光，储于4℃冰箱，可保存一周。此溶液每毫升相当于1.00μg核黄素。

(4)操作步骤(整个操作过程需避光进行)

1)样品提取

①水解

称取2~10g样品(约含10~200μg核黄素)于100mL三角瓶中，加50mL0.1mol/L盐酸，搅拌直到颗粒物分散均匀。用40mL瓷坩埚为盖扣住瓶口，于121℃高压水解样品30min。水解液冷却后，滴加1mol/L氢氧化钠，用0.04%溴甲酚绿作为指示剂调至pH

为4.5。

②酶解

含有淀粉的水解液：加入3mL 10%淀粉酶溶液，于37~40℃保温约16h。

含高蛋白的水解液：加3mL 10%木瓜蛋白酶溶液，37~40℃保温约16h。

2)过滤

上述酶解液定容至100.0mL，用干滤纸过滤。此提取液在4℃冰箱中可保存一周。

3)氧化去杂质

视样品中核黄素的含量取一定体积的样品提取液及核黄素标准使用液(约含1~10μg核黄素)分别于20mL的带盖刻度试管中，加水至15mL。各管加0.5mL冰乙酸，混匀。加3%高锰酸钾溶液0.5mL，混匀，放2min，使氧化去杂质。滴加3%双氧水溶液数滴，直至高锰酸钾的颜色褪掉。振摇试管，使多余的氧气逸出。

4)核黄素的吸附和洗脱

①核黄素吸附柱

硅镁吸附剂约1g用湿法装入柱，占柱长2/3~1/2(约5cm)为宜(吸附柱下端用一团脱脂棉垫上)，勿使柱内产生气泡，调节流速约为60滴/min。

②过柱与洗脱

将全部氧化后的样液及标准液通过吸附柱后，用约20mL热水洗去样液中的杂质，共3次。然后用5.00mL洗脱液将样品中核黄素洗脱并收集于一带盖10mL刻度试管中，再用水洗吸附柱，收集洗出之液体并定容至10mL，混匀后待测荧光。

5)测定

于激发光波长440nm，发射光波长525nm测量样品管及标准管的荧光值。待样品及标准的荧光值测量后，在各管的剩余液(约5~7mL)中加0.1mL20%连二亚硫酸钠溶液，立即混匀，在20s内测出各管的荧光值，作为各自的空白值。

(5)计算

$$X = \frac{(A - B) \times m'}{(C - D) \times m} \times f \times \frac{100}{1000}$$

式中：X——样品中含核黄素的量，g；

A——样品管荧光值；

B——样品管空白荧光值；

C——标准管荧光值；

D——标准管空白荧光值；

f——稀释倍数；

m——样品的质量，g；

m'——标准管中的核黄素的含量，μg；

100/1000——将样品中核黄素量由μg/g折算成mg/100g的折算系数。

(6)注意事项

①标准曲线在0.01~20μg区间，呈良好的线性关系，所以每次测定样品的同时，测定与样品含量相近的标准即可。

②氧化去杂质，加入高锰酸钾的量不宜过多，以避免加入双氧水的量大，产生气泡，

影响核黄素的吸附及洗脱。

3. 维生素 B_6 的测定方法(GB/T 5009.154—2003　微生物法)

维生素 B_6 是一种含氮的化合物，主要以三种天然形式存在：吡哆醇、吡哆醛及吡哆胺。在溶液中，这三种形式对光都较敏感，所以进行实验时需要避光。

(1)原理

维生素 B_6 在酸性介质中对热都比较稳定，但在碱性介质中对热不稳定。测量维生素 B_6 比较经典的方法是“微生物法”，其原理是：某一种微生物的生长必须要有某一种维生素的存在，卡尔斯伯酵母菌(*Saccharomyces carlsbergensis*)需要在有维生素 B_6 存在的条件下才能生长，在一定条件下维生素 B_6 的量与其生长呈正比关系。用比浊法测定该菌在试样溶液中生长的混沌度，与标准曲线相比较得出试样中维生素 B_6 的含量。微生物法的优点是：特异性高，精密度好，操作简单(不需要特殊技巧及设备)，易于推广，样品不需要进行一系列的提纯步骤，准确度高。它的缺点是：耗时长，必须经常保存菌种，试剂较贵。

(2)仪器

电热恒温培养箱；高压锅(121℃，5h)；液体快速混合器；离心机；光栅分光光度计(550nm)；硬质玻璃试管。

(3)试剂(所有试剂皆为分析纯，所有水皆为蒸馏水，特殊试剂除外)

①吡哆醇标准溶液：

a. 吡哆醇标准储备液：100μg/mL，称取 122mg 盐酸吡哆醇标准液溶于 1L25%乙醇中，保存于 4℃冰箱中，稳定 1 个月。

b. 吡哆醇标准中间液：1μg/mL，取 1mL 吡哆醇标准储备液，稀释至 100mL(注意：因为溶液对光敏感，需要储存在棕色瓶中)。

②0.22mol/L H_2SO_4：于 2000mL 烧杯中加入 700mL 水，加入 12.32mL 浓 H_2SO_4，用水稀释至 1000mL。

③0.5mol/L H_2SO_4：于 2000mL 烧杯中加入 700mL 水，加入 28mL H_2SO_4，用水稀释至 1000mL。

④10mol/L NaOH：将 200gNaOH 溶于水中，稀释至 500mL。

⑤0.1mol/L NaOH：取 10mL10mol/L NaOH，用水稀释至 1000mL。

⑥0.04%溴甲酚绿溶液：称取 0.1g 溴甲酚绿于研钵中，加 1.4mL 0.1mol/L NaOH 研磨，加少许水继续研磨，直至完全溶解，用水稀释到 250mL。

⑦培养基：称取吡哆醇 Y 培养基 5.3g，溶解于 100mL 蒸馏水中(注意：选用 DIR 公司的吡哆醇 Y，因其不含影响维生素 B_6 生长的因素，因此选择它作培养基)。

⑧琼脂培养基：吡哆醇 Y 培养基 5.3g，琼脂 1.2g，稀释至 100mL。

⑨生理盐水：取 9g NaCl 溶于 1000mL 水中。

(4)菌种的制备与保存

①菌种的制备与保存

以卡尔斯伯酵母菌(*Saccharomyces carlsbergensis*，Sc)纯菌种接入 2 个或多个琼脂培养基管中，在(30±0.5)℃恒温箱中保温 18～20h，取出于冰箱中保存，至多不超过两星期。保存数星期以上的菌种，不能立即用作制备接种液之用，一定要在使用前每天移种一次，连续 2~3d，方可使用，否则生长不好。

②种子培养液的制备

加 0.5mL50ng/mL 的维生素 B_6标准应用液于尖头管中，加入 5mL 基本培养基，塞好棉塞，于高压锅中 121℃下消毒 10min，取出，置于冰箱中，此管可保留数星期之久。每次可制备 2~4 管。

(5)操作步骤(整个步骤需要避光)

①样品制备

取样 0.5~10g(维生素 B_6含量不超过 10ng)，放入 100mL 三角瓶中，加 0.22mol/L $H_2SO_4$72mL；放入高压锅中 121℃下水解 5h，取出，于水中冷却，用 10mol/L NaOH 和 0.22mol/L H_2SO_4调 pH 值至 4.5，用溴甲酚绿做指示剂(指示剂由黄-黄绿色)；将三角瓶内的溶液转移到 100mL 容量瓶中，用蒸馏水定容至 100mL，滤纸过滤，保存滤液于冰箱内备测(保存期不超过 36h)。注意：加入硫酸以去除蛋白质等影响维生素 B_6最后结果的杂质。

②接种液的制备

使用前一天，将卡尔斯伯酵母菌菌种由储备菌种管移种于已消毒的种子培养液中，可同时制备两根管，在(30±0.5)℃的恒温箱中培养 8~20h。取出离心 10min(3000r/min)倾去上部液体，用已消毒的生理盐水淋洗 2 次，再加 10mL 消毒过的生理盐水，将离心管置于液体快速混合器上混合，使菌种成为混悬体，将此液倒入已消毒的注射器内，立即使用。

③样品标准曲线的测定

取标准储备液 2mL 稀释至 200mL 成为中间液，从中间液中取 5mL 稀释至 100mL 作为工作液，浓度为 50ng/mL，3 组试管各加 0mL、0.02mL、0.04mL、0.08mL、0.12mL、0.16mL 工作液，再加入 5mL 吡哆醇 Y 培养基，混匀，加棉塞。

④试样的测定

在试管中分别加入 0.05mL、0.10mL、0.20mL 样液，再加入 5mL 吡哆醇 Y 培养基，用棉塞塞住试管，将制备好的标准曲线和试样测定管放入高压锅中 121℃下高压 10min，冷至室温备用。

⑤接种和培养

每管种一滴接种液，于(30±0.5)℃恒温箱中培养 18~22h。

⑥测定

从恒温箱中取出后，用 721 型分光光度计测量，用空白试管调零。550nm 波长下，测定各管溶液的吸光度值，以标准管所含维生素 B_6的浓度为横坐标，吸光度值为纵坐标，绘制维生素 B_6标准工作曲线，用测定管得到的吸光度值，在标准曲线上查到测定管内所含维生素 B_6的量。

(6)计算

每个样品各测定管的吡哆醇含量为 ρ_1、ρ_2、ρ_3；取液量分别为 V_1、V_2、V_3，各样管的吡哆醇含量 ρ 为：

$$\rho(\text{ng/mL}) = \frac{\dfrac{\rho_1}{V_1} + \dfrac{\rho_2}{V_2} + \dfrac{\rho_3}{V_3}}{3}$$

若样品重 m(g)取液量为 V(mL)，定容至 100mL，则样品的吡哆醇含量 ω 为：

$$\omega = \frac{\rho \times V \times 10^2}{m \times 10^6} = \frac{\rho \times V}{m \times 10^4}(\text{mg/100g})$$

(7)注意事项

①所有步骤需要避光处理。

②培养时每管必须在同一温度，培养时间以 18~24h 为宜。

③试管应先用洗衣粉清洗后，用水冲净，再放入酸缸中浸泡 1d 左右，捞出后再用自来水和蒸馏水清洗干净，晾干，方可再用。

4. 维生素 B_{12}的测定方法(微生物测定法)

维生素 B_{12}的化学名称为钴胺素(Cobalamin)，是不含氰基的维生素分子，而一般维生素 B_{12}的药用形式为氰钴胺(Cyanocobalamin)，因此氰钴胺成为维生素 B_{12}的通俗名称。它是一类含钴的类咕琳化合物。

维生素 B_{12}为红色晶体，可溶于水，在 pH 值为 4.5~5.0 的弱酸条件下最稳定，强酸($pH<2$)或碱性溶液中则分解。遇热可有一定程度的破坏，但快速高温消毒损失较小，遇强光或紫外线易被破坏。

目前，维生素 B_{12}的测定方法有多种，如薄层色谱法、电位法、高效液相色谱法、分光光度法、放射分析法、微生物法等。其中，放射分析法、高效液相色谱法常用于生物样品(如血清)中维生素 B_{12}的测定。维生素 B_{12}在食物中的存在形式多样，且含量较少，给测定带来了许多困难。由于微生物测定法具有灵敏度高、操作简便，适合于各种样品，因此在国际上被广泛地用于食物中维生素 B_{12}的测定。

(1)原理

维生素 B_{12}对于赖氏乳杆菌(*Lactobacillus leichmannii*)ATCC 7830 的正常生长是必需的，在一定生长条件下，赖氏乳杆菌的生长与繁殖速度和溶液中维生素 B_{12}的含量成一定的线性关系，利用浊度法或光密度法测定细菌生长和繁殖的强度可间接地测定食物样品中维生素 B_{12}的含量。

(2)适用范围

本方法参考美国分析化学家协会(Association of Official Analytical Chemists，AOAC)的“维生素的方法分析”以及“营养学的微生物分析方法”，适用于测定食物及植株鲜样中的维生素 B_{12}含量。

(3)试剂(本试验所用水均为蒸馏水，所用试剂均需分析纯试剂)

①甲苯。

②柠檬酸($C_6H_8O_7 \cdot 3H_2O$)。

③磷酸氢二钠(Na_2HPO_4)。

④焦亚硫酸钠($Na_2S_2O_5$)。

⑤抗坏血酸(生化试剂)。

⑥无水葡萄糖。

⑦无水乙酸钠。

⑧L-胱氨酸(生化试剂)。

⑨dl-色氨酸(生化试剂)。

⑩10mol/L NaOH 溶液：称取 200g NaOH 溶于适量水中，定容至 500mL。

⑪(1+4)乙醇溶液：200mL 无水乙醇与 800mL 水充分混匀。

⑫酸解酪蛋白：称取 50g 不含维生素的酪蛋白于 500mL 烧杯中，加 200mL 3mol/L 盐酸，121℃高压水解 6h。将水解物转移至蒸发皿内，在沸水浴上蒸发至膏状。加 200mL 水使之溶解后再蒸发至膏状，如此反复 3 次，以去除盐酸。以溴酚蓝作为指示剂，用 10mol/L NaOH 调节 pH 值至 3.5。加 20g 活性炭，振摇，过滤，如果滤液不呈淡黄色或无色，可用活性炭重复处理。滤液加水稀释至 500mL，加少许甲苯于冰箱中保存(该试剂也可从 Difeo 公司购得，产品号为 No. 0288-15-6)。

(**注意**：酸解的目的是为了消除酪蛋白中的维生素，确保基本培养基中不含待测定的维生素 B_{12}，但有时酸水解不一定彻底，所以一定要选用不含维生素的酪蛋白粉(Sigma 公司)，这样可较好地确保酸解酪蛋白中不含维生素 B_{12}。)

⑬腺嘌呤、鸟嘌呤、尿嘧啶溶液：称取硫酸腺嘌呤(纯度为 98%)、盐酸鸟嘌呤(生化试剂)以及尿嘧啶各 0.1g 于 250mL 烧杯中，加 75mL 水和 2mL 浓盐酸，然后加热使其完全溶解，冷却，若有沉淀产生，加盐酸数滴，再加热，如此反复，直至冷却后无沉淀产生为止，以水稀释至 100mL。加少许甲苯于冰箱中保存。

⑭维生素溶液Ⅰ：称取 25mg 核黄素，25mg 盐酸硫胺素，0.25mg 生物素，50mg 烟酸，用 0.02mol/L 乙酸溶液溶解并定容至 1000mL。

⑮维生素溶液Ⅱ：将 50mg 对氨基苯甲酸，25mg 泛酸钙，100mg 盐酸吡哆醇，100mg 盐酸吡哆醛，20mg 盐酸吡哆胺，5mg 叶酸溶于(1+4)乙醇溶液，并定容至 1000mL。

⑯甲盐溶液：称取 25g KH_2PO_4、25g K_2HPO_4溶于 500mL 水中，加 5 滴浓盐酸。

⑰乙盐溶液：称取 10g $MgSO_4 \cdot 7H_2O$、0.5g NaCl、0.5g $MnSO_4 \cdot 4H_2O$、0.5g $FeSO_4 \cdot 7H_2O$ 溶于水并定容至 500mL，加 5 滴浓盐酸。

⑱黄嘌呤溶液：称取 1.0g 黄嘌呤溶于 200mL 水中，70℃加热条件下，加入 30mL NH_4OH(2+3)L-天冬酰胺溶于水中，并定容至 100mL。

⑲吐温-80 溶液：将 25g 吐温-80 溶于乙醇并定容至 250mL。

⑳维生素 B_{12}标准溶液(均使用棕色试剂瓶)：

a. 维生素 B_{12}标准储备溶液(100ng/mL)：称取 50mg(精度 0.01mg 天平)维生素 B_{12}暗红色针状结晶，用(1+4)的乙醇溶液定容至 500mL，储存于 2~4℃条件下。

b. 维生素 B_{12}标准中间液(1ng/mL)：取 1mL 储备液用(1+4)的乙醇定容至 100mL。储存于 2~4℃条件下。

维生素 B_{12}标准使用液(0.02ng/mL)：取 1mL 中间液用水定容至 50mL，用时现配。

(**注意**：维生素 B_{12}见光易分解，因此在配制标准液时要尽量避光，并且一定要使用棕色试剂瓶。)

(4)基本培养基

①将下列试剂混合于 500mL 烧杯中，加水至 200mL，以溴甲酚紫作为指示剂，用 10mol/L NaOH 液调节 pH 值为 6.0~6.1，用水稀释至 250mL。

酸解酪蛋白	25mL
腺嘌呤、鸟嘌呤、尿嘧啶溶液	5mL
天冬胺酰溶液	5mL

吐温-80 溶液	5mL
甲盐溶液	5mL
乙盐溶液	5mL
维生素溶液Ⅰ	5mL
维生素溶液Ⅱ	5mL
黄嘌呤溶液	5mL
抗坏血酸	1. 0g
L-胱氨酸	0. 1g
dl-色氨酸	0. 1g
无水葡萄糖	10. 0g
无水乙酸钠	8. 3g

该培养基也可从 Difco 公司购得，产品号为 No. 0457-15-1。

(**注意**：由于国内某些试剂纯度不够，所以自行配制的培养基较混浊，严重影响到最后的浊度测定结果，因此建议最好使用进口培养基。)

②琼脂培养基：在 600mL 水中，加入 15g 蛋白胨，5g 水溶性酵母提取物干粉、10g 无水葡萄糖、2g 无水磷酸二氢钾、100mL 番茄汁、10mL 吐温-80 溶液，每 500mL 液体培养基加 5. 0~7. 5g 琼脂，加热溶解，用 10mol/L NaOH 调节 pH 值为 6. 5~6. 8，然后定容至 1000mL，分装于试管中，于 121℃高压灭菌 10min，取出后竖直试管，待冷却至室温后于冰箱保存。

③生理盐水：称取 9. 0g NaCl 溶于 1000ml 水中，每次使用时分别倒入 2~4 支试管中，每支约加 10mL，塞好棉塞，于 121℃高压灭菌 10min，备用。

④0. 4g/L 溴甲酚紫指示剂：称取 0. 1g 溴甲酚紫于小研钵内，加 1. 6mL0. 1mol/L NaOH 研磨，加少许水继续研磨，直至完全溶解，用水稀释至 250mL。

(5)仪器与设备

实验室常用设备：电热恒温培养箱、压力蒸汽消毒器、液体快速混合器、离心机、硬质玻璃试管 20mm×150mm。

(6)菌种与培养液的制备与保存

①储备菌种的制备：*Lactobacillus leichmannii*(ATCC 7830)接种于直面琼脂培养管中，在(37±0. 5)℃恒温箱中培养 16~24h，取出后放入冰箱中保存。每周至少转种 2 次以上。在实验前一天必须传种一次。

(**注意**：*Lactobacillus leichmannii*(ATCC 7830)的生命力不强，每周一定要至少传代 2~3 次，否则极易死亡。)

②种子培养液的制备：加 2mL0. 02ng/mL 维生素 B_{12}标准工作液和 3mL 基本培养基于 10mL 离心管中，塞好棉塞，于 121℃高压灭菌 10min，取出冷却后于冰箱中保存。每次制备两管，备用。

(**注意**：加入离心管中的维生素 B_{12}标准工作液要适量，过少会阻碍 *L. leichmannii* 的生长，过多会使 0 管中的光密度值增大，影响测定结果的准确性。一般 2~3mL 即可。)

(7)操作步骤

①接种液的配制。使用前一天，将已在琼脂管中生长 16~24h 的 *L. leichmannii* 接种于

种子培养液中，在(37±0.5)℃培养16~24h，取出后离心10min(3000r/min)，弃去上清液，用已灭菌的生理盐水淋洗2次，再加入3mL灭菌生理盐水，混匀后，将此液倒入已灭菌的注射器中，立即使用。

②水解液的制备称取。1.3g无水磷酸二氢钠、1.2g柠檬酸及0.1g焦亚硫酸钠($Na_2S_2O_5$)溶于水中并定容至100mL，用时现配。

③称取适量样品。于100mL三角瓶中，加70mL水解液，混匀，于121℃高压灭菌10min，取出冷却至室温，过滤，然后以溴甲酚紫为指示剂，用10mol/L NaOH溶液调节pH值为6.0~6.1，将水解液移至100mL容量瓶中，定容至刻度。为保证最后样品测定管中的$Na_2S_2O_5$的浓度≤0.03mg/mL，因此要做适当的稀释。

(**注意**：测定管中$Na_2S_2O_5$的浓度一定要≤0.03mg/mL，过多会抑制*L. leichmannii*生长，因此在称取样品时要考虑到后来的稀释倍数，避免由于稀释倍数过大造成测定管中的维生素B_{12}含量过低，无法检出。)

④样品试管的制备。每组平行样品管中分别加入1.0mL、2.0mL、3.0mL、4.0mL样品水解液，并用水稀释至5mL，然后再加入5mL基本液体培养基。

(**注意**：实验所用的所有试管必须在烤箱中180~200℃条件下干热灭菌2~3h。)

⑤标准系列管的制备。每组试管中分别加入维生素B_{12}标准工作液0.0mL、1.0mL、2.0mL、3.0mL、4.0mL、5.0mL，使每组试管中维生素B_{12}的含量分别为0.00ng、0.02ng、0.04ng、0.06ng、0.08ng、0.1ng，然后加水至5mL，再加入5mL基本液体培养基，需做三组标准曲线。

⑥灭菌。样品管与标准管均用棉塞塞好，于121℃高压灭菌10min。

(**注意**：灭菌时间不宜过长，否则会破坏基本培养基中的营养成分，影响*L. leichmannii*的生长，最好在5~10min内。)

⑦接种与培养。待试管冷至室温后，每管接一滴种子菌液，于(37±0.5)℃恒温箱中培养16~20h。

(**注意**：①接种前，接种室要在紫外灯下消毒至少30min。②在接种时，其中一支标准系列0管可不接种，这样可观察此次实验是否存在污染，并且可消除由于管中液体的颜色造成的误差。)

⑧测定光密度值。于640nm波长条件下，以标准系列中0管调节仪器零点，测定样品管液体及标准管液体的光密度值。

(**注意**：首先以未接种的标准系列0管进行仪器调零，然后再用接种后的标准系列0管进行2次调零，之后再测定其他管中液体的光密度值。)

(8)结果计算

以维生素B_{12}标准系列的不同质量(ng)为横坐标，光密度值为纵坐标，绘制标准曲线。由样品测定管中的光密度值在曲线上查出相对应的样品管中维生素B_{12}的含量，再按以下公式计算样品中维生素B_{12}含量：

$$X = \frac{m_1 \times V \times f}{m \times 1000} \times 100$$

式中：X——样品中维生素B_{12}含量，μg/100g；

m_1——测定管中的维生素B_{12}含量，ng；

V——样品水解液的定容体积，mL；

f——样品液的稀释倍数；

m——样品质量，g；

100/1000——单位换算系数。

(9)注意事项

①全部实验操作应注意避免日光直接照射。

②在人体肠道中，大肠杆菌可以合成维生素 B_{12}，此实验极易被污染，在整个实验中，最重要的是注意清洁问题，确保所用的玻璃器皿、操作环境要清洁。

5.6　蛋白质含量的测定

5.6.1　全氮的测定-奈氏比色法

1. 原理

奈氏试剂是一种碘化钾、碘化汞的碱性溶液，能和铵离子作用生成棕黄色的碘化双汞铵胶体溶液，溶液所呈颜色的深浅与溶液中含铵量成正比，所以可用光电比色计比色测定(铵盐浓度过大就会产生棕黄色沉淀，会影响结果的准确性，此时应稀释测定液再测定)。

$$2K_2HgI_4+3KOH+NH_3 \rightarrow Hg_2O(NH_4I)+7K_2+2H_2O$$

2. 试剂的配制

(1)奈氏比色剂的配制

A 试剂：27.5g HgI(AR)及 20.63g KI(AR)溶于 125mL 水中。

B 试剂：72g NaOH(AR)溶于 250mL 水中冷却。

把 B 液倒入 A 液中搅拌，定容至 500mL 容量瓶(贮于棕色瓶中)，该液透明无沉淀，发现沉淀不能用。

(2)50%酒石酸钾钠的配制

取 25g 酒石酸钾钠溶于 50mL 蒸馏水中。

3. 标准曲线的制作

精确称取已烘干恒重的无水硫酸铵(AR)1.1787g，放入 250mL 容量瓶中，用少量蒸馏水溶解后，稀释至刻度即为 1mg/mL 的储备液，放冰箱保存。然后取 6 个干净的 100mL 容量瓶，编号，从储备液中依次吸取 1mL、3mL、5mL、7mL、9mL、11mL，按序号放入各容量瓶中，用蒸馏水稀释至刻度，充分摇匀，其浓度含氮分别为 10μg/mL、30μg/mL、50μg/mL、70μg/mL、90μg/mL、110μg/mL 的标准液。准备 7 支 10mL 刻度试管，相应编号，除空白管加 1mL 蒸馏水外，其他各管分别加 1mL 测试液，再在各管加入 3mL 蒸馏水和 50%酒石酸钾钠 0.5mL(5 滴)，摇匀后再在各管加入奈试剂 1mL(加后摇动)，最后稀释至刻度 10mL，上下摇动，以空白作对照，用 721 型光电比色计(480nm 滤光镜，试杯 10mm)分别测出各管光密度，以各管含氮量为横坐标，光密度为纵坐标，画出标准曲线。

4. 样品消化

精确称取烘干恒重样品 0.2g(经磨碎过筛的)，用硫酸纸卷成长筒将样品送入凯氏瓶底部，然后向瓶内加入 5mL 浓硫酸浸泡数小时或过夜，另取 5mL 浓硫酸放凯氏瓶作对照。

一起放电炉上加热，开始时火焰宜小，待有SO_2气体(白烟)出现后逐渐加温，使内容物微沸。为了加速消化，在煮沸一段时间后分次加入几滴H_2O_2(每隔15~20min加一次)。H_2O_2加过多会引起氮的损失，在消化过程经常翻转凯氏瓶，使消化均匀。当溶液变成浅棕色时，如果瓶壁附有黑色颗粒时，可将瓶适当摇动并可加入几滴H_2O_2继续加热，至溶液呈清亮的蓝绿色为止。整个消化过程，溶液即经过黑→深棕→浅棕→黄→黄绿→蓝绿的变化过程。待消化液冷却后向其中加入10mL蒸馏水，摇匀，小心倒入100mL容量瓶，再以少量蒸馏水多次冲洗凯氏瓶再倒入容量瓶，最后洗液无酸为止，定容摇匀备用。

5. 样品全氮量测定

取消化液1mL置于10mL试管，另取1mL空白消化液放另一试管定容10mL作对照，按照制定标准曲线方法测定样品的光密度，查标准曲线求得r值(μg/mL)。

6. 计算

$$全氮量(\%)=\frac{r\times 样品稀释倍数}{样品重(g)\times 10^6}\times 100$$

5.6.2 蛋白质含量的测定

1. 总氮量测定法

每一种蛋白质都有其恒定的含氮量。从实验可知，各种蛋白质含氮量大多数在16%左右(14%~18%)，将含氮量乘以6.25，即得蛋白质含量。有关全氮量的测定法已如前述。但该法所测到的只是粗蛋白质含量，因为其中还包括了非蛋白质氮的含量。

2. Folin-酚试剂法测蛋白质含量

(1)原理

该法包括两个反应步骤，第一步是碱性条件下，蛋白质与铜作用生成蛋白质-铜复合物；第二步是蛋白质-铜复合物还原磷钼酸-磷钨酸试剂，生成蓝色物质。在一定条件下，蓝色强度与蛋白质量成正比。

(2)试剂的准备

①Folin-酚试剂：

试剂Ⅰ：10g Na_2CO_3、2g NaOH和0.25g酒石酸钾钠溶解于500mL蒸馏水中，另将0.5g $CuSO_4\cdot 5H_2O$溶于100mL蒸馏水中，每次使用前将前后两种溶液按50∶1比例混合即为试剂Ⅰ，此混合液只能使用一天。

试剂Ⅱ：将100g钨酸钠($Na_2WO_4\cdot 2H_2O$)、25g钼酸钠($Na_2MoO_4\cdot 2H_2O$)、700mL蒸馏水、50mL 85%磷酸及100mL浓盐酸，装入带回馏装置的2000mL圆底烧瓶中，充分混合，接上回流冷凝管，温火缓慢回馏10h。回流结束后，再加入150g硫酸锂(Li_2SO_4)、50mL蒸馏水及数滴溴液，然后将烧瓶内溶液开口煮沸15min，以驱除过量的溴。冷至室温后用容量瓶定容到1000mL，过滤，滤液呈微绿色，如呈绿色则需重复滴溴的步骤。将其置于棕色试剂瓶内，可于冰箱中长期保存。使用时吸取10mL 1mol/L的NaOH，放入100mL的锥形瓶内，加入2滴酚酞，用上述滤液滴定，当溶液的颜色由微绿经紫红、紫灰，到突然转变为墨绿色时即为滴定终点。根据滴定所用滤液的量计算其酸度(一般约为2mol/L HCl的浓度)。将滤液稀释为1mol/L的氢离子浓度(约加水1倍)，此液即为Folin-酚试剂Ⅱ。

②标准蛋白质溶液：酪蛋白或牛血清蛋白0.25g溶于1000mL蒸馏水中配成250μg/mL3% $CuSO_4$，0.2N NaOH。

(3)标准曲线的制定

取12支试管分成两组，编号，分别加入250μg/mL的标准溶液0.1mL、0.2mL、0.4mL、0.6mL、0.8mL、1.0mL，补水至1mL，另取一支试管加蒸馏水1mL作对照。向每支管中加入5mL试剂Ⅰ混匀，在25℃水温下放置10min，再加入试剂Ⅱ 0.5mL，立即混匀，在26℃水温下放置10min，然后于650nm或660nm处测光密度(若蛋白质浓度在20~100μg也可选用750nm)，以蛋白质浓度为横坐标，光密度为纵坐标，绘制标准曲线。

(4)蛋白质的提取

新鲜材料1~2g(干样0.2~0.5g)，放入研钵中，加10mL0.1M磷酸缓冲液(pH=7.0)，充分匀浆，将匀浆液全部转入离心管中，5000r/min离心10min，将上清液转入25mL容量瓶中，用5mL缓冲液悬浮沉淀；同上操作，再提取两次，上清液并入容量瓶中，用磷酸缓冲液冲洗并定容至刻度。

(5)样品的测定

取0.2mL蛋白质提取液，加0.5mL水，按测定标准曲线方法测光密度。

因马铃薯块茎含酚类物质、柠檬酸、糖类等较高，对本方法的呈色反应干扰较大，为了更精确测定蛋白质含量可作以下改良。

欲测的蛋白质提取液1mL加蒸馏水5mL，再加2%脱氧胆酸钠0.075mL，剧烈混合，放置25min，加24%三氯乙酸溶液3mL，混合后，3500r/min离心30min，蛋白质坚实地沉淀在管底，小心倾去上清液(上清液在管中的残留量小于0.05mL)。加试剂14.5mL，剧烈混合，蛋白质在30min内溶解，加0.05mL试剂Ⅱ，迅速摇匀，放置30min后，以不含蛋白质的试剂空白作对照，在660nm测定光密度。

(6)蛋白质含量计算

$$蛋白质含量(\%)=\frac{r\times 稀释倍数}{样品重(g)\times 10^6}\times 100$$

5.6.3　双缩脲法测定蛋白质含量

1. 原理

双缩脲($NH_2CONHCONH_2$)是两分子脲经180℃加热，放出一分子氨后所得到的产物。在强碱性溶液中，双缩脲与$CuSO_4$形成紫色复合物称双缩脲反应。凡具有两个酰胺基或两个直接连接的肽键或通过一个中间碳原子相连的肽键这类化合物都有双缩脲反应，所以蛋白质也有这种反应。溶液紫色的深浅与蛋白质含量成正比，因此可以用比色法进行测定。

2. 试剂

①碱性铜试剂：取0.175g $CuSO_4\cdot 5H_2O$溶解于约15mL水中，置于100mL容量瓶中，加入30mL浓氨水、30mL冰冷的蒸馏水及20mL饱和NaOH溶液，混匀后，放置至使溶液温度与室温相同，以蒸馏水稀释至刻度，此试剂在室温下可以放置3~4个月不影响呈色。

②纯蛋白质：配成1.5mg/mL溶液(原液)。

3. 标准曲线的制作

取7支试管，依次加入蛋白质原液0mL、0.6mL、1.0mL、1.6mL、2.0mL、2.5mL、

3.0mL，分别补足 3mL(各管相当于含蛋白质 0mg/mL、0.25mg/mL、0.5mg/mL、0.75mg/mL、1.0mg/mL、1.25mg/mL 和 1.5mg/mL)，混匀后，在各管加 2mL 铜试剂充分混合后呈现紫色，立即于 540nm 下比色测光密度，以第 1 管 0 作对照。以光密度为纵坐标，以已知蛋白质浓度为横坐标绘制标准曲线。

4. 样品蛋白质含量测定方法

(1)蛋白质的提取

方法同 Folin-酚法。

(2)测定

用移液管吸取蛋白质提取液的过滤液 3mL 于 10mL 试管，然后加入 2mL 碱性铜试剂，充分混匀后，于 540nm 下比色测光密度。计算方法同 5.6.2 的计算方法。

5.7 全磷量的测定-钼蓝比色法

5.7.1 原理

在酸性条件下，无机磷与试剂中的钼酸铵作用生成磷钼酸铵，再经抗坏血酸还原成蓝色的磷钼蓝。蓝色的深浅，与含磷量成正比，用光电比色计比色测定。

$$H_3PO_4+12(NH_4)_2MoO_4+2HCl \longrightarrow (NH_4)_3PO_4 \cdot 12MoO_4+21NH_4Cl+12H_2O$$

$$(NH_4)_3PO_4 \cdot 12MoO_4 \xrightarrow{\text{抗坏血酸}} (MoO_2+4MoO_3)_2+H_3PO_4+4H_2O$$

5.7.2 试剂的配制

6N H_2SO_4：用量筒量取 50mL 浓 H_2SO_4(AR，比重 1.84)，小心倒入约 200mL 蒸馏水中，然后加水 300mL。

2.5%钼酸铵：称取 7.5g 钼酸铵 $(NH_4)_2MoO_4 \cdot 4H_2O$，加热溶解在 300mL 蒸馏水中，装于棕色瓶中保存。

10%抗坏血酸：称取 15g 抗坏血酸(AR)，加蒸馏水 150mL 搅拌，使其全部溶解，若不溶可在 40℃以下的温水中溶解，置于冰箱保存(现用现配)。

定磷试剂：在使用前取上述试液按体积比临时混合，即蒸馏水：6N H_2SO_4：2.5%钼酸铵：10%Vc=2：1：1：1，摇匀。混合液应为淡黄色或浅黄绿色，若呈深黄色或棕黄色不能使用。

5.7.3 标准曲线的制作

取烘干恒重的磷酸二氢钾(AR)1.0967g 放入 250mL 容量瓶，加少量蒸馏水摇动溶解后，加蒸馏水稀释至刻度(含磷量为 mg/mL)，作为储备液保存于冰箱。精确吸取 1mL 储备液置于 100mL 容量瓶，用蒸馏水稀释至刻度即成 10μg/mL 的磷酸标准液。取 6 支干净的 10mL 刻度试管，按表 5-5 中的编号，分别按表内要求顺序加入磷酸标准液、蒸馏水、定磷试剂，摇匀之后，置 45℃水浴保温 25min。取出冷却至室温，以空白消化液作对照，在 660nm 下比色，以读数光密度值为纵坐标，各管含磷量为横坐标，画出标准曲线。

表 5-5　　磷酸标准曲线制备表

试管编号	空白	1	2	3	4	5
无机磷含量/(g/mL)	0	2	4	6	8	10
磷酸标准液/mL	0	0.2	0.4	0.6	0.8	1.0
加蒸馏水/mL	3.0	2.8	2.6	2.4	2.2	2.0
定磷试剂/mL	3.0	3.0	3.0	3.0	3.0	3.0
总体积/mL	6.0	6.0	6.0	6.0	6.0	6.0

5.7.4　样品消化

精确称取烘干恒重样品 0.2g(经磨碎过筛的)，用硫酸纸卷成长筒将样品送入凯氏瓶底部，然后向瓶内加入 5mL 浓硫酸浸泡数小时或过夜，另取 5mL 浓硫酸放凯氏瓶作对照。一起放电炉上加热，开始时火焰宜小，待有 SO_2气体(白烟)出现后逐渐加温，使内容物微沸。为了加速消化，在煮沸一段时间后分次加入几滴 H_2O_2(每隔 15~20min 加一次)。H_2O_2 加过多会引起氮的损失，在消化过程经常翻转凯氏瓶，使消化均匀。当溶液变成浅棕色时，如果瓶壁附有黑色颗粒时，可将瓶适当摇动并可加入几滴 H_2O_2继续加热，至溶液呈清亮的蓝绿色为止。整个消化过程，溶液即经过黑→深棕→浅棕→黄→黄绿→蓝绿的变化过程。待消化液冷却后向其中加入 10mL 蒸馏水，摇匀，小心倒入 100mL 容量瓶，再以少量蒸馏水多次冲洗凯氏瓶再倒入容量瓶，最后洗液无酸为止，定容摇匀备用。

5.7.5　试液含磷量的测定

吸取消化液 1mL 置于干净的刻度试管，加 2mL 蒸馏水，另取一支试管加 3mL 蒸馏水为空白，然后向试管内各加入定磷试剂 3mL，摇匀，置 45℃水浴中保温 25min，取出放自来水下冲管壁使之冷却至室温后，以空白作对照，在 660nm 波长下比色，测出光密度，查标准曲线，得到 r 值，就可按下式进行计算全磷量：

$$全磷量(\%)=\frac{r\times 样品稀释倍数}{样品干重(g)\times 10^6}\times 100$$

5.8　全钾量的测定-火焰光度计法

5.8.1　原理

火焰光度计属于发射光谱仪器。根据发射光谱分析原理，钾燃烧时火焰是深红色的，波长为 7665Å。光谱线通过滤光板选择分离后，照射在光电池而产生电流，钾的含量越多，则光线越强，检流器指示出的读数越大，与同样处理的标准溶液比较，就可测出钾的含量。

5.8.2　标准曲线的制作

精确称取烘干恒重的 KCl(AR)0.1907g，用水溶解后移入 1000mL 容量瓶，加水稀释到刻度摇匀，即为 100μg/mL 的钾标准液。再从此液分别取出 1mL、2mL、4mL、5mL、6mL、8mL 于 10mL 刻度试管并用蒸馏水定容到刻度，即成 10μg/mL、20μg/mL、40μg/mL、50μg/mL、60μg/mL 和 80μg/mL 的系列标准液。进行火焰测定，以检流计读数为纵坐标，钾溶液浓度为横坐标，作出标准曲线。

5.8.3 样品消化

精确称取烘干恒重样品 0.2g(经磨碎过筛的)，用硫酸纸卷成长筒将样品送入凯氏瓶底部，然后向瓶内加入 5mL 浓硫酸浸泡数小时或过夜，另取 5mL 浓硫酸放凯氏瓶作对照。一起放电炉上加热，开始时火焰宜小，待有 SO_2气体(白烟)出现后逐渐加温，使内容物微沸。为了加速消化，在煮沸一段时间后分次加入几滴 H_2O_2(每隔 15~20min 加一次)。H_2O_2加过多会引起氮的损失，在消化过程经常翻转凯氏瓶，使消化均匀。当溶液变成浅棕色时，如果瓶壁附有黑色颗粒时，可将瓶适当摇动并可加入几滴 H_2O_2继续加热，至溶液呈清亮的蓝绿色为止。整个消化过程，溶液经过黑→深棕→浅棕→黄→黄绿→蓝绿的变化过程。待消化液冷却后向其中加入 10mL 蒸馏水，摇匀，小心倒入 100mL 容量瓶，再以少量蒸馏水多次冲洗凯氏瓶再倒入容量瓶，最后洗液无酸为止，定容摇匀备用。

5.8.4 样品全钾量的测定

取样品消化液 1mL 定容至 10mL，另取一试管加 1mL 空白消化液定容 10mL 作对照，进行火焰测定，从标准曲线查出读数相应的浓度，进行计算。

5.8.5 计算

$$\text{全钾含量}(\%)=\frac{r\times\text{稀释倍数}}{\text{样品重}(g)\times 10^6}\times 100$$

式中：r——标准曲线查得的样品 mL 数。

5.9 块茎酚类物质的含量测定

马铃薯块茎组织中，多酚化合物在薯肉变黑的发展中起着重要作用。酚类物质在多酚氧化酶的催化下，被氧化成醌，醌可自动聚合成有色物质，这就是块茎受伤后和储藏过程发生褐变的原因。因此，对酚类物质的定量测定有重要意义。

5.9.1 原理

酚类物质在碱性条件下，可和 Folin 酚试剂中磷钨酸和磷钼酸生成钨蓝和钼蓝化合物，该物质在 500nm 处有最大光吸收，其吸光度的大小与酚类物质含量成正比。

5.9.2 试剂的准备与配制

准备：无水乙醇、10%三氯乙酸、50g/mL 标准没食子酸溶液。

Folin-酚试剂按 Folin-酚试剂法测蛋白质含量中的方法配制。

5.9.3　标准曲线的制作

取 6 支干净干燥的试管分成两组，每组依次加入 0.1mL、0.2mL、0.4mL、0.6mL、0.8mL、1.0mL 标准没食子酸，用蒸馏水补足 1mL，另取一支加 1mL 蒸馏水作对照；向每支管内加入 5mL Folin-酚试剂Ⅰ，混匀，25℃下放置 10min，然后加入 0.5mL Folin-酚试剂Ⅱ，立即混匀于25℃下放置30min，在分光光度上用500nm 波长测吸光度，以吸光度为纵坐标，已知标准没食子酸浓度为横坐标，制成标准曲线。

5.9.4　酚类物质的提取

取块茎 10g(洗净去皮)，加无水乙醇 20mL 和 10%三氯乙酸于研钵中研磨成匀浆，然后将匀浆全部转入 50mL 容量瓶，用 10%三氯乙酸冲洗研钵并定容到刻度，静止 0.5h，过滤或于 5000r/min 离心 10min，收集滤液于试管中。

5.9.5　样品的测定

取样品滤液 1mL 注入试管，另取 1mL 蒸馏水加入另一试管作对照，按照制定标准曲线的方法测定样品液的吸光度。

5.9.6　计算

$$\text{酚类物质}(\%)=\frac{r\times\text{稀释倍数}}{\text{样品克数}\times 10^{6}}\times 100$$

5.10　龙葵素含量测定

5.10.1　龙葵素的提取

1. 龙葵素提取方法

龙葵素具有一定的光、热稳定性，目前广泛用的提取方法有浸提法、回流提取法、索氏抽提法、超声波提取法和微波提取法(见表 5-6)。

表 5-6　**龙葵素的提取方法**

提取方法	优　点	缺　点
浸提法	操作、设备简单，成本低	提取时间长，回收率低
回流提取法	提取率高	提取时间长，回收率低
索氏抽提法	提取率高	提取时间长，回收率低
超声波提取法	提取时间短，提取率高，回收率高	噪音大
微波提取法	提取率高	提取过程复杂，有待改善

(1)浸提法

浸提法是最简单、最原始的萃取方法，主要有以下几种。

①混合溶剂法。参照 Bushway 等的方法，分别准确称取 40g 马铃薯薯皮、薯肉、薯芽鲜样品，将其分别置于 500mL 的圆底烧瓶中，加乙醇∶乙腈∶冰乙酸 = 5∶3∶2(体积比)的混合提取液，搅拌浸提 20min，过滤。残渣再用等体积的提取液浸提 2 次(时间同上)，合并滤液，旋转蒸发至约 18mL。浓缩液加 8mL 冰乙酸，然后用 12～20mL 提取液将其转移至离心杯中，超声波处理 5min，高速智能冷冻离心 20min，取上清液，加 80mL 浓氨水，70℃水浴保温 30min，4℃下静置 6～8h，充分沉淀。沉淀按上法洗涤 3 次后用 1%氨水洗涤，离心，洗涤，直至洗涤液澄清。取沉淀烘干即得粗样品。

②双溶剂法(乙醇-乙酸法)。分别准确称取 40g 马铃薯薯皮、薯肉、薯芽鲜样品，将其分别置于 500mL 的圆底烧瓶中，加入乙醇-乙酸混合液(体积比为 100∶30)，用磁力搅拌器搅拌 15min，过滤。将滤液和样品装入索氏脂肪抽提器中，调节温度至 55～65℃，水浴抽提 16h，将滤液减压旋转回收至浸膏状，用 5%硫酸溶解残留物，过滤。滤液中加入浓氨水调节 pH 值为 10～11，冷冻离心。沉淀用 1%氨水洗涤至洗涤液澄清，取沉淀干燥，即得粗样品。

③单溶剂法(乙醇法)。分别准确称取 40g 马铃薯薯皮、薯肉、薯芽鲜样品，将其分别置于 500mL 的圆底烧瓶中，用 95%乙醇回流 4h，冷却，过滤。滤液旋转蒸发至浸膏状，然后用 5%硫酸溶解，过滤。滤液用浓氨水调节 pH 值为 10～11 后离心 10min，取沉淀重复用 1%氨水洗涤，离心 2 次，即得粗样品。

④乙酸法。加 5%乙酸搅拌浸提马铃薯样品，过滤，用氨水调 pH 值，用正丁醇萃取 4 次，将提取液蒸发至干，即得粗产品。

浸提法简单易行且成本低，可是浸提时间很长且提取不完全。

(2)回流提取法

回流提取法利用高温回流达到萃取的效果，步骤如下：

①用盐酸(2mol/L)-乙醇在 65℃温度下提取龙葵样品，过滤，浓缩，残渣用 0.5mol/L 的盐酸溶解，氯仿萃取 3 次，滤液调 pH 值至 10.5，氯仿萃取 3 次，旋转蒸干。

②用盐酸(2mol/L)-乙醇溶解，在 100℃条件下水解，蒸馏去除乙醇，用氯仿萃取 3 次，酸水层调 pH 值至 10.5，氯仿萃取 3 次，合并氯仿萃取液，旋转蒸干得到澳洲茄胺。

回流提取法提取率很高，但是过程冗长、繁琐，耗时长。

(3)索氏抽提法

索氏抽提法主要是利用回流和虹吸的原理反复回流萃取。用乙醇-乙酸混合液(体积比为 10∶3)提取马铃薯鲜样，用磁力搅拌器搅拌 15min，放入索式脂肪抽提器中，在温度 55～65℃条件下水浴抽提 16h，滤液旋转蒸发至浸膏状，用 5%的硫酸溶解，过滤，用氨水调节滤液 pH 值至 11，离心，用 1%氨水洗涤，干燥沉淀后即得粗产品。

索氏抽提法提取率比回流提取率高，过程也更加繁琐，耗时更长，适宜提取热稳定性高的物质。

(4)超声波提取法

超声波提取法利用超声波在溶剂和样品之前产生声波空化作用，分散固体样品，增大样品与提取溶剂之间的接触面积，加速目标物从固体样品转移到提取溶剂中。

①操作步骤用 70%甲醇超声波提取茄子，旋转浓缩，调 pH 值至 2.5，冷冻离心，上

清液用乙醚萃取后调 pH 值至 10.5，冷冻离心，用 0.25% HCl 溶解沉淀，调 pH 值至 10.5，离心，甲醇溶解沉淀，回收率为 97.97%。

②优化超声波提取方法：最佳提取料液比为 1∶10，提取溶剂为 70%甲醇，超声温度为 50℃，超声时间为 60min，回收率为 98.0%。超声提取率高，回收率高，提取时间短，设备简单，逐渐替代回流提取法和索氏提取法。

(5)微波提取法

微波提取法利用微波直接穿透非极性分子，被极性分子选择性吸收的原理加热样品辅助提取。先用乙醇-冰乙酸微波辅助提取，然后索氏抽提 16h，过滤，浓缩，1%硫酸溶解，过滤。用浓氨水调节 pH 值 10.5，4℃下静置过夜，离心，沉淀用 1%氨水冲洗至洗涤液澄清，取沉淀烘干即得粗产品。通过正交试验得出最佳提取工艺：料液比为 10g/200mL 乙醇∶冰乙酸(100∶10，V/V)，在 540W 下提取 6min。微波提取率高，提取过程复杂。

目前利用微波提取的比较少，此方法还有待改进。

2. 龙葵素提取溶剂

龙葵素呈弱碱性，在酸性条件下溶解成盐，在碱性溶液中产生沉淀析出，这就是常说的“酸溶碱沉”，通常使用弱酸和有机溶剂提取龙葵素，常用的提取溶剂见表 5-7，因溶剂种类的不同，又可将提取方法分为单溶剂法、双溶剂法和混合溶剂法。

表 5-7　**龙葵素提取溶剂**

提取方法	提取溶剂	优缺点
单溶剂法	甲醇	杂质少，提取效率低，甲醇有毒
	乙醇	提取效率低，杂质多
	0.5%硫酸	杂质少，易引起糖苷键断裂，环境污染
	5%甲酸/乙酸	溶剂易霉变，提取物中含有大量蛋白质
双溶剂法	甲醇∶氯仿(2∶1，V/V)	提取效率比单溶剂好，有毒
	乙醇∶乙酸(10∶3，V/V)	提取率高，安全无毒
	甲醇∶乙酸(95∶5，V/V)	提取率高，有毒
	盐酸(2mol/L)∶乙醇(1∶1，V/V)	提取率高，盐酸损伤 C18 柱
混合溶剂法	乙醇∶乙腈∶乙酸(5∶3∶2，V/V/V)	提取率高，回收率低
	四氢呋喃(THF)∶水∶乙腈(5∶3∶2，V/V/V)	提取率高，成本过高
	四氢呋喃(THF)∶水∶乙腈∶乙酸(50∶50∶20∶1，V/V/V/V)	提取效果最好，成本过高

5.10.2　龙葵素的检测

1. 龙葵素的检测方法

龙葵素的检测方法包括比色法、酶联免疫法、高效液相色谱法和液-质联用法等 5 种方法(见表 5-8)。

表 5-8　　龙葵素的检测方法

检测方法	优　点	缺　点
滴定法	试剂、设备成本低，简单快速	回收率低，无法精确定量
比色法	试剂、设备成本低，简单快速	回收率低，影响因子多
酶联免疫法	快速、准确	受温度影响大，需要获得抗体
高效液相色谱法	回收率高，适合检测高浓度样品	低浓度样品检测不到
液-质联用法	回收率高，灵敏度高，可检测低浓度	高浓度样品需要稀释

(1)滴定法

滴定法是最早的检测龙葵素的方法，利用甲醇/氯仿双溶剂法进行索氏抽提，得到的粗产品用无水甲醇溶解，用加了溴酚蓝指示剂的10%苯酚甲醇溶液滴定。该方法测定的是龙葵素的苷元部分，能定量所有的糖苷生物碱，使用的仪器和试剂成本低，检测速度快，但是需要苷元标准品做标准曲线，且回收率低，可以进行简单快速的定性，不适合定量。

(2)比色法

比色法是通过测量有色物质颜色深度来确定待测组分含量的方法。该方法仪器简单、操作简便、耗时短，但其精确度不高。比色法常用显色剂有：甲醛/浓硫酸(Marquis 试剂)、1%多聚甲醛/85%磷酸(Clarke 试剂)、三氯化锑/浓盐酸和溴百里酚兰。影响比色法定量精确性的因素有：水相 pH 值、染料本身、有机溶剂、共存物等。比色法设备简单、成本低，在龙葵素研究初期使用比较多。

(3)酶联免疫法

酶联免疫法(ELISA 法)是一种免疫测定技术，在有抗原或抗体的固相化及抗原或抗体的酶标记的基础上，让抗体与酶复合物结合，底物被酶催化生成有色物质，产物的量与待测物质的量直接相关。用有 96 个微孔板的培养箱，在每个孔的表面固定化抗原，酶标记抗原或抗体，再测定抗原或抗体的浓度，Morgan MRA 等将龙葵素抗血清分别稀释1/20000和 1/3000，将 α-卡茄碱标准品添加到马铃薯匀浆中，测得的回收率是 93%。

(4)高效液相色谱法

高效液相色谱法(HPLC 法)是以液体作为流动相的色谱分离方法，是利用待测物在两相之间分配系数不同而进行分离的技术。用四氢呋喃：水：乙腈：乙酸=50：50：20：1(体积比)的混合溶剂提取匀浆后的马铃薯鲜样过滤，滤液离心，上清液加醋酸，超声振荡 5min，氨水调 pH 值至 10.5，浓缩，调 pH 值，离心，蒸干沉淀，用2mL 硫酸溶解，过 0.45μm 的膜，以乙腈：磷酸二氢钾=75：25(体积比)混合溶剂为流动相，用 YWG-C18 不锈钢柱为色谱柱，流速为 0.7mL/min，检测波长为 208nm，进样 10μL，进行高效液相色谱检测，回收率为 91.5%，变异系数为 3.84%。HPLC 法目前被广泛采用，其分离纯度高，分离效果很明显。

(5)液-质联用法

液-质联用法(LC-MS 法)是一种先通过液相色谱分离得到目标成分，再经过质谱将物质离子化，按照离子的质荷比分离，从而测量目标离子的离子谱峰的强度的分析方法。用液-质联用法可以检测到微量的龙葵素，比如 α-solanine(m/z，868)检测限为 3.8×10^{-7} μg/L，α-chaconine(m/z，852)检测限为 1.4×10^{-8} μg/L。

液-质联用法是在高效液相色谱法的基础上发展起来的，其灵敏度比高效液相色谱法高，适合测定龙葵素含量比较低的样品。

由于一般情况下马铃薯块茎中龙葵素含量比较低，应选用精确的检测方法，因此目前最常用检测方法是高效液相色谱法和液-质联用法。

2. 龙葵素含量检测实例

(1)标准工作曲线的绘制

精确称取 5mg 龙葵素标样，用 1%的硫酸溶解，移入 50mL 容量瓶中，加入体积分数为 1%的硫酸溶液至刻度，摇匀，制备龙葵素标准溶液。

分别取 0. 0mg、0. 2mg、0. 4mg、0. 6mg、0. 8mg、1. 0mg 龙葵素标准溶液，以体积分数为 1%的硫酸稀释至 2mL，置冰浴中逐渐加入 5mL 的硫酸放置 1min，然后置冰浴中滴加 2. 5mL 质量分数为 1%的甲醛，放置 90min 后，于波长 560nm 下测其吸光度。以龙葵素含量为横坐标，吸光度为纵坐标，绘制标准曲线。

(2)龙葵素提取样品吸光度的测定

①试样处理：向已得的龙葵素粗样品中加入体积比为 1∶1 的无水乙醇和 20%硫酸混合液，定容至 10mL。从中取 2mL 加入 5mL 60%硫酸(测 pH 值)，放置 5min 后，加入 5mL 酸性甲醛(甲醛和 60%硫酸的混合液，甲醛体积占 0. 5%)，放置 30min。

②吸光度的测定：以未加粗样品的 2mL 体积比为 1∶1 的无水乙醇和 20%硫酸混合液及 5mL 酸性甲醛(甲醛和 60%的硫酸的混合液，甲醛体积占 0. 5%)为参比液，在 560nm 处测样品吸光度。

(3)龙葵素含量的计算

$$X = \frac{C \times V}{m} \times 50$$

式中：X——样品中龙葵素含量，mg/100g；

C——测得吸光度对应的溶液浓度，mg/mL；

V——样品提取之后定容的总体积，mL；

m——样品量，g。

第 6 章　马铃薯淀粉检测

马铃薯淀粉品质检测，是保证产品质量，提高产品收率，降低单位经济成本的重要手段。产品质量检验对维护国家、行业及企业的标准、政策，为购销、调存、加工、进口、出口等环节提供品质优劣的科学依据。品质检验与分析，可为工艺技术人员和现场操作工在调整工艺参数时提供有效的依据；同时，可促进生产技术水平和管理水平的不断提高，为生产与经营工作提供一定的指导作用。

品质检测与分析是集感官检验、仪器检验和分析技术为一体的一门科学，要求检验人员具备多学科理论知识、技术技能及生产实际经验。操作者在实施中应遵守严肃认真、耐心细致、实事求是、快速、准确的原则进行操作。

马铃薯淀粉品质检测包括原料及辅料检测、中间产品检测、淀粉质量检测。检测程序如图 6-1 所示。

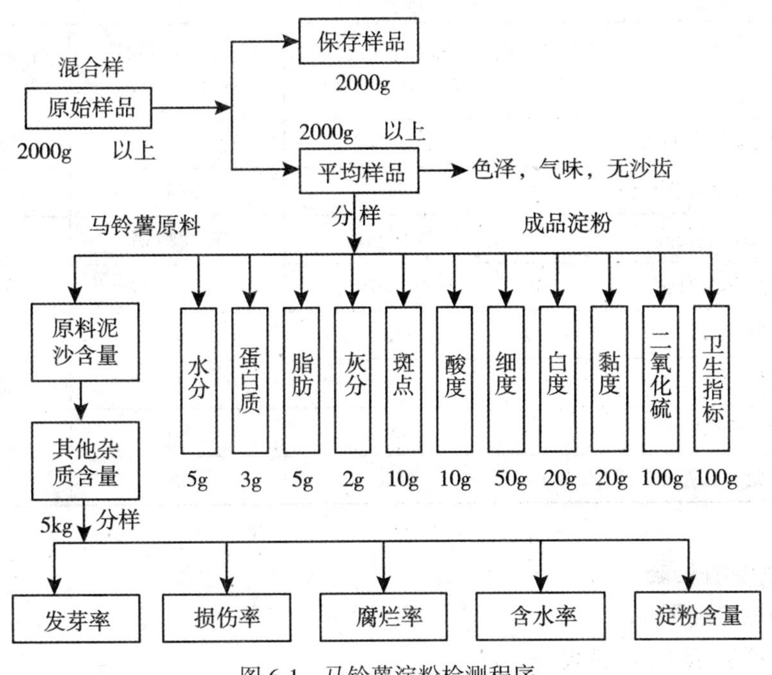

图 6-1　马铃薯淀粉检测程序

6.1　原料及辅料检测

检验分析的目的是确定物质组成，包括定性分析和定量分析两大部分，前者是测定物质的组成，后者是确定这些组成的质量百分数。根据淀粉生产工艺情况，主要采用定量分析的方法测定组分的质量分数。

通过检验分析，可以判定原材料、半成品、成品的质量及检查生产工艺过程中的温度、浓度等是否正常，以便能经济合理地使用原料、辅助材料和燃料，减少次品、废品，及时消除生产故障，保证产品质量。因此，对淀粉厂来说，检验分析起着指导生产和促进生产的作用，是生产中的重要环节。

淀粉厂检验分析的要求是准确、及时。准确是指按照国家规定的淀粉质量标准和检验方法，正确操作，准确运算，严格控制，保证产品质量。对各种原料、材料、半成品也要按检验项目认真进行，保证结果的准确可靠。及时是指对原材料、半成品、成品的检验分析应尽快完成，以保证在生产中及时改进。

6.1.1　马铃薯原料检验

1. 马铃薯原料的质量标准

原料马铃薯分为三个等级，具体指标见表 6-1。

表 6-1　**淀粉加工用马铃薯等级指标**

项　目		优等品	一等品	二等品
感官指标	薯　形	有该品种典型特征，薯形一致	有该品种特征，薯形较一致	有该品种类似特征，无明显畸形
	芽眼深度及数量	浅，少	浅，较少	中，较少
	完整块茎比率/(%)　≥	90	85	80
	表皮光滑程度	较光滑	轻度粗糙	较粗糙
	块茎质量/(g)　≥	100 占 70%	75 占 70%	50 占 70%
	杂质/(%)　≤	1	1	2
	缺陷/(%)　≤	3	5	7
	商品薯率/(%)　≥	95	85	80
理化指标	粗淀粉含量(鲜基)/(%)　≥	20	18	16

2. 马铃薯原料检验

(1)原料拣样规则

1)包装拣样数量规定(见表 6-2)

表 6-2　**淀粉加工用马铃薯原料拣样数量**

原料包数/包	拣样包数/包	拣样个数/个
<10	1	100
10~30	2	200

续表

原料包数/包	拣样包数/包	拣样个数/个
30~50	3	300
50~100	4	400
>100	每增加50包增拣1包	每增加50包增拣样50个

拣样从应拣包数中倒包，不加挑选地按规定数量拣出具有代表性的样品。

2)散装拣样数量规定(见表6-3)

表6-3 **淀粉加工用马铃薯原料拣样数量**

鲜薯质量/kg	拣样份数/份	拣样个数/个
<150	1	100
251~500	2	200
501~2500	3	300
2501~5000	4	400
>5000	每增加2500kg增拣1份	每增加2500kg增拣样50个

拣样按应拣份数，在堆积中任选几处，扒堆不加挑选地(不得撞伤薯皮)拣出具有代表性的样品。

3)杂质的检验

包装的鲜薯，首先称每包的总质量(去皮重)，然后倒包把浮土等杂质和块茎分开，再称块茎质量。从总质量中减去块茎质量，即得浮土等杂质的质量。按下列式分别计算块茎沾泥和杂质的百分率：

$$块根沾泥(\%)=\frac{W_1}{W_2}\times 100$$

$$杂质(\%)=\frac{W_3+W_1}{W}\times 100$$

式中：W_1——块茎沾泥量，g；

W_2——样品质量，g；

W_3——浮土等杂质质量，g；

W——样品总质量，g。

4)完整块茎的检验

从样品中拣出合乎完整块茎要求的，按质量标准要求的质量分开大小块，按个数用下式计算百分率：

$$大(小)块个数(\%)=\frac{M_2}{M}\times 100$$

式中：M_2——大(小)完整块茎个数；

M——样品个数。

检验结果以一次为准。如果发生争议，可另外拣样检验一次，即以复验结果为准，不再重复检验。

5)马铃薯水分质量分数检验

从刚过场的鲜薯原料中，选取具有代表性的大、中、小块茎，再从每个块茎的头、中、尾三部各取一小块置于研钵中捣碎为试样，然后进行测定。

取一只洗净的蒸发皿烘干，放入已制备好的试样10.0g(精确称量至0.1g)。将干燥箱的温度调至105~110℃，待温度恒定后放进试样，1.5h后取出，冷至室温时称重。根据试样烘干前后质量的差异的失重计算水分质量分数，如下式：

$$\text{水分质量分数}(\%)=\frac{\text{试样质量}-\text{烘干后试样质量}}{\text{试样质量}}\times 100$$

6)含薯渣量检验

取一只120目的筛格，洗净，烘干，加入制备好的试样10.0g(精确称量至0.1g)，用清水缓慢冲洗、擦搓试样中的淀粉，直至榨出来的水不含有淀粉为止，将筛网上剩余的残薯渣放在130℃的烘箱中恒温干燥40min，然后取出置于干燥器中冷却至室温再称重。根据试样质量和烘干后的残渣的质量计算含渣量，如下式：

$$\text{含渣量}(\%)=\frac{\text{烘干残重量}}{\text{试样质量}}\times 100$$

7)淀粉含量的检验

①粗略计算法(游离淀粉含量计算法)

在求出水分和薯渣含量后，可以粗略地把剩余部分当成淀粉，计算公式如下：

$$\text{淀粉含量}(\%)=100-(\text{水分含量}+\text{薯渣含量})$$

②化学滴定法

根据淀粉在酸或酶的作用下，水解生成具有还原性的葡萄糖的原理，将生成的葡萄糖用斐林氏溶液测定，再通过计算，从而获得淀粉含量。称取制好的试样50g，放入500mL的烧瓶中，再加100mL的水及100mL2%的盐酸溶液。将烧瓶置于700W电炉上(垫石棉网)，瓶口安有冷凝器，沸腾后计时间，水解1h，水解是否完全用碘液检验。取出冷却后，用20%的氢氧化钠中和至中性或微酸性。

用两层棉布或脱脂棉过滤，滤液用500mL的容量瓶接收，反复洗涤残渣，再用蒸馏水定容至500mL，摇匀后作待测试液，并用此液冲洗滴定管后，再灌满滴定管。吸取斐林氏溶液甲、乙各5mL，置于150mL三角瓶内，并加10mL纯水于电炉上煮沸后用待测试液滴定，等蓝色开始起变化时加入2滴1%的甲基蓝指示剂，再继续滴定至红色为终点(但需注意在滴定过程中一定要保持沸腾)，读出消耗量。

重吸取斐林氏溶液甲、乙各5mL，置于150mL三角瓶内，加入10mL纯水，并把少于上述滴定消耗量的1~2mL的待测试液加入三角瓶内，于电炉上煮沸。再用灌满了待测试液的滴定管再次滴定，达到等当点后，消耗的量加上原来加入的待测液的量，即为真实的消耗量。计算公式如下：

$$\text{淀粉含量}(\%)=\frac{F\times 10\times 500\times 0.9}{Q\cdot V\cdot(1-\text{水分}\%)}\times 100$$

式中：F——斐林氏液相当糖量，g；

Q——试样称取量，g；

V——滴定的真实消耗量，mL；

10——吸取斐林氏液总量，mL；

500——水解液过滤稀释量，mL；

0.9——葡萄糖换算淀粉的系数。

(2)马铃薯杂质率、腐烂率、绿皮率检测

①取样

每年马铃薯收购期，化验员必须在当日卸车的马铃薯库或马铃薯流送沟长、宽的两边范围内均匀设置6个点取样，取样可采用铁铲或者铁簸箕，每个点取样大约在1kg，6个点所取样混合后作为待检样品，所检杂质率、腐烂率及淀粉含量即为当日报表相关指标和第二天原料收购初步估算值，对于马铃薯原料杂质含量、淀粉含量、水分、纤维含量等检测方法执行《马铃薯原料检测规定》。

②检测

将6个点所采样品混合后首先称总重，洗净后称净重，再将腐烂部分弃除，并称其质量，然后分别计算杂质率、腐烂率、绿皮率，剩余部分检测其淀粉含量，如下列式子：

$$\text{杂质率}=\frac{\text{总重}-\text{净重(含腐烂部分)}}{\text{总重}}\times 100\%$$

$$\text{腐烂率}=\frac{\text{腐烂部分重量}}{\text{总重}}\times 100\%$$

$$\text{绿皮率}=\frac{\text{绿皮部分重量}}{\text{总重}}\times 100\%$$

③储存期检验

当马铃薯收购量大于生产量时，所收购原料有一部分须进行储存，原料在储存过程中，随储存时间的增长期腐烂率也会随之升高，因此，储存一段时间后应对其腐烂率进行检测，这部分的检测首先应确定其收购日期、储存时间及储存量，在堆垛中扒开上层原料，在中下部取样，取样同样为不同位置的6个点，所取样混合检测其腐烂率，为改进储存方法提供依据。

④品种检验

为了解各个品种原料在不同地区生长期淀粉含量的差异，不定期进行相关检测，针对部分原料必须记录原料来源、产地、品种、送检人员、粒径大小及所测淀粉含量。

6.1.2　马铃薯辅料检验

马铃薯淀粉生产中使用的辅料主要是亚硫酸氢钠。在马铃薯淀粉加工中，为防止淀粉发生褐变及杀菌，影响产品的质量，一般在马铃薯被破碎时要添加食品级亚硫酸氢钠溶液(亚硫酸)。

1. 亚硫酸氢钠技术指标

食品级的亚硫酸氢钠的具体指标要求详见表6-4。

表6-4　　亚硫酸氢钠技术指标

指标名称	指标含量/(%)
亚硫酸氢钠(以 SO_2 计)%	60~65
水不溶物%	0.005
氯化物(Cl)	0.01
铁(Fe)	0.001
砷(As)	0.0001
铅属(Pb)	0.01

亚硫酸氢钠的物化性质如下：分子量为104.16(按1961年国际原子量)，呈白色单斜晶体式粗粉，湿时带有强烈的二氧化硫气味，干燥后无其他气味，相对密度1.48，极易溶于水，加热时分解，微溶于乙醇，水溶液呈酸性，还原性较强，在空气中易被氧化或失去二氧化硫，将二氧化硫通入氢氧化钠或碳酸溶液所制得。

由于亚硫酸氢钠的性质的原因，我国《食品添加剂使用卫生标准》中的有关规定，其中"薯类淀粉等14种(类)食品中，亚硫酸氢钠(漂白剂的主要成分)最大使用量不超过0.2~0.45g/kg的范围。根据2007版的国标标准，优级淀粉的二氧化硫的含量应该控制在10mg/kg以下。

2. 亚硫酸氢钠检测

准确称取本样品1.5g，置100mL量瓶中，加水振摇溶解，并稀释至刻度，摇匀，精确量取15mL，置具塞锥形瓶中，精密加碘滴定液(0.1mol/L)25mL，密塞混合，放置5min，缓缓加盐酸1mL，用硫代硫酸钠滴定液(0.1mol/L)滴定，至近终点时，加淀粉指示液3mL，继续滴定至蓝色消失，并将滴定的结果用空白试验校正。每1mL碘滴定液(0.1mol/L)相当于5.203mg的硫酸氢钠。为了更快地测定亚硫酸盐纯度(以 SO_2 计)，取样5.000g(用碘量瓶)，定容1000mL，吸取5mL，加入蒸馏水200mL，用0.1mol/L碘标准液滴定，指示剂为1%淀粉溶液，当出现蓝色时为终点，同时做空白试验。计算公式如下：

$$SO_2(\%) = \frac{(V - V_0) \times N \times 0.032 \times 1000/5}{M} \times 100$$

式中：V——滴定时用去0.1mol/L碘标准液体积数，mL；

V_0——空白滴定时用去0.1mol/L碘标准液体积数，mL；

0.032——SO_2 毫摩尔质量；

M——取样量，g；

1000/5——扩大系数。

3. 漂白粉有效氯含量测定

用架式或盘式天平称取混合均匀后的漂白粉5g，置于研钵内并加入少量蒸馏水研成糊状；移入500mL容量瓶中，并用蒸馏水多次冲洗稀释至刻度，澄清2h。用移液管吸取上面的澄清液50mL，移入250mL的三角瓶内，加入20mL10%的醋酸溶液和预先称好的固体碘化钾2g，摇匀，盖好三角瓶塞，放入暗处静置25min；取出后即用0.1mol/L硫代硫酸钠标准溶液滴定至呈黄色时，加入3mL 1%淀粉指示剂，继续滴定至溶液从深蓝色变为无色为终点，记录消耗量(注：操作时，动作要快速，以防氯气挥发)。计算公式如下：

$$含有效氯(\%)=\frac{V\times N\times 0.03546}{W\times 50/100}\times 100$$

式中：V——消耗0.1mol/L硫代硫酸钠的体积数，mL；

W——试样称取量，g；

0.03546——与1mL11mol/L硫代硫酸钠溶液相当的氯量，g。

4. 苛性碱纯度测定

称取样品(称量时要迅速)2.0g，用蒸馏水溶解定容至1000mL，量取10mL试样，用0.1mol/L HCl标准溶液，酚酞或中性红为指示剂进行滴定，同时做空白试验。计算公式如下：

$$纯度=\frac{(V-V_0)\times N\times 40\times 10^{-3}\times 100}{M}\times 100\%$$

式中：V——滴定试样时耗用0.1mol/L HCl标准液体积数，mL；

V_0——空白滴定耗用0.1mol/L HCl标准液体积数，mL；

M——取样量，g；

40×10^{-3}——氢氧化钠毫摩尔质量；

100——扩大系数。

5. 工业盐纯度测定

称取工业盐试样2.00g，用蒸馏水溶解定容至1000mL，量取10mL，用T=1的硝酸银标准溶液滴定，指示剂为铬酸钾(10%)，出现橙红色即为终点，同时做空白试验。计算公式如下：

$$纯度=\frac{(V-V_0)\times 58.5/35.5\times 10^{-3}}{M}\times 100\%$$

式中：V——滴定试样用T=1的$AgNO_3$标准液数，mL；

V_0——空白试验用T=1的$AgNO_3$标准液数，mL；

M——取样量，g；

100——扩大系数；

58.5/35.5——折算系数。

6.2 中间产品检测

马铃薯淀粉生产企业的中间产品检验(指生产工艺过程的控制指标检验)的目的，是检查工艺控制过程的主要关键控制点，并能及时准确地给操作工提供有效的检测数据，使操作工用最短的时间依据检测数据调整工艺的正确性、稳定性，使生产工艺关键控制点调到最佳状态。通过对中间产品关键控制点数据检验分析，加强对中间体的质量控制，避免不合格品进入到下一个环节，以保证最终成品的质量、提取率、生产量。

测定中间产品关键控制点质量指标的方法主要有：化学方法、物理方法、仪器分析方法和感官检验法。

6.2.1　中间产品检验项目与指标

中间产品检验内容应根据现场实际淀粉生产工艺关键控制点要求而定，一般对于影响产品质量、提取率、生产效率参数都应进行检验和分析。

由于生产过程的连续性和时效性，检验方法力求简单、快速、准确。检测数据信息反馈力求迅速、直观。采样应随机进行，采样批次应制度化。检验工作以化验室为主，各岗位操作工自检、互检为辅，力求工艺控制指标能严格控制。

马铃薯淀粉生产过程中间产品检验，主要为最终成品淀粉检验做好基础工作，以减少入库后的成品淀粉再返工，其检测内容和检测项目与要求应根据生产工艺技术装备(自动控制)水平高低灵活掌握，力争交叉进行检测与判定。中间产品检验内容见表 6-5。

6.2.2　中间产品检验方法

1. 马铃薯清洗后的损伤率

(1)取样

在清洗工段后，取样 5kg，每班取样一次，取平均样。

(2)检验

拣出有新机械伤痕的块茎，计算其所占的百分率，即为损伤率。

表 6-5　**(化验室)中间产品检验内容表**

序号	项　目	检验内容	单位	控制指标	监控频次	取样点
1	马铃薯原料	杂质率 腐烂率 绿皮率	% % %	品种/水分/净含量 干物质含量 淀粉含量	24h 一次 (混合样)	流送沟 (或原料库)
2	锉磨机	锉磨系数	%	96~98	24h 一次 (新锯条)	锉磨机底部
3	薯渣(渣滓)	结合淀粉 游离淀粉	% %	35~37 3~4	8h 一次 (每班一次)	第四台离心筛(筛上物)
4	外排细胞液	干物含量 淀粉含量	% %	0.450.65 0.25~0.40	2h 一次 (每班 4 次)	旋流单元(回收系统三级)
5	纯净淀粉乳	波美度 纤维含量	°Be %	23~26 0.3~0.5	2h 一次 (每班 4 次)	旋流单元(最后浓缩液)
6	湿淀粉	水分	%	38~41	2h 一次 (每班 4 次)	脱水机卸料
7	干燥淀粉	水分含量 淀粉白度	% %	17.520 91.0~96.0	1h 一次 (每班 8 次)	关风器取样口
8	干燥淀粉	淀粉细度 淀粉斑点	% 个	99.97 0.33m^3/mm	1h 一次 (每班 8 次)	成品筛 取样口

续表

序号	项　目	检验内容	单位	控制指标	监控频次	取样点
9	均匀淀粉	水分含量 淀粉白度	% %	18~19.5 92.0~96.0	30min 一次 (每班 16 次)	回料管 取样口
10	包装淀粉	水分含量 淀粉白度	% %	18.5~19 92.0~94.0	30min 一次 (每班 16 次)	包装机
11	细胞液水 淀粉乳液	操作工自查：对于旋流洗涤单元外排细胞液水、最后一级浓缩淀粉乳、各级旋流器进料浓度，由操作工采用实验用离心机不间断的离心自查，方便及时调整工艺				

注：对于卫生指标中砷、铅、菌落总数、霉菌和酵母菌数、大肠菌群，每一个生产批号检测一次。

2. 马铃薯洗涤水淀粉含量

(1)取样

从洗涤水排放沟中取样，每班取 3 次，每次 300mL。将三次取样混合均匀后作为试样待测淀粉含量。

(2)检验

先将试样过滤、烘干，测定其干物质含量。然后再用烘干后的样品按照中间产品的检验与分析中淀粉含量的测定方法，检验淀粉含量。

①将试样搅拌均匀后，用量筒量取 100mL 倒入 500mL 三角瓶内，加上 2%盐酸 50mL，置于电炉上水解 30min。取出迅速冷却后，用 20%的氢氧化钠溶液中和到中性或微酸性，然后过滤倒入容量瓶中定容至 250mL，摇匀，备用。

②吸取斐林氏甲、乙液各 2.5mL，移入 150mL 三角瓶内，用 10mL 蒸馏水稀释，置于 500W 电炉上煮沸，用以上待测试液装入试管后进行滴定，待蓝色刚起变化时，加一滴次甲基蓝指示剂，继续滴定至红色为终点，记录滴定消耗量，计算淀粉含量，公式如下：

$$\text{含粉量(kg/t)} = \frac{F \times 250 \times 5 \times 0.9}{Q \cdot V} \times 100$$

式中符号表示含义与原料含淀粉量计算公式相同。

3. 马铃薯锉磨系数检测

磨碎系数用磨碎后浆料中游离淀粉与含在洗净的马铃薯或磨碎的浆料中的全部淀粉之比来表示。它表明从原料中获得淀粉的程度。

(1)取样

从磨碎机底部出料(斜槽)每天 3 次，每次取 0.5kg，混合后测定磨碎系数。

(2)检验

按照原料淀粉含量粗略计算法的测定方法，先测定游离淀粉含量，然后计算游离淀粉含量与全部淀粉含量之比即为磨碎系数。

4. 外排细胞液水淀粉含量检测

(1)取样

每班取 4 次细胞液，每次 2~3L。混合后作为试样。

(2)检验

此检验方法同马铃薯洗涤水淀粉含量测定方法。

5. 薯渣淀粉含量检测

检测淀粉与薯渣洗涤分离后的薯渣含水量、游离淀粉含量、结合淀粉含量，能反映出锉磨机的磨碎系数和离心筛分离效果，同时反映离心筛的筛网是否被堵，对淀粉的提取率有直接的关系。

(1)取样

从最后的第四台级离心筛出料口每班取样 3 次，每次取 0.5L，合并混合均匀后作为试样。

(2)薯渣含水量测定

混合试样，取 10g 置于干燥后的蒸发皿上，在 105~110℃的鼓风干燥箱中干燥 40min，然后取出放入干燥器内冷却至室温，再称重。计算水分含量与计算原料水分含量的方法相同。

(3)薯渣游离淀粉含量测定

按原料含渣量的检验方法，计算出洗去游离淀粉后的含渣量。

$$游离淀粉(\%)=100-(含水量+含渣量)$$

(4)薯渣结合淀粉含量测定

首先测定薯渣总淀粉含量，取混合均匀后的试样 20g，放入 500mL 三角瓶内，并加 2%的盐酸 100mL，置于 700W 电炉上水解 1h，其余操作与鲜薯原料水解试样含淀粉量的测定步骤相同。

$$结合淀粉含量(\%)=总淀粉含量-游离淀粉含量$$

6. 湿淀粉水分质量分数检测

湿淀粉含水量高低，对于脱水后的湿淀粉干燥过程消耗蒸汽、生产效率、生产量影响极大，同时影响干燥后淀粉水分质量分数的稳定性，尤其是对于干燥后淀粉活性水分影响最大。因此，检测湿淀粉水分质量分数，并及时地将检测数据提供给现场操作工，可帮助操作工及时调整淀粉乳浓度或者及时清洗过滤布。

(1)取样

在脱水机卸料区的输送带每班取 1 次，每次取 200g，作为试样分别测定。

(2)检验

湿淀粉混合均匀的试样 100g，置于已干燥的蒸发皿中，在 130℃的鼓风干燥箱中干燥 40min，然后取出放入干燥器内冷却至室温，再称重计算水分质量分数，公式如下：

$$水分质量分数(\%)=\frac{试样质量-烘干后试样质量}{试样质量}\times 100$$

各工段物料浓度测定，应根据需要及时测量。辅料、燃料、能耗等消耗数每班至少测定一次，其他工艺指标根据情况灵活掌握。

6.3 马铃薯淀粉质量检测

6.3.1 马铃薯淀粉质量标准(GB/T 8884—2007)

1. 感官要求

感官要求应符合表 6-6 的规定。

表 6-6 **感官要求**

项目	指标		
	优级品	一级品	二级品
色泽	洁白带有结晶光泽	洁白	
气味	无异味		
口感	无砂齿		
杂质	无外来物		

2. 理化指标

理化指标应符合表 6-7 的规定。

表 6-7 **理化指标**

项目		指标		
		优级品	一级品	二级品
水分/(%)		18.00~20.00	≤20.00	
灰分(干基)/(%)	≤	0.30	0.40	0.50
蛋白质(干基)/(%)	≤	0.10	0.15	0.20
斑点/(个/cm^2)	≤	3.00	5.00	9.00
细度 150μm(100 目)筛通过率分数/(%)	≥	99.90	99.50	99.00
白度，457nm 蓝光反射率/(%)	≥	92.00	90.00	88.00
黏度，4%(干物质计)700cmg/BU	≥	1300	1100	900
电导率(μs/cm)	≤	100	150	200
pH 值		6.0~8.0		

3. 卫生指标

卫生指标应符合表 6-8 的规定。

表 6-8 **卫生指标**

项目		指标		
		优级品	一级品	二级品
二氧化硫/(mg/kg)	≤	10.00	15.00	20.00
砷(As 计)/(mg/kg)	≤	0.30		
铅(Pb 计)/(mg/kg)	≤	0.50		
菌落总数/(CFU/g)	≤	5000	10000	
霉菌和酵母菌数/(CFU/g)	≤	500	1000	
大肠菌群/(MPN/100g)	≤	30	70	

6.3.2　马铃薯淀粉质量指标检验

1. 水分测定

马铃薯淀粉呈微酸性，自身有一定的抗菌能力，比较耐贮。但在含水量偏大时，会造成酸度降低使局部或整体发生霉变或腐化。在生产过程中，要按照产品的质量标准，严格控制产品的水分。

为了控制水分，要按时测定成品淀粉的含水量，并以此做参考，适当调整气流干燥系统的进料量、热风量和蒸汽压力(热焓)，使产品符合质量标准的要求。

水分的测定，在生产现场可以使用水分快速测定仪，操作方便，但准确率偏低。在实验室中，可参照GB/T 12087—2008用烘箱法测定。

(1)原理

将试样放在130~133℃的恒温烘箱内，于常压下烘干90min，测定试样损失的质量，来确定淀粉的水分含量。淀粉水分(moisture content of starch)含量以质量分数表示。

(2)仪器

①天平：感量0.001g。

②烘盒：用在测试条件下不受淀粉影响的金属(例如铝)制作，并有大小合适的盒盖。其有效表面能使试样均匀分布时质量不超过0.3g/cm^2，适宜尺寸为直径55~65mm，高度为15~30mm，壁厚为0.5mm。

③恒温烘箱：配有空气循环装置的电加热器，能够使得测试样品周围的空气、温度均匀保持在130~133℃范围内。烘箱的热功率应能保证在烘箱温度调到131℃时，放入最大数量的试样后，在30min内烘箱温度回升到131℃，从而保证所有的样品同时干燥。

④干燥器：内置有效的干燥剂(如变色硅胶)和一个使烘盒快速冷却的多孔厚隔板。

(3)试验样品

测试样品应没有任何结块、硬块，并应充分混匀后使用。样品应放在防潮、密封的容器内，测试样品取出后，应将剩余样品储存在相同的容器中，以备下次测试时再用。

(4)分析步骤

①烘盒恒质。取干净的烘盒放在130℃烘箱内烘30~60min，取出烘盒置于干燥器内冷却至室温，取出称量；再烘30min，重复进行冷却、称量至前后两次质量差不超过0.005g，即为恒质(m_0)。

②样品及烘盒称量。精确称取样品5g±0.25g(精确至0.0001g)充分混均的试样，倒入恒质后的烘盒内，使试样均匀地分布在盒底表面上，盖上盒盖，立即称量烘盒和试样的总质量(m_1)。在整个过程中，应尽可能减少烘盒在空气中的暴露时间。

③测定。称量结束后，将盒盖打开斜靠在烘盒旁，迅速将剩有试样的烘盒和盒盖放入已预热到130℃的恒温烘箱内，当烘箱温度恢复到130℃时开始计时，样品在130~133℃的条件下烘90min，然后取出，并迅速盖上盒盖，放入干燥器中，烘盒不可叠放。烘盒在干燥器中冷却30~45min至室温，然后将烘盒从干燥器内取出，在2min内精确称量试样和带盖烘盒的总质量(m_2)。对同一样品应进行两次平行测定。

(5)结果计算

$$X = \frac{m_1 - m_2}{m_1 - m_0} \times 100$$

式中：X——样品的水分质量分数，%；

m_0——恒质后的空烘盒和盖的总质量，g；

m_1——干燥前带有样品的烘盒和盖的总质量，g；

m_2——干燥后带有样品的烘盒和盖的总质量，g。

(6)精密度

①重复性。在短时间内，在同一个实验室，由同一操作者，使用相同的仪器，采用相同的测试方法，对同一份样品进行测定，获得两个独立的测定结果。这两个测定结果的绝对值不应大于给定的重复性限 r 的事例不应超过 5%。

②再现性。在不同的实验室，由不同的操作者，使用不同的仪器，采用相同的测定方法，对于同一份被测定样品进行测定，获得两个独立的测定结果。马铃薯淀粉的重复性限(R，质量分数)为 0.5%。这两个测定结果的绝对值不应大于给定的再限性限 R 的事例不应超过 5%。

2. 淀粉斑点测定

淀粉中的斑点(spot)是指在规定条件下用肉眼观察到的杂色点，主要是颜色发黑的砂粒和灰尘造成的。斑点较少时，主要影响淀粉的感观指标；斑点较多时，就会影响淀粉的理化指标。

斑点形成的原因，一是马铃薯预处理时洗涤不彻底，二是精致工段的除砂器失效，三是气流干燥机风口吸入了灰尘。

在生产现场，可以用普通玻璃板夹压成品淀粉，借助光亮观察一定面积上的黑点数量，来初步测定。在实验室，采用 GB/T 22427—2008 规定的方法测定。

(1)原理

通过肉眼观察样品，读出斑点的数量。

(2)仪器

①透明板：刻有 10 个方形格(1cm×1cm)的无色透明板。清洁，无污染。常用 SBN 型淀粉斑点计数器。

②平板：白色，清洁，无污染，可均匀分布样品。

(3)操作过程

①样品预处理：样品应进行充分混匀。

②称样：取样品 10g，均匀分布在平板上。

③计数：透明压板盖到已均匀分布的样品上，并轻轻压平。在较好的光线下，眼与透明板的距离保持 30cm，用肉眼观察样品中的斑点，并进行计数，记下 10 个空格内样品的斑点总数量。

(4)结果的表示

①计算方法：结果以每 cm^2 的斑点的数量表示，见下式：

$$X = \frac{C}{10}$$

式中：X——样品的斑点，个/cm^2；

C——10 个空格内样品斑点的总数，个。

②重复性：平行实验结果的绝对差值，不应超过 1.0；若超出上述限值，应重新测定。

3. 淀粉细度测定

细度(fineness)：分样筛筛分淀粉样品，通过分样筛得到的筛下物质量与样品总质量的比值。马铃薯淀粉细度按照 GB/T 22427.5—2008 标准进行测定。

(1)原理

用分样筛进行筛分，通过分样筛得到样品的过程。

(2)仪器

①天平：感量 0.1g。

②分样筛：金属丝编织筛网，根据产品要求选用规定的孔径。

③检验筛：金属丝编织筛网，根据产品要求选用规定的孔径。振动频率：1420 次/min；振幅：2~5mm。

④橡皮球：直径 5mm。

(3)操作过程

1)人工筛分法

①样品预处理：样品应充分混匀。

②称样：取样品 50g，精确至 0.1g。

③筛分：均匀摇动分样筛，直至筛分不下为止。称量筛下物，精确至 0.1g。

2)标准检验筛筛分法(仲裁法)

①样品预处理：样品应充分混匀。

②称样：取样品 50g，精确至 0.1g。

③筛分：将样品均匀地倒入检验筛中，放入橡皮球 5 个，固定筛体，振摇 10min 后，称量筛下物，精确至 0.1g。

3)测定次数

进行平行实验。

(4)结果计算

①计算方法：细度以筛下物占样品总质量的百分比表示，见下式：

$$X = \frac{m_1}{m_0} \times 100$$

式中：X——样品细度，%；

m_1——样品通过筛的筛下物质量，g；

m_0——样品的原质量，g。

②重复性：平行实验结果的绝对差值，不应超过质量分数的 0.5；若超出上述限值，应再重新测定。

4. 淀粉酸度测定

在正常情况下，马铃薯淀粉的酸度(acidity)一般都不会超标，但是如果在生产过程中使用了不合格的防褐变剂，或过量使用了防褐变剂、防腐剂和增白剂等，就可能造成酸度不正常，在以湿淀粉为原料进行生产时，如果湿淀粉已经酸败，则更可能生产出酸度过大的淀粉。马铃薯淀粉酸度的测定，参照 GB/T 22427.9—2008 标准进行测定。

(1)原理

通过用氢氧化钠标准溶液滴定淀粉乳液直至中性，滴定样品乳液所耗用氢氧化钠标准溶液的体积数来测定。

(2)试剂(应使用分析纯试剂和蒸馏水或相当纯度的水)

①氢氧化钠标准溶液：c=0.1mol/L，需标定。

②邻苯二甲酸氢钾：基准试剂。

③酚酞指示剂：1g 酚酞溶解于 100mL95%(体积分数)乙醇中。

(3)仪器

①锥形瓶：250mL。

②碱式滴定管：容量 10mL，25mL。

③分析天平：感量 0.1g。

④分析天平：感量 0.0001g。

⑤磁力搅拌器。

⑥电热恒温鼓风干燥箱：温度可控制在 110℃±1℃。

⑦干燥器：内有有效充足的干燥剂和一个厚的多孔板。

(4)操作过程

①样品预处理：样品应充分混匀。

②称样：取样品 10g，精确至 0.1g，移入 250mL 锥形瓶内，加入 100mL 蒸馏水，振荡并混合均匀。

③滴定：锥形瓶中加入 2~3 滴酚酞指示剂，置于磁力搅拌器上搅拌。

用已标定的氢氧化钠标准溶液滴定，直至锥形瓶中刚好出现粉红色，且 30s 内不褪色，读取耗用氢氧化钠标准溶液的毫升数(V_1)。

④空白滴定：用 100mL 蒸馏水做空白实验，读取耗用氢氧化钠标准溶液的毫升数(V_0)。空白所耗用的氢氧化钠的体积应不小于零，否则应重新使用符合要求的蒸馏水或相当纯度的水。

⑤测定次数：进行平行实验。

(5)结果计算

①计算方法：酸度以 10g 样品所耗用 0.1mol/L 氢氧化钠标准溶液体积的毫升数表示，见下式：

$$X = \frac{c \times (V_1 - V_0) \times 10}{m \times 0.1000}$$

式中：X——样品酸度，mL；

c——已标定的氢氧化钠标准溶液浓度，mol/L；

V_1——滴定样品所耗用的氢氧化钠标准溶液的体积，mL；

V_0——空白试验所耗用的氢氧化钠标准溶液的体积，mL；

M——样品的干基质量，g。

②重复性：平行实验结果的相对差值，不应超过 0.02mL；若超出上述限值，应重新实验。

5. 淀粉白度测定

白度(Whiteness)是马铃薯淀粉最重要的理化指标之一。影响淀粉白度的主要原因是淀粉中混有较多的杂质，一是从预处理带入后续工序的泥土；二是干燥时由进风口混入的灰尘；三是脱汁和洗涤不彻底残留的褐变物。

对白度的测定，在生产现场，可以用简易对比板，来粗略比较出淀粉的大致白度。对比板是自制的从灰白一直过渡到纯白的带长条盒的器具。使用时，将淀粉平铺在处于下方的长条盒内，压实后，用肉眼观察和比较，从淀粉的白度与上面对比板的样色相接近的情况，初步判定淀粉的白度。

在实验室，按照GB/T22427.6—2008规定的方法，使用白度仪来直接测定淀粉的白度。也可以用光电比色计，来间接测量淀粉的白度，但计算稍复杂。

(1)原理

白度是淀粉在规定条件下，样品表面蓝光反射率与标准白板表面光反射率的比值。根据白度不同的淀粉对蓝光的反射率不同的原理，利用灵敏度较高的光敏器件接收反射光，使强弱不同的光反射信号变成电信号，通过比较样品表面蓝光反射率与标准白板表面蓝光反射率，得到样品的白度。

(2)仪器

①白度仪：波长可调至457nm，有合适的样品盒及标准白板，能精确至0.1。

②压样器。

(3)操作过程

①样品预处理：样品应充分混匀。

②样品白板的制作：按白度仪所提供的样品盒装样，并根据白度仪所规定的方法制作样品白板。

③白度仪操作：按所规定的操作方法进行，用标有白度的优级纯氧化镁制成的标准白板进行校正。

④测定：用白度仪对样品白板进行测定，记取白度值。

(4)结果表示

①表示方法：白度以白度仪测得的样品白度值表示。取平行实验的算术平均值为结果，保留一位小数。

②重复性：平行实验结果的绝对差值，不应超过0.2；若超出上述限值，应重新测定。标准白板需要定期校准。

6. 淀粉黏度测定

淀粉黏度(starch viscosity)即淀粉和变性淀粉糊的抗流动性。测定方法主要有旋转黏度计法和布拉班德黏度仪法。

(1)旋转黏度计法

1)仪器

①天平：感重0.1g。

②旋转黏度计：带有一个加热保温装置，可保持仪器及淀粉乳液的温度在45~95℃变化且偏差为±0.5℃。

③搅拌器：搅拌速度120r/min。

④超级恒温水浴：温度可调节范围在30~95℃。

⑤四口烧瓶：250mL。

⑥冷凝管。

⑦温度计。

2)试剂

蒸馏水或者去离子水：电导率≤4μS/cm。

3)操作过程

①称样。用天平称取适量的样品，精确至0.1g。将样品置入四口烧瓶中后，加入水，使样品的干基固形物浓度达到设定浓度。

②旋转黏度计及淀粉乳液的准备。按旋转黏度计所规定的操作方法进行校正调零，并将仪器测定筒与超级恒温水浴装置相连，打开水浴装置。将装有淀粉乳液的四口烧瓶放入超级恒温水浴中，在烧瓶上装上搅拌器、冷凝管和温度计，盖上取样口，打开冷凝水和搅拌器。

③测定。将测定筒和淀粉乳液的温度通过恒温装置分别同时控制在45℃、50℃、55℃、60℃、65℃、70℃、75℃、80℃、85℃、90℃、95℃。在恒温装置到达上述每个温度时，从四口烧瓶中吸取淀粉乳液，加入到旋转黏度计的测量筒内，测定黏度，读取各个温度时的黏度值。

④作图。以黏度值为纵坐标，温度为横坐标，根据测定所得到的数据做出黏度值与温度的变化曲线。

4)结果表示

从所得的曲线中，找出对应温度的黏度值。

(2)布拉班德黏度仪法

1)原理

利用黏度仪测量并绘制淀粉黏度曲线，从而确定不同温度时的淀粉和变性淀粉的黏度。

2)仪器

①分析天平：感重0.1g。

②布拉班德黏度仪：Viscograph-E型、Viscograph-PT100型。

③锥形瓶：500mL，具有玻璃塞。

3)试剂

蒸馏水或者去离子水：电导率≤4μS/cm。

4)操作过程

①称样。称取适量的样品(精确至0.1g)于500mL锥形瓶中，加入一定量的水，使得试样总量为460g。

②仪器准备。启动布拉班德黏度仪，打开冷却水源；黏度仪的测定参数如下：转速75r/min，测量范围700cmg，黏度单位BU(或mPa·s)；测定程序：以1.5℃/min的速率从35℃升至95℃，在95℃保温30min，再以1.5℃/min的速率降温至50℃，在50℃保温30min。

③装样。充分摇动锥形瓶，将其中的悬浮液倒入布拉班德载样筒，再将载样筒放入布

拉班德黏度仪中。

④测量。按照布拉班德黏度仪操作规程启动实验。

5)结果表示

测量结束后，仪器会绘出图谱，并可从图谱中获得相关评价指标：样品的成糊温度、峰值黏度以及回生值、降落值等特征值。同时在黏度曲线上也可直接读出不同温度时的黏度值。

7. 淀粉灰分测定

残留在淀粉产品中的泥土、砂石和灰尘，以及硅、钙、镁、钾的盐颗粒，都可以被灰化成灰分(ash)。

灰分的测定，参照 GB/T 22427. 1—2008 和 ISO 3593：1981 标准进行操作。

(1)原理

将样品在 900℃高温下灰化，直到灰化样品的炭完全消失，得到样品的残留物。

(2)仪器

①坩埚：由铂或在该测定条件下不受影响的材料制成，平底，容量为 40mL，最小可用表面积为 15㎝^{2}。

②干燥器：内有有效充足的干燥剂和一个厚的多孔板。

③灰化炉：有控制和调节温度的装置，可提供 900±25℃的灰化温度。

④分析天平：感量 0. 0001g。

⑤电热板或本生灯。

(3)操作过程

①坩埚预处理

不管新的或是使用过的坩埚，必须先用沸腾的稀盐酸洗涤，再用大量自来水洗涤，最后用蒸馏水冲洗。

将洗净的坩埚置于焚化炉内，在 900±25℃下加热 30min，并在干燥器内冷却至室温，称重，精确至 0. 0001g。

②称样

根据对样品灰分含量的估计，迅速称取样品 5～10g，精确至 0. 0001g，将样品均匀分布在坩埚内，不要压紧。

③炭化

将坩埚坩埚置于灰化炉口、电热板或本生灯上，半盖坩埚盖，小心加热使样品在通气情况下完全炭化，直至无烟生成。

燃烧会产生挥发性物质，要避免自燃，自燃会使样品从坩埚中溅出而导致损失。

④灰化

炭化结束后，即刻将坩埚放入灰化炉内，将温度升高至 900±25℃，保持此温度直至剩余的炭全部消失为止，一般 1h 可灰化完毕。打开炉门，将坩埚移至炉口冷却至 200℃左右，然后将坩埚放入干燥器中使之冷却至室温，准确称重，精确至 0. 0001g。每次放入干燥器的坩埚不得超过 4 个。

(4)结果计算

①计算方法：若灰分含量以样品残留物质量占样品质量的百分比表示，见下式：

$$X = \frac{m_1}{m_0} \times 100$$

若灰分含量以样品残留物的质量占样品干基质量的百分比表示，见下式：

$$X = m_1 \times \frac{100}{m_0} \times \frac{100}{100 - H}$$

式中：X——样品的灰分含量,%；

m_1——灰化后残留物的质量，g；

m_0——样品的质量，g；

H——样品按 GB/T 22427.2—2008 的规定方法测定的水分含量,%。

取平行实验的算术平均值为结果。得到的结果之差应符合重复性的要求。实验结果保留两位小数。

②重复性：在灰分含量(质量分数)不大于1%时，平行实验结果的绝对差值不应超过0.02%；在灰分含量(质量分数)大于1%时，绝对差值则不应超过算术平均值的2%。若重复性超出上述两种限值，应再重新做两次测定。

8. 二氧化硫含量测定(GB/T22427.13—2008)

(1)原理

将样品酸化和加热，使其释放出二氧化硫，并随氮流通过过氧化氢稀溶液而吸收氧化成硫酸，用氢氧化钠溶液滴定。测定马铃薯淀粉及其衍生物中二氧化硫含量可选用酸度法和浊度法。酸度法适用于二氧化硫含量高于16mg/kg的样品，浊度法适用于二氧化硫含量低于16mg/kg的样品。

(2)酸度法

1)试剂

①氮气：无氧。

②过氧化氢溶液：将30mL质量分数为30%的过氧化氢，倒入1000mL容量瓶内，加水至刻度。浓度为9~10g/L。现配现用。

③盐酸溶液：置150mL浓盐酸(ρ_{20}=1.19g/mL)于1000mL容量瓶，加水定容至刻度。

④溴酚蓝指示剂溶液：将100mg的溴酚蓝溶于100mL浓度为20%(体积分数)的乙醇溶液中。

⑤田代(Tashiro)指示剂：将30mg的甲基红和50mg的亚甲基蓝溶解在120mL90%(体积分数)乙醇中，用水稀释至200mL，混匀。

注：田代(Tashiro)指示剂只可在酸度法的测定中使用。溴酚蓝指示剂适用于酸度法的测定，同时不影响浊度法中的测定。

⑥氢氧化钠标准溶液：c=0.1mol/L。

⑦氢氧化钠标准溶液：c=0.01mol/L。

注1：⑥、⑦溶液应使用不含二氧化碳的水配制，该水可通过煮沸后的水经氮流冷却而得到。

注2：推荐的溶液对小体积的实验适用，如果需要，增加试样量。

⑧碘标准溶液：c=0.01mol/L。

⑨淀粉指示剂：c=5g/L。将0.5g可溶性淀粉溶于100mL的水中，搅拌至沸腾，再加

入 20g 氯化钠，搅拌直至完全溶解为止，使用前应冷却至室温。

⑩焦亚硫酸钾和乙二胺四乙酸二氢钠混合溶液：将 0.87g 焦亚硫酸钾（$K_2S_2O_5$）和 0.20g 乙二胺四乙酸二氢钠（Na_2H_2EDTA）溶于水中，并定量地转移至 1000mL 容量瓶中，加水至刻度，充分混合。

2）仪器

玻璃仪器的磨口连接处要吻合。

①锥形瓶：100mL。

②容量瓶：1000mL。

③吸管：0.1mL、1mL、2mL、3mL、5mL 和 20mL。

④微量半滴定管：10mL。

⑤滴定管：25mL 和 50mL。

⑥分析天平。

⑦磁力搅拌器：带有有效的加热器，适用于烧瓶。

⑧雾状仪：如图 6-4 所示。或采用能保证二氧化硫成雾状通过过氧化氢溶液而被吸收的类似装置。

注：避免将冷凝器和喷水口相连，这可能导致二氧化硫的吸收。

a. 雾状仪的组成：

A——圆底烧瓶，250mL 或更大，并有一磨口短状开口，以便插入一温度计；

B——竖式冷凝器，固定于烧瓶 A 上；

C——分液漏斗，固定于烧瓶 A 上；

D——连有苯三酚碱性溶液吸收器的氮流入口处；

E 和 E′——串联的两个起泡器，与冷凝器 B 相接；

F——温度计。

注意测定时，若雾状发生速度较慢、较稳定，则第二次测定时，只需清洗烧瓶 A。

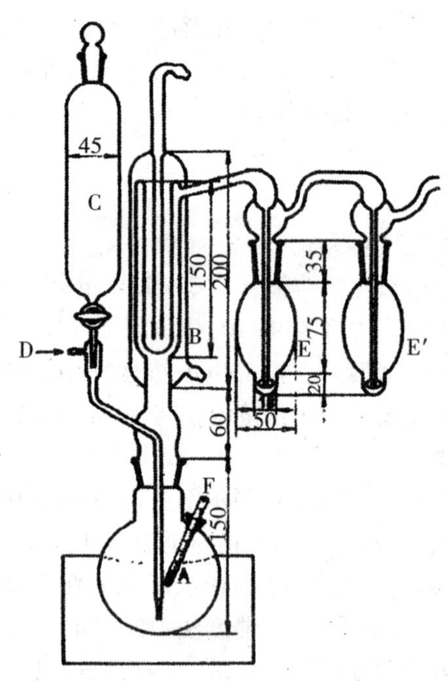

图 6-4　雾状仪（单位：mm）

b. 检查测定：

在烧瓶 A 内加入 100mL 的水，用吸管加入 20mL 溶液进行二氧化硫的成雾和测定。

用吸管将 20mL 的碘标准溶液、5mL 盐酸溶液和 1mL 淀粉溶液移入 100mL 锥形瓶。用滴定管以焦亚硫酸钾和乙二胺四乙酸二氢钠混合溶液进行滴定直至变色。

注：两个起泡器内溶液应维持中性。两步操作测定的二氧化硫含量之差不应超过其算术平均值的 1%，间歇应不超过 15min，以免焦亚硫酸钾-乙二胺四乙酸二氢钠溶液中可能发生的二氧化硫含量的变化。

3)操作过程

①样品预处理：样品充分混匀。

②称样：按表6-9称取样品，精确至0.01g。

表6-9

二氢化硫估计含量值/(mg/kg)	样品量/g
<50	100
50~200	50

当样品是D-葡萄糖时，样品量可增加。

当样品的二氧化硫含量估计值大于200mg/kg时，应减少样品量，使之所含二氧化硫不超过10mg。样品直接称重困难时，可通过减量法称取。

样品定量地移入烧瓶A中，加入100mL的水，并摇晃使之混合均匀。

③成雾：

a. 在漏斗C中放入50mL盐酸；

b. 用吸管在起泡器E和E′中分别注入3mL过氧化氢溶液、0.1mL溴酚蓝指示剂溶液并用氢氧化钠标准溶液中和过氧化氢溶液；

c. 将冷凝器B和起泡器E和E′连接到仪器上，慢慢地通过氮气，以排出仪器中全部空气，并打开冷凝水；

d. 将漏斗C内的盐放入烧瓶A中，必要时可暂停通入氮气；

e. 混合物在30min内加热到沸腾，然后保持沸腾30min，同时通入氮气，不停地搅拌。

④滴定：定量地将第二个起泡器内溶液倒入第一个起泡器内，根据二氧化硫含量估计值，用氢氧化钠标准溶液滴定已形成的硫酸。如有挥发性有机酸存在，则应煮沸2min，冷却至室温后滴定。

⑤检验：当用0.01mol/L氢氧化钠标准溶液滴定所消耗的体积小于5mL，或使用0.1mol/L氢氧化钠标准溶液滴定所消耗的体积小于0.5mL，应增加样品量或采用浊度法。

4)结果计算成本

如果用酸度法测定是有效的，淀粉及其衍生物的二氧化硫含量是以1000g样品中二氧化硫的mg数表示，计算公式如下：

$$X = \frac{0.3203 \times V \times 1000}{m_0}$$

式中：X——样品二氧化硫含量，g/100g；

V——所消耗的0.01mol/L氢氧化钠标准溶液或使用0.1mol/L氢氧化钠标准溶液滴定10倍的体积，mL；

m_0——样品的质量，g。

注：取平行实验的算术平均值为结果。得到其结果之差应符合对重复性的要求。平行实验的绝对差值应不超过算术平均值的质量分数的 5%。在不同的实验室由不同实验者采用不同仪器、相同材料、相同方法进行的两个独立实验得到的结果的绝对差值不应超过两次测定结果的算术平均值的质量分数的 10%。

(3)浊度法

当用 0.01mol/L 氢氧化钠标准溶液滴定所消耗的体积小于 5mL，或使用 0.1mol/L 氢氧化钠标准溶液滴定所消耗的体积小于 0.5mL，应采用浊度法。

试样质量 100g，以上限值相当于含 16mg/kg 的二氧化硫。超过以上限值，用酸度法测定。

1)试剂

应使用不含有硫酸盐的分析纯试剂和蒸馏水或者相当纯度的水。

①硫酸标准溶液：将 31.2mL0.1mol/L 的硫酸标准液用 1000mL 容量瓶稀释至刻度。1mL 此溶液含有 0.1mg 的二氧化硫。

②聚乙烯吡咯烷酮(PVP)溶液：将 5.0g 的 PVP(相应的相对分子质量是 44000 或者 85000)溶解到 100mL 容量瓶中，用水稀释定容至刻度，用滤纸过滤，储存在棕色玻璃瓶中。现配现用。

③氯化钡储备液：将 122.14g 二水氯化钡溶解稀释至 1000mL，混匀，用滤纸过滤。

④混合溶液：在 1000L 玻璃瓶中，依次加入 15mL 的氯化钡溶液、64mL 水、15mL 5%(体积分数)的乙醇和 5mLPVP 溶液，混合均匀，混合后放置于 20℃水浴锅中；在使用前半小时用移液管移取 1mL 的硫酸溶液至混合液中，混合均匀。

2)仪器

①容量瓶：50mL、100mL 和 1000mL。

②移液管：可移取 2mL、4mL、5mL、12mL、16mL 和 25mL。

③水浴锅：温度可保持 20℃±1℃。

④磨口玻璃瓶：100mL。

⑤分光光度计：可调波长至 650nm，比色皿厚度为 10mm。

3)操作过程

①标准曲线。在 6 个 50mL 的容量瓶中，分别移取 0mL、2mL、4mL、5mL、12mL 和 16mL 标准硫酸溶液，并在每个容量瓶中依次加入 20mL 水、0.1mL 溴酚蓝指示剂、1mL 盐酸和 5mL 混合溶液，用水稀释至刻度。在定容后 15~20min 之间用分光光度计在 650nm 波长下测定吸光值。绘制标准曲线，其中吸光值相当于二氧化硫的质量，以 mg 计。

②测定。在滴定之后，倒出管中的溶液，并用水清洗，将溶液和清洗用的水一并转移到 50mL 容量瓶中，加入 1mL 盐酸和 5mL 的混合溶液，用水稀释至刻度，并混匀。在定容后 15~20min 之间用分光光度计测定 650nm 波长下的吸光值。

标准曲线绘制和样品测定要在同一温度下进行，温度不超过 25℃±1℃。

4)结果计算

淀粉及其衍生物的二氧化硫含量以 1000g 样品中二氧化硫的 mg 数表示，计算公式如下：

$$X = \frac{m_1 \times 100}{m_0}$$

式中：X——样品二氧化硫含量，g/100g；

m_0——二氧化硫的质量，mg；

m_1——样品的质量，g。

第7章　马铃薯变性淀粉(食品级)检测

马铃薯变性淀粉是以马铃薯淀粉为原料(原料符合新的国家标准)，在淀粉所具有的固有特性的基础上，为改善淀粉的性能和扩大应用范围，利用物理、化学和酶法处理，改变淀粉的天然性质，增加其某些功能性或引进新的特性，使其更适合于食品加工的要求。这种经过二次加工，改变了性质的产品统称为变性淀粉。

由于生产变性淀粉原料的多样化、生产和改性方法的复杂性、应用技术的重要性及应用领域的广泛性，所以在不同的应用领域，对变性淀粉有具体的检测标准。作为食品添加剂的变性淀粉，其品质检测包括四个方面的内容：

①感官要求(如气味、色泽等)；

②理化指标(如水分、蛋白质、脂肪等)；

③表示产品“变性”程度的特性指标(如预糊化度、取代度、羰基含量、羧基含量、接枝效率等)；

④表示产品性质的功能性指标(如黏度、流度、黏度冷热稳定性、冷水溶解度及冻融稳定性等)。

7.1　马铃薯变性淀粉(食品级)通用性指标检测

7.1.1　感官要求及检验方法

1. *感官要求*

感官要求应符合表7-1的规定。

表7-1　**感官要求**

项　目	要　求
色泽	白色、类白色或淡黄色
状态	呈颗粒状、片状或粉末状，无可见杂质
气味	具有产品固有的气味，无异味

2. *检验方法*

取试样50g置于洁净的白瓷盘中，在自然光线下，观察其色泽、状态，嗅其气味。

7.1.2　鉴别试验

1. 显微镜检测

未经糊化处理保持颗粒结构的变性淀粉，可直接通过显微镜观察鉴定淀粉颗粒形状、大小和特征。在显微镜的偏振光下，可以观察到典型的偏光十字。

2. 碘染色

将1g的试样加入20mL的水中配制成悬浮液，滴入几滴碘液，颜色范围应为深蓝色到棕红色。

3. 铜还原

(1)碱性酒石酸铜试液的配制

①溶液A：取硫酸铜($CuSO_4 \cdot 5H_2O$)34.66g，应无风化或吸潮现象，加水溶解定容到500mL。将此溶液保存在小型密封的容器中。

②溶液B：取酒石酸钾钠($KNaC_4H_4O_6 \cdot 4H_2O$)173g与50g氢氧化钠，加水溶解定容到500mL。将此溶液保存在小型耐碱腐蚀的容器中。

③溶液A和溶液B等体积混合，即得碱性酒石酸铜试液。

(2)分析步骤

称取试样2.5g，置于一烧瓶中，加入0.82mol/L的盐酸溶液10mL和水70mL，混合均匀，沸水浴回流3h，冷却。取0.5mL冷却溶液，加入5mL热碱性酒石酸铜试液，产生大量红色沉淀物。

7.2　氧化淀粉的测定

以食用马铃薯淀粉或由生产食用淀粉的原料得到的淀粉乳为原料与氧化剂发生反应制得的食品级氧化淀粉，以及结合酶处理、酸处理、碱处理和预糊化处理中一种或多种方法加工后的食品级氧化淀粉。

7.2.1　氧化淀粉的理化指标(GB 29927—2013)

氧化淀粉的理化指标应符合表7-2的规定。

表7-2　**氧化淀粉的理化指标**

项　目	指　标	检验方法
干燥减量，ω/%(以马铃薯淀粉为原料)	≤21.0	GB/T12087
总砷(以As计)/(mg/kg)	≤0.5	GB/T5009.11
铅(Pb)/(mg/kg)	≤1.0	GB5009.12
二氧化硫残留/(mg/kg)	≤30	GB/T22427.13
羧基/(g/100g)	≤1.1	GB/T20374

7.2.2　氧化淀粉的鉴别(不适合低度氧化马铃薯淀粉)(GB 29927—2013)

1. 鉴别原理

次氯酸钠氧化淀粉含有一定的羧基，具有阴离子性质。能够被带正电荷的染料，如亚甲基蓝染色。

2. 鉴别方法

50mg 试样在 25mL 浓度为 1%的亚甲基蓝水溶液中保持悬浮 5～10min，并不时搅拌。倾析去掉上清液后，淀粉用水洗涤。如果试样是次氯酸钠氧化淀粉，显微镜镜检就会清晰地显示颜色。通过测试，氧化淀粉就可以同天然或酸处理淀粉加以区别。

7.2.3　氧化淀粉羧基含量的测定(GB/T 20374—2006)

1. 醋酸钙法

氧化淀粉中的羧基含量可采用醋酸钙与氧化淀粉中的羧基进行离子交换，再用碱滴定阳离子交换所放出的醋酸来测定。

(1)分析步骤

①准确称取经充分混合、折算成绝干试样约 10g 的样品，放入 150mL 烧杯中，加入 75mL0.1mol/L 的盐酸溶液，搅拌成糊状并不断用电磁搅拌器搅拌，用 3 号砂芯漏斗抽滤。淀粉糊用无 N_2及 CO_2的冷却蒸馏水(可用刚煮沸后冷却的蒸馏水)漂洗数次，直到无氯离子为止(用 $AgNO_3$检验氯离子)。

②将漂洗干净的样品转移至 250mL 的容量瓶中，加入 25mL0.5mol/L 的醋酸钙溶液，用无 N_2及 CO_2的冷蒸馏水稀释至刻度(即 $Ca(Ac)_2$最后的浓度为 0.05mol/L)，在 30min 内不时地摇动容量瓶，然后过滤到一个干燥的吸滤瓶中。

③吸取上述滤液 50mL 于 250mL 锥形瓶中，滴入 2 滴 1%酚酞指示剂，用 0.05mol/L 氢氧化钠标准溶液滴定至终点，消耗的 NaOH 标准溶液的体积为 V_1(mL)。

④空白试验：准确称取折算成绝干样原淀粉(未氧化)约 10g(与试样等质量)，除了不用 0.1mol/L 盐酸脱灰处理外，其他步骤与上述相同。用相同容积的无 N_2及 CO_2的冷却蒸馏水漂洗，然后按上述方法用醋酸钙处理，再用 0.05mol/L 氢氧化钠标准溶液滴定，所消耗的 NaOH 标准溶液的体积为 V_2(mL)。

(2)计算

氧化淀粉的羧基含量按下式计算：

$$\text{羧基}(\%) = 5M\left(\frac{V_1}{W_1} - \frac{V_2}{W_2}\right) \times 0.045 \times 100$$

式中：M——氢氧化钠标准溶液的浓度，mol/L；

V_1——滴定样品时所耗用的氢氧化钠标准溶液体积，mL；

V_2——滴定空白试样时所耗用的氢氧化钠标准溶液体积，mL；

W_1、W_2——样品及原淀粉的质量，g；

0.045——与 1mL1.000mol/L 氢氧化钠标准溶液所相当的羧基的质量，g；

5——化简后系数(50/250)。

2. 酸碱滴定法

(1)实验原理

在均匀取样的氧化淀粉中加入无机酸将羧酸盐转变为酸的形式，过滤，用水洗去阳离子和多余的酸，洗涤后的试样在水中糊化并用标准氢氧化钠溶液滴定。

对马铃薯氧化淀粉，用磷酸盐含量校正结果。

(2)样品的制备

将样品过孔径为800μm试验筛。对不能通过试验筛的样品，再用螺旋式磨粉机研磨，至其全部通过800μm试验筛。充分混匀样品。

注：在玉米氧化淀粉或小麦氧化淀粉的情况下，可以用索氏抽提法，用丙酮和水(体积比为3∶1)混合物去除脂肪，以校正脂肪对羧基含量的影响。

(3)分析步骤

①称样

称取约5g(精确到0.0001g)已准备好的试验样品，置于100mL烧杯中。

②羧基盐转化

向烧杯中加入25mL0.1mol/L盐酸溶液，用磁力搅拌器搅拌30min。

③洗涤

用玻璃砂芯坩埚或布氏漏斗过滤悬浮液(用中速滤纸过滤)，用水洗涤滤饼直至滤液中无氯离子。可通过加入1mL10g/L硝酸银溶液到5mL的滤液中检验是否存在氯离子。如果有氯化物存在，1min之内将出现混浊或沉淀。用大约300mL的水洗涤滤饼。

④糊化

将滤饼定量地转移到装有100mL水的600mL烧杯中，再加入200mL水，将烧杯放入水浴锅中，用机械搅拌器连续搅拌直到淀粉糊化，再继续搅拌15min。

⑤滴定

取出烧杯趁热以1g/1L酚酞乙醇(体积分数90%)溶液作指示剂，用0.1mol/L氢氧化钠标准溶液(不含二氧化碳)滴定至粉红色不褪(约0.5min)为滴定终点。

(4)计算

羧基含量的计算如下：

$$\omega_C = \frac{cVM_C \times 100}{m} \times \frac{100}{100 - \omega_m}$$

式中：ω_C——总的羧基质量分数(以干淀粉计)，%；

c——滴定用的氢氧化钠溶液的摩尔浓度，mol/L；

V——滴定用去的氢氧化钠溶液的体积，mL；

M_C——羧基的毫摩尔质量(M_C=0.045g/mmol)；

m——试样样品的质量，g；

ω_m——试样样品的水分质量分数，%。

7.2.4 氧化淀粉羰基含量的测定

羰基与羟胺反应生成氨，用酸滴定生成的氨即可求得氧化淀粉的羰基含量。

1. 羟胺试剂制备

将 25.00g 分析纯盐酸羟胺溶于蒸馏水中，加入 100mL0.5mol/L 的 NaOH 溶液，加蒸馏水稀释到 500mL。此溶液不稳定，过 2 天应重新配制。

2. 分析步骤

称取过 40 目筛的绝干氧化淀粉样品 0.5000g，放入 250mL 烧杯中，加入 100mL 蒸馏水，搅匀，在沸水浴中使淀粉完全糊化。冷却至 40℃，调 pH 值至 3.2，移入 500mL 带玻璃塞三角瓶中，准确加入 60mL 羟胺试剂，加塞，在 40℃放置 4h。用 0.1000mol/L HCl 标准溶液快速滴定至 pH 值为 3.2，记录 HCl 标准溶液消耗的体积。称取同样质量的原淀粉进行空白滴定。

3. 结果计算

氧化淀粉中的羰基含量按下式计算：

$$\text{羰基含量}(\%) = \frac{(V_1 - V_2) \times 0.1000 \times 0.028}{m} \times 100$$

式中：V_1——空白滴定消耗的盐酸标准溶液的体积，mL；

V_2——样品滴定消耗的盐酸标准溶液的体积，mL；

m——样品的质量，g。

7.2.5　双醛淀粉双醛含量的测定

1. 实验原理

双醛淀粉中双醛含量的测定方法有对硝基苯肼分光光度法、氢硼化钠还原法和酸碱滴定法等，但一般采用对硝基苯肼分光光度法。其测试原理是对硝基苯肼与双醛淀粉中的醛基反应生成深红色的对硝基苯腙，后者在 450nm 波长处有最大吸收，其吸光度与浓度成比例关系。

2. 分析步骤

方法一：

每百个脱水葡萄糖单元(AGU)中含有小于 1 个双醛的双醛淀粉双醛含量的分析。

称取 25mg(含 1%左右双醛的氧化淀粉)或 250mg(含 0.1%左右双醛的氧化淀粉)样品于 18mm×150mm 试管中，加入 20mL 水，在热水浴中加热 1.5h，不时用玻璃棒搅动。加入 1.5mL 对硝基苯肼溶液(0.25g 对硝基苯肼溶于 15mL 冰醋酸中)，加热 1h，并不断搅拌至完全生成深红色的对硝基苯肼(反应时间并不要求严格控制，因为 98%的苯腙在 15min 内形成，1h 后生成的苯腙达 99.8%)。冷却试管，加 0.4g 助滤剂，用玻璃砂芯漏斗真空过滤，用 5mL7%的醋酸溶液洗涤两次，再用 5mL 水洗涤两次，并用水淋洗试管，淋洗液倒入漏斗中。将漏斗放至一个清洁、干燥的 500mL 的过滤瓶中，反复用 95%的热乙醇洗涤漏斗和试管，直至对硝基苯腙全部溶解。将其定量转移至 250mL 的容量瓶中，用乙醇稀释至刻度，在 450nm 波长处以原淀粉作空白测定吸光度。

方法二：

每百个脱水葡萄糖单元(AGU)中含有大于 1 个双醛的双醛淀粉(高度氧化的双醛淀粉)双醛含量的分析。

称取高度氧化的双醛淀粉样品(80~100 个双醛基/100 个 AGU)50~62mg 于 200mL 容

量瓶中，加入180mL蒸馏水，加热并不断搅拌2～3h。冷却，稀释至200mL。吸取20mL（约5mg氧化淀粉）置于试管中，按方法一处理，但加入0.25g对硝基苯肼溶于15mL冰醋酸中的对硝基苯肼溶液1.5mL。

3. 结果计算

用已知含量双醛的双醛淀粉为标准，作标准曲线，从标准曲线中查出待测样品的双醛含量。

7.3 酯化淀粉的测定

7.3.1 酯化淀粉的理化指标(GB 29927—2013)

酯化淀粉的理化指标应符合表7-3的规定。

表7-3 **酯化淀粉的理化指标**

项目		指标	检验方法
干燥减量，ω/%（以马铃薯淀粉为原料）	≤	21.0	GB/T12087
总砷（以As计）/(mg/kg)	≤	0.5	GB/T5009.11
铅（Pb）/(mg/kg)	≤	1.0	GB5009.12
二氧化硫残留/(mg/kg)	≤	30	GB/T22427.13
乙酰基/(g/100g)	≤	2.5	GB29925—2013
乙酸乙烯酯残留（仅限于乙酸乙烯酯作为酯化剂）/(mg/kg)	≤	0.1	GB29929—2013
残留磷酸盐（以P计）/%（以马铃薯淀粉为原料）	≤	0.5	GB/T2242.11
羟丙基/(g/100g)	≤	7.0	GB29931—2013
氯丙醇(mg/kg)	≤	1.0	GB29931—2013
辛烯基琥珀酸基团(g/100g)	≤	3.0	GB29934—2013

7.3.2 乙酰基的鉴别与测定(GB 29925—2013)

1. 乙酰基鉴别

(1)鉴别原理

乙酸盐是由乙酰化淀粉皂化释放出来的。经浓缩后，通过与氢氧化钙共热，乙酸盐转变为丙酮，丙酮与邻硝基苯甲醛作用呈现蓝色。

(2)鉴别方法

将约10g试样分散于25mL水中，再加入20mL0.4mol/L氢氧化钠溶液。摇动1h后过滤，滤液在110℃烘箱中蒸发，用少量水溶解剩余物，并转移至测试管中。在测试管中加入氢氧化钙并加热。如果试样是醋酸酯淀粉，就会有丙酮蒸汽产生。其蒸汽能将经用 2mol/L 氢氧化钠溶液现配的邻硝基苯甲醛饱和溶液浸湿过的纸条变蓝色。如果用 1 滴 1mol/L 盐酸溶液去除上述试剂的原始黄色后，这种蓝色将更加清晰。

2. 乙酰基的测定

(1)方法原理

含有乙酰基的淀粉在碱性条件下(pH≥8.5)易皂化，故用过量碱将其皂化，然后用盐酸标准溶液来滴定剩余的碱即可测定出乙酰基的含量。

(2)试剂与材料

①氢氧化钠。

②盐酸。

③氢氧化钠溶液：$c(NaOH)=0.1mol/L$。

④氢氧化钠溶液：$c(NaOH)=0.45mol/L$。称取 18g 氢氧化钠，溶于 100mL 无二氧化碳的水中，摇匀，转移至 1000mL 容量瓶中，用无二氧化碳的水稀释至刻度，摇匀。

⑤盐酸标准滴定溶液：$c(HCl)=0.2mol/L$。量取 18mL 盐酸，注入 1000mL 水中，摇匀。

⑥酚酞指示液：10g/L。

(3)仪器和设备

机械振荡器。

(4)分析步骤

①称取 5g 试样，精确至 0.001g，置于 250mL 锥形瓶中，加入 50mL 水，3 滴酚酞指示液，混合均匀后用 0.1mol/L 氢氧化钠溶液滴定至微红色。再加入 25mL0.45mol/L 氢氧化钠标准溶液，在机械振荡器上剧烈震荡 30min 进行皂化。

②取下瓶塞，用洗瓶冲洗碘量瓶的塞子及瓶壁，将已皂化过的含过量碱的溶液用 0.2mol/L 盐酸标准溶液滴定至溶液粉红色消失即为终点。所用去的 0.2mol/L 盐酸标准溶液的体积为 V_1(mL)。

③以 25.0mL0.45mol/L 氢氧化钠溶液为空白，用盐酸标准溶液滴定的体积为 V_0(mL)。

(5)计算

乙酰基的质量分数 ω_0 按下式计算：

$$\omega_0=\frac{(V_0-V_1)\times c\times M}{m\times 1000}\times 100\%$$

式中：

V_0——空白耗用的盐酸标准溶液体积，mL；

V_1——样品耗用的盐酸标准溶液体积，mL；

c——盐酸标准溶液的浓度，mol/L；

M——乙酰基的摩尔质量($M(C_2H_3O)=43.03g/mol$)；

m——试样质量，g；

1000——换算系数。

7.3.3 乙酸乙烯酯残留的测定(GB 29929—2013)

1. 试剂和材料

①乙酸乙烯酯。

②淀粉：和试样具有相同植物来源的未变性淀粉。

2. 仪器和设备

气相色谱仪：推荐使用配有火焰离子化检测器的色谱仪。

3. 色谱柱及典型色谱操作条件

①色谱柱：毛细管柱，60m×0.32mm(内径)，填充物为(50%氰丙基)-甲基聚硅氧烷。

②柱箱温度：程序升温，40℃保温5min，以10℃/min的速度升温至180℃，180℃下保温5min。

③进样口温度：200℃。

④检测器温度：250℃。

⑤载气为氮气：1.3mL/min。

也可选择具有等同分离效果的色谱柱及其相应的色谱条件。

4. 分析步骤

(1)标准溶液的制备

称取150mg乙酸乙烯酯，精确至0.1mg，置于100mL容量瓶中，用水溶解并稀释至刻度。取1mL配好的溶液放入10mL容量瓶并用水稀释至刻度。将0.1mL该稀释溶液加入到装有4g淀粉并配有隔膜塞的仪器专用瓶中，密封。此溶液中含有15μg的乙酸乙烯酯。

(2)测定

称取4g试样，精确至0.001g，置于配有隔膜塞的仪器专用瓶中，密封。分别将含有试样和标准溶液的专用瓶放入仪器中，在上述色谱条件下测定，顶空取样，得到色谱图，根据两张图谱的峰面积计算试样中乙酸乙烯酯的含量。

5. 结果计算

乙酸乙烯酯残留 ω_1 以mg/kg表示，按下式计算：

$$\omega_1 = \frac{c \times A_1}{A_2}$$

式中：

c——标准溶液中乙酸乙烯酯的浓度，mg/kg；

A_1——试样中乙酸乙烯酯产生的信号峰面积；

A_2——标准溶液中乙酸乙烯酯产生的信号峰面积。

7.3.4 羟丙基的测定(GB 29931—2013)

1. 方法原理

羟丙基二淀粉磷酸酯在硫酸中生成丙二醇，丙二醇再进一步脱水生成丙醛和丙烯醇，这两种脱水产物在硫酸介质中可与茚三酮生成紫色络合物。用分光光度计在590nm处测其吸光度，浓度范围5mg~50mg，符合朗伯-比尔定律。

2. 试剂和材料

①硫酸。

②茚三酮。

③亚硫酸氢钠。

④茚三酮溶液：将茚三酮溶于 5%亚硫酸氢钠溶液中，配制成 3%的茚三酮溶液。

⑤硫酸溶液：$c(1/2H_2SO_4) = 1.0mol/L$。

⑥1，2-丙二醇。

⑦淀粉：具有相同植物来源的未变性淀粉。

3. 仪器和设备

分光光度计。

4. 分析步骤

(1)标准溶液的配制

制备 1.00mg/mL 的 1，2-丙二醇标准溶液，分别吸取 1.00mL、2.00mL、3.00mL、4.00mL、5.00mL 此标准溶液于 100mL 容量瓶中，用水稀释至刻度，得到浓度分别为 10μg/mL、20μg/mL、30μg/mL、40μg/mL 和 50μg/mL 的 1，2-丙二醇标准溶液。

(2)试样溶液的配制

称取 50mg~100mg 试样，精确至 0.1mg，置于 100mL 容量瓶中，加入硫酸溶液 25mL。于沸水浴中加热至试样溶解，冷却后用水稀释至 100mL。必要时可进一步稀释，以保证每 100mL 中所含的羟丙基不超过 4mg，然后按相同比例稀释空白淀粉。

(3)测定

取 5 种标准溶液各 1mL，分别移入 25mL 具塞刻度试管内，将试管置于冷水中，分别滴加硫酸 8mL，混匀后将试管置于沸水浴内准确加热 3min，立即将试管移入冷水浴降温。沿试管壁小心加入茚三酮溶液 0.6mL，立即摇匀，于 25℃水浴中保持 100min。用硫酸调整各试管内的体积至 25mL，倒转试管数次以混匀(不得摇动)。立即将部分溶液移入分光光度计 1cm 比色池内，静置 5min 后，在 590nm 处测定吸光值，绘制标准曲线。

吸取试样溶液 1mL，移入 25mL 具塞刻度试管内，按照标准溶液的测定过程进行后续操作，以淀粉空白液作为参比，测定其吸光值。

5. 结果计算

羟丙基的质量分数 ω_0，按下式计算：

$$\omega_0 = \frac{c \times 0.7763 \times f}{m \times 1000} \times 100\%$$

式中：

c——从标准曲线中读取的样品溶液中丙二醇含量，μg/mL；

0.7763——丙二醇含量转化为羟丙基含量的转化系数；

f——试样稀释后的最终体积，mL；

m——试样质量，mg；

1000——换算因子。

7.3.5 氯丙醇的测定(GB 29931—2013)

1. 试剂和材料

①无水乙醚。

②氯丙醇：含75%1-氯-2-丙醇和25%2-氯-1-丙醇。

③硅土：150~250μm。

④硫酸。

⑤氢氧化钠。

⑥无水硫酸钠。

⑦硫酸溶液：$c(1/2H_2SO_4)=2mol/L$。量取60mL硫酸，缓缓注入1000mL水中，冷却，摇匀。

⑧氢氧化钠溶液：25%。称取25g氢氧化钠，溶解在75mL水中。

⑨蜡质玉米淀粉：未经变性处理的蜡质玉米淀粉。

2. 仪器和设备

①气相色谱仪：推荐使用配有火焰离子化检测器的双柱色谱仪。

②耐压瓶：200mL的压力瓶，配有氯丁橡胶垫、玻璃塞子。

3. 色谱柱及典型色谱操作条件

①色谱柱：毛细管柱，30m×0.32mm(内径)，填充物为聚乙二醇20M(PEG20M)。

②柱箱温度：程序升温，50℃保温5min，以10℃/min的速度升温至220℃，保温2min。

③进样口温度：250℃。

④检测器温度：250℃。

⑤燃烧气为氢气(47mL/min)，助燃气为空气(400mL/min)，补偿气为氮气(30mL/min)。

⑥载气为氮气(25mL/min)，分流比2：1。

也可选择具有等同分离效果的色谱柱及其相应的色谱条件。

4. 分析步骤

(1)氯丙醇标准溶液的制备

采用10μL的注射器取5μL氯丙醇。精确称取注射器质量并将样品注入含有部分水的500mL容量瓶，重新称量注射器质量，并记录两者之差即为加入的氯丙醇质量，加水稀释至刻度并混合均匀。该溶液中大约含氯丙醇12.5μg/mL。该溶液需现配现用。

(2)试样制备

称取10g试样，精确至0.001g，置入耐压瓶中，加入25mL硫酸溶液，夹住瓶顶部，并使样品旋动直至其完全分散。将瓶子放入沸水浴中加热10min，然后旋动瓶子使试样充分混合，并在沸水浴中继续加热15min，在空气中冷却至室温，然后用氢氧化钠溶液将其中和至pH=7，加入7g无水硫酸钠并用磁力搅拌器搅拌5~10min，直至硫酸钠完全溶解，再使用脱脂棉过滤，用少量的水洗涤耐压瓶。将溶液转移至配有聚四氟乙烯的500mL分液器中，分别用50mL无水乙醚萃取5次，每次萃取至少保持5min以使相分离。将所有乙醚萃取物转移至带有刻度烧瓶中，置于50~55℃的水浴中，浓缩至4mL。

注：样品的乙醚萃取物可能含有外来的残留杂质干扰色谱图的解析。这些残留杂质可能是水解过程中引起的降解产物。由此引起的问题可用下列纯化处理来解决：将乙醚萃取物浓缩至约8mL来替代上述的4mL。将在130℃下加热16h的10g硅土，充入一个相应尺寸的色谱柱中并轻轻敲击，并在柱子顶部加入1g无水硫酸钠，用25mL无水乙醚润湿柱子后，用少量乙醚辅助将浓缩的萃取液定量通过柱子。分别用25mL无水乙醚洗提3次，收集洗提液转移至浓缩器中浓缩至4mL。

将萃取物冷却至室温，用少量无水乙醚辅助定量转移至5.0mL容量瓶中，用无水乙醚稀释至所需体积并混合均匀。

(3)对照样溶液的制备

5个耐压瓶中分别装入10g蜡质玉米淀粉，精确至0.001g，瓶中加入25mL硫酸溶液。然后加入0.0mL、0.1mL、0.2mL、0.4mL和1.0mL氯丙醇标准溶液，使其浓度按淀粉计分别为0mg/kg、0.1mg/kg、0.2mg/kg、0.4mg/kg和1.0mg/kg。根据氯丙醇标准溶液中氯丙醇的质量计算瓶中氯丙醇的确切浓度。夹紧瓶顶部，使瓶中试样旋动直至完全分散。然后按照试样制备的步骤开始操作。

(4)测定

注入1.0μL对照样溶液，每次进样之间应有充足的时间以保证氯丙醇两个异构体相应的信号峰记录完全，且清洗色谱柱。参照各自的对照样记录并加和两个氯丙醇异构体的信号峰面积。采用同样的操作条件，注入1.0μL样品的浓缩萃取物，记录并加和样品的信号峰面积。

以每个对照样信号峰面积对所用氯丙醇异构体实际质量换算得到氯丙醇浓度(mg/kg)作图得到校正曲线，利用样品中对应于1-氯-2-丙醇和2-氯-1-丙醇的峰面积之和确定样品中混合氯丙醇的浓度(mg/kg)。在熟练掌握整个操作过程，且保证由参照样得到的校正曲线是线性和可重现时，参照样的数目可以减少到一个，及含约5mg/kg氯丙醇异构体的混合物。

5. 结果计算

氯丙醇ω_1以mg/kg表示，按下式计算：

$$\omega_1 = \frac{c \times A_1}{A_2}$$

式中：

c——对照样溶液中氯丙醇(异构体总和)的浓度，mg/kg；

A_1——样品溶液中氯丙醇异构体产生的信号峰面积总和；

A_2——对照样溶液中氯丙醇异构体产生的信号峰面积总和。

7.3.6 辛烯基琥珀酸基团的测定(GB 29934—2013)

1. 原理

样品经酸化、洗涤后，碱滴定。辛烯基琥珀酸基团的含量可根据碱消耗量计算得到。

2. 试剂与材料

①异丙醇。

②盐酸。

③氢氧化钠。

④硝酸银。

⑤异丙醇溶液：量取 90mL 异丙醇，加入 10mL 水，混合均匀。

⑥盐酸-异丙醇溶液：量取 21mL 盐酸，置于 100mL 容量瓶中，小心用异丙醇稀释并定容至刻度，摇匀。

⑦硝酸银溶液：$c(AgNO_3)=0.1mol/L$。

⑧氢氧化钠标准滴定溶液：$c(NaOH)=0.1mol/L$。

⑨酚酞指示液：10g/L

⑩淀粉：具有相同植物来源的未变性淀粉。

3. 仪器与设备

磁力搅拌器。

4. 分析步骤

称取 5.0g 试样，精确至 0.001g，放入 150mL 烧杯中，用几毫升异丙醇润湿。用吸液管加入 25mL 盐酸-异丙醇溶液，用酸洗下烧杯壁上的试样。将试样在磁力搅拌器上搅拌 30min，用量筒加入 100mL 异丙醇溶液，再搅拌 10min。用布氏漏斗过滤试样溶液，并用异丙醇溶液洗涤滤饼直至滤液中无氯离子(用硝酸银溶液检验)。将滤饼转移至 600mL 烧杯中，并将布氏漏斗中所有残留淀粉用异丙醇溶液洗入烧杯中，加水使总体积为 300mL。试样在沸水浴中搅拌 10min 后，加入酚酞指示液，趁热用氢氧化钠标准滴定溶液滴定至酚酞终点。对原淀粉做空白试验。

5. 结果计算

辛烯基琥珀酸基团的质量分数 ω_0，按下式计算：

$$\omega_0=\frac{(V_1-V_0)\times c\times M}{m\times 1000}\times 100\%$$

式中：

V_0——滴定空白消耗的氢氧化钠标准溶液的体积，mL；

V_1——滴定试样消耗的氢氧化钠标准溶液的体积，mL；

c——氢氧化钠标准溶液的浓度，mol/L；

M——辛烯基琥珀酸酐的摩尔质量，$M(C_{12}H_{18}O_3)=210.20g/mol$；

m——试样的质量，g；

1000——换算因子。

7.3.7 醋酸酯淀粉取代度的测定

1. 酸碱滴定法

(1)方法原理

含有乙酰基的淀粉在碱性条件下(pH 值 8.5 以上)易皂化，故用过量碱将淀粉醋酸酯皂化，然后用盐酸标准溶液来滴定剩余的碱即可测定出乙酰基的含量。再换算出醋酸酯淀粉的取代度。

(2)试剂与材料

①0.2mol/L 盐酸标准溶液；

②0.1mol/L 氢氧化钠溶液，0.45mol/L 氢氧化钠溶液；

③10g/L 酚酞指示液。

(3)仪器和设备

机械振荡器。

(4)分析步骤

①准确称取 5g(精确至 0.001g)经充分混合的折算成绝干样的样品，置于 250mL 碘量瓶中，加入 50mL 蒸馏水混匀，再加 3 滴 1%的酚酞指示剂，然后用 0.1mol/L 氢氧化钠溶液滴定至微红色不消失即为终点。

②再加入 25mL0.45mol/L 氢氧化钠标准溶液，小心不要弄湿瓶口，塞紧瓶口，放在电磁搅拌器中搅拌 60min(或放入机械振荡器中振摇 30min)进行皂化处理。

③取下瓶塞，用洗瓶冲洗碘量瓶的瓶塞及瓶壁，将已皂化并含过量碱的溶液，用 0.2mol/L 盐酸标准溶液滴定至溶液粉红色消失即为终点。所用去的 0.2mol/L 盐酸标准溶液的体积为 V_1(mL)。

④空白实验

以 25.0mL 0.45mol/L 氢氧化钠溶液为空白，用盐酸标准溶液滴定的体积为 V_0(mL)。

(5)计算

乙酰基的质量分数 ω_0，按下式计算：

$$\omega_0 = \frac{(V_0 - V_1) \times c \times M}{m \times 1000} \times 100\%$$

式中：

V_0——空白消耗的盐酸标准溶液体积，mL；

V_1——样品消耗的盐酸标准溶液体积，mL；

c——盐酸标准溶液浓度，mol/L；

M——乙酰基的摩尔质量($M(C_2H_3O) = 43.03$g/mol)；

m——试样质量，g；

1000——换算系数。

醋酸酯淀粉的取代度(DS)，按下式计算：

$$\text{取代度}(DS) = \frac{162\omega_0}{4300 - 42\omega_0}$$

式中：

ω_0——乙酰基的质量分数,%；

162——淀粉相对分子质量；

43——乙酰基相对分子质量。

2. 酶法

(1)实验原理

总的乙酰基含量测定是加热含有稀盐酸的样品，水解乙酰基成醋酸盐和溶解淀粉。在乙酰辅酶 A 合成酶(ACS)的存在下，用三磷酸腺苷(ATP)和辅酶 A(CoA)将醋酸盐转换成乙酰辅酶 A，在柠檬酸盐合成酶(CS)的作用下，后者再与草酰乙酸酯反应生成柠檬酸盐。

草酰乙酸酯是由苹果酸和烟酰胺腺嘌呤二核苷酸(辅酶Ⅰ，NAD)在苹果酸脱氢酶

(MDH)作用下反应生成的。在这个反应中，辅酶Ⅰ不断减少并转化成 NADH，生成 NADH 的量可以通过其在某一特定波长下的吸光值增加而测定。

游离的乙酰基含量测定是将变性淀粉分散在水中形成悬浮液、过滤，按照上述方法测定过滤液中的乙酰基含量。结合的乙酰基含量则为总的乙酰基含量减去游离的乙酰基含量。

(2)材料与试剂

①缓冲溶液

将 7.5g 三乙醇胺(三羟乙基胺)、420mg L-苹果酸、210mg 氯化镁水合物($MgCl_2 \cdot 6H_2O$)溶解在 70mL 蒸馏水中。再加入大约 8mL5mol/L 的 KOH 溶液，使缓冲液的 pH 值维持在 8.4。

此溶液在 4℃下，可稳定储存一年。

②ATP-CoA-NAD 溶液

将 500mg $ATP-Na_2H_2-3H_2O$(质量分数为 98%)、500mg 无水碳酸氢钠、50mg 冷冻干燥的 CoA 三锂盐(CoA 的质量分数约为 85%)、250mg 冷冻干燥的游离 β-NAD 一水化物(β-NAD · H_2O 的质量分数大于 98%)溶于 20mL 蒸馏水中即可。

此溶液在 4℃下，可稳定储存一年。

③MDH-CS 分散悬浮液

分散约 1100U(国际单位)的 MAD(来自于猪心，酶学编号为 EC 1.1.1.37)和约 270UCS(来自于猪心，酶学编号为 EC 4.1.37)于 0.4mL 浓度为 3.2mol/L 的$(NH_4)_2SO_4$溶液中。

此溶液在 4℃下，可稳定储存一年。

④ACS 溶液

溶解 20mL 冻干的并含有 5mg 乙酰辅酶 A 合成酶(ACS 来自酵母，EC 6.2.1.1，约 16U)于 0.4mL 蒸馏水中。

此溶液在 4℃下，可稳定储存一年。

(3)样品的制备

将样品过孔径为 800μm 筛子。样品不能通过筛子部分，再用螺旋式磨粉机研磨，至其全部通过 800μm 筛子。充分混匀样品。

(4)分析步骤

1)乙酰基水解

①颗粒状淀粉的分散

称取约 1g(精确至 1mg)准备好的实验样品，置于 250mL 锥形瓶中，加入 50mL 1mol/L 盐酸，搅拌至较好的分散状态。后续步骤见③。

②预糊化淀粉的分散

加 50mL1mol/L 盐酸至 250mL 锥形瓶中，放入磁力搅拌器的搅拌子并开始搅拌，缓慢并小心地加入约 1g(精确至 1mg)准备好的实验样品，确保分散均匀。

③水解和过滤

将锥形瓶盖上塞并放入带有振荡器的沸水浴中，振荡 30min。

取出锥形瓶，放入冰水浴中快速冷却至(20±5)℃。完全冷却后，打开塞子，加入 10mL 5mol/L NaOH 溶液，混匀。将样品转移至 200mL 的容量瓶中，用蒸馏水定容。将容量瓶置于 20～25℃的水浴中(淹没刻度线)，使温度平衡。用滤纸过滤，弃去最初的 20～30mL 滤液，其余作为步骤 4)的酶法测定溶液。

2)游离乙酰基测定

①颗粒状淀粉的分散

称取 10g 准备好的样品于 250mL 具塞锥形瓶中，边搅拌边加入 100mL 蒸馏水，后续步骤见③。

②预糊化淀粉的分散

在 250mL 具塞锥形瓶中加入 100mL 蒸馏水，放入磁力搅拌器的搅拌子并开始搅拌，缓慢并小心地加入约 2g(精确至 1mg)准备好的实验样品，确保分散均匀。

③溶解和过滤

盖上锥形瓶塞子并振荡 30min。将样品转移至 200mL 的容量瓶中，用蒸馏水定容。将容量瓶放置于 20～25℃的水浴中(淹没刻度线)，使温度平衡。用滤纸过滤，弃去最初的 20～30mL 滤液，其余作为步骤 4)的酶法测定溶液。

3)验证实验

为验证本方法，可以用纯的无水醋酸钠等试样作参考。称取约 100mg(精确至 0.1mg)无水醋酸钠(乙酰基的质量分数为 52.4%)放入 1000mL 容量瓶中，用蒸馏水定容，将容量瓶放置于 20～25℃的水浴中(淹没刻度线)，使温度平衡。

4)乙酸的酶法测定

在波长为 340nm、温度为 20～25℃的条件下，用 1cm 的石英比色皿(或其他在 340nm 处可透光的材料)以蒸馏水为空白参比进行乙酸的测定(试剂加入顺序见表 7-4)。

表 7-4　**乙酸酶法测定的分析方案**

试剂和作用量	空　白	样品溶液
缓冲溶液	1.00mL	1.00mL
ATP-CoA-NAD 溶液	0.20mL	0.20mL
双重蒸馏水	2.00mL	1.50mL
待测溶液	—	0.50mL
混合每个比色杯中的样品，读出吸光值 A_0。在每个比色杯中加入		
MDH-CS 悬浮液	0.01mL	0.01mL
混合每个比色杯中的样品，3min 后读出吸光值 A_1。在每个比色杯中加入下列试剂，让其反应		
ACS 溶液	0.02mL	0.02mL
混合每个比色杯中样品，等反应停止(需用 10～15min)，读出吸光值 A_2。如果 15min 后反应不能停止，每隔 2min 读吸光值一次，直至每 2min 吸光值增加幅度不变		

注：样品溶液的体积可以根据乙酸基的含量的高低适当调节，但最终总的体积必须维持在 3.23mL。

(5)结果计算

①吸光值之差

吸光值的之差，按下式计算：

$$\Delta A=\left[(A_2-A_0)_s-\frac{(A_1-A_0)_s^2}{(A_2-A_0)_s}\right]-\left[(A_2-A_0)_b-\frac{(A_1-A_0)_b^2}{(A_2-A_0)_b}\right]$$

式中：

ΔA——吸光值之差；

A_0，A_1，A_2——通过表7-4中的各分析条件下测出的吸光值；

s——含有样品的溶液；

b——空白溶液。

②总的乙酰基含量测定

总的乙酰基含量，按下式计算：

$$\omega_a=\frac{5.56\times\Delta A}{\chi m_1}\times\frac{100}{100-\omega_m}$$

式中：

ω_a——待测样品中总的乙酰基质量分数,%；

ΔA——计算出来的吸光值之差；

χ——NADH在340nm处的摩尔吸光系数($\chi=6.30L\cdot mmol^{-1}\cdot cm^{-1}$)；

m_1——待测样品的质量，g；

ω_m——样品中水分质量分数,%。

③游离乙酰基含量的测定

游离乙酰基含量，按下式计算：

$$\omega_f=\frac{5.56\times\Delta A}{\chi m_2}\times\frac{100}{100-\omega_m}$$

式中：

ω_f——待测样品中游离乙酰基质量分数,%；

ΔA——计算出来的吸光值之差；

χ——NADH在340nm处的摩尔吸光系数($\chi=6.30L\cdot mmol^{-1}\cdot cm^{-1}$)；

m_2——待测样品的质量，g；

ω_m——样品中水分质量分数,%。

④结合乙酰基含量的测定

结合乙酰基含量按下式计算：

$$\omega_{ba}=\omega_a-\omega_f$$

式中：

ω_{ba}——待测样品中结合乙酰基质量分数,%；

ω_a——待测样品中总的乙酰基质量分数,%；

ω_f——待测样品中游离乙酰基质量分数,%。

7.3.8 磷酸酯淀粉取代度的测定

1. 测定原理

测定磷酸酯淀粉的取代度时需先将样品中的游离磷除去，测定出结合磷含量。其测试原理是低取代度的磷酸酯淀粉在室温水中不膨胀，而游离磷以无机盐存在，可溶于冷水，因此可用水洗涤除去(对高取代度的在室温水中膨胀性大的样品，可用 2.5%～3.0%的 NaCl 溶液洗涤或用 7∶3 甲醇溶液或乙醇溶液洗涤)。再将样品中的有机物质用硫酸/硝酸混合酸破坏，并将磷转化为正磷酸盐，再加入钼酸铵和还原剂形成蓝色的磷酸钼，在波长 824nm 处用分光光度计测定吸光度，通过标准曲线查出结合磷含量即可计算出其取代度。

2. 分析步骤

(1)标准曲线的制作

取 7 只 50mL 的锥形瓶，分别加入 0mL、1.0mL、2.0mL、3.0mL、4.0mL、5.0mL、10.0mL100μg/mL 磷的磷标准溶液(准确称取在(105±2)℃下干燥 1h，并在干燥器中冷却至室温的无水正磷酸二氢钾 0.4393g(精确至 0.5mg)，溶于水中，再定量地转移至 1000mL 容量瓶中，稀释定容至刻度，并混合均匀，即为每 mL 含 100μg 磷的磷标准溶液)，它们分别对应于含 0μg、2μg、4μg、6μg、8μg、10μg 和 20μg 的磷。在 7 只锥形瓶中分别加入水，使每只瓶内的溶液总体积为 30mL，并混合均匀。再按次序在每只锥形瓶中先加入 4mL 钼酸铵溶液(10.6g 钼酸铵四水化合物溶于 500mL 水中，再加入 500mL10mol/L 的硫酸溶液)，再加入 2mL 50g/L 的抗坏血酸溶液，每加入一只即混合均匀。

将 7 只锥形瓶置于沸水浴中加热 10min，然后置于冷水浴中，冷却至室温。定量地将锥形瓶中的溶液各转移入 50mL 容量瓶中，加水稀释定容至刻度，混合均匀。用分光光度计将不含磷标准溶液的容量瓶中的溶液作为其他 6 个溶液的参比溶液，在波长 824nm 处测定吸光度，以磷的毫克数作为吸光度的函数，画出标准曲线。

(2)游离磷的洗涤

称取 0.5～1.0g 经充分混合的磷酸酯淀粉样品，放于 10mL 离心试管中，加水至刻度，对称地放入离心机中，开动离心机逐渐至最高转速，停机后，取出离心试管倒去上层清液，再向离心试管中加入水，用玻璃棒搅动淀粉成悬浮液，再放入离心机内，如此数次，直至上层的清液对钼酸铵及抗坏血酸溶液经加热后不显蓝色，说明该淀粉中的游离磷已基本去除。然后，将试样于干燥箱内烘至恒重，用研钵研碎。

(3)结合磷的测定

精确称取已洗去游离磷并已烘至恒重和研碎的样品 0.5g，倒入 100mL 凯氏烧瓶中，加入 15mL 混合酸溶液($V_{浓硫酸(96\%)}:V_{浓硝酸(65\%)}=1:1$)，并使之混合均匀，将烧瓶置于加热器(安全电炉或煤气灯)上，渐渐加热至瓶内液体微沸，继续煮沸直至棕色气体变成白色，液体变成澄清为止。若溶液出现深暗色不褪去，可在继续加热的同时，逐滴加入 65%的硝酸溶液。待冷却后，加入 10mL 水并加热至烧瓶内再次出现白色蒸气为止，用以除去过量的硝酸溶液。将瓶内消化好的溶液冷却至室温，并加入 45mL 水，用 10mol/L 的氢氧化钠溶液将 pH 值提高到 7，再将瓶内溶液定量地移入 100mL 容量瓶内，加水至刻度，充分摇匀。

准确量取 25mL 样品液放入 50mL 锥形瓶内，用移液管先加入 4mL 钼酸铵溶液，再加入 2mL 抗坏血酸溶液，立即混匀。将锥形瓶置于沸水浴中 10min，再放入冷水浴中冷却至室温，定量地移入 50mL 的容量瓶内，加水定容至刻度，摇匀，用分光光度计在 824nm 波长处测定该溶液的吸光度，从标准曲线上查出相应的磷的毫克数。用水代替样品进行空白测定。

3. 结果计算

磷酸酯淀粉的取代度(DS)，按下式计算：

$$DS = \frac{\text{磷的物质的量}}{\text{葡萄糖残基的物质的量}} = \frac{\text{结合磷}(\%) \times 162/30.974}{100 - \text{水分}(\%) - (\text{结合磷}(\%) \times K)}$$

其中，结合磷(%)可按下式计算：

$$\text{结合磷}(\%) = \frac{m_1 V_0 \times 100}{m_0 V_1 \times 10^3}$$

式中：

162——淀粉分子中每个葡萄糖残基的相对分子质量；

30.974——磷的相对原子质量；

K——生成磷酸酯淀粉比原淀粉的增重系数，若以磷酸酯淀粉的一钠计，则换算系数为3.8734；

m_0——样品的质量；

m_1——从标准曲线上查得的样品液的磷含量，mg；

V_0——样品液的定量体积，100mL；

V_1——用于测定的样品液的等分体积，25mL。

7.3.9 辛烯基琥珀酸酯淀粉取代度的测定

1. 试剂

①异丙醇。

②盐酸。

③0.1mol/L 氢氧化钠。

④0.1mol/L 硝酸银。

⑤异丙醇溶液：量取90mL 异丙醇，加入10mL 水，混合均匀。

⑥盐酸-异丙醇溶液：量取21mL 盐酸，置于100mL 容量瓶中，小心用异丙醇稀释并定容至刻度，摇匀。

⑦酚酞指示液：10g/L。

2. 分析步骤

准确称取0.5g 试样(精确至0.001g)放入150mL 烧杯中，用数毫升异丙醇润湿。用吸液管加入25mL 盐酸-异丙醇溶液，加入并洗下烧杯壁上的试样。将试样在磁力搅拌器上搅拌30min，用量筒加入100mL 90%异丙醇溶液，继续搅拌10min。用布氏漏斗过滤试样溶液，并用90%异丙醇溶液洗涤滤饼直至滤液中无氯离子(用0.1mol/L 硝酸银溶液检验)。将滤渣转移至600mL 烧杯中，用90%的异丙醇仔细淋洗布氏漏斗，洗液并入600mL 烧杯中，加水使总体积为300mL。于沸水浴中加热搅拌10min，以酚酞为指示剂，趁热用0.1mol/L 氢氧化钠标准溶液滴定至终点。

3. 结果计算

辛烯基琥珀酸酯淀粉取代度(DS)，按下式计算：

$$\text{取代度} = \frac{0.162A}{1 - 0.210A}$$

式中：

A——每克辛烯基琥珀酸酯淀粉所耗用 0.1mol/L 氢氧化钠标准溶液的物质的量，mmol。

7.3.10　硬脂酸淀粉酯取代度的测定——反滴定法

1. 实验原理

过量的碱处理硬脂酸淀粉酯，使硬脂酸水解下来生成硬脂酸钠，多余的碱再与酸反应，同时做一空白实验，即可测出硬脂酸的量。

2. 试剂

①0.1mol/L 的盐酸标准溶液。

②95%的乙醇。

③0.25mol/L 的氢氧化钠标准溶液。

④酚酞指示剂。

3. 分析步骤

(1)样品测定

称取 15g 样品置于 250mL 碘量瓶中，加入 80mL 60℃体积分数为 95%的乙醇(去除未反应的硬脂酸)，浸泡并不断搅拌 10min，将样品倒入布氏漏斗，用 60℃ 80%乙醇抽滤洗涤至无氯离子为止。再将样品在 50℃下烘干，然后在 105℃下烘至恒重。

(2)精确称量此纯净、干燥的样品 4g 于 250mL 锥形瓶中，加入 50mL 蒸馏水，再加入 20mL 0.25mol/L 的氢氧化钠标准溶液，置于振荡器中，于 110r/min 的转速下振荡 50min，然后加入两滴酚酞指示剂，用 0.1mol/L 的盐酸标准溶液滴定至粉红色刚好消失，记录耗用盐酸的体积数 V_1。

(3)空白测定

称取 4g 原淀粉，加入 20mL0.25mol/L 的氢氧化钠标准溶液，置于振荡器中，于 110r/min 的转速下振荡 50min，然后加入两滴酚酞指示剂，用 0.1mol/L 的盐酸标准溶液滴定至粉红色刚好消失，记录耗用盐酸的体积数 V_0。

4. 结果计算

①硬脂酰基质量分数 $W(\%)$ 按下式计算：

$$W(\%) = \frac{267c(V_0 - V_1)}{1000m} \times 100$$

式中：

$W(\%)$——硬脂酰基质量分数,%；

267——硬脂酰基 $CH_3(CH_2)_{16}CO^-$ 的分子量；

c——盐酸标准溶液的摩尔浓度，mol/L；

m——干样品的质量，g；

V_0——滴定空白溶液用去的盐酸标准溶液的体积，mL；

V_1——滴定样品溶液用去的盐酸标准溶液的体积，mL。

②硬脂酸淀粉酯的取代度(DS)按下式计算：

$$DS = \frac{162W}{26700 - 266W} = \frac{162c(V_0 - V_1)}{1000m - 266c(V_0 - V_1)}$$

式中：

DS——取代度，定义为每个D-吡喃葡萄糖残基中的羟基被取代的平均数目；

162——葡萄糖酐(AGU)单元的分子量；

c——盐酸标准溶液的摩尔浓度，mol/L；

m——干样品的质量，g；

V_0——滴定空白溶液用去的盐酸标准溶液的体积，mL；

V_1——滴定样品溶液用去的盐酸标准溶液的体积，mL。

7.4 醚化淀粉的测定

7.4.1 醚化淀粉的理化指标(GB 29927—2013)

醚化淀粉的理化指标应符合表7-5的规定。

表7-5 醚化淀粉的理化指标

项　　目	指　　标	检验方法
干燥减量，ω/%(以马铃薯淀粉为原料)	≤21.0	GB/T12087
总砷(以As计)/(mg/kg)	≤0.5	GB/T5009.11
铅(Pb)/(mg/kg)	≤1.0	GB5009.12
二氧化硫残留/(mg/kg)	≤30	GB/T22427.13
氯化物(以Cl计)/%	≤0.43	GB29937—2013
硫酸盐(以SO_4^{2-}计)/%	≤0.96	GB29937—2013
羟丙基/(g/100g)	≤7.0	GB29931—2013
氯丙醇(mg/kg)	≤1.0	GB29931—2013

7.4.2 氯化物的测定(GB 29937—2013)

1. 试剂与材料

①硝酸。

②盐酸。

③硝酸银。

④盐酸溶液：$c(HCl) = 0.01$mol/L。量取9mL盐酸缓缓注入1000mL水中，摇匀。量取上述配制好的盐酸溶液100mL缓缓注入1000mL水中，稀释10倍，摇匀。

⑤硝酸银溶液：$c(AgNO_3) = 0.1$mol/L。

2. 样品溶液的制备

取试样0.1g，加10mL水和1mL硝酸，在水浴中加热10min后冷却，必要时可加过滤。用少量的水淋洗残渣，合并洗液与滤液，加水至 100mL，取其 25mL，作为试样溶液。

3. 分析步骤

在试样溶液和 0.30mL 盐酸溶液中分别加入 1mL 硝酸银溶液，充分混匀，静置 10min，在背光处观察并比较两个溶液的浊度，试样溶液的浊度不应超过盐酸溶液的浊度。

7.4.3　硫酸盐的测定(GB 29937—2013)

1. 试剂与材料

①盐酸。

②硫酸。

③氯化钡。

④硫酸溶液：$c(1/2H_2SO_4) = 0.01mol/L$。量取 3mL 硫酸缓缓注入 1000mL 水中，摇匀。量取 100mL 溶液，缓缓注入 1000mL 水中，稀释 10 倍，摇匀。

⑤氯化钡溶液：$c(BaCl_2) = 8.5\times10^{-3}mol/L$。1.779g 氯化钡分散于 1000mL 水中，摇匀。

2. 样品溶液的制备

称取试样 0.1g，精确至 0.01g，加 10mL 水和 1mL 盐酸，在水浴中加热 10min 后冷却，必要时可加过滤。用少量水淋洗残渣，合并洗液与滤液，加水至 50mL，取其 10mL，作为试样溶液。

3. 测定步骤

在试样和 0.40mL 硫酸溶液中分别加入 2mL 氯化钡溶液，充分混匀，静置 10min，在背光处观察并比较两个溶液的浊度，试样溶液的浊度不应超过硫酸溶液的浊度。

7.4.4　羟丙基淀粉取代度的测定

1. 分光光度法

(1)实验原理

测定羟丙基淀粉取代度的原理与测定丙二醇相同，测定中用 1，2-丙二醇作标准溶液。1，2-丙二醇、羟丙基淀粉在浓硫酸中均生成丙醛的烯醇式和烯醛式脱水重排混合物，此混合物在浓硫酸介质中与茚三酮生成紫色络合物，在 595nm 处测其吸光度，可推导出羟丙基含量。

(2)分析步骤

①标准曲线的绘制

制备 1.00mg/mL 的 1，2-丙二醇标准溶液，分别吸取 1.00mL、2.00mL、3.00mL、4.00mL、5.00mL 此标准溶液于 100mL 容量瓶中，用蒸馏水稀释至刻度，得到每毫升含 1，2-丙二醇 10μg、20μg、30μg、40μg、50μg 的标准溶液。分别取这五种标准溶液 1.00mL 于 25mL 具塞刻度试管中，缓慢加入 8mL 浓硫酸(避免局部过热，防止脱水重排产物挥发逸出)混合均匀，于 100℃水浴中加热 3min(加热分解时间应用秒表严格控制)，立即放入冰浴中冷却，然后加入 0.6mL3%的茚三酮溶液，在 25℃水浴中放置 100min，再用浓硫酸稀释到 25mL，倾倒混匀(注意不要振荡)，静置 5min，用 1cm 比色皿以试剂空白作参比，在 595nm 处测定其吸光度，并在 15min 内测定完毕。作吸光度-浓度标准曲线。

②分析样品

称取经充分混合的羟丙基淀粉0.05~0.1g于100mL容量瓶中，加入25mL0.5mol/L的硫酸溶液，于沸水浴中加热至试样完全溶解，冷却至室温后用蒸馏水稀释至100mL。必要时可进一步稀释，以保证每100mL溶液中所含的羟丙基不超过4mg。吸取该溶液1mL放入具有玻璃塞的25mL刻度试管中，将试管浸入冷水中，滴加浓硫酸8mL。混匀后将试管置于100℃沸水浴中准确加热3min，立即将试管移入冰浴中急冷。沿试管壁小心加入0.6mL3%的茚三酮试液，立即摇匀，于25℃水浴中保持100min。用浓硫酸调整试管内体积至25mL，倒转试管若干次以混匀(不得摇动)。立即将部分溶液移入分光光度计的1cm比色皿内，准确静置5min后，以试剂空白作参比，在595nm处测量其吸光度，在标准曲线上查出相应丙二醇的含量。

③原淀粉空白值的测定

称取相同质量相同来源的未变性淀粉，按相同方式制备未变性淀粉试样溶液，然后按相同比例稀释空白淀粉。取1.00mL此溶液于25mL具塞刻度试管中按处理样品的方法处理，以试剂空白作参比，在595nm处测定其吸光度，在标准曲线上查出相应丙二醇的含量。

(3)结果计算

羟丙基淀粉的摩尔取代度(MS)按下式计算：

$$MS = \frac{2.79H}{100 - H}$$

$$H = F \times \left(\frac{M_{样}}{W_{样}} - \frac{M_{原}}{W_{原}}\right) \times 0.7763 \times 100$$

式中：

H——羟丙基百分含量,%；

F——试样或空白样稀释倍数；

$M_{样}$——在标准工作曲线上查得的试样中的丙二醇质量，g；

$M_{原}$——在标准工作曲线上查得的原淀粉空白样中的丙二醇质量，g；

$W_{样}$——试样质量，g；

$W_{原}$——原淀粉质量，g；

0.7763——丙二醇含量转换成羟丙基含量的转换系数；

2.79——羟丙基百分含量转换成取代度的转换系数。

2. 质子核磁共振波谱法

(1)实验原理

变性淀粉在氯化氘的重水溶液中被部分水解。测出羟丙基官能团中甲基基团上的三个质子的信号。采用3-三甲基硅烷基-1-丙磺酸的钠盐作为内标。

(2)实验样品的制备

将样品过800μm筛。样品不能通过筛子部分，再用螺旋式磨粉机研磨，至其全部通过800μm筛，充分混匀样品。

(3)分析步骤

1)洗涤样品

①称取约 20g 已准备好的试样，置于 400mL 烧杯中，加入 200mL 水在室温下搅拌 15min。

如果样品难分散或过滤速度慢，可用冷水重复上述步骤。

②在真空条件下，用布氏漏斗过滤淀粉。

③重复上述步骤两次。

④在真空烘箱(压力≤10kPa)中用(30±5)℃干燥已洗涤好的淀粉样品 4h 以上。

2)溶液配制

①称约 12mg(干基，精确至 0. 1mg)洗涤并干燥过的试样，置于 5mL 试管中。

②在 5mL 试管中，加入 1 安瓿重水(纯度≥99. 95%，储存于 0. 75mL 密封的安瓿中)和用微量吸液器吸取 0. 1mL2mol/L 氯化氘溶液。

③盖上试管，混合，然后放入沸水浴中。

④3min 后，如得到澄清溶液，取出并冷却至室温；如果溶液不澄清，继续在沸水浴中加热直至得到澄清溶液(加热最长时间为 1h)。

⑤烘干 5mL 试管外表面，称重(精确至 0. 1mg)。用微量吸液器吸取 0. 05mL 内标溶液加入试管中，称重(精确至 0. 1mg)，计算出加入 5mm 试管中内标溶液的质量。

内标溶液：称取大约 50mg3-三甲基硅烷基-1-丙基磺酸(TSPSA)钠(精确至 0. 1mg)，溶解于约 5g(精确至 0. 1mg)重水(纯度≥99. 8%，储存于 25mL 备有螺纹盖的瓶中)中，储存于密封瓶中。

⑥充分混匀，调整好旋转仪并把 5mL 试管放置于核磁共振波谱仪(最小频率为 60MHz)中，旋转试管。

3)记录光谱

①调整好测定仪至最佳状态，以得到合适的光谱。对于傅里叶变换(FT)仪，建议弛豫时间为 15s。

②3-三甲基硅烷基-1-丙基磺酸钠的甲基信号在 0μg/g 处，故采用-0. 5μg/g 至+6μg/g 的波谱范围。

③对于傅里叶变换-核磁共振波谱仪，将 FID(自由感应衰减)变换成光谱，并在相位校正后开始子程序的积分。

④在基线校正后，测出来源于羟丙基官能团中的甲基团在+1. 2μg/g 和 3-三甲基硅烷基-1-丙基磺酸钠中的甲基团在 0μg/g 下的双重线间的峰面积。

(4)结果计算

干燥样品中羟丙基含量的计算公式如下：

$$\omega_{h} = \frac{3A_{h}}{A_{is}} \times \frac{\omega_{is} \times m_{is}}{M_{is}} \times M_{h} \times \frac{100\%}{m} \times \frac{100\%}{100\% - \omega_{m}}$$

式中：

ω_{h}——干燥后样品中羟丙基质量分数,%；

A_{h}——羟丙基的甲基基团峰面积；

A_{is}——内标样 TSPSA 中甲基基团峰面积；

3——TSPSA 中甲基基团数；

ω_{is}——内标样 TSPSA 溶液的质量分数,%；

m_{is}——NMR 试管中内标溶液的质量，g；

M_{is}——TSPSA 的摩尔质量，$M_{is}=218g/mol$；

M_h——羟丙基基团的摩尔质量，$M_h=59g/mol$；

m——NMR 试管中洗涤并干燥后试样的质量，mg；

ω_m——洗涤并干燥后试样的水分质量分数，%。

7.4.5 羧甲基淀粉(CMC)取代度的测定

1. 实验原理

用盐酸酸化淀粉溶液或淀粉悬浮液使羧甲基盐全部转化成酸式。淀粉用甲醇沉淀，澄清后，再用砂芯玻璃漏斗进行过滤，过量的酸性物质可以通过甲醇洗涤而完全除去，将淀粉干燥。称取一定量的干燥的淀粉，加入适度过量的标准氢氧化钠溶液处理，样品中过量的氢氧化钠用标准盐酸溶液反滴定。

2. 样品的制备

将样品过孔径为 800μm 的筛子。不能通过筛子的样品，再用螺旋式磨粉机研磨，至其全部通过 800μm 的筛子，充分混匀样品。

3. 分析步骤

(1)样品的称取

称取约 3g(精确至 0.001g)已准备好的实验样品，置于 150mL 的烧杯中。

(2)羧甲基淀粉盐的转化

用 3mL 100%甲醇润湿样品并用刮勺搅拌均匀，加入 75mL 水(不含二氧化碳)搅拌至完全分散。

对于高黏度的淀粉，需加入 6mL 甲醇和 100mL 水才能得到完全搅拌均匀的溶液。

用 4mol/L 盐酸将溶液酸化至 pH 值为 1，用搅拌器搅拌 30min。

(3)酸式羧甲基淀粉的沉淀

向 500mL 的烧杯中加入 300mL100%甲醇，将溶解好的实验样品溶液滴入甲醇中，同时用力搅拌。

如果实验样品是用 100mL 水分散，则需用 400mL 甲醇使淀粉沉淀。

样品悬浮液加完后，继续搅拌约 1min，盖上烧杯，静置 2h。

(4)酸式羧甲基淀粉的洗涤

将烧杯中的上清液慢慢倒出，并收集在一个合适的容器中，在真空状态下用砂芯玻璃漏斗过滤残余物，抽干后，再向滤饼中加入 25mL100%甲醇，搅拌，重复上述步骤，直至过滤残液的 pH 值大于 3.5，用甲醇进行最后一次洗涤。

将滤饼从砂芯玻璃漏斗中转移到表面皿上，置于 40℃的烘箱中干燥几小时。

(5)实验样品的滴定

用研杵和研钵研碎干燥的沉淀物，称取约 1.5g(精确到 0.0001g)上述试样放入 150mL 烧杯中。

(6)滴定

用 2mL100%甲醇润湿样品并加入 75mL 水(不含二氧化碳)使之溶解，在沸水浴中将烧杯中的物质加热到 90℃，然后使之冷却至室温再继续下一步骤。

加入25.00mL0.1mol/L氢氧化钠溶液于上述溶液中，在烧杯上盖上箔片并用磁力搅拌器搅拌1h。滴入2~3滴酚酞酒精溶液用0.1mol/L稀盐酸溶液滴定至刚好无色。

提　　示

1. 如果采用电位滴定法，则滴定应在密闭容器中进行，滴定终点为pH=9.0。
2. 如果用于滴定的溶液非常黏稠，可以加入50mg氯化钠(最大量)降低其黏度。

(7)空白的滴定

加入25.00mL0.1mol/L氢氧化钠溶液于150mL的烧杯中，再加2mL100%甲醇和75mL水，按照分析步骤(6)中所述，用0.1mol/L稀盐酸溶液滴定至刚好无色。

提　　示

甲醇是此分析中的关键原料，其使用量相当大，甲醇有毒且易燃，所有必要的安全防范措施，防爆通风橱必须一直工作，所有使用的机械和电气设备，应该具有防爆功能，除此之外，废弃甲醇的处置应当与法定的要求一致。

4. 结果计算

(1)样品羧甲基含量的计算

干燥的实验样品羧甲基含量计算如下：

$$\omega_C = \frac{c \times M_C \times (V_b - V_s) \times 100\%}{m} \times \frac{100\%}{100\% - \omega_m}$$

式中：

ω_C——酸式羧甲基的质量分数(干基),%；

c——用于滴定的标准稀盐酸摩尔浓度，mol/L；

M_C——酸式羧甲基(—CH_2—COOH)的摩尔质量，M_C=58g/mol；

V_b——空白滴定时消耗的稀盐酸体积，mL；

V_s——样品滴定时消耗的稀盐酸体积，mL；

m——用于滴定的实验样品的质量，mg；

ω_m——滴定用实验样品的水分质量分数,%。

(2)羧甲基淀粉取代度的计算

取代度即为每摩尔脱水葡萄糖单位结合的羧甲基的量。干燥实验样品的羧甲基取代度的计算如下：

$$x_C = \frac{\omega_C \times M_a}{(100\% - \omega_C) \times M_C}$$

式中：

x_C——干燥实验样品的羧甲基淀粉取代度；

ω_C——干燥实验样品的羧甲基质量分数,%；

M_a——脱水葡萄糖的摩尔质量，$M_a = 162$g/mol；

M_C——与淀粉反应后酸式羧甲基的摩尔质量，$M_C = 58$g/mol。

7.4.6 阳离子淀粉取代度的测定

阳离子淀粉的取代度的测定常用凯氏定氮法测定其含氮量(结合氮)，再计算。

1. 分析步骤

样品先用蒸馏水洗去未反应的阳离子醚化剂，烘干后按测定淀粉中蛋白质含量的凯氏定氮法测定其结合氮。

2. 计算

阳离子淀粉取代度的计算公式如下：

$$W_N = \frac{(V_1 - V_0)C \times 0.028}{m(1 - W_{水})} \times 100$$

式中：

W_N——阳离子淀粉的含氮量,%；

C——用于滴定的硫酸标准溶液的浓度，mol/L；

V_0——空白试验消耗 0.05mol/L 硫酸标准溶液的体积，mL；

V_1——滴定样品消耗 0.05mol/L 硫酸标准溶液的体积，mL；

m——样品的质量，g；

$W_{水}$——样品的水分含量,%。

以季铵盐作醚化剂时的阳离子淀粉取代度的计算公式如下：

$$DS = \frac{11.57(W_N - W_{N_0})}{100 - 13.44(W_N - W_{N_0})}$$

式中：

W_{N_0}——原淀粉中氮质量分数,%；

11.57、13.44——换算系数。

如果以其他阳离子作醚化剂时，则阳离子淀粉取代度的计算公式如下：

$$DS = \frac{11.57(W_N - W_{N_0})}{100 - [M/14(W_N - W_{N_0})]}$$

式中：

M——阳离子醚化剂的摩尔质量，g/mol。

7.5 预糊化淀粉糊化度的测定

1. 实验原理

淀粉由许多葡萄糖分子通过 α-1，4 苷键连接而成，酶对糊化淀粉和原淀粉有选择性的分解，TaKa 淀粉酶能在一定温度下将定量的熟淀粉在一定时间内转化成一定量的麦芽糖和葡萄糖，而转化糖的数量与淀粉生熟程度有比例关系，故可根据生成的糖量计算出糊化度。

2. 分析步骤

(1)分别称取通过 60 目筛的磨碎试样 1g(水分 14%)置于 2 个 100mL 的锥形瓶中，分别标记为 A_1、A_2，另取 1 个 100mL 的锥形瓶，不加试样作为空白，标记为 B。向这 3 个瓶中各加入蒸馏水 50mL。

(2)把 A_1 置于电炉上煮沸(微)或在沸水浴中煮沸 20min，然后将 A_1 锥形瓶迅速冷却到 20℃(夏天高温时应将 A_2、B 与 A_1 三个锥形瓶一起迅速冷却到 20℃)。

(3)在 A_1、A_2、B 三个锥形瓶中各加入 5%的 TaKa 淀粉酶液 5mL(用时现配)，在 37~38℃水浴中保温 2h，每 15min 搅拌一次，然后在 3 个锥形瓶中迅速加入 1mol/L 的盐酸溶液 2mL，用蒸馏水定容至 100mL，过滤后作检定液用。

(4)各取检定液 10mL，分别置于 3 个 100mL 具塞磨口锥形瓶中，依次加入 10mL 0.1mol/L 的碘液，18mL 0.1mol/L 的 NaOH 溶液，然后加塞静置 15min。

(5)静置后在上述 3 个锥形瓶中各加入 10%的硫酸溶液 2mL，用 0.1mol/L 的 $Na_2S_2O_3$ 的标准溶液进行滴定，待试样颜色变为淡黄色时加入 1%淀粉液作指示剂，继续滴定至蓝色消失，记录所消耗的 $Na_2S_2O_3$ 的标准溶液的体积。

3. 计算

预糊化淀粉的糊化度计算公式如下：

$$糊化度(\%) = \frac{Q - P_2}{Q - P_1} \times 100$$

式中：

Q——空白试验所消耗的硫代硫酸钠标准溶液的体积，mL；

P_1——糊化完全时所消耗的硫代硫酸钠标准溶液的体积，mL；

P_2——待测试样所消耗的硫代硫酸钠标准溶液的体积，mL。

7.6　交联淀粉的测定

7.6.1　交联淀粉交联度的测定

大多数交联淀粉的交联度都是低的，因此很难直接测定交联淀粉的交联度。低交联度的交联淀粉，受热糊化时黏度变化较大，可根据低温时的溶胀和较高温度时的糊化进行测定。而高交联度的交联淀粉在沸水中也不糊化，因此只能测定淀粉颗粒的溶胀度。

1. 分析步骤

准确称取已知水分的交联淀粉样品 0.5g 于 100mL 烧杯中，加入蒸馏水 25mL 配成 2%的淀粉溶液，放入恒温水浴中，稍加搅拌，在 82~85℃溶胀 2min(用秒表计时)，取出冷却至室温后，在 2 支刻度离心试管中分别倒入 10mL 糊液，对称装入离心机内，开动离心机，缓慢加速至 4000r/min 时，用秒表计时，离心 2min，停转，取出离心管，将上层清液倒入一个培养皿中，称取离心管中沉积浆质量，再将沉积浆置于另一培养皿中于 105℃烘干，称得沉积物干质量。

2. 结果计算

交联淀粉颗粒的溶胀度计算公式如下：

$$溶胀度(\%)=\frac{m_1}{m_2}\times 100$$

式中：

m_1——沉积浆质量，g；

m_2——沉积物干质量，g。

7.6.2　交联淀粉中残留甲醛含量的测定

1. 实验原理

交联淀粉中残留甲醛含量的测定原理是试样在一定的温度和条件下，用水萃取一定时间，淀粉中的残留甲醛被水吸收，然后萃取液用乙酰丙酮显色，用分光光度计测定显色液中的甲醛含量。

2. 分析步骤

(1)甲醛标准溶液工作曲线的绘制

用移液管移取37%~40%的甲醛溶液1.3mL，放入500mL容量瓶中，用蒸馏水稀释至刻度，摇匀，即为1g/L左右的甲醛溶液。

准备2只250mL的碘量瓶，用移液管吸取1g/L的甲醛溶液10mL，移入其中一只碘量瓶中，另一只作为空白试验(即不加甲醛溶液，用10mL蒸馏水代之)，用移液管分别吸取25mL0.1mol/L的碘液于两只碘量瓶中，再用刻度移液管加入10mL1mol/L的氢氧化钠溶液，加盖放置暗处10~15min，取出加入15mL0.5mol/L的硫酸溶液，用0.1mol/L的硫代硫酸钠标准溶液滴定至溶液呈淡黄色，再加入1~3mL淀粉指示剂，继续用0.1mol/L硫代硫酸钠标准溶液滴定至蓝色消失即为终点。

甲醛标准溶液的质量浓度按下式计算：

$$甲醛质量浓度(mg/L)=\frac{(a-b)C_{Na_2S_2O_3}\times 0.015}{10}\times 10^6$$

式中：

a——空白试验消耗硫代硫酸钠标准溶液的体积，mL；

b——甲醛溶液消耗硫代硫酸钠标准溶液的体积，mL；

0.015——与1.00mL1.000mol/L硫代硫酸钠标准溶液相当的甲醛的质量，g。

用移液管吸取约1g/L的甲醛溶液50mL，置于500mL容量瓶中，用蒸馏水稀释至刻度，即为0.1g/L左右的甲醛溶液。再用0.1g/L左右的甲醛溶液分别配制成质量浓度为1mg/L、2mg/L、4mg/L、6mg/L、8mg/L的甲醛标准溶液。

取5支试管，用移液管各吸取10mL乙酰丙酮溶液，分别注入每支试管中，再用移液管分别吸取1mg/L、2mg/L、4mg/L、6mg/L、8mg/L的甲醛标准溶液10mL注入上述试管中，另取一支试管同样吸取10mL蒸馏水及10mL乙酰丙酮溶液于其中作空白对照试验。加盖、摇匀，置于(40±2)℃水浴中加热30min显色，反应完毕后，冷却30min，用分光光度计在最大吸收峰415nm波长左右处测其吸光度A，然后根据在甲醛标准溶液的不同浓度下的吸光度，在坐标纸上绘制甲醛标准溶液工作曲线。

(2)交联淀粉残留甲醛含量的测定

准确称取折算成干样的样品5g，放入250mL带塞锥形瓶中。用移液管吸取100mL蒸馏水于锥形瓶中，在(40±1)℃的水浴中萃取 1h，期间摇动 2~3 次，然后冷却至室温，用滤纸过滤，用移液管吸取 10mL 萃取液，加 10mL 蒸馏水于试管中。另以蒸馏水为空白对照液，直接用分光光度计在最大吸收峰 415nm 波长左右处测其吸光度 A_1。

吸取 10mL 萃取液加入等体积的乙酰丙酮试剂溶液于试管中，加盖摇匀，在(40±2)℃水浴中加热 30min，进行显色。然后取出放置 30min，以 10mL 蒸馏水加入等体积的乙酰丙酮溶液作空白对照，用分光光度计在最大吸收峰 415nm 波长左右处测定吸光度 A_2。如果测得的吸光度 A_2 太大，可以将萃取液稀释数倍后再测。用 A_2—A_1 吸光度在甲醛标准溶液工作曲线上查得对应的质量浓度。

3. 结果计算

交联淀粉中的残留甲醛含量的计算公式如下：

$$残留甲醛(mg/L) = \frac{CDF}{W}$$

式中：

C——在甲醛标准溶液工作曲线上查得稀释萃取液甲醛质量浓度，mg/L；

D——萃取液稀释倍数；

F——萃取液总体积，mL；

W——试样质量，g。

7.7　接枝淀粉的测定

7.7.1　接枝淀粉接枝参数均聚物含量的测定

1. 测定原理

均聚物是淀粉接枝过程中，单体自身聚合未接到葡萄糖环上而混于接枝淀粉中的聚合物。均聚物含量以均聚物质量占接枝淀粉(包括均聚物)质量的百分率表示。其测试原理是利用能溶解乙烯类或丙烯类均聚物而不溶解接枝淀粉的溶剂将均聚物从接枝淀粉中萃取分离出来。萃取溶剂的选择为：接枝单体为丙烯酸，萃取溶剂为水；接枝单体为丙烯酸酯和醋酸乙烯酯，萃取溶剂为丙酮；接枝单体为丙烯酸和丙烯酸酯，萃取溶剂为丙酮；接枝单体为丙烯腈，萃取溶剂为二甲基甲酰胺。

2. 分析步骤

(1)将洗涤干净的 50mL 离心试管，在 105~110℃的烘箱中烘至恒重，准确称重。粗称 8~10g 经充分混合的接枝淀粉试样于离心试管中，在 105~110℃烘箱中烘至恒重，准确称重。

(2)用量筒量取 30~40mL 根据接枝单体种类选择的萃取溶剂于离心试管中，用玻璃棒搅拌 1min 左右，加塞在室温下放置 10h 以上，搅匀，然后放入低速离心机中进行沉淀，弃去上层清液，再加入 30~40mL 萃取溶剂，用玻璃棒搅拌均匀，放入离心机中沉淀，再重复操作两次，以充分洗去试样中的均聚物。

(3)将萃取后的接枝淀粉试样晾干或在 50℃水浴中烘至无溶剂为止，然后在 105~110℃烘箱中烘至恒重，准确称重。

3. 结果计算

接枝淀粉均聚物的含量按下式计算：

$$均聚物含量(\%)=\frac{m_1-m_2}{m_1-m_0}\times100$$

式中：

m_0——离心试管的质量，g；

m_1——去除均聚物前的试样和离心试管质量，g；

m_2——去除均聚物后的试样和离心试管质量，g。

7.7.2 接枝淀粉接枝百分率的测定

1. 测定原理

去除均聚物的淀粉接枝共聚物中含有接枝高分子的质量百分率称为接枝百分率，简称接枝率。其测试原理是用酸将已去除均聚物的接枝共聚物中的淀粉水解掉，然后过滤，所得产物即为接枝到淀粉上的高分子物质。

2. 分析步骤

用100mL 1mol/L的盐酸对已除去均聚物的试样在98℃水浴中回流水解10h，将淀粉彻底水解，水解程度用I_2-KI溶液检验。然后用1mol/L的氢氧化钠溶液中和，过滤，水洗至无Cl^-(用$AgNO_3$溶液检验)，所得不溶物即为接枝到淀粉上的高聚物，将这不溶物在105~110℃的烘箱中烘至恒重，准确称重。

3. 结果计算

接枝淀粉接枝的百分率按下式计算：

$$接枝百分率(\%)=\frac{m_4}{m_3}\times100$$

式中：

m_3——去除均聚物的接枝淀粉的质量，g；

m_4——接枝到淀粉上的高聚物质量，g。

7.7.3 接枝淀粉游离单体含量的测定

1. 测定原理

游离单体是接枝淀粉中未参加反应的单体或既没有接到淀粉上，又未发生自身间聚合的单体，以占绝干接枝淀粉质量的百分率表示。其测试原理是利用溴酸钾在氧化溴化氢时所析出的溴与单体的双键起加成反应，多余的溴再与碘作用，最后以硫代硫酸钠滴定所析出的碘。

2. 分析步骤

准确称取5g左右接枝淀粉试样于烧杯中，用400mL左右蒸馏水分数次充分洗涤试样，在布氏漏斗中过滤，收集各次滤液转移至500mL容量瓶中，用水稀释定容至刻度。用移液管吸取50mL滤液(如过量则改吸10mL)，放到盛有30mL十二烷基硫酸钠溶液的250mL碘量瓶中，摇匀后加入50mL 0.009mol/L的溴化钾-溴酸钾溶液(称取12.5g溴化钾和1.5g溴酸钾于200mL烧杯中，加适量水溶解并转移至1000mL容量瓶中，用蒸馏水稀释至刻度)，然后迅速加入 10mL 6mol/L 的盐酸溶液，并将瓶塞塞紧，摇匀放于暗处静置 15min 后，加入 20mL10%的碘化钾溶液，析出碘后立即用 0.1mol/L $Na_2S_2O_3$溶液滴定至浅黄色将近终点时，加入 1%淀粉指示剂 2mL，然后继续滴定到蓝色完全消失为终点，并做一空白试验。

3. 结果计算

接枝淀粉游离单体含量按下列公式计算：

$$W = \frac{(V_1 - V_2)C}{V} \times \frac{V_f}{1000} \times \frac{M}{2} = 5 \times 10^{-4} \times \frac{CV_fM(V_1 - V_2)}{V}$$

$$游离单体含量(\%) = \frac{W}{W_0(1 - W_{水})} \times 100$$

式中：

W——过滤液中不饱和单体的质量，g；

V_1——空白试验所消耗的 $Na_2S_2O_3$标准溶液的体积，mL；

V_2——样品试验所消耗的 $Na_2S_2O_3$标准溶液的体积，mL；

V——所取样品的体积，mL；

C——$Na_2S_2O_3$标准溶液的浓度，mol/L；

V_f——滤液总体积，mL；

M——不饱和单体的相对分子质量，若参加接枝共聚反应的单体多于一种，则取其摩尔加权平均值；

W_0——接枝淀粉样品的质量，g；

$W_{水}$——样品的水分含量。

7.7.4 高吸水性淀粉性能的测定

1. 吸收能力的测定

吸水能力用吸水溶液倍率来量度。

吸收倍率(即膨胀度)是指 1g 吸收剂所吸收溶液的量，单位为 g/g 或倍或 mL/g。

$$Q = \frac{m_2 - m_1}{m_1}$$

$$Q = \frac{V_2}{m_1}$$

式中：

Q——吸水倍率；

m_1——吸收剂的质量，g；

m_2——吸收后吸收剂的质量，g；

V_2——吸收的液体体积，mL。

吸收的液体若是水、盐水、血液、尿等，则吸收倍率分别为吸水倍率、吸盐水倍率、吸血倍率、吸尿倍率等。

(1)吸收液体

①去离子水

用以测定吸水剂吸水倍率，作为比较标准。

②1%或0.9%的氯化钠水溶液

用来测定吸水剂的耐盐能力。吸水剂多在含盐类的水中使用，人体液含盐为1%左右。

③血液

采用人血，也有用羊血及人工血液来考查它的吸收能力。

④人工尿

由于人尿因人而异，组成有差别，所以要采用人工尿。人工尿的组成为：水97.09%、尿素1.94%、NaCl 0.80%、$MgSO_4 \cdot 7H_2O$ 0.11%、$CaCl_2$ 0.06%。

(2)吸收能力的测定方法

①自然过滤法

将一定量的吸水剂放入大量的水溶液中，待溶胀至水饱和后，用筛网滤去剩余的水溶液。

②流动法

将吸水剂放入烧杯，然后向吸水剂逐滴加入水溶液，待溶胀后的吸水剂出现流动性为终点。

③纸袋法

将已称量的超强吸水剂放入纸袋中，浸入溶液中，待吸液饱和后，测出吸液的量。

④离心分离法

将一定量吸水剂加在大量的水溶液中，溶胀后离心除去多余的水溶液。

⑤量筒法

将吸水剂放入装有溶液的量筒中，待吸收后，放入小片牛皮纸，当牛皮纸沉至某地方后，不再下沉，此时指示的体积，为吸收剂膨胀的量。

⑥薄片法

将吸水性吸收剂加工成薄片，浸没于溶液中至膨胀完后，测出吸收前后薄片的量。

以上方法各有千秋，无统一的测定方法。由于吸水剂的组成、相对分子质量、形态等对结果均有影响，所以不是很严密的。其中自然过滤法用的较为普遍。

2. 超强吸水剂的吸液速度的测定

吸液速度是指单位吸水剂在单位时间内吸收液体的体积或质量。

(1)测定凝胶体积膨胀法

①量筒法

与测量吸液能力的方法相同，量筒法记录不同时间的牛皮纸上升的刻度，即不同时间的吸液量。

②袋滤法

袋滤法是将一定量的吸水剂放入纸袋、尼龙布袋或纱布袋中，然后浸入已装液体的量筒中，隔一段时间取出袋子，观察量筒中剩下液体的体积，即为吸水剂不同时间吸收液体的体积。

(2)测定凝胶重量法

①自然过滤法

自然过滤法是按照吸水能力测定的自然过滤法称取数份样品，分别放于液体中浸泡，依次以不同的时间进行过滤称量，得到不同时间的吸液量。

②纸袋法(或布袋法)

纸袋法(或布袋法)是将定量的吸水剂放入纸袋、布袋或衬布袋中，浸泡入液体中，每隔一段时间取出、称量，可得不同时间的吸液量。

(3)片状或膜状产品测定

片状或膜状产品，也可按称量法或体积法进行测量。称量法是切取一定量的试样，浸泡于液体中，每隔一段时间取出称量。体积法主要用于片状产品，切成长方体，测好体积，浸入液体后，隔一定时间取出测量体积，测出不同时间的膨胀体积。此外，对纤维状、膜状物也可测量其线性膨胀速度。

(4)搅拌停止法

在烧杯中加入 50mL 的生理盐水，用磁力搅拌器搅拌，测定从投入吸水剂 2g 后到搅拌停止的时间。用该方法测出的速度是以时间 t(min 或 s)来表示。也可以按下式求出平均吸水速度。

$$\bar{v}=\frac{50}{2t}=\frac{25}{t}$$

式中:

$\bar{v}$——平均吸水速度，mL/(g · min)或 mL/(g · s)；

t——加入吸水剂后至搅拌器停止所需的时间，min 或 s。

(5)水不流动法

水不流动法与搅拌停止法一样，是将 50mL 去离子水加入烧杯中，一边搅拌，一边加入 0.5g 水凝胶剂，直到水不流动为止，测定吸收全部水所需的时间。其吸水速度也与上述方法一样，以平均速度 $\bar{v}$ 或吸收全部水所需的时间 t(min 或 s)来表示。

$$\bar{v}=\frac{50}{0.5t}=\frac{100}{t}(\text{mL/(g·min) 或 mL/(g·s)})$$

7.8　酸变性淀粉的测定

7.8.1　酸变性淀粉流度的测定

1. 概念

流度是黏度的倒数，黏度越低，流度越高。由于淀粉用酸变性的主要目的是降低淀粉糊的黏度，因此在酸变性淀粉的生产过程中经常用测定流度的方法来控制反应程度或用流度来表示酸变性淀粉的黏度大小。酸变性淀粉的流度一般用经验方法测定，其范围为 0~90。

2. 分析步骤

(1)在烧杯中用 10mL 蒸馏水浸湿 5g 干淀粉，然后在 25℃下加入 90mL1%的 NaOH 溶液，边加边搅拌，在 3min 内加完。

(2)在 25℃下放置 27min 后，将其注入具塞的、下方连有玻璃毛细管的专用玻璃漏斗中(25℃，100mL 蒸馏水在该玻璃漏斗中的流出时间为 70s)，测定淀粉糊在 70s 内流出的体积(mL)，以流出体积表示该酸变性淀粉的流度。

7.8.2　分解度的测定

1. 仪器与试剂

(1)恒温水浴锅、乌氏黏度计、秒表。

(2)1mol/L KOH 溶液、5mol/L KOH 溶液。

2. 操作步骤

(1)准确称取 2.0~2.5g 氧化或酸解淀粉(绝干)，分散在 300mL 蒸馏水中，在沸水浴中加热 30min(不停地搅拌)。冷却至室温，加入 100mL 5mol/L KOH 溶液，并用蒸馏水稀释至 500mL，制得含 0.4%~0.5%淀粉的 1mol/L KOH 溶液。还可用 1mol/LKOH 溶液稀释成含 0.1%~0.3%淀粉的 1mol/LKOH 溶液。

(2)用乌氏黏度计在 35±0.2℃温度测定 1mol/L KOH 溶液流过黏度计的时间 t_0，测定上述浓度淀粉试液的流过时间 t_1、t_2及 t_3。由公式 $\eta_{SP}=(t-t_0)/t_0$计算出增比黏度，然后以 η_{SP}/c 对 c(c 为浓度，单位为 g/100mL)作图，在图上至少得到 3 点(c_1：η_{SP}/c_1，c_2：η_{SP}/c_2，c_3：η_{SP}/c_3)，用这 3 点连线并外推使 $c\to 0$，得$[\eta]$。称取同质量的原淀粉，作为空白，操作与上述样品相同，得到$[\eta_0]$。

$$分解度 = \frac{[\eta_0] - [\eta]}{[\eta_0]} \times 100\%$$

7.9　白糊精溶解度的测定

白糊精溶解度的测定主要有烘箱法和旋光法。

7.9.1　烘箱法

1. 实验原理

室温下配制 2%的糊精溶液，充分溶解后离心分离，吸取一定量清液于表面皿中，放入烘箱中烘干后称重，由此计算出溶解度。

2. 分析步骤

准确称取 2g 试样(精确到 0.0001g)，溶于 1000mL 蒸馏水中，置于水浴振荡器中，振荡 30min(水温为 25℃)后转移到离心管中，在 3000r/min 条件下离心 5min，取出静置，用移液管吸取 20mL 清液放入已恒重的表面皿中，将表面皿放入 105~110℃干燥箱中烘 3h 后取出，冷却、称重。

3. 结果计算

白糊精溶解度的计算公式如下：

$$X = \frac{(G_1 - G_2) \times 5 \times 100}{G \times (1 - W)}$$

式中：

X——试样溶解度，g/100g；

G_1——含溶解糊精的表面皿质量，g；

G_2——表面皿净重量，g；

G——试样质量，g；

W——试样水分质量分数,%。

7.9.2　旋光法

1. 实验原理

糊精的比旋光度为 1500，其水溶滶的旅光度与其浓度成正比，因此可通过测定水溶液的旋光度求得溶解度。

2. 分析步骤

①准确称取 2g 试样(精确到 0.0001g)，溶解并稀释至 100mL，混匀后过滤，滤液备用。

②开启旋光仪，待光源稳定后，将旋光管内装满蒸馏水并放入旋光仪的长槽内，按照旋光仪的使用规则调整零点。

③倒出旋光管内的蒸馏水，用步骤①制得的样品溶液冲洗旋光管两次后，将样品溶液装满旋光管并放入旋光仪的长槽，按照旋光仪的使用规则测定其旋光度。

④每一样品测定三次，以平均值作为样品的旋光度。

3. 结果计算

按照下式计算样品的质量分数：

$$C = \frac{Q}{[\alpha]L}$$

式中：

C——溶液质量浓度，g/100mL；

Q——实测的旋光度，度；

$[\alpha]$——溶质的旋光度，度；

L——旋光管长度，dm。

被测试样的溶解度计算公式如下：

$$X = \frac{100 \times 100 \times C}{G \times (1 - W)}$$

式中：

G——样品质量，g；

W——试样水分质量分数,%。

7.10　抗性淀粉的测定

7.10.1　测定原理

除去试样中的可消化淀粉(包括快速消化淀粉(RDS)和慢速消化淀粉(SDS))，然后用 Somogyi-Nelson 法测定还原糖，乘以 0.9 即为抗性淀粉的含量。

7.10.2 分析步骤及结果

取一定量淀粉试样，加入 HCl-KCl 缓冲溶液、胃蛋白酶，37℃保持 16h(不断振荡)，再加入磷酸盐缓冲溶液和耐高温 α-淀粉酶，100℃恒温 30min(不断振荡)，冷却至室温，调整 pH 值后，加入葡萄糖淀粉酶，60℃保持 1h(不断振荡)，冷却，加入 4 倍体积 95% 乙醇，混合均匀，离心(4000r/min，30min)，弃去上清液，醇洗重复 3 次，将沉淀物溶解于 4mol/L KOH 溶液中，用 HCl 溶液中和，加入葡萄糖淀粉酶，60℃恒温 1h(不断振荡)，离心(4000r/min，30min)，收集上清液。对沉淀物至少水洗 3 次，离心后合并上清液，用水定容至 50mL。用 Somogyi-Nelson 法测定还原糖，乘以 0.9 即为抗性淀粉的含量。

第8章 马铃薯食品检测

食品是人类赖以生存和发展的物质基础，食品安全是关系到人类健康和国计民生的重大问题。食品安全监测技术作为食品安全的技术支持，已引起国内的高度重视。马铃薯食品检测技术是保障马铃薯食品安全的重要技术手段。

8.1 马铃薯食品添加剂检测

食品添加剂大多数并不是基本食品原料本身应有的物质，而是食品在生产、储存、包装、使用等过程中为达到某一目的而添加的物质。食品添加剂的定义各国不尽相同，我国《食品安全国家标准　食品添加剂使用标准》对食品添加剂的定义是：为改善食品品质和色、香、味，以及为防腐、保鲜和加工工艺的需要而加入食品中的人工合成或者天然物质。

食品添加剂的种类繁多，而我国有2000多个品种。添加剂的种类多，功能各异，食品生产中经常测定的项目有：防腐剂、甜味剂、发色剂、漂白剂、抗氧化剂、着色剂等。测定中采用蒸馏法、溶剂萃取法、色谱分离法等多种分离方法，需先将添加剂从复杂的食品混合物中分离出来，再根据其物理、化学性质，选择适当的方法进行测定。常用的方法有紫外分光光度法、薄层色谱法、高效液相色谱法等。

8.1.1 甜味剂的测定

甜味剂是赋予食品以甜味的食品添加剂。常用的甜味剂有糖精钠、甜菊糖苷、甜蜜素(环己基氨基磺酸钠)、安赛蜜(乙酰磺胺酸钾)、甜味素(天冬酰苯丙氨酸甲酯)等。下面介绍几种甜味剂的测定方法。

1. 糖精钠的测定

糖精钠俗称糖精，是一种人工甜味剂，为无色结晶，无臭或微有香气，低浓度时呈甜味，高浓度时呈苦味。糖精钠的定量分析方法有高效液相色谱法、薄层色谱法、离子选择电极法及紫外分光光度法等。目前使用较多的是高效液相色谱法，参考GB4578—2008。

(1)原理

试样加温除去二氧化碳和乙醇，调pH值至近中性，过滤后进入高效液相色谱仪，经反相色谱分离后，根据保留时间和峰面积进行定性和定量。

(2)试剂

①甲醇：经0.5μm滤膜过滤。

②氨水(1+1)：氨水加等体积水混合。

③0.02mol/L乙酸铵溶液：称取1.54g乙酸铵，加水至1000mL溶解，经0.45μm滤

膜过滤。

④糖精钠标准储备溶液：准确称取0.0851g经120℃烘干4h后的糖精钠，加水溶解定容至100mL。糖精钠含量1.0mg/mL，作为储备溶液。

⑤糖精钠标准使用溶液：吸取糖精钠标准储备液10.0mL放入100mL容量瓶中，加水至刻度，经0.45μm滤膜过滤。该溶液每毫升相当于0.10mg的糖精钠。

(3)仪器

高效液相色谱仪、紫外检测器。

(4)操作方法

1)样品处理

①果汁类：称取5.00~10.00g，用氨水(1+1)调pH=7.0，加水定容至适当的体积，离心沉淀，上清液经0.45μm滤膜过滤。

②配制酒类：称取10.0g，放小烧杯中，水浴加热除去乙醇，用氨水(1+1)调pH=7.0，加水定容至20mL，经0.45μm滤膜过滤。

2)高效液相色谱参考条件

①色谱柱：YWG-C_{18} 4.6mm×250mm 10μm不锈钢柱。

②流动相：0.02mol/L甲醇-乙酸铵溶液(5+95)。

③流速：1mL/min。

④检测器：紫外检测器，波长230nm，灵敏度0.2AUFS。

3)样品测定

取样品处理液和标准使用液各10μL(或相同体积)注入高效液相色谱仪进行分离，以其标准溶液峰的保留时间为依据进行定性，以其峰面积求出样液中被测物质的含量，供计算。

(5)计算

$$X_1 = \frac{m_1 \times 1000}{m_2 \times \frac{V_2}{V_1} \times 1000}$$

式中：X——样品中糖精钠含量，g/kg；

m_1——进样体积中糖精钠的质量，mg；

V_1——样品稀释液总体积，mL；

V_2——进样体积，mL；

m_2——样品质量，g。

(6)说明

①高效液相色谱法取样量为10g，进样量为10μL时，最低检出量为1.5ng。

②允许差：相对相差≤10%。

③本方法糖精钠回收率为90%~110%。

④用此高效液相分离条件可以同时测定糖精钠、苯甲酸和山梨酸。

⑤山梨酸的波长为245nm，在此波长下测苯甲酸、糖精钠灵敏度较低，苯甲酸、糖精钠灵敏度波长为230nm。考虑到三种被测组分的灵敏度，采用波长为230nm。

⑥在本实验条件下，苯甲酸、山梨酸、糖精钠的出峰时间依次为3.88min、

70min、7.27min。

⑦所用的移动相中甲醇的量根据不同规格的柱可以作改变，一般在 5%~7%变化。

2. 甜蜜素的测定

甜蜜素化学名称为环已基氨基磺酸钠，它是目前我国食品行业中应用最多的一种甜味剂。甜蜜素含量检测目前有气相色谱检测方法、液相色谱检测方法和分光光度法，参考 GB12488—2008。

方法一——气相色谱法

(1)原理

在硫酸介质中环已基氨基磺酸钠与亚硝酸钠反应，生成环已醇亚硝酸酯，利用气相色谱法进行定性、定量分析。

(2)试剂

①环已基氨基磺酸钠标准溶液(含环已基氨基磺酸钠>98%)：精确称取 1.0000g 环已基氨基磺酸钠，加水溶解并定容至 100mL，此溶液环已基氨基磺酸钠的浓度为 10.00mg/mL。

②100g/L 硫酸溶液

③50g/L 亚硝酸钠溶液：称取 25g 亚硝酸钠，用水定容至 500mL。

④正已烷。

⑤氯化钠。

⑥色谱硅胶(或海砂)。

(3)仪器

气相色谱仪(带氢火焰离子化检测器)、离心机、10μL 微量进样器、漩涡混合器等。

(4)色谱条件

①色谱柱：长 2m，内径 3mm，U 形不锈钢柱。

②固定相：Chromosorb W(AW DMCS)80~100 目，涂以 10% SE-30。

③测定条件：柱温 80℃，汽化温度 150℃，检测温度 150℃。流速：氮气 40mL/min，氢气 30mL/min，空气 300mL/min。

(5)操作方法

1)试样处理

①液体样品：摇匀后直接称取样。含二氧化碳的样品先加热除去；含酒精的样品加 40g/L 氢氧化钠溶液调制碱性，于沸水浴中加热除去，制成试样。

②固体样品：凉果、蜜饯类样品将其剪碎制成试样。

2)试样制备

①液体试样：称取 20.0g 试样于 100mL 带塞比色管；置冰浴中。

②固体试样：称取 2.0g 已剪碎的试样于研体中，加少许色谱硅胶(或海砂)研磨至呈干粉状，经漏斗倒入 100mL 容量瓶中，加水冲洗研钵，并将洗液一并转移至容量瓶中，加水至刻度，不时摇动，1h 后过滤，即得试样，准确吸取 20mL 于 100mL 带塞比色管，置冰浴中。

3)测定

标准曲线的制备：准确吸取 1.00mL 环已基氨基磺酸钠标准溶液于 100mL 带塞比色管

中，加水 20mL，置冰浴中，加入 5mL 50g/L 亚硝酸钠溶液、5mL 100g/L 硫酸溶液，摇匀，在冰浴中放置 30min，并经常摇动。然后准确加入 10mL 正己烷、5g 氯化钠，摇匀后置漩涡混合器上振动 1min(或振摇 80 次)，待静置分层后吸出己烷层于 10mL 带塞离心管中进行离心分离，每毫升己烷提取液相当于 1mg 环己基氨基磺酸钠，将标准提取液进样 1～5μL 于气相色谱仪中，根据响应值绘制标准曲线。

样品管加入 5mL 50g/L 亚硝酸钠溶液、5mL 100g/L 硫酸溶液，摇匀，在冰浴中放置 30min，并经常摇动，然后准确加入 10mL 正己烷、5g 氯化钠，摇匀后置于漩涡混合器上振动 1min(或振摇 80 次)，待静置分层后吸出己烷层于 10mL 带塞离心管中进行离心分离。然后将试样提取液同样进样 1～5μL 测得响应值，从标准线图中查出相应含量。

(6)计算

$$X = \frac{A \times 10 \times 1000}{m \times V \times 1000} = \frac{10A}{mV}$$

式中：X——样品中环己基氨基磺酸钠的含量，g/kg；

m——样品质量，g；

V——进样体积，μL；

10——正己烷加入量，mL；

A——测定用试样中环己基氨基磺酸钠的量，μg。

方法二——分光光度法

(1)原理

在硫酸介质中环己基氨基磺酸钠与亚硝酸钠反应，生成环己醇亚硝酸酯，与磺胺重氮化后再与盐酸萘乙二胺偶合生成红色染料，在 550nm 波长处测其吸光度，与标准比较定量。

(2)试剂

①三氯甲烷。

②甲醇。

③透析剂：称取 0.5g 二氯化汞和 12.5g 氯化钠于烧杯中，以 0.01mol/L 盐酸溶液定容至 100mL。

④10g/L 亚硝酸钠溶液。

⑤10%硫酸溶液。

⑥100g/L 尿素溶液(临用时新配或冰箱保存)。

⑦10%盐酸溶液。

⑧10g/L 磺胺溶液：称取 1g 磺胺溶于 10%盐酸溶液中，最后定容至 100mL。

⑨1g/L 盐酸萘乙二胺溶液。

⑩环己基氨基磺酸钠溶液：精确称取 0.1000g 环己基氨基磺酸钠，加水溶解，最后定容至 100mL，此溶液每毫升含环己基氨基磺酸钠 1mg。临用时将环己基氨基磺酸钠标准溶液稀释 10 倍，此液每毫升含环己基氨基磺酸钠 0.1mg。

(3)仪器

分光光度计、漩涡混合器、离心机、透析纸等。

(4)操作方法

1）试样处理

该试样处理方法同气相色谱法。

2）提取

①液体试样：称取 10.0g 试样于透析纸中，加 10mL 透析剂，将透析纸口扎紧，放入盛有 100mL 水的 200mL 广口瓶内，加盖，透析 20~24h 得透析液。

②固体试样：称取 2.0g 已剪碎的试样于研体中，加少许色谱硅胶（或海砂）研磨至呈干粉状，经漏斗倒入 100mL 容量瓶中，加水冲洗研钵，并将洗液一并转移至容量瓶中，加水至刻度，不时摇动，1h 后过滤，即得试样，准确吸取 10mL 滤液于透析纸中，以下操作按上述①项进行。

3）测定

取两支 50mL 带塞比色管，分别加入 10mL 透析液和 10mL 标准液，于 0~3℃冰浴中，加入 1mL 10g/L 亚硝酸钠溶液、1mL 10%硫酸溶液，摇匀后放入冰水中不时摇动，放置 1h。取出后加 15mL 三氯甲烷，置漩涡混合器上振动 1min，静置后吸去上层清液，再加 15mL 水，振动 1min，静置后吸去上层清液，加 10mL 100g/L 尿素溶液、2mL 100g/L 盐酸溶液，再振动 5min，静置后吸去上层清液，加 15mL 水，振动 1min，静置后吸去上层清液，分别准确吸出 5mL 三氯甲烷于 2 支 25mL 比色管中。另取一支 25mL 比色管加入 5mL 三氯甲烷作参比管。于各管中加入 15mL 甲醇、1mL 10g/L 磺胺，置冰水中 15min，取出恢复常温后加入 1mL 1g/L 盐酸萘乙二胺溶液，加甲醇至刻度，在 15~30℃下放置 20~30min，用 1cm 比色杯于波长 550nm 处测定吸光度，测得吸光度 A 及 As。

另取两支 50mL 带塞比色管，分别加入 10mL 水和 10mL 透析液，除不加 10g/L 亚硝酸钠外，其他与上述相同，测得吸光度 A_{s0} 及 A_0。

（5）计算

$$X = \frac{c}{m} \times \frac{A - A_0}{A_s - A_{s0}} \times \frac{100 + 10}{V} \times \frac{1}{1000}$$

式中：X——样品中环己基氨基磺酸钠的含量，g/kg；

m——样品质量，g；

V——透析液用量，mL；

c——标准管浓度，μg/mL；

A_s——标准液吸光度；

A_{s0}——水的吸光度；

A——试样透析液吸光度；

A_0——不加亚硝酸铀的试样透析液吸光度。

8.1.2　防腐剂的测定

防腐剂主要作用是抑制微生物的生长和繁殖，以延长食品的保存时间。防腐剂具有使用方便、高效、投资少的特点，因而被广泛使用。我国规定使用的防腐剂有苯甲酸、苯甲酸钠、山梨酸、山梨酸钾、丙酸钙等 25 种，其中最常用的是前四种，参考 GB/T 23495—2009。

1. 苯甲酸(钠)的测定

苯甲酸(钠)的测定有气相色谱法、紫外分光光度法、高效液相色谱法和滴定法等。

方法一——高效液相色谱法

(1)原理

试样加温除去二氧化碳和乙醇，调节 pH 值至近中性，过滤后进高效液相色谱仪，经反相色谱分离后，根据保留时间和峰面积进行定性和定量。

(2)试剂

①氨水(1+1)。

②甲醇：经 0.5μm 滤膜过滤。

③20g/L 碳酸氢钠溶液。

④0.02mol/L 乙酸铵溶液：称取 1.54g 乙酸铵，加水至 1000mL 溶解，经 0.45μm 滤膜过滤。

⑤苯甲酸标准储备溶液：准确称取 0.1000g 苯甲酸，加 5mL 20g/L 碳酸氢钠溶液，加热溶解，移入 100mL 容量瓶中，加水定容至刻度，作为储备溶液，此溶液每毫升含苯甲酸 1mg。

⑥苯甲酸标准使用溶液：吸取苯甲酸标准储备溶液 10.0mL，放入 100mL 容量瓶中，加水至刻度，经 0.45μm 滤膜过滤，该溶液每毫升相当于 0.10mg 的苯甲酸。

(3)仪器

高效液相色谱仪(带紫外检测器)。

(4)操作方法

1)试样处理

①果汁类：称取 5.00~10.0g 试样，用氨水(1+1)调 pH 值约 7，加水定容至适当的体积，离心沉淀，上清液经 0.45μm 滤膜过滤。

②配制酒类：称取 10.0g 试样，放入小烧杯中，水浴加热除去乙醇，用氨水(1+1)调 pH 值约 7，加水定容至适当体积，经 0.45μm 滤膜过滤。

2)高效液相色谱参考条件

①色谱柱：WG-C_{18} 4.6μm×250μm，10μm 不锈钢柱。

②流动相：0.02mol/L 甲醇-乙酸铵溶液(5+95)。

③流速：1mL/min。

④进样量：10μL。

⑤检测器：紫外检测器：波长 230nm，0.2AUFS。

3)测定

根据保留时间定性，外标峰面积法定量。

(5)计算

$$X = \frac{m' \times 1000}{m \times \frac{V_2}{V_1} \times 1000}$$

式中：X——试样中苯甲酸含量，g/kg；

m'——进样体积中苯甲酸的质量，mg；

V_1——试样稀释液总体积，mL；

V_2——进样体积，mL；

m——试样质量，g。

(6)说明

①被测溶液的 pH 值对测定和色谱柱使用寿命均有影响，pH<8 或 pH<2 时影响被测组分的保留时间，对仪器有腐蚀作用，以中性为宜。

②测定苯甲酸、山梨酸也可以用 MicroPAKCN 104μm×300μm 柱，流动相可用甲醇-水。

③苯甲酸回收率为 90%~110%，山梨酸回收率为 90%~95%。

方法二——紫外分光光度法

(1)原理

样品中的苯甲酸在酸性条件下可随水蒸气蒸出，与样品中的非挥发性组分分开，然后用硫酸和重铬酸钾溶液处理，使苯甲酸以外的其他有机物氧化分解，将此氧化后的溶液再次蒸馏，用碱液吸收苯甲酸。纯净的苯甲酸钠在 225nm 处有最大吸收，测定吸光度值并与标准品比较，即可计算出样品中苯甲酸的含量。

(2)试剂

①无水硫酸钠。

②85%磷酸。

③0. 1mol/L NaOH 溶液。

④0. 01mol/L NaOH 溶液。

⑤0. 04mol/L $K_2Cr_2O_7$溶液。

⑥2mol/L H_2SO4 溶液。

⑦0. 1mg/mL 苯甲酸标准溶液：称取 100mg 苯甲酸(预先经 105℃ 烘干)，加入 0. 1mo1/L 氢氧化钠溶液 100mL，溶解后用水稀释至 1000mL。

(3)仪器

紫外分光光度计、蒸馏装置等。

(4)操作方法

①样品处理

称取 10. 0g 均匀的样品，置于 250mL 蒸馏瓶中，加 1mL 磷酸、20g 无水硫酸钠、70mL 水、数粒玻璃珠，进行蒸馏。用预先加有 5mL 0. 1mol/L NaOH 的 50mL 容量瓶接收馏出液，约收集到 45mL 时，停止蒸馏，用少量水洗涤冷凝器，最后稀释至刻度。

吸取蒸馏液 25mL 置于另一 250mL 蒸馏瓶中，加入 25mL 0. 04mol/L 重铬酸钾溶液、6. 5mL 2mol/L 硫酸溶液，加热回流 10min，冷却，再加 1mL 磷酸、20g 无水硫酸钠、40mL 水、数粒玻璃珠，按上述方法进行第二次蒸馏，收集馏出液并稀释至刻度。

②测定

取第二次蒸馏液 5~20mL，置于 50mL 容量瓶，用 0. 01mol/L NaOH 定容，以 0. 01mol/L NaOH 为对照液，于 225nm 处测定吸光度值。用 5mL 1mol/L 氢氧化钠代替 1mL 磷酸进行第一次蒸馏，按上述样品处理方法做空白试验，测定空白溶液的吸光度。

(5)计算

$$X=\frac{(m_1-m_0)\times 1000}{m\times\frac{25}{50}\times\frac{V}{50}\times 1000}$$

式中：X——样品中苯甲酸的含量，g/kg；

m_0——测定用空白溶液中苯甲酸的含量，mg；

m_1——测定用样品溶液中苯甲酸的含量，mg；

m——样品的质量，g；

V——测定用第二次蒸馏液的体积，mL。

2. 山梨酸(钾)的测定

山梨酸俗名花楸酸。山梨酸及其钾盐作为酸性防腐剂，在酸性介质中对霉菌、酵母菌、好氧性细菌有良好的抑制作用，可使这些微生物酶系统失活。但对厌氧的芽孢杆菌、乳酸菌无效。山梨酸是一种不饱和脂肪酸，在机体内可参与正常的新陈代谢。山梨酸一种比苯甲酸更安全的防腐剂。

山梨酸(钾)的测定方法有气相色谱法、高效液相色谱法、比色法等。其中气相色谱法、高效液相色谱法测定山梨酸(钾)，其原理、样品制备、所用试剂、仪器及操作都与苯甲酸的测定完全相同，只是将苯甲酸的标准储备液及标准使用液换为山梨酸(钾)，具体操作见本节苯甲酸的测定。下面介绍分光光度法。

(1)原理

提取样品中山梨酸及其盐类，经硫酸-重铬酸钾氧化成丙二醛，再与硫代巴比妥酸形成红色化合物，其颜色深浅与丙二醛含量成正比，可于530nm处比色定量。

(2)试剂

①重铬酸钾-硫酸溶液：0.1mL/L重铬酸钾与0.15mol/L硫酸以1∶1混合备用。

②硫代巴比妥酸溶液：准确称取0.5g硫代巴比妥酸于100mL容量瓶中，加20mL水，加10mL 1mol/L氢氧化钠溶液，摇匀溶解后再加1mL 1mol/L盐酸，以水定容(临时用配制，6h内使用)。

③山梨酸钾标准溶液：准确称取250mg山梨酸钾于250mL容量瓶中，用蒸馏水溶解并定容(本溶液山梨酸含量为1mg/mL，使用时再稀释为0.1mg/mL)。

(3)仪器

分光光度计、组织捣碎机、10mL比色管等。

(4)操作方法

①样品处理

称取100g样品，加200mL水于组织捣碎机中捣成匀浆。称取匀浆100g，加水200mL继续捣1min，称取10g于250mL容量瓶中定容，摇匀，过滤备用。

②标准曲线绘制

吸取0.0mL、2.0mL、4.0mL、6.0mL、8.0mL、10.0mL山梨酸钾标准溶液于250mL容量瓶中，用水定容。分别吸取2.0mL于相应的10mL比色管中，加2mL重铬酸钾-硫酸溶液，于100℃水浴中加热7min，立即加入2.0mL硫代巴比妥酸，继续加热10min，立刻用冷水冷却，于530nm处测吸光度，绘制标准曲线。

③测定

吸取试样处理液 2mL 于 10mL 比色管中，按标准曲线绘制操作，于 530nm 处测吸光度，以标准曲线定量。

(5)计算

$$X_1 = \frac{c \times 250}{m \times 2}$$

$$X_2 = \frac{X_1}{1.34}$$

式中：X_1——山梨酸钾含量，g/kg；

X_2——山梨酸含量，g/kg；

c——试液中含山梨酸钾的浓度，mg/mL；

m——称取匀浆相当于试样质量，g；

1.34——山梨酸与山梨酸钾之间的换算系数；

250——样品处理液总体积，mL；

2——用于比色时试样溶液的体积，mL。

8.1.3　护色剂的测定

护色剂又名发色剂或呈色剂，最常用的是硝酸盐和亚硝酸盐。亚硝酸盐非人体所必需，摄入过多会对人体健康产生危害，体内过量的亚硝酸盐可将血液中二价铁离子氧化为三价铁离子，使正常血红蛋白转变为高铁血红蛋白，失去携氧能力，出现亚硝酸盐中毒症状。因此制定食品中的卫生标准、控制其使用量和摄入量已引起国内外的重视，是预防人体遭受潜在危害的重要措施，参考 GB5009.33—2010。

1. 亚硝酸盐的测定

亚硝酸盐测定采用盐酸萘乙二胺法，又称格里斯试剂比色法。

(1)原理

样品经过沉淀蛋白质、去除脂肪后，在弱酸条件下亚硝酸盐与对氨基苯磺酸重氮化，再与盐酸萘乙二胺偶合形成紫红色染料，其最大吸收波长为 538nm，且色泽深浅在一定范围内与亚硝酸盐含量成正比，可与标准系列比较定量。

(2)试剂

①亚铁氰化钾溶液：称取 106.0g 亚铁氰化钾，用水溶解，并稀释至 1000mL。

②乙酸锌溶液：称取 220.0g 乙酸锌，加 30mL 冰乙酸溶于水，并稀释至 1000mL。

③饱和硼砂溶液：称取 5.0g 硼酸钠，溶于 100mL 热水中，冷却后备用。

④4g/L 对氨基苯磺酸溶液：称取 0.4g 对氨基苯磺酸，溶于 100mL 20%盐酸中，置棕色瓶中混匀，避光保存。

⑤2g/L 盐酸萘乙二胺溶液：称取 0.2g 盐酸萘乙二胺溶解于 100mL 水中，混匀后，置棕色瓶中，避光保存。

⑥200μg/mL 亚硝酸钠标准溶液：准确称取 0.1000g 于硅胶干燥器中干燥 24h 的亚硝酸钠，加水溶解后定容到 500mL。

⑦5.0μg/mL 亚硝酸钠标准使用液：临用前，吸取亚硝酸钠标准溶液 5.00mL，置于 200mL 容量瓶中，加水稀释至刻度。

(3)仪器

小型绞肉机、分光光度计。

(4)操作方法

①样品处理

称取5.0~10.0g粉碎混匀的样品，置于50mL烧杯中，加12.5mL硼砂饱和液，搅拌均匀，用约300mL 70℃左右的热水将样品洗入500mL容量瓶中，于沸水浴中加热15min，冷却至室温。边转动容量瓶边加入5mL亚铁氰化钾溶液，摇匀，再加入5mL乙酸锌溶液，以沉淀蛋白质。加水至刻度，摇匀，放置0.5h，除去上层脂肪后过滤，弃去初滤液，滤液备用。

②测定

吸取40.0mL上述滤液于50mL具塞比色管中，另依次取0.0mL、0.2mL、0.4mL、0.6mL、0.8mL、1.0mL、1.5mL、2.0mL、2.5mL亚硝酸钠标准使用液(5.0μg/mL)，分别置于50mL具塞比色管中。于标准管与样品管中分别加入2mL 4g/L对氨基苯磺酸溶液，混匀，静置3~5min后各加入1mL 2g/L盐酸萘乙二胺溶液，加水至刻度，混匀，静置15min，于波长538nm处测吸光度，并绘制标准曲线。同时做试剂空白实验。

(5)计算

$$X = \frac{m' \times 1000}{m \times \frac{V_2}{V_1} \times 1000}$$

式中：X——样品中亚硝酸盐的含量，mg/kg；

m——样品质量，g；

m'——测定用样液中亚硝酸盐的质量，μg；

V_1——样品处理液总体积，mL；

V_2——测定用样液体积，mL。

(6)讨论

①本方法亚硝酸盐最低检出限为1mg/kg。

②亚铁氰化钾和乙酸锌作为蛋白质沉淀剂，使产生的亚铁氰化锌沉淀与蛋白质产生共沉淀。蛋白质沉淀剂也可采用30%硫酸锌溶液。

③饱和硼砂溶液的作用：亚硝酸盐提取剂，同时也是蛋白质沉淀剂。

④对于含油脂多的样品，可弃去提取液中的上层脂肪；对于有色样品可用氢氧化铝乳液脱色后再进行显色反应。

⑤本测定用水应为重蒸馏水，以减少误差。

2. 硝酸盐的测定

(1)原理

样品溶液经过沉淀蛋白质、去除脂肪后，通过镉柱，使其中的硝酸盐还原为亚硝酸盐，在弱酸性条件下，亚硝酸盐与对氨苯基磺酸重氮化，再与盐酸萘乙二胺偶合形成紫红色染料，测得亚硝酸盐总量。另取一份样品溶液，不通过镉柱，直接测定其中的亚硝酸盐含量，由总量减去样品中原有的亚硝酸盐含量，即得硝酸盐含量。

(2)试剂

①氨缓冲溶液(pH 值为 9.6~9.7)：量取 20mL 盐酸，加 50mL 水，混匀后加 50mL 氨水，再加水稀释至 1000mL，混匀。

②稀氨缓冲液：量取 50mL 氨缓冲溶液，加水稀释至 500mL，混匀。

③0.1mol/L 盐酸。

④200μg/mL 硝酸钠标准溶液：准确称取 0.1232g 于 110~120℃ 干燥恒重的硝酸钠，加水溶解，移入 500mL 容量瓶中，并稀释至刻度。

⑤5.0μg/mL 硝酸钠标准使用液：临用时吸取硝酸钠标准溶液 2.50mL，置于 100mL 容量瓶中，加水稀释至刻度。

⑥5.0μg/mL 亚硝酸钠标准使用液：临用前，吸取亚硝酸钠标准溶液 5.00mL，置于 200mL 容量瓶中，加水稀释至刻度。

⑦2g/L 盐酸萘乙二胺溶液：称取 0.2g 盐酸萘乙二胺溶解于 100mL 水中，混匀后，置棕色瓶中，避光保存。

(3)仪器(镉柱)

①海绵状镉的制备

投入足够的锌皮或锌棒于 500mL 200g/L 硫酸镉溶液中，经 3~4h 后，当其中的镉全部被锌置换后，用玻璃棒轻轻刮下，取出残余锌棒，使镉沉底，倾去上层清液，以水用倾泻法多次洗涤。然后移入组织捣碎机中，加 500mL 水，捣碎约 2s，用水将金属细粒洗至标准筛上，取 20~40 目之间的部分装柱。

②镉柱的装填

用水装满镉柱玻璃管，并装入 2cm 高的玻璃棉作垫，将玻璃棉压向柱底时，应将其中所包含的空气全部排出，在轻轻敲击下加入海绵状镉铺至 8~10cm 高，上面用 1cm 高的玻璃棉覆盖，上置一储液漏斗，末端要穿过橡皮塞与镉柱玻璃管紧密连接。如无上述镉柱玻璃管时，可以用 25mL 酸式滴定管替代。当铺柱填装好后，先用 25mL 0.1mol/L 盐酸洗涤，再用水洗两次，每次 25mL。镉柱不用时用水封盖，随时都要保持水平面在镉层之上，不得使铺层中夹有气泡，见图 8-1。镉柱每次使用完毕后，应先以 25mL 0.1mol/L 盐酸洗涤，再用水洗两次，每次 25mL，最后用水封盖镉柱。

③铺柱还原效率的测定

吸取 20mL 硝酸钠标准使用液，加入 5mL 稀氨缓冲液，混匀后，吸取 20mL 于 50mL 烧杯中，加 5mL 氨缓冲溶液，混合后注入储液漏斗中，使流经镉柱还原，用原烧杯收集流出液，当储液漏斗中的溶液流完后，再加 5mL 置换柱内留存的溶液。将全部收集液如前再经镉柱还原一次，第二次流出液收集于 100mL 容量瓶中，继续用水流经镉柱洗涤三次，每次 20mL，洗液一并收集于同一容量瓶中，加水至刻度，混匀。取 10.0mL 还原后的溶液(相当于 10μg 亚硝酸钠)于 50mL 比色管中，加入 2mL 4g/L 对氨基苯磺酸溶液，混匀，静止 3~5min 后各加入 1mL 2g/L 盐酸萘乙二胺溶液，加水至刻度，混匀，静置 15min。用 2cm 比色杯，以零管调节零点，于波长 538nm 处测吸光度，绘制标准曲线比较，同时做试剂空白。根据标准曲线计算测得结果，与加入量一致，还原效率应大于 98%为符合要求。

(4)计算

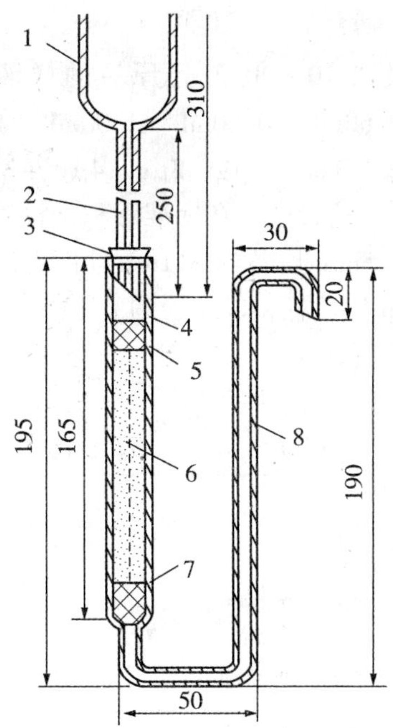

1—储液漏斗，内径 35μm，外径 37μm；2—进液毛细管，内径 0.4μm，外径 6μm；3—橡皮塞；4—镉柱玻璃管，内径 12μm，外径 16μm；5—玻璃棉；6—海绵状镉；7—玻璃棉；8—出液毛细管，内径 2μm，外径 8μm

图 8-1　镉柱装填示意图

$$X = \frac{m}{10} \times 100\%$$

式中：X——还原效率；

m——测得亚硝酸盐的质量，μm；

10——测定用溶液相当于亚硝酸盐的质量，μg。

(5)操作方法

①试样处理

称取 5.0~10.0g 粉碎混匀的样品，置于 50mL 烧杯中，加 12.5mL 硼砂饱和液，搅拌均匀，用约 300mL 70℃左右的热水将样品洗入 500mL 容量瓶中，于沸水浴中加热 15min，冷却至室温。边转动容量瓶边加入 5mL 亚铁氰化钾溶液，摇匀，再加入 5mL 乙酸锌溶液，以沉淀蛋白质。加水至刻度，摇匀，放置 0.5h，除去上层脂肪后过滤，弃去初滤液，滤液备用。

②测定

先以 25mL 稀氨缓冲液冲洗镉柱，流速控制在 3~5mL/min(以滴定管代替的可控制在 2~3mL/min)。吸取 20mL 处理过的样液于 50mL 烧杯中，加 5mL 氨缓冲溶液，混合后注入储液漏斗，使流经镉柱还原，以原烧杯收集流出液，当储液漏斗中的样液流完后，再加 5mL 水置换柱内留存的样液。将全部收集液如前再经镉柱还原一次，第二次流出液收集于 100mL 容量瓶中，继以水流经镉柱洗涤三次，每次 20mL，洗液一并收集于同一容量瓶中，加水至刻度，混匀。

亚硝酸钠总量的测定：吸取 10～20mL 还原后的样液于 50mL 比色管中，另吸取 0.00mL、0.20mL、0.40mL、0.60mL、0.80mL、1.00mL、1.50mL、2.00mL、2.50mL 亚硝酸钠标准使用液（相当于 0μg、1μg、2μg、3μg、4μg、5μg、7.5μg、10μg、12.5μg 亚硝酸钠），分别置于 50mL 带塞比色管中。在标准管和试样管中分别加入 2mL 对氨基苯磺酸溶液（4g/L），混匀，静置 3～5min 后各加入 1mL 盐酸萘乙二胺溶液（2g/L），加水至刻度，混匀，静置 15min。用 2cm 比色杯，以零管调节零点，于波长 538nm 处测吸光度，绘制标准曲线比较，同时做试剂空白。

（6）计算

$$X = \left(\frac{m_1 \times 1000}{m \times \dfrac{V_1}{V_2} \times \dfrac{V_4}{V_3} \times 1000} - \frac{m_2 \times 1000}{m \times \dfrac{V_6}{V_5} \times 1000} \right) \times 1.232$$

式中：X——试样中硝酸盐的含量，mg/kg；

m——试样的质量，g；

m_1——经镉柱还原后测得的亚硝酸钠的质量，μg；

m_2——直接测得的亚硝酸钠的质量，μg；

1.232——亚硝酸钠换算成硝酸钠的系数；

V_1——测总亚硝酸钠的试样处理液总体积，mL；

V_2——测总亚硝酸钠的测定用样液体积，mL；

V_3——经镉柱还原后样液总体积，mL；

V_4——经镉柱还原后样液的测定用样液体积，mL；

V_5——直接测亚硝酸钠的试样处理液总体积，mL；

V_6——直接测亚硝酸钠的试样处理液的测定用样液体积，mL。

（7）讨论

①镉是有毒元素，在制作海绵镉或处理镉柱时，不要用手直接接触，不要弄到皮肤上，一旦接触立刻用大量水冲洗。在制备、处理过程中含镉废液应经处理后再排放，避免污染环境。

②饱和硼砂液、亚铁氰化钾溶液、乙酸锌溶液是样品处理中的蛋白质沉淀剂。

③为了保证其测定结果的准确性，镉柱的还原效能要经常检查。如镉柱维护得当，使用一年效能无明显变化。

④氨缓冲液除了控制溶液的 pH 值条件外，也可缓解镉对亚硝酸根的还原，还可作为配合剂，以防止反应生成 Cd^{2+} 与 OH^- 形成沉淀。

⑤本法规定镉制备成海绵状，必须按照规定方法制备才能保证其还原效果。在制备海绵状镉和装填镉柱时最好在水中进行，勿使颗粒暴露在空气中而氧化。

⑥当样品连续检测时，可不必每次都洗涤镉粒，如果数小时不用，则须按前述方法洗涤处理。

⑦本法操作过程中，镉柱还原效率的测定、样品的测定，都是将硝酸盐还原成亚硝酸盐，比色测定与标准曲线比较均以亚硝酸盐计。为方便将硝酸盐标准溶液以亚硝酸盐表

示，计算为硝酸盐时乘以 1.232 的换算系数。

⑧盐酸萘乙二胺有致癌作用，使用时注意安全。

⑨肉类制品在沉淀蛋白质时也可使用硫酸锌溶液，但用量不宜过多，否则在镉柱还原时，由于加 5mL pH 值为 9.6~9.7 的稀缓冲溶液而生成 $Zn(OH)_2$ 白色沉淀，堵塞镉柱影响测定。

8.1.4　漂白剂的测定

漂白剂是破坏、抑制食品的发色因素，使其退色或使食品免于褐变的物质。食品中常用的漂白剂大多属于硫磺、二氧化硫、亚硫酸盐类、焦亚硫酸盐类，通过其所产生的二氧化硫的还原作用使之褪色，同时还有抑菌及抗氧化等作用，广泛应用于食品的漂白与保存，参考 GB/T 5009.34—2003。

测定二氧化硫和亚硫酸盐的方法有盐酸副玫瑰苯胺光度法、碘量法、中和滴定法、蒸馏法、高效液相色谱法和极谱法等，而盐酸副玫瑰苯胺光度法和蒸馏法为国家标准方法，下面分别介绍。

1. 盐酸副玫瑰苯胺法

(1)原理

亚硫酸盐与四氯汞钠反应生成稳定的配合物，再与甲醛及盐酸副玫瑰苯胺作用生成紫红色配合物，其最大吸收波长为 550nm，且色泽深浅在一定范围内与亚硫酸盐含量成正比，可与标准系列比较定量。结果以试样中二氧化硫的含量表示。

(2)试剂

①四氯汞钠吸收液：称取 13.6g 氯化高汞及 6.0g 氯化钠，溶于水中并稀释至 1000mL，放置过夜，过滤后备用。

②12g/L 氨基磺酸铵溶液：称取 1.2g 氨基磺酸铵于 50mL 烧杯中，用水转入 100mL 容量瓶中，定容。

③2g/L 甲醛溶液：吸取 0.55mL 无聚合沉淀的甲醛(36%)，加水定容至 100mL 混匀。

④淀粉指示液：称取 1g 可溶性淀粉，用少许水调成糊状，缓缓倒入 100mL 沸水中，边加边搅拌，煮沸，放冷备用，此溶液临用时现配。

⑤亚铁氰化钾溶液：称取 10.6g 亚铁氰化钾，加水溶解并稀释至 100mL。

⑥乙酸锌溶液：称取 22g 乙酸锌溶于少量水中，加入 3mL 冰乙酸，加水稀释至 100mL。

⑦盐酸副玫瑰苯胺溶液：

a. 配制：称取 0.1g 盐酸副玫瑰苯胺于研钵中，加少量水研磨使之溶解并稀释至 100mL，取出 20mL，置于 100mL 容量瓶中。加盐酸(1+1)，充分摇匀后使溶液由红变黄，如不变黄再滴加少量盐酸至出现黄色，再加水稀释至刻度，混匀备用(如无盐酸副玫瑰苯胺，可用盐酸品红代替)。

b. 盐酸副玫瑰苯胺的精制方法：称取 20g 盐酸副玫瑰苯胺于 400mL 水中，用 50mL 盐酸(1+5)酸化，徐徐搅拌，加 4~5g 活性炭，加热煮沸 2min。将混合物倒入大漏斗中，过滤(用保温漏斗趁热过滤)。滤液放置过夜，出现结晶，然后再用布氏漏斗抽滤，将结晶再悬浮于 1000mL 乙醚-乙醇(10∶1)的混合液中，振摇 3~5min，以布氏漏斗抽滤，再用乙醚反复洗涤至磁层不带色为止，于硫酸干燥器中干燥，研细后储于棕色瓶中保存。

⑧0. 100mol/L 碘溶液：称取 12. 7g 碘用水定容至 100mL，混匀。

⑨硫代硫酸钠标准溶液 0. 1000mol/L。

⑩二氧化硫标准溶液：

a. 配制：称取 0. 5g 亚硫酸氢钠，溶于 200mL 四氯汞钠吸收液中，放置过夜，上清液用定量滤纸过滤备用。

b. 标定：吸取 10. 0mL 亚硫酸氢钠-四氯汞钠溶液于 250mL 碘量瓶中，加 100mL 水，准确加入 20. 00mL 0. 05mol/L 碘溶液、5mL 冰醋酸，摇匀，放置于暗处 2min 后迅速以 0. 1000mol/L 硫代硫酸钠标准溶液滴定至淡黄色，加 0. 5mL 淀粉指示液，继续滴定至无色。另取 100mL 水，准确加入 0. 05mol/L 碘溶液 20. 0mL、5mL 冰醋酸，按同一方法做试剂空白试验。按下式计算二氧化硫标准溶液浓度：

$$X = \frac{(V_2 - V_1) \times c \times 32.03}{10}$$

式中：X——二氧化硫标准溶液浓度，mg/mL；

V_1——测定用亚硫酸氢钠-四氯汞钠溶液消耗硫代硫酸钠标准溶液体积，mL；

V_2——试剂空白消耗硫代硫酸钠标准溶液体积，mL；

c——硫代硫酸钠标准溶液浓度，mol/L；

32. 03——1mL 硫代硫酸钠（0. 1000mol/L）标准溶液相当的二氧化硫的质量，mg/mmol。

⑪SO_2使用液：临用前将 SO_2标准溶液以四氧汞钠吸收液稀释成每毫升相当于 2μg 二氧化硫。

⑫0. 5mol/L 氢氧化钠溶液。

⑬0. 25mol/L 硫酸。

（3）仪器

分光光度计。

（4）操作方法

①样品处理

a. 水溶性固体样品，如白砂糖等，可称取约 10. 00g 均匀样品（样品量可视二氧化硫含量而定），以少量水溶解，置于 100mL 容量瓶中，加入 4mL 0. 5mol/L 氢氧化钠溶液，5min 后加入 4mL 硫酸 0. 25mol/L，然后加入 20mL 四氯汞钠吸收液，以水稀释至刻度。

b. 其他固体样品如饼干、粉丝等，可称取 5. 0～10. 0g 研磨均匀的样品，以少量水湿润并移入 100mL 容量瓶中，然后加入 20mL 四氯汞钠吸收液浸泡 4h 以上，若上层溶液不澄清，可加入亚铁氰化钾溶液及乙酸锌溶液各 2. 5mL，最后用水稀释至 100mL 刻度，过滤后备用。

c. 液体样品如葡萄酒等，可直接吸取 5. 0～10. 0mL 样品，置于 100mL 容量瓶中，以少量水稀释，加 20mL 四氯汞钠吸收液摇匀，最后加水至刻度混匀，必要时过滤备用。

②测定

吸取 0. 5～5. 0mL 上述样品处理液于 25mL 带塞比色管中。另依次吸取 0. 00mL、0. 20mL、0. 40mL、0. 60mL、0. 80mL、1. 00mL、1. 50mL、2. 00mL SO_2 标准使用液（相当

于0.0μg、0.4μg、0.8μg、1.2μg、1.6μg、2.0μg、3.0μg、4.0μg SO_2)分别置于25mL带塞比色管中。于样品及标准管中各加入四氯汞钠吸收液至10mL，然后再加入1mL 12g/L氨基磺酸铵溶液、1mL 2g/L甲醛溶液及1mL盐酸副玫瑰苯胺溶液摇匀，放置20min。用1cm比色杯，以零管调节零点，于波长550nm处测吸光度，绘制标准曲线比较。

(5)计算

$$X = \frac{A_1 \times 1000}{m_1 \times (V/100) \times 1000 \times 1000}$$

式中：X——样品中二氧化硫的含量，g/kg；

A_1——测定用样液中二氧化硫的含量，μg；

m_1——样品质量，g；

V——测定用样液的体积，mL。

(6)说明

①颜色较深的样品，需用活性炭脱色。

②样品中加入四氯汞钠吸收液后，溶液中的二氧化硫含量在24h内稳定，测定需在24h内进行。

③亚硝酸与食品中的醛(乙醛等)、酮(酮戊二酸、丙酮酸)和糖(葡萄糖、果糖、甘露糖)结合，形成结合态亚硫酸，样品处理时加入氢氧化钠目的是使结合态的亚硫酸释放出来，加硫酸是为了中和碱，保证显色反应在酸性条件下进行。

④亚硝酸对反应有干扰，加入氨基磺酸铵目的是分解亚硝酸。

⑤盐酸副玫瑰苯胺加入盐酸调节成黄色，必须放置过夜后使用，以空白管不显色为宜，否则需重新用盐酸调节。

⑥盐酸副玫瑰苯胺中盐酸的用量影响显色，加入盐酸量多时色浅，量少色深，必须严格控制。

⑦显色反应的最适温度为20~25℃，温度低，灵敏度低，因此样品管和标准管在相同温度下进行。显色时间在10~30min内稳定。

2. *蒸馏法*

(1)原理

在密闭容器中对样品进行酸化并加热蒸馏，释放出其中的二氧化硫，释放物用乙酸铅溶液吸收。吸收后用浓盐酸酸化，再以碘标准溶液滴定，根据消耗碘标准溶液的量计算样品中二氧化硫含量。

(2)试剂

①盐酸(1+1)：浓盐酸用水稀释1倍。

②20g/L乙酸铅溶液：称取2g乙酸铅，溶于少量水中并稀释至100mL。

③0.01mol/L碘标准稀释溶液：将0.1mol/L碘标准溶液用水稀释10倍。

④10g/L淀粉指示液：称取1g可溶性淀粉，用少许水调成糊状，缓缓倾入100mL沸水中，随加随搅拌，煮沸2min，放冷，备用。此溶液应临用时配制。

(3)仪器

全玻璃蒸馏器、酸式滴定管。

(4)操作方法

1)样品处理

固体样品用刀切或剪刀剪成碎末后混匀，称取约 5.00g 均匀样品(样品量可视含量高低而定)。液体样品可直接吸取 5.0~10.0mL，置于 500mL 圆底蒸馏烧瓶中。

2)测定

①蒸馏：将称好的样品置于圆底烧瓶中，加入 250mL 水，装入冷凝装置，冷凝管下端应插入碘量瓶中的 25mL 20g/L 乙酸铅吸收液中，然后在蒸馏瓶中加入 10mL 盐酸(1+1)，立即盖塞加热蒸馏。当蒸馏液约 200mL 时，使冷凝管下端离开液面，再蒸馏 1min。用少量蒸馏水冲洗插入乙酸铅溶液中的装置部分。在检测样品的同时要做空白试验。

②滴定：在取下的碘量瓶中依次加入 10mL 浓盐酸、1mL 淀粉指示液(10g/L)。摇匀之后用 0.01mol/L 碘标准滴定溶液滴定至变蓝且在 30s 内不褪色为止。

(5)计算

$$X=\frac{(V_1-V_2)\times 0.01\times 0.032\times 1000}{m}$$

式中：X——样品中二氧化硫总含量，g/kg；

V_1——滴定样品所用碘标准滴定溶液(0.01mol/L)的体积，mL；

V_2——滴定试剂空白所用碘标准滴定溶液(0.01mol/L)的体积，mL；

m——样品质量，g；

0.032——1mL 碘标准溶液$\left[c\left(\frac{1}{2}I_2\right)=1.0mol/L\right]$相当的二氧化硫的质量 g/mmol；

0.01——碘标准溶液浓度，mol/L。

8.1.5　食用人工合成色素的测定

食用色素按其来源可分为食用天然色素和食用合成色素两大类。食用天然色素是从有色的动、植物体内提取，经进一步分离精制而成。合成色素因其着色力强，易于调色，在食品加工过程中稳定性能好，价格低廉，在食用色素中占主要地位。目前，国内外使用的食用色素绝大多数都是食用合成色素。合成色素主要来源于煤焦油及其副产品，且在合成过程中可能受铅、砷等有害物质污染，因此在使用的安全性上，其争论要比其他类的食品添加剂更为突出和尖锐。食用合成色素的测定方法主要有薄层色谱法和高效液相色谱法。下面介绍高效液相色谱法测定食用合成着色剂。

1. 原理

食品中人工合成着色剂用聚酰胺吸附法或液-液分配法提取，制成水溶液，注入高效液相色谱仪，经反相色谱分离，根据保留时间定性，与峰面积比较进行定量。

2. 试剂

①盐酸。

②乙酸。

③正己烷。

④甲醇：经 0.5μm 滤膜过滤。

⑤聚酰胺粉(尼龙 6)：过 200 目筛。

⑥0.02mol/L 乙酸铵溶液：称取 1.54g 乙酸铵，加水至 1000mL 溶解，经 0.45μm 滤

膜过滤。

⑦氨水：取 2mL 氨水，加水至 100mL 混匀。

⑧0.02mol/L 氨水-乙酸铵溶液：取氨水 0.5mL，加 0.02mol/L 乙酸铵溶液至 1000mL，混匀。

⑨甲醇-甲酸溶液(6+4)：取甲醇 60mL，甲酸 40mL，混匀。

⑩柠檬酸溶液：取 20g 柠檬酸加水至 100mL 溶解，混匀。

⑪无水乙醇-氨水-水溶液(7+2+1)：取无水乙醇 70mL、氨水 20mL、水 10mL 混匀。

⑫5%三正辛胺正丁醇溶液：取三正辛胺 5mL，加正丁醇至 100mL 混匀。

⑬饱和硫酸钠溶液。

⑭2g/L 硫酸钠溶液。

⑮pH=6 的水：用柠檬酸溶液调水 pH=6。

⑯合成着色剂标准溶液：准确称取按其纯度折算为 100%质量的柠檬黄、日落黄、苋菜红、胭脂红、新红、亮蓝、靛蓝各 0.100g，置于 100mL 容量瓶中，加 pH=6 的水至刻度，配成水溶液(1.00mg/mL)。

⑰合成着色剂标准使用液：临用时将上述溶液加水稀释 20 倍，经 0.45μm 滤膜过滤。配成每毫升相当于 50.0μg 的合成着色剂。

3. 仪器

高效液相色谱仪带紫外检测器。

4. 操作方法

(1)样品处理

①橘子汁、果味水、果子露、汽水等，称取 20.0~40.0g 放入 100mL 烧杯中。含二氧化碳的样品通过加热驱除二氧化碳。

②配制酒类，称取 20.0~40.0g 放入 100mL 烧杯中，加入小碎瓷片数片，加热驱除乙醇。

③硬糖、蜜饯类、淀粉软糖等，称取 5.00~10.00g，粉碎样品，放入 100mL 小烧杯中，加水 30mL，温热溶解，若样品溶液的 pH 值较高，用柠橡酸溶液调 pH 值至 6 左右。

④巧克力豆及着色糖衣制品，称取 5.00~10.00g，放入 100mL 小烧杯中，用水反复洗涤色素，至巧克力豆无色素为止，合并色素漂洗液为样品溶液。

(2)色素提取

①聚酰胺吸附法

样品溶液加柠檬酸溶液调 pH 值为 6，加热至 60℃，将 1g 聚酰胺粉加少许水调成粥状，倒入样品溶液中，搅拌片刻，以 G_3垂熔漏斗抽滤，用 60℃ pH=4 的水洗涤 3~5 次，然后用甲醇-甲酸混合溶液洗涤 3~5 次(含赤藓红的样品用液-液分配法处理)。再用水洗至中性，用乙醇-氨水-水混合溶液解吸 3~5 次，每次 5mL，收集解吸液，加乙酸中和，蒸发至近干，加水溶解，定容至 5mL。经滤膜(0.45μm)过滤，取 10μL 进高效液相色谱仪。

②液-液分配法(适用于含赤藓红的样品)

将制备好的样品溶液放入分液漏斗中，加 2mL 盐酸、5%三正辛胺正丁醇溶液 10~20mL 振摇提取，分取有机相，重复提取，直到有机相无色，合并有机相，用饱和硫酸铵溶液洗两次，每次 10mL 分取有机相，放蒸发皿中，水浴加热浓缩至 10mL，转移至分液漏斗中，加 60mL 正己烷混匀，加氨水提取 2～3 次，每次 5mL，合并氨水溶液层(含水溶性酸性色素)，用正己烷洗两次，氨水层加乙酸调成中性，水浴加热蒸发至近干，加水定容至 5mL。经滤膜(0.45μm)过滤，取 10μL 进高效液相色谱仪。

(3)高效液相色谱参考条件

①色谱柱：YWG-C18，10μm 不锈钢柱 4.6μm×250μm。

②流动相：甲醇-0.02mol/L 乙酸铵溶液(pH=4)。

③梯度洗脱：甲醇 20～35%，5min；35%～98%，5min；98%继续 6min。

④流速：1mL/min。

⑤紫外检测器：254nm 波长。

(4)测定

取相同体积样液和合成着色剂标准使用液分别注入高效液相色谱仪，根据保留时间定性，外标峰面积法定量。

(5)计算

$$X = \frac{m' \times 1000}{m \times \frac{V_2}{V_1} \times 1000 \times 1000}$$

式中：X——样品中着色剂的含量，g/kg；

m'——样液中着色剂的含量，μg；

V_1——样品稀释总体积，mL；

V_2——进样体积，mL；

m——样品质量，g。

(6)说明

①样品不含赤藓红时，用聚酰胺吸附法；含赤藓红时，用液-液分配法。

②测定一个样品后，将甲醇流动相恢复至 20%，使之稳定 20min 后，再开始测定第二个样品。

8.2　马铃薯食品有害物质检测

食品中的有害物质主要通过种植、储藏、加工、运输等环节中过量使用或污染有害物质而进入食品。这些有害物质是一些非营养的化学物质。它们对人体有毒或者具有潜在危险性，因此可以把它们看成是食品中不需要的成分，也将其称为有害物质。食品中的有毒有害物质，不同程度地危害着人体健康，可对人体产生致畸、致残、急性中毒、慢性中毒等危害。对食品中的有毒有害物质进行分析检测，有利于找出污染源。以便采取有效的治理措施，防止食品受到污染，是食品检测的重要内容。

8.2.1　农药残留的测定

农药残留是指农药施用后，残存在生物体、农副产品和环境中的微量农药原体、有毒代谢产物、降解物和杂质的总称。残留的数量称为残留量。

食品中普遍存在农药残留，其种类很多，常见的有有机氯和有机磷农药两大类，此外，氨基甲酸酯类农药和拟除虫菊酯类农药也占有一定比例。残留量随食品种类及农药的种类不同而有很大差异。农药的毒性都很大，有些还可在人体内蓄积，对人体造成严重危害，因此许多国家和组织都对食品中农药残留的允许量作了相关规定，我国对有机氯和有机磷农药、氨基甲酸酯类农药、拟除虫菊酯类农药等在食品中的允许量也都作了相关规定，参考 GB/T 5009.146—2008。

1. 有机磷农药残留的测定

方法一——定性检验

(1)原理

通常情况下胆碱酯酶可催化靛酚乙酸酯(红色)水解为乙酸和靛酚(蓝色)，有机磷类或氨基甲酸酯类农药对胆碱酯酶有抑制作用，使催化、水解、变色的过程发生改变。因此，可根据试剂颜色的变化情况，判断出样品是否含有有机磷类或氨基甲酸酯类农药。

(2)试剂

①固化有胆碱酯酶和靛酚乙酸酯试剂的纸片(速测卡)。

②pH=7 的缓冲溶液：将 15.0g 磷酸氢二钠和 1.59g 无水磷酸二氢钾溶于 500mL 蒸馏水中。

(3)仪器

恒温箱、电子天平。

(4)操作步骤

①整体测定法

选取有代表性的马铃薯样品，擦去表面泥土，剪成 0.5cm 左右的方形碎片，取 5g 放入带盖瓶中，加入 10mL 缓冲溶液，振摇 50 次，静置 2min 以上。取一片速测卡，用白色药片蘸取提取液，在 37℃ 恒温放置 10min，使红色药片与白色药片叠合反应。每批测定应设一个缓冲液的空白对照。

②结果判断

结果以胆碱酯酶被有机磷类或氨基甲酸酯类农药抑制为阳性，未抑制为阴性表示。白色药片不变色或略有浅蓝色均为阳性结果，白色药片变为天蓝色为阴性结果。阳性结果样品可用其他分析方法进一步确定具体农药品种和含量。

(5)说明

①本法为国家标准中快速检测方法。

②当温度条件低于 37℃，酶反应的速度随之放慢，药片加液后放置反应的时间应相对延长，延长时间的确定，应以空白对照卡用手指(体温)捏 3min 时可以变蓝，即可往下操作。注意样品放置的时间与空白对照卡放置的时间一致才有可比性。

③空白对照卡不变色的原因可能有两种：一是药片表面缓冲液加得少，预反应后的药片表面不够湿润；二是温度太低。

方法二——定量检测

(1)原理

样品中有机磷类农药经乙腈提取，提取溶液经净化、浓缩后，用双塔自动进样器同时注入气相色谱的两个进样口，样品中组分经不同极性的两根毛细管柱分离，用火焰光度检测器(FPD)检测。用外标法定性、定量。

(2)试剂

①乙腈。

②丙酮重蒸。

③氯化钠：140℃，烘烤 4h。

④滤膜：0.2μm。

⑤铝箔。

⑥农药标准品，见表 8-1。

(3)仪器

①漩涡混合器。

②匀浆机。

③氮吹仪。

④气相色谱仪，带有双火焰光度检测器(FPD)、双塔自动进样器、双毛细管进样口。

(4)操作方法

1)农药标准液配制

①单一农药标准液

准确称取一定量某农药标准品，用丙酮稀释，逐一配制成 26 种农药 1000mg/L 的单一农药标准储备液，储存在 18℃以下冰箱中。使用时根据各农药在对应检测器上的响应值，吸取适量的标准储备液，用丙酮稀释配制成所需的标准工作液。

②农药混合标准液

将 26 种农药分为 4 组，按照表 8-1 中组别，根据各农药在对应检测器上的响应值，逐一吸取一定体积的同组别的单个农药储备液分别注入同一容量瓶中，用丙酮稀释至刻

表 8-1　**26 种有机磷农药标准品**

序号	中文名称	纯度	溶剂	组别	序号	中文名称	纯度	溶剂	组别
1	敌敌设	≥96%	丙酮	Ⅰ	14	甲基嘧啶磷	≥96%	丙酮	Ⅱ
2	敌百虫	≥96%	丙酮	Ⅱ	15	毒死蜱	≥96%	丙酮	Ⅲ
3	甲胺磷	≥96%	丙酮	Ⅲ	16	马拉硫磷	≥96%	丙酮	Ⅱ
4	乙酰甲胺磷	≥96%	丙酮	Ⅳ	17	对硫磷	≥96%	丙酮	Ⅰ
5	甲拌麻	≥96%	丙酮	Ⅰ	18	杀螟硫磷	≥96%	丙酮	Ⅳ
6	氧化乐果	≥96%	丙酮	Ⅱ	19	倍硫磷	≥96%	丙酮	Ⅲ
7	胺丙畏	≥96%	丙酮	Ⅳ	20	异柳磷	≥96%	丙酮	Ⅳ
8	二嗪磷	≥96%	丙酮	Ⅲ	21	喹硫磷	≥96%	丙酮	Ⅰ
9	乐果	≥96%	丙酮	Ⅰ	22	辛硫磷	≥96%	丙酮	Ⅱ
10	磷胺	≥96%	丙酮	Ⅱ	23	杀扑磷	≥96%	丙酮	Ⅲ
11	甲基毒死蜱	≥96%	丙酮	Ⅲ	24	乙硫磷	≥96%	丙酮	Ⅳ
12	对氧磷	≥96%	丙酮	Ⅰ	25	伏杀硫磷	≥96%	丙酮	Ⅰ
13	甲基对硫磷	≥96%	丙酮	Ⅳ	26	亚胺硫磷	≥96%	丙酮	Ⅱ

度。采用同样方法配制4组农药混合标准储备溶液。使用前用丙酮稀释成所需浓度的标准工作液。

2)样品制备

取不少于1000g蔬菜或水果样品，取可食部分用干净纱布轻轻擦去样品表面的附着物。采用对角线分割法，取对角部分，将其切碎，充分混匀放入食品加工器粉碎，制成待测样，放入分装容器中备用。

3)提取、净化

准确称取25.0g试样放入匀浆机中，加入乙腈50.0mL，高速匀浆2min后用滤纸过滤，滤液收集到装有5~7g氯化钠的100mL具塞量筒中，收集滤液40~50mL。盖上塞子，剧烈振荡1min，在室温下静置10min使乙腈相和水相分层。

从100mL具塞量筒中，吸取10.00mL乙腈溶液，放入150mL烧杯中，将烧杯放在80℃水浴锅上加热，杯内缓缓通入氮气或空气流，蒸发近干，加入2.0mL丙酮，盖上铝箔待测。

将上述烧杯中用丙酮溶解的样品，完全转移至15mL刻度离心管中，再用约3mL丙酮分3次冲洗烧杯，并转移至离心管，最后准确定容至5.0mL，在旋转混合器上混匀，供色谱测定。如样品过于浑浊，应用0.2μm滤膜过滤后再进行测定。

(5)样品测定

1)色谱参考条件

①色谱柱

预柱：1.0m，53mm内径，脱活石英毛细管柱。

A柱：50%聚苯基甲基硅氧烷(DB-17或HP-50+)柱，30m×0.53mm×1.0μm。

B柱：100%聚甲基硅氧烷(DB-1或HP-1)柱，30m×0.53mm×1.50μm。

②温度

进样口温度220℃。检测器温度250℃。程序升温：150℃，保持2min；8℃/min升温至250℃，保持12min。

2)气体及流量

载气：氮气，纯度≥99.999%，流速10mL/min。燃气：氢气，纯度≥99.999%，流速75mL/min。助燃气：空气，流速100mL/min。

3)进样方式

不分流进样。样品一式两份，由双塔自动进样器同时进样。

4)测定

由自动进样器吸取1.0mL标准混合溶液(或净化后的样品)注入色谱仪内，以双柱保留时间定性，以分析柱B获得的样品溶液峰面积与标准溶液峰面积比较定量。

(6)计算

双柱测得的样品中未知组分的保留时间分别与标样在同一色谱上的保留时间相比较，如果样品中某组分的两组保留时间与标准中某一农药的两组保留时间都相差在±0.05min内的可认定为该农药。样品中被测农药残留量以质量分数计，按下式计算：

$$\omega = \frac{V_1 \times A \times V_3}{V_2 \times A_s \times m} \times \psi$$

式中：ω——被测农药残留量，mg/kg；

ψ——标准溶液中农药的含量，mg/L；

A——样品中被测农药的峰面积；

A_s——农药标准溶液中被测农药的峰面积；

V_1——提取溶剂总体积，mL；

V_2——吸取出用于检测的提取溶液的体积，mL；

V_3——样品定容体积，mL；

m——样品的质量，g。

(7)说明

①本法适用于水果和蔬菜中 26 种有机磷类农药多残留检测。

②本方法所用试剂，凡未指明规格者，均为分析纯；水为蒸馏水。

③本方法的检出限在 0.001~0.250mg/kg。

2. 有机氯和拟除虫菊酯类农药多组分残留的测定

(1)原理

试样中有机氯和拟除虫菊酯农药以有机溶剂提取，经液-液分配及色谱净化除去干扰物质。用电子捕获检测器检测，根据色谱峰的保留时间定性，外标法定量。

(2)试剂

①石油醚：沸程 60~90℃，重蒸。

②苯：重蒸。

③丙酮：重蒸。

④乙酸乙酯：重蒸。

⑤无水硫酸钠。

⑥弗罗里硅土：色谱用，于 620℃灼烧 4h 后备用，用前 140℃烘 2h，趁热加 5%水灭活。

⑦农药标准品：有机氯和拟除虫菊酯农药标准品见表 8-2。

表 8-2　**有机氯和拟除虫菊酯农药标准品**

农药名称	纯度	农药名称	纯度
α-六六六	≥99%	七氯	≥99%
β-六六六	≥99%	艾氏剂	≥99%
γ-六六六	≥99%	甲氰菊酯	≥99%
δ-六六六	≥99%	氯氟氰菊酯	≥99%
p，p'-DDT	≥99%	氯菊酯	≥99%
p，p'-DDD	≥99%	氯氰菊酯	≥99%
p，p'-DDE	≥99%	氰戊菊酯	≥99%
o，p'-DDT	≥99%	溴氰菊酯	≥99%

(3)仪器

①气相色谱仪：带电子捕获检测器(ECD)。

②电动振荡器。

③组织捣碎机。

④旋转蒸发仪。

⑤过滤器具：布氏漏斗(直径 80mm)、抽滤瓶(200mL)。

⑥具塞三角瓶。

⑦分液漏斗。

⑧色谱柱。

(4)操作方法

1)标准溶液的配制

分别准确称取表 8-2 中的标准品，用苯溶解并配成 1mg/mL 的储备液，使用时用石油醚稀释配成单品种的标准使用液。再根据各农药品种在仪器上的响应情况，吸取不同量的标准储备液，用石油醚稀释成混合标准使用液。

2)试样制备

①粮食试样：取粮食试样经粮食粉碎机粉碎，过 20 目筛制成粮食试样。

②蔬菜试样：取蔬菜试样擦净，去掉非可食部分后备用。

3)提取

①粮食试样：称取 10g 粮食试样，置于 100mL 具塞三角瓶中，加入 20mL 石油醚，于振荡器上振摇 0.5h。

②蔬菜试样：称取 20g 蔬菜试样，置于组织捣碎杯中，加入 30mL 丙酮和 30mL 石油醚，于捣碎机上捣碎 2min，捣碎液经抽滤，滤液移入 250mL 分液漏斗中，加入 100mL 20g/L 硫酸钠水溶液，充分摇匀，静置分层，将下层溶液转移到另一个 250mL 分液漏斗中，用 20mL、20mL 石油醚萃取，合并三次萃取的石油醚层，过无水硫酸钠层，于旋转蒸发仪上浓缩至 10mL。

4)净化

①色谱柱的制备：玻璃色谱柱中先加入 1cm 高无水硫酸钠，再加入 5g 5%水脱活弗罗里硅土，最后加入 1cm 高无水硫酸钠，轻轻敲实，用 20mL 石油醚淋洗净化柱，弃去淋洗液，柱面要留有少量液体。

②净化与浓缩：准确吸取试样提取液 2mL 加入已淋洗过的净化柱中，用 100mL 石油醚+乙酸乙酯(95+5)洗脱，收集洗脱液于蒸馏瓶中，于旋转蒸发仪上浓缩近干，用少量石油醚多次溶解残渣于刻度离心管中，最终定容至 1.0mL 供气相色谱分析。

5)测定

①气相色谱参考条件

a. 色谱柱：石英弹性毛细管柱，0.25mm(内径)×15m，内涂有 OV-101 固定液。

b. 气体流速：氮气 40mL/min；尾吹气 60mL/min；分流比为 1：50。

c. 温度：柱温自 180℃升至 230℃，保持 30min；检测器、进样口温度 250℃。

②色谱分析

吸取 1μL 试样液注入气相色谱仪，记录色谱峰的保留时间和峰高。再吸取 1μL 混标溶液进样，记录色谱峰的保留时间和峰高。根据组分在色谱上的出峰时间与标准组分比较定性，用外标法与标准组分比较定量。

(5)计算

按下式计算试样中农药含量：

$$X = \frac{h_i \times E_{si} \times V_2}{h_{si} \times V_1 \times m} \times K$$

式中：X——试样中农药的含量，mg/kg；

E_{si}——标准品中 i 组分农药的含量，ng；

V_1——试样进样体积，μL；

V_2——最后定容体积，mL；

h_{si}——标准品中 i 组分农药峰高，mm；

h_i——试样中 i 组分农药峰高，mm；

m——试样的质量，g；

K——稀释倍数。

(6)说明

①食品中农药多残留分析方法可以囊括多种农药的残留分析，可以解决多种组分及未知组分农药在食品中的残留分析。

②本方法提供了粮食、蔬菜中六六六等 10 种有机氯及甲氰菊酯等 6 种拟除虫菊酯类农药的多残留分析，同时也适用于其他有机氯及拟除虫菊酯类农药残留量的分析。

8.2.2 苯并芘的测定

苯并芘又称苯并[a]芘，即 3，4-苯并芘，为多环芳烃的代表，在自然界中分布极广，但主要存在于煤、石油、焦油和沥青中，也可由一切合碳氢的化合物燃烧产生，造成大气、土壤和水体的污染。由于苯并芘具有致癌性，可诱发胃癌、皮肤癌及肺癌等，所以苯并芘的污染问题引起人们的广泛关注。

食品中本并芘的来源有多种渠道。各类食品在烟熏、烧烤或烧焦过程中产生的，或者被燃料燃烧时产生的多环芳烃污染。二是重油、煤炭、石油、天然气等有机物燃烧不完全产生的苯并芘污染大气、水源和土壤，继而造成农作物、蔬菜被二次污染。下面介绍马铃薯食品中苯并芘的测定方法——咖啡因分配荧光法。

1. 原理

样品的石油醚提取液，先以甲酸洗去干扰杂质，再以咖啡因的甲酸溶液萃取，苯并芘以水溶性的咖啡碱复合物分离出来，经乙酰化纸色谱与其他多环芳烃分离，苯并芘在紫外光下呈蓝紫色荧光，荧光强度在一定范围内与含量成正比，可采用目视法与标准斑点比较进行概略定量分析，也可将荧光斑点剪下，以溶剂浸出后用荧光分光光度计测定荧光强度，与标准比较进行精确定量分析。

2. 试剂

①石油醚：分析纯(60~90℃)，重蒸馏或经氧化铝柱处理，除去荧光。

②甲酸：分析纯。

③咖啡因-甲酸提取液(150g/L)：称取咖啡因 15g，溶于甲酸中并定容至 100mL。

④甲酸-水(2+3)溶液。

⑤硫酸钠水溶液(20g/L)：称取 20g 无水硫酸钠，定容至 1000mL。

⑥无水硫酸钠：分析纯，过 20 目筛，130℃烘烤 3h。

⑦环己烷：分析纯，重蒸馏。

⑧展开剂：乙醇-二氯甲烷(2+1)。

⑨苯：分析纯，重蒸馏，或以氧化铝柱处理，除去荧光。

⑩苯并芘标准液：准确称取 10.0mg 苯并芘，用苯溶解后移入 100mL 棕色容量瓶中并稀释至刻度，此溶液 1mL 相当于 100μg 苯并芘，储于冰箱中。

⑪苯并芘标准使用液：用苯并芘标准液稀释成 0.5μg/mL 的标准使用液，于冰箱中避光保存。

⑫曲拉通 X-100：非离子表面活性剂(可改变物质的亲水性及细胞的通透性以便于石油醚直接提取)。

⑬50g/L 曲拉通 X-100 水溶液。

⑭乙酸酐：分析纯。

⑮乙酰化滤纸：取层析滤纸(中速)，裁成 15cm×15cm，逐张放入盛有 360mL 苯、260mL 乙酸酐、0.2mL 硫酸的混合液中，不断搅拌，使滤纸均匀而充分地浸透溶液，保持温度在 21℃以上 6h，静置过夜，次日取出于通风橱中晾干，再于无水乙醇中浸泡 4h，取出晾干，压平，储于塑料袋中保存。

⑯脱脂棉：用石油醚回流提取 4h，晾干，储于磨口瓶中保存。

3. 仪器

①荧光分光光度计。

②紫外光灯：带有波长 365nm 或 254nm 的滤光片。

③振荡器。

④层析缸。

⑤微量注射器：25μL、50μL、100μL。

⑥K-D 浓缩器。

⑦索氏提取器。

⑧分液漏斗。

⑨具塞锥形瓶。

⑩具塞比色管。

4. 操作方法

(1)提取与净化

将样品洗净、风干，于 60℃以下烤脆，粉碎，过 20 目筛，称取混匀样品 10g 于烧杯中，加 50g/L 曲拉通曲拉通 X-100 水溶液 10mL，搅拌均匀。装入滤纸筒中，加 100mL 石油醚索氏提取 6h。将全部提取液转入分液漏斗中，以少量石油醚洗涤脂肪瓶，并入提取液。以下操作同粮食类，自“用甲酸洗三次”起操作。

(2)乙酰化纸色谱分离

取裁好的乙酰化层析滤纸一张，在距底边 2cm 处用铅笔画一横线为起始线，并标出点样位置(间距 3cm 以上)。用微量注射器点样 50~100μL。

目视法：每张纸点 4 个样品，三个标准(分别点 0.5μg/mL 的苯并芘标准使用液 5.0μL、10.0μL、20.0μL，即相当于苯并芘 2.5ng、5.0ng、10.0ng)。

荧光分析法：每张纸点 6 个样品，一个标准(点 0.5μg/mL 的苯并芘标准使用液

40. 0μL，即相当于苯并芘 20. 0ng）。

点样时可借助吹风机挥散溶剂。点样斑呈 1cm 长、0. 2cm 宽的细条。将点好的乙酚化滤纸插入盛有展开剂的层析缸中，密封，避光，展开 13cm，取出晾干，待测。

（3）测定

①目视法（概略定量分析）

在紫外光灯下（波长 254nm 或 365nm）观察展开分离后的乙酰化滤纸，比较样品与标准品同位置的蓝紫色荧光斑点，找出样品相当于苯并芘标准含量。尽量使样品点的荧光强度在两个标准点之间，如果样品含量过高则需减少取样量重新点样。结果按下式计算：

$$X = \frac{m_2 V_1 \times 1000}{m_1 V_2 \times 1000}$$

式中：X——样品中苯并芘的含量，μg/kg；

V_l——样品浓缩后的定容体积，μL；

V_2——样品点样体积，μL；

m_2——样品斑点相当于苯并芘的质量，ng；

m_1——样品质量，g。

②荧光分光光度法

定性：将样品与标准斑点剪下，并剪成碎纸，放入 10mL 具塞比色管中，准确加苯 4. 0mL，在 65℃水浴浸提 15～20min，不时振摇，冷却后将苯液倒入 1cm 石英比色杯中，进行荧光分光测定。用激发光 365nm 扫描 395～460nm 的荧光光谱，与标准苯并芘的荧光光谱比较，如样品的峰形与标准的峰形一致则为阳性。

定量：分别测定试剂空白、样品、标准而于 401 咖、406 咖、411 咖处的荧光强度，按基线法计算出相对荧光强度 F。

$$F = F_{406} - \frac{F_{401} + F_{411}}{2}$$

再将 F 带入下式，求出样品中苯并芘的含量。

$$X = \frac{m_2(F_1 - F_2) V_1 \times 1000}{F m_1 V_2 \times 1000}$$

式中：X——样品中苯并芘的含量，μg/kg；

m_2——苯并芘标准斑点的质量，ng；

V_1——样品浓缩后的定容体积，μL；

V_2——样品点样体积，μL；

F——苯并芘标准斑点浸出液的荧光强度，格；

F_1——样品斑点浸出液的荧光强度，格；

F_2——试剂空白浸出液的荧光强度，格；

m_1——样品质量，g。

5. 说明

①本方法最低检出限量为 μg/kg。

②曲拉通 X-100 为非离子表面活性剂，在含水量少的样品中（粮食、蔬菜等）加入一定量的曲拉通 X-100 水溶液，可使组织膨胀，增加细胞的通透性，便于石油醚直接提取。

③乙酰化滤纸一定要用最厚的（3 号），浸泡均匀，结合酸不低于 26%。

④甲酸-咖啡因分配时的注意事项：以甲酸洗杂质时，甲酸的量和清洗次数可适当增减，以甲酸提取液基本无色为止；咖啡因萃取时，严格用量。分离时注意勿使醚层、乳化层混入，否则油性杂质影响点样和分离；石油醚反萃取时一定要猛烈振荡，否则影响回收率。

⑤浓缩样液时注意不要蒸干，以免损失。

⑥多环芳烃的稀释液对紫外线敏感，极易氧化破坏。所以整个实验要注意避光，样品浓缩、层析时需用黑布遮盖。

8.3 马铃薯食品微生物的检验

影响食品安全因素众多，微生物污染造成的食源性疾病仍是世界食品安全中最突出的问题。食品微生物检验方法是食品监测必不可少的重要组成部分。它是衡量食品卫生质量的重要指标之一。通过食品微生物检验，可以判断食品加工环境及食品卫生环境，能够对食品被腐败微生物污染的程度作出正确的评价，为各项卫生监督工作提供科学依据。

我国卫生部颁布的食品微生物指标有菌落总数、大肠菌群和致病菌三项。菌落总数的测定常用来判定食品被细菌污染的程度及卫生质量，它反映食品在生产过程中是否符合卫生要求，以便对被检样品做出适当的卫生学评价。菌落总数的多少在一定程度上标志着食品卫生质量的优劣。大肠菌群是寄居于人及温血动物肠道内的肠居菌，它随着的大便排出体外。食品中如果大肠菌群数越多，说明食品受粪便污染的程度越大。致病菌能够通过食物传播疾病，对不同的食品和不同的采样地点，应该选择一定的参考菌进行检验。

8.3.1 菌落总数的测定

菌落总数(aerobic bacterial count)：食品检样经过处理，在一定条件下培养后(如培养基成分、培养温度和时间、pH 值、需氧性质等)，所得 1mL(g)检样中所含菌落的总数。本方法规定的培养条件下所得结果，只包括一群在营养琼脂上生长发育的嗜中温性需氧的菌落总数。

国内外菌落总数测定方法基本一致。从检样处理、稀释、倾注平皿到计数报告无任何明显不同，只是在某些具体要求方面稍有差别，如有的国家在样品稀释和倾注培养时，对吸管内液体的流速，稀释液的振荡幅度、时间和次数以及放置时间等均作了比较具体的规定。

菌落总数主要作为判定食品被污染程度的标志，也可以应用这一方法观察细菌在食品中繁殖的动态，以便对被检样品进行卫生学评价时提供依据，参考 GB 4789.22—2010。

1. 平板菌落计数法

(1)设备和材料

①冰箱：0~4℃。

②恒温培养箱：36±1℃。

③恒温水浴锅：46±1℃。

④均质器或乳钵。

⑤架盘药物天平：0~500g，精确至 0.5g。

⑥菌落计数器。

⑦灭菌吸管：1mL(具 0.01mL 刻度)、10mL(具 0.01mL 刻度)。

⑧灭菌锥形瓶：500mL。

⑨灭菌玻璃珠：直径约 5mm。

⑩灭菌培养皿：直径为 90mm。

⑪灭菌试管：16mm×160mm。

⑫灭菌刀、剪子、镊子等。

(2)培养基和试剂

①平板计数琼脂培养基(PCA 培养基)：胰蛋白胨 5.0g，酵母浸膏 2.5g，葡萄糖 1.0g，琼脂 15.0g，水 1000mL，pH7.0±0.2。

②磷酸盐缓冲液：

a. 储存液：称取 34.0g 的磷酸二氢钾溶于 500mL 蒸馏水中，用大约 175mL 的 1mol/L 氢氧化钠溶液调节 pH 值，用蒸馏水稀释至 1000mL 后储存于冰箱。

b. 稀释液：取储存液 1.25mL，用蒸馏水稀释至 1000mL，分装于适宜容器中，121℃ 高压灭菌 15min。

③0.85% 灭菌生理盐水：称取 8.5g 氯化钠溶于 1000mL 蒸馏水中，121℃ 高压灭菌 15min。

④75% 乙醇。

(3)检验程序

菌落总数的检验程序如图 8-2 所示。

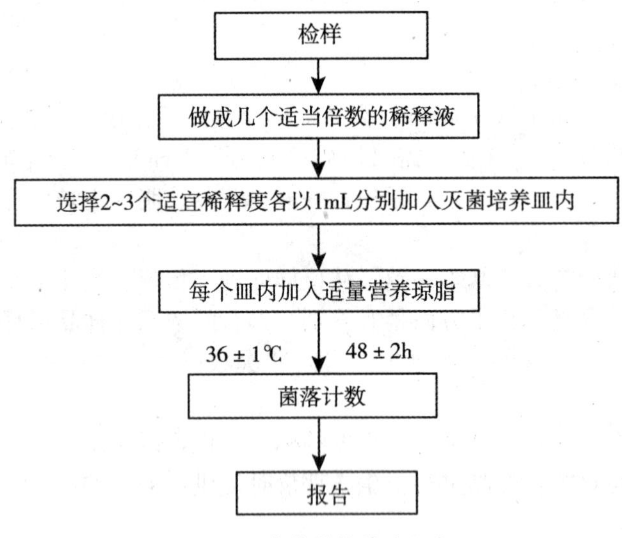

图 8-2　菌落总数检验程序

(4)操作步骤

1)检样稀释及培养

①以无菌操作将检样 25g(mL)剪碎放于含有 225mL 灭菌生理盐水或其他稀释液灭菌玻璃瓶内(瓶内预置适当数量的玻璃珠)或灭菌乳钵内，经充分振摇或研磨做成 1∶10 的均匀稀释液。

固体检样在加入稀释液后，最好置于均质器中以 8000～10000r/min 的速度处理 1min，做成 1：10 的均匀稀释液。

②用 1mL 灭菌吸管吸取 1：10 稀释液 1mL，沿管壁徐徐注入含有 9mL 灭菌生理盐水或其他稀释液的试管内(注意吸管尖端不要触及管内稀释液)，振摇试管，混合均匀，做成 1：100 的稀释液。

③另取 1mL 灭菌吸管，按上条操作顺序，做 10 倍递增稀释液，如此每递增稀释一次，即换用 1 支 1mL 灭菌吸管。

④根据食品卫生标准要求或对标本污染情况的估计，选择 2～3 个适宜稀释度，分别在做 10 倍递增稀释的同时，即以吸取该稀释度的吸管移 1mL 稀释液于灭菌培养皿内，每个稀释度做两个培养皿。

⑤稀释液移入培养皿后，应及时将凉至 46℃ 的营养琼脂培养基(可放置于 46℃±1℃ 水浴保温)注入培养皿约 15mL，并转动培养皿使混合均匀。同时将营养琼脂培养基倾入加有 1mL 稀释液的灭菌培养皿内作空白对照。

⑥待琼脂凝固后，翻转平板，置 36℃±1℃ 温箱内培养 48h±2h。

2) 菌落计数方法

做平板菌落计数时，可用肉眼观察，必要时用放大镜检查，以防遗漏。在记下各平板的菌落数后，求出同稀释度的各平板平均菌落总数。

3) 菌落计数的报告

①平板菌落数的选择

选取菌落数为 30～300 的平板作为菌落总数测定标准。一个稀释度使用两个平板，应采用两个平板平均数，其中一个平板有较大片状菌落生长时，则不宜采用，而应以无片状菌落生长的平板作为该稀释度的菌落数，若片状菌落不到平板的一半，而其余一半中菌落分布又很均匀，即可计算半个平板后乘 2 以代表全皿菌落数。平板内如果有链状菌落生长时(菌落之间无明显界线)，若仅有一条链，可视为一个菌落；如果有不同来源的几条链，则应将每条链作为一个菌落计。

②稀释度的选择

应选择平均菌落数为 30～300 的稀释度乘以稀释倍数报告(见表 8-3 中例 1)。

若只有一个稀释度平板上的菌落数在适宜计数范围内，计算两个平板菌落数的平均值，再将平均值乘以相应稀释倍数，作为每 g(或 mL)样品中菌落总数结果。

若有两个稀释度，其生长的菌落数均为 30～300 之间，则视两者之比如何来决定，若其比值小于或等于 2，应报告其平均数；若大于 2 则报告其中较小的数字(见表 8-3 中例 2 及例 3)。样品中菌落数按下式计算：

$$N = \frac{\sum C}{(n_1 + 0.1n_2)d}$$

式中：N——样品中菌落数；

$\sum C$——平板(含适宜范围菌落数的平板)菌落数之和；

n_1——第一稀释度(低稀释倍数)平板个数；

n_2——第二稀释度(高稀释倍数)平板个数；

d——稀释因子(第一稀释度)。

若所有稀释度的平均菌落数均大于 300，则应按稀释度最高的平均菌落数乘以稀释倍

数报告(见表 8-3 中例 4)

若所有稀释度的平均菌落数均小于 30，则应按稀释度最低的平均菌落数乘以稀释倍数报告(见表 8-3 中例 5)。

若所有稀释度均无菌落生长，则以小于 1 乘以最低稀释倍数报告(见表 8-3 中例 6)。

若所有稀释度的平均菌落数均不在 30~300，其中一部分大于 300 或小于 30 时，则以最接近 30 或 300 的平均菌落数乘以稀释倍数报告(见表 8-3 中例 6)。

③菌落数的报告

菌落数在 100 以内时，按其实有数报告，大于 100 时，采用两位有效数字后面的数值，以四舍五入方法计算。为了缩短数字后面的零数，也可用 10 的指数来表示(见表8-3)。

表 8-3　**稀释度选择及菌落数报告方式**

例次	稀释液及菌落数			两种稀释液之比	菌落总数(CFU/g 或 CFU/mL)	报告方式(CFU/g 或 CFU/mL)
	10^{-1}	10^{-2}	10^{-3}			
1	多不可计	164	20	—	16400	1.6×10^4
2	多不可计	295	46	1. 6	37750	3.8×10^4
3	多不可计	271	60	2. 2	27100	2.7×10^4
4	多不可计	多不可计	313	—	313000	3.1×10^5
5	27	11	5	—	270	2.7×10^2
6	0	0	0	—	<1×10	<10

2. 菌落总数测试片法

菌落总数测试片法可用于各类食品及饮用水中菌落总数的测定，由细菌营养培养基、吸水凝胶和酶显色剂等组成。与传统方法相比，该方法省去了配制培养基、消毒和培养器皿的清洗处理等大量辅助性工作，随时可以开始进行抽样检测，而且操作简便，通过酶显色剂的放大作用，使菌落提前清晰地显现出来，培养十几小时就开始出现红色菌斑，非常适合于食品生产企业产品自检和食品卫生检验部门使用。

(1)操作步骤

①样品的稀释

取样品 25g(或 mL)放入含有 225mL 无菌水的锥形瓶内，经充分振摇制成 1∶10 的稀释液，用 1mL 无菌吸管吸取 1∶10 稀释液 1mL，注入含有 9mL 无菌水的试管内，用 1mL 无菌吸管反复吸吹制成 1∶100 的稀释液。以此类推，制出 1∶1000 等稀释度的稀释液，每次换一支吸管。

②接种及培养

一般食品选 3 个稀释度进行检测，含菌量少的液体样品(如食用纯水和矿泉水等)可直接用原液检测。将检验纸片水平放台面上，揭开上面的透明薄膜，用灭菌吸管吸取样品原液或稀释液 1mL，均匀加到中央的圆圈内，轻轻将上盖膜放下，静置 15min。从中间向周围轻轻推刮，使水分在圆圈内均匀分布，并将气泡赶走。将加了样的检验纸片每 6 片叠放在一起，放入自封袋中，平放在 37℃培养箱内培养 15~24h。

③计数及报告

细菌在纸片上生长后会显示红色斑点，选择菌落数适中(10~100个)的纸片进行计数，乘以稀释倍数后即为每克(或毫升)样品中所含的细菌菌落总数。菌落数在100以内时，按其实有数报告，大于100时，用两位有效数字，在两位有效数字后面的数字，以四舍五入方法计算，后面的0用10的指数来表示。

(2)计数原则、报告方式及说明

①常选择菌落为10~100个的纸片进行计数，乘以稀释倍数报告(见表8-3中例1)。

②若有两个稀释度的菌落数在10~100个之内，两者的比值小于2，则取其平均数，若大于2，则用数值小者。

③若三个稀释度的菌落数都有在10~100个之内，应选择两个低数值的平均数。

④若三个稀释度的菌落数均小于10个或大于100个时，应重新试用更低或更高的稀释度进行菌落计数；或采用均小于数量标准的最小值，或采用均大于数量标准的最大值。

⑤快速测试片法比培养皿培养法的检测时间缩短了1倍多，菌落显现率目前为80%，在菌落计数后乘以1.2，两种方法可达同等效果，食品生产企业用其作为产品质量监控时乘以1.3或1.4后，相当于提高了产品质量卫生标准。

⑥揭开上盖膜，用接种针挑取凝胶上的菌落可作进一步的分离和鉴定。使用过的纸片上带有活菌，需及时处理掉。

8.3.2 大肠菌群的测定

大肠菌群(Coliform bacteria)是一群能发酵乳糖、产酸产气、需氧和兼性厌氧的革兰氏阴性无芽孢杆菌。该菌主要来源于人畜粪便，故以此作为粪便污染指标来评价食品的卫生质量，推断食品中有否污染肠道致病菌的可能。

1. 大肠菌群MPN计数法

食品中大肠菌群数以100mL(g)检样内大肠菌群最可能数(MPN)来表示。

最可能数(most probable number，MPN)是利用统计学方法，基于泊松分布的一种间接计算样品中大肠菌群数目的方法。大肠菌群MPN计数的检验程序如图8-3所示。

(1)仪器设备

恒温培养箱、恒温水浴箱、天平、均质器、振荡器、无菌吸管(1mL、10mL)、微量移液器、无菌锥形瓶、无菌培养皿(直径90mm)。

(2)培养基和试剂

①月桂基硫酸盐胰蛋白胨(LST)肉汤：胰蛋白胨或胰酪胨20.0g，氯化钠5.0g，乳糖5.0g，磷酸氢二钾2.75g，磷酸二氢钾2.75g，月桂基硫酸钠0.1g，蒸馏水1000mL，pH6.8±0.2。

②煌绿乳糖胆盐(BGLB)肉汤：蛋白胨10.0g，乳糖10.0g，牛胆粉溶液200mL，0.1%煌绿水溶液13.3mL，蒸馏水800mL，pH7.2±0.1。

③无菌生理盐水：称取8.5g氯化钠溶于1000mL蒸馏水中，121℃高压灭菌15min。

④磷酸盐缓冲液：

a. 储存液：称取34.0g的磷酸二氢钾溶于500mL蒸馏水中，用大约175mL的1mol/L氢氧化钠溶液调节pH值，用蒸馏水稀释至1000mL后储存于冰箱。

b. 稀释液：取储存液1.25mL，用蒸馏水稀释至1000mL，分装于适宜容器中，121℃

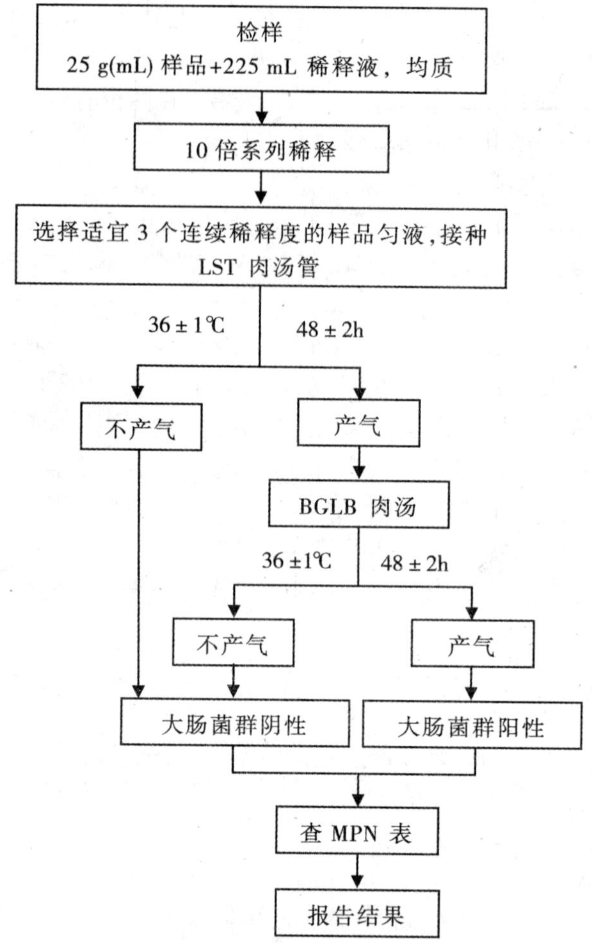

图 8-3　大肠菌群 MPN 计数检验程序

高压灭菌 15min。

(3)操作步骤

①样品的稀释

固体和半固体样品：称取 25g 样品，放入盛有 225mL 磷酸盐缓冲液或生理盐水的无菌均质杯内，8000~10000r/min 均质 1~2min，或放入盛有 225mL 磷酸盐缓冲液或生理盐水的无菌均质袋中，用拍击式均质器拍打 1~2min，制成 1：10 的样品匀液。

液体样品：以无菌吸管吸取 25mL 样品置盛有 225mL 磷酸盐缓冲液或生理盐水的无菌锥形瓶(瓶内预置适当数量的无菌玻璃珠)中，充分混匀，制成 1：10 的样品匀液。

样品匀液的 pH 值应为 6.5~7.5，必要时分别用 1mol/L NaOH 或 1mol/L HCl 调节。

用 1mL 无菌吸管或微量移液器吸取 1：10 样品匀液 1mL，沿管壁缓缓注入 9mL 磷酸盐缓冲液或生理盐水的无菌试管中(注意吸管或吸头尖端不要触及稀释液面)，振摇试管或换用 1 支 1mL 无菌吸管反复吹打，使其混合均匀，制成 1：100 的样品匀液。

根据对样品污染状况的估计，按上述操作，依次制成 10 倍递增系列稀释样品匀液。每递增稀释 1 次，换用 1 支 1mL 无菌吸管或吸头。从制备样品匀液至样品接种完毕，全过程不得超过15min。

②初发酵试验

每个样品，选择3个适宜的连续稀释度的样品匀液(液体样品可以选择原液)，每个稀释度接种3管月桂基硫酸盐胰蛋白胨(LST)肉汤，每管接种1mL(如接种量超过1mL，则用双料LST肉汤)，36±1℃培养24±2h，观察管内是否有气泡产生，24±2h产气者进行复发酵试验，如未产气则继续培养至48±2h，产气者进行复发酵试验。未产气者为大肠菌群阴性。

③复发酵试验

用接种环从产气的LST肉汤管中分别取培养物1环，移种于煌绿乳糖胆盐肉汤(BGLB)管中，36±1℃培养48±2h，观察产气情况。产气者，计为大肠菌群阳性管。

④大肠菌群最可能数(MPN)的报告

按上述复发酵试验确证的大肠菌群LST阳性管数，检索MPN表(见表8-4)，报告每g(或mL)样品中大肠菌群的MPN值。

表8-4　**大肠菌群最可能数(MPN)检索表**

阳性管数			MPN	95%可信限		阳性管数			MPN	95%可信限	
0.10	0.01	0.001		下限	上限	0.10	0.01	0.001		下限	上限
0	0	0	<3.0	—	9.5	2	2	0	21	4.5	42
0	0	1	3.0	0.15	9.6	2	2	1	28	8.7	94
0	1	0	3.0	0.15	11	2	2	2	35	8.7	94
0	1	1	6.1	1.2	18	2	3	0	29	8.7	94
0	2	0	6.2	1.2	18	2	3	1	36	8.7	94
0	3	0	9.4	3.6	38	3	0	0	23	4.6	94
1	0	0	3.6	0.17	18	3	0	1	38	8.7	110
1	0	1	7.2	1.3	18	3	0	2	64	17	180
1	0	2	11	3.6	38	3	1	0	43	9	180
1	1	0	7.4	1.3	20	3	1	1	75	17	200
1	1	1	11	3.6	38	3	1	2	120	37	420
1	2	0	11	3.6	42	3	1	3	160	40	420
1	2	1	15	4.5	42	3	2	0	93	18	420
1	3	0	16	4.5	42	3	2	1	150	37	420
2	0	0	9.2	1.4	38	3	2	2	210	40	430
2	0	1	14	3.6	42	3	2	3	290	90	1，000
2	0	2	20	4.5	42	3	3	0	240	42	1，000
2	1	0	15	3.7	42	3	3	1	460	90	2，000
2	1	1	20	4.5	42	3	3	2	1100	180	4，100
2	1	2	27	8.7	94	3	3	3	>1100	420	—

注1：本表采用3个稀释度(0.1g(mL)、0.01g(mL)和0.001g(mL))，每个稀释度接种3管。

注2：表内所列检样量如改用1g(mL)、0.1g(mL)和0.01g(mL)时，表内数字应相应降低10倍；如改用0.01g(mL)、0.001g(mL)、0.0001g(mL)时，则表内数字应相应增高10倍，其余类推。

2. 大肠菌群平板计数法

大肠菌群平板计数法的检验程序如图 8-4 所示。

(1)仪器设备

恒温培养箱、恒温水浴箱、天平、均质器、振荡器、无菌吸管(1mL、10mL)、微量移液器、无菌锥形瓶、无菌培养皿(直径 90mm)。

(2)培养基和试剂

①结晶紫中性红胆盐琼脂(VRBA):蛋白胨 7.0g,酵母膏 3.0g,乳糖 10.0g,氯化钠 5.0g,胆盐或 3 号胆盐 1.5g,中性红 0.03g,结晶紫 0.002g,琼脂 15~18g,蒸馏水 1000mL,pH7.4±0.1。

②无菌生理盐水:称取 8.5g 氯化钠溶于 1000mL 蒸馏水中,121℃高压灭菌 15min。

③磷酸盐缓冲液:

a. 储存液:称取 34.0g 的磷酸二氢钾溶于 500mL 蒸馏水中,用大约 175mL 的 1mol/L 氢氧化钠溶液调节 pH 值,用蒸馏水稀释至 1000mL 后储存于冰箱。

b. 稀释液:取储存液 1.25mL,用蒸馏水稀释至 1000mL,分装于适宜容器中,121℃高压灭菌 15min。

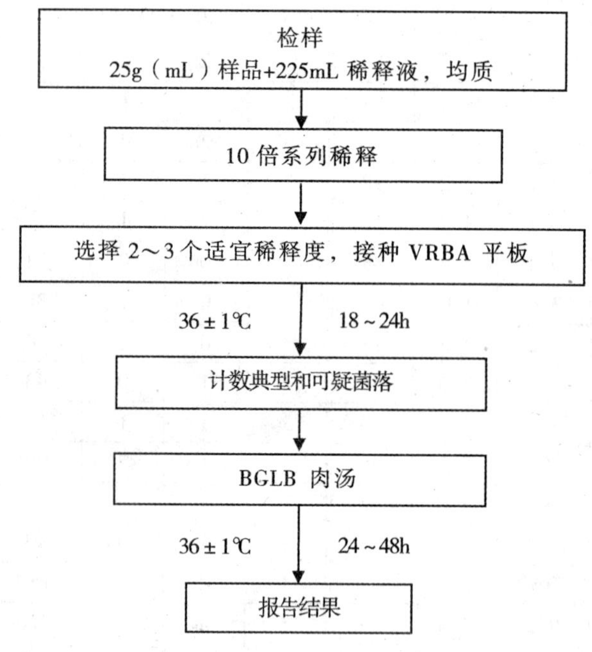

图 8-4　大肠菌群平板计数法检验程序

(3)操作步骤

①样品的稀释

固体和半固体样品:称取 25g 样品,放入盛有 225mL 磷酸盐缓冲液或生理盐水的无菌均质杯内,8000~10000r/min 均质 1~2min,或放入盛有 225mL 磷酸盐缓冲液或生理盐水的无菌均质袋中,用拍击式均质器拍打 1~2min,制成 1∶10 的样品匀液。

液体样品：以无菌吸管吸取 25mL 样品置盛有 225mL 磷酸盐缓冲液或生理盐水的无菌锥形瓶(瓶内预置适当数量的无菌玻璃珠)中，充分混匀，制成 1∶10 的样品匀液。

样品匀液的 pH 值应为 6.5~7.5，必要时分别用 1mol/L NaOH 或 1mol/L HCl 调节。

用 1mL 无菌吸管或微量移液器吸取 1∶10 样品匀液 1mL，沿管壁缓缓注入 9mL 磷酸盐缓冲液或生理盐水的无菌试管中(注意吸管或吸头尖端不要触及稀释液面)，振摇试管或换用 1 支 1mL 无菌吸管反复吹打，使其混合均匀，制成 1∶100 的样品匀液。

根据对样品污染状况的估计，按上述操作，依次制成 10 倍递增系列稀释样品匀液。每递增稀释 1 次，换用 1 支 1mL 无菌吸管或吸头。从制备样品匀液至样品接种完毕，全过程不得超过 15min。

②平板计数

选取 2~3 个适宜的连续稀释度，每个稀释度接种 2 个无菌平皿，每皿 1mL。同时取 1mL 生理盐水加入无菌平皿作为空白对照。

及时将 15~20mL 冷至 46℃ 的结晶紫中性红胆盐琼脂(VRBA)约倾注于每个平皿中。小心旋转平皿，将培养基与样液充分混匀，待琼脂凝固后，再加 3~4mL VRBA 覆盖平板表层。翻转平板，置于 36±1℃ 培养 18~24h。

③平板菌落数的选择

选取菌落数为 15~150CFU 的平板，分别计数平板上出现的典型和可疑大肠菌群菌落。典型菌落为紫红色，菌落周围有红色的胆盐沉淀环，菌落直径为 0.5mm 或更大。

④证实试验

从 VRBA 平板上挑取 10 个不同类型的典型和可疑菌落，分别移种于 BGLB 肉汤管内，36±1℃ 培养 24~48h，观察产气情况。凡 BGLB 肉汤管产气，即可报告为大肠菌群阳性。

⑤大肠菌群平板计数的报告

经最后证实为大肠菌群阳性的试管比例乘以上述操作步骤③中计数的平板菌落数，再乘以稀释倍数，即为每 g(mL)样品中大肠菌群数。

例：10^{-4}样品稀释液 1mL，在 VRBA 平板上有 100 个典型和可疑菌落，挑取其中 10 个接种 BGLB 肉汤管，证实有 6 个阳性管，则该样品的大肠菌群数为：$100\times6/10\times10^4$/g(mL) = 6.0×10^5CFU/g(mL)。

3. 快速检验纸片法

快速检验纸片法可用于检测饮料、饮用纯水及各类食品中的大肠菌群数，与国标法中的九管法相对应，将原来几步的试验简化为一步，时间由 1 周左右缩短为十几个小时，而且为检验者省去了制备培养基的麻烦，非常适合于食品生产企业产品自检和食品卫生检验部门使用。

(1)操作步骤

①样品的稀释

将 25g(或 25mL)样品放入含有 225mL 无菌生理盐水或其他稀释液的锥形瓶(放几粒玻璃珠)内，经充分振摇制成 1∶10 的均匀稀释液，用 1mL 灭菌吸管吸取 1∶10 稀释液，注入含有 9mL 无菌生理盐水或其他稀释液的试管内，振摇试管制成 1∶100 的稀释液，以此类推，每次换一支吸管。选两个稀释度进行检测，一般情况下，饮料和饮用水采用原液和 1∶10 两个稀释度，其他食品采用 1∶10 和 1∶100 这两个稀释度。

②接种及培养

本品每份由3片大纸片(2片重叠放在一个袋中算作1片)和6片小纸片组成，用10mL灭菌吸管吸取10mL原液或第一个稀释度的稀释液加到含有大纸片的塑料袋中，吸透后平放，做3个重复。再用1mL灭菌吸管吸取1mL同一稀释度的稀释液涂布到含有小纸片的塑料袋中，做3个重复。然后再取一支1mL灭菌吸管吸取1mL第二个稀释度的稀释液涂布到含有小纸片的塑料袋中，做3个重复。将接种好的纸片(可叠放)放入37℃培养箱中培养15~24h。

③判读及报告

培养后，若纸片变黄或在黄色背景上呈现红色斑点为大肠菌群阳性纸片，纸片保持紫蓝色不变或在紫蓝色背景上呈现红色斑点，但周围没有黄色均为大肠菌群阴性纸片，记录每个稀释度大肠菌群阳性纸片数，根据大肠菌群MPN表查出相应的大肠菌群数。

(2)说明

如果样品的酸碱度在pH7以下，应先用灭菌的Na_2CO_3溶液调整pH值为7~8，否则接种后纸片马上变黄。

8.3.3　常见致病菌的检验

1. 沙门菌的检验

沙门菌(*Salmonella*)广泛存在于自然界中，是重要的肠道致病菌，可引起传染和流行。沙门菌属是一群符合肠杆菌科定义并与其血清学相关的革兰阴性、需氧性、无芽孢杆菌。本菌属种类繁多，抗原结构复杂，现已发现2000多个血清型，我国已发现血清型近200个。

沙门菌的形态特征：革兰阴性短杆菌，两端钝圆，大小为(1~3)μm×(0.4~0.9)μm，无芽孢，一般无荚膜。除鸡沙门菌和雏沙门菌以外，均周身有鞭毛，运动力强。

沙门菌的培养特性：沙门菌需氧或兼性厌氧，10~42℃都可生长，最适生长温度为37℃，最适pH值为6.8~7.8。营养琼脂平板上：35~37℃培养18~24h，其菌落大小一般为2~3mm，光滑、湿润、无色、半透明、边缘整齐。血平板上为中等大小的灰白色菌落。

沙门菌的生化特性：绝大多数沙门菌有规律地发酵葡萄糖产酸产气，但也有不产气者，不发酵蔗糖和侧金盏花醇，不产生吲哚，不分解尿素。

(1)常规检验方法

1)仪器

托盘天平、均质器、培养箱、显微镜、无菌广口瓶；无菌三角烧瓶；无菌吸管、无菌平皿；无菌小试管、酒精灯。

2)培养基和试剂

缓冲蛋白胨水、氯化镁孔雀绿(MM)增菌液、硫磺酸钠煌绿(TTB)增菌液、亚硒酸盐胱氨酸(SC)增菌液、亚硫酸铋琼脂(BS)、DHL琼脂、HE琼脂、SS琼脂、三糖铁琼脂、蛋白胨水、尿素琼脂、氰化钾(KCN)培养基、氨基酸脱羧酶试验培养基、糖发酵管、缓冲葡萄糖蛋白胨、丙二酸钠培养基、氧化酶试剂、革兰氏染色液、沙门菌因子血清。

3)样品的采集及处理

应采集可疑食品或可疑带菌者的新鲜粪便进行检验。检查带菌者时也可用肛拭取样

(经干热无菌的棉拭先用保存液或增菌液湿润，深入肛门内 7～10cm 处采样)。样品若不能及时检验，应将样品放入保存液中，置 4℃冰箱内保存。

4)增菌培养

对于经过烘烤加热或冷冻的食品样品，必须对加工过的食品进行前增菌，使沙门菌恢复其活力。增菌目的是使沙门菌以外的细菌(主要是埃希菌属)受到抑制，而使沙门菌得到一定的增殖，提高沙门菌的检出率。

鲜肉、鲜蛋、鲜乳或其他未经加工的食品和原料，不必经过前增菌。各取上述检样 25g(或 mL)加入盛有无菌生理盐水 25mL 的锥形瓶中，制成均匀样液，取 25mL 接种于 100mL 氯化镁孔雀绿(MM)增菌液或四硫磺酸钠煌绿(TTB)增菌液内，于 42℃培养 24h；另取 25mL 接种于 100mL 亚硒酸盐胱氨酸增菌液内 36±1℃培养 18～24h。

增菌培养基的效果应先加以测定，而且还应考虑到如果增菌的目的菌是伤寒沙门菌，应以 37℃为佳，而其他沙门菌则以 42℃为佳。

5)分离培养

取增菌液一环，划线接种于沙门菌选择性培养基上，如亚硫酸铋琼脂(BS)、DHL 琼脂、HE 琼脂、SS 琼脂。两种增菌液可同时划线接种在同一个平板上，于 36±1℃分别培养 18～24h(DHL，HE，SS)或 40～48h(BS)，观察各种平板上生长菌落的特征。

6)生化试验

挑取上述选择性琼脂平板上的可疑菌落，接种三糖铁琼脂斜面，一般应多挑几个菌落，以防遗漏。在三糖铁琼脂斜面内，只有斜面产酸并同时硫化氢(H_2S)阴性的菌株可以排除，其他反应结果均有沙门菌存在的可能，同时也均有不是沙门菌的可能，因此都需要做几项最低限度的生化试验，必要时做涂片染色镜检应为革兰阴性短杆菌，做氧化酶试验应为阴性。

在接种三糖铁琼脂的同时，再接种蛋白胨水(供做靛基质试验)、尿素琼脂(pH7.2)、氰化钾培养基和赖氨酸脱羧酶试验培养基及对照培养基各一管，于 36±1℃培养 18～24h，必要时可延长到 48h。

7)血清学分型鉴定

①抗原的准备

一般采用 1.5%琼脂斜面培养物作为玻片凝集试验用的抗原。

O 血清不凝集时，将菌株接种在琼脂量较高的(如 2.5%～3.0%)培养基上再检查；如果是由于 V_1 抗原的存在而阻止了 O 凝集反应时，可挑取菌苔于 1mL 生理盐水中做成浓菌液，于酒精灯火焰上煮沸后再检查。H 抗原发育不良时，将菌株接种在 0.7%～0.8%半固体琼脂平板的中央，待菌落蔓延生长时，在其边缘部分取菌检查；或将菌株通过装有 0.3%～0.4%半固体琼脂的小玻璃管 1～2 次，自远端取菌培养后再检查。

②O 抗原的鉴定

用 A～F 多价 O 血清做玻片凝集试验，同时用生理盐水对照。在生理盐水中自凝者为粗糙型菌株，不能分型。

被 A～F 多价 O 血清凝集者，依次用 O_4、$O_{3,10}$、O_7、O_8、O_9、O_2 和 O_{11} 因子血清做凝集试验。根据试验结果，判定 O 群。被 $O_{3,10}$ 因子血清凝集的菌株，再用 O_{10}、O_{15}、O_{34}、O_{19} 单因子血清做凝集试验，判定 E_1、E_2、E_3、E_4 各亚群，每一个 O 抗原成分的最后确定

均应根据 O 单因子血清的检查结果，没有单因子血清的要用两个 O 复合因子血清进行核对。

不被 A~F 多价 O 血清凝集者，先用 57 种或 144 种沙门菌因子血清中的 7 种多价 O 血清检查，如有其中一种血清凝集，则用这种血清所包括的 O 群血清逐一检查，以确定 O 群。

8）菌型的判定和结果报告方式

综合以上生化试验和血清学分型鉴定的结果，按照沙门菌属抗原结构表，判定菌型并报告结果。

9）沙门菌的检验应注意事项

①冷冻样品解冻需在 45℃以下，于有自动调温器自控的水浴锅内不断搅拌进行 15min 或在 2~8℃，18h 内软化。

②为保证检验的准确性，必须在选择性培养基上挑取足够数量的菌落进行生化和血清学鉴定。进行生化反应时，应以纯培养物进行试验，如出现血清学阳性，而生化反应特征不符合时，应对接种物进行纯化，用纯化后的培养物重新进行生化试验。

（2）测试片法

近几年，把生物化学技术应用到微生物检验领域取得了很大的突破。通过在选择性培养基中加入专一性的酶显色剂，大大地简化了检测程序，15~24h 一步培养就可确定出病原菌是否存在，不但使用方便，而且降低了成本，适合于各级检验部门使用。具体步骤如下。

取待测样品 25g（或 mL）放入含有 225mL 无菌生理盐水的玻璃瓶内，经充分振摇制成 1 : 10 的稀释液。将测试片水平放在台面上，揭开上盖膜，用灭菌吸管吸取稀释液 0.5mL，均匀加到吸水滤纸上，然后轻轻将盖膜放下。将加了样的测试片平放在 37℃培养 15~24h。对测试片进行观察，呈紫红色的菌落为沙门菌；呈蓝色的菌落为其他大肠菌。

对于经过烘烤加热或冷冻的食品样品，最好先用 GN 增菌液进行预增菌，使沙门菌复苏，然后再行检测。

2. 志贺菌检验

志贺菌属（*shigella*）的细菌通称痢疾杆菌，是细菌性痢疾的病原菌。人类对痢疾杆菌有很高的易感性，可引起幼儿急性中毒性菌痢，死亡率甚高。

志贺菌的形态学特征：志贺菌属细菌的形态与一般肠道杆菌无明显区别，为革兰阴性杆菌，（2~3）μm×（0.5~0.7）μm。不形成芽孢，无荚膜，无鞭毛，不运动，有菌毛。

志贺菌的培养特性：需氧或兼性厌氧。营养要求不高，能在普通培养基上生长，最适温度为 37℃，最适 pH 值为 6.4~7.8。37℃培养 18~24h 后菌落呈圆形、微凸、光滑湿润、无色、半透明、边缘整齐，直径约 2mm，宋内菌菌落一般较大，较不透明，并常出现扁平的粗糙型菌落。在液体培养基中呈均匀浑浊生长，无菌膜形成。

志贺菌的生化特性：本菌属都能分解葡萄糖，产酸不产气。大多不发酵乳糖，仅宋内菌迟缓发酵乳糖。靛基质产生不定，甲基红阳性，VP 试验阴性，不分解尿素，不产生 H_2S。根据生化反应可进行初步分类。志贺菌属的细菌对甘露醇分解能力不同，可分为两大组。

志贺菌的抗原构造与分型：志贺菌属细菌的抗原结构由菌体抗原（O）及表面抗原（K）

组成。主要抗原有三种：型特异性抗原、群特异性抗原、表面抗原(K 抗原)。根据抗原构造的不同，按最新国际分类法，将本属细菌分为四个群、39 个血清型(包括亚型)。

志贺菌属在外界环境中的生存力，以宋内菌最强，福氏菌次之，志贺菌最弱。

志贺菌引起的细菌性痢疾，主要通过消化道途径传播。根据宿主的健康状况和年龄，只需少量病菌(至少为 10 个细胞)进入，就有可能致病。

(1)增菌

称取检样 25g，加入装有 225mL GN 增菌液的 500mL 广口瓶内，固体食品用均质器以 8000~10000r/min 打碎 1min，或用乳钵加灭菌砂磨碎，粉状食品用金属匙或玻璃棒研磨使其乳化，于 36℃培养 6~8h。培养时间视细菌生长情况而定，当培养液出现轻微浑浊时即应终止培养。

(2)分离和初步生化试验

①取增菌液 1 环，划线接种于 HE 琼脂平板或 SS 琼脂平板 1 个；另取 1 环划线接种于麦康凯琼脂平板和伊红美蓝琼脂平板各 1 个，于 36℃培养 18~24h。志贺菌在这些培养基上呈现无色透明不发酵乳糖的菌落。

②挑取平板上的可疑菌落，接种三糖铁琼脂和葡萄糖半固体各 1 管。一般应多挑几个菌落，以防遗漏，经 36℃培养 18~24h，分别观察结果。

③下述培养物可以弃去：

a. 在三糖铁琼脂斜面上呈蔓延生长的培养物；

b. 在 18~24h 内发酵乳糖、蔗糖的培养物；

c. 不分解葡萄糖和只生长在半固体表面的培养物；

d. 产气的培养物；

e. 有动力的培养物；

f. 产生硫化氢的培养物。

④凡是乳糖、蔗糖不发酵，葡萄糖产酸不产气(福氏志贺菌 6 型可产生少量气体)，无动力的菌株，可做血清学分型和进一步的生化试验。

(3)血清型分型和进一步生化试验

①血清型分型

挑取三糖铁琼脂上的培养物，做玻片凝集试验。先用 4 种志贺菌多价血清检查，如果由于 K 抗原的存在而不出现凝集，应将菌液煮沸后再检查；如果呈现凝集，则用 A1、A2、B 群多价和 D 群血清分别试验。如是 B 群福氏志贺菌，则用群和型因子血清分别检查。福氏志贺菌各型和亚型的型和群抗原，可先用群因子血清检查，再根据群因子血清出现凝集的结果，依次选用型因子血清检查。

4 种志贺菌多价血清不凝集的菌株，可用鲍氏多价 1、2、3 分别检查，并进一步用 1~15 各型因子血清检查。如果鲍氏多价血清不凝集，可用痢疾志贺菌 3~12 型多价血清及各型因子血清检查。

②进一步生化试验

做血清学分型的同时，应进一步做生化试验，即葡萄糖铵，西门氏柠檬酸盐，赖氨酸和鸟氨酸脱羧酶，pH7.2 脱羧酶，氰化钾生长及水杨苷和七叶苷的分解。除宋内菌和鲍氏 13 型为鸟氨酸阳性外，志贺菌属的培养物均为阴性结果。必要时还应做革兰染色检查和氧化酶试验，应为氧化酶阴性的革兰阴性杆菌。生化反应不符合的菌株，即使能与某种志贺菌分型血清发生凝集，仍不得判定为志贺菌属的培养物。

已判定为志贺菌属的培养物，应进一步做5%乳糖发酵；甘露醇、棉籽糖、甘油的发酵和靛基质试验。

(4)结果报告

综合上述生化和血清学试验结果，判定菌型并做出报告。

3. 葡萄球菌检验

根据《伯杰鉴定细菌学手册》，按葡萄球菌的生理化学组成，将葡萄球菌分为金黄色葡萄球菌、表皮葡萄球菌和腐生葡萄球菌，其中金黄色葡萄球菌多为致病性菌，表皮葡萄球菌偶尔致病。金黄色葡萄球菌呈球形，直径 0.8μm 左右，排列成葡萄串状，无芽孢，无荚膜。革兰氏染色阳性，但衰老、死亡或被白细胞吞噬的菌体，常呈革兰阴性。

金黄色葡萄球菌测定方法有以下几种：

(1)MPN 法

对样品进行连续系列稀释，加入培养基进行培养，从规定的反应呈阳性管数的出现率，用概率论来推算样品中菌数最近似的数值。MPN 检索表只给了三个稀释度，如改用不同的稀释度，则表内数字应相应降低或增加 10 倍。适用于检测带有大量竞争菌的食品及其原料和未经处理的含少量金黄色葡萄球菌的食品。

(2)直接平板计数法

适用于检查金黄色葡萄球菌数不小于 10 个/g(或个/mL)的食品。

(3)增菌培养法

适用于检查含有受损伤的金黄色葡萄球菌的加工食品。

8.3.4　真菌毒素的检验

已知的真菌毒素有数百种。主要产毒真菌为曲霉属、青霉属、镰刀菌属的真菌以及其他菌属的真菌。曲霉毒素中最重要的是黄曲霉毒素。在潮湿温暖的季节，粮食、油料及干果中很易生出黄曲霉毒素，如许多国家在玉米、花生及花生油、花生饼、花生酱、棉籽饼、山核桃、无花果、榛子、可可豆、杏仁、奶粉、牛奶、水牛奶、酸奶、奶酪、大米等都曾查出黄曲霉毒素。日本及中国还曾从发酵豆制品(如酱及酱油)中发现黄曲霉毒素。

1. 黄曲霉毒素的检验

黄曲霉毒素是黄曲霉和寄生曲霉产生的一类结构类似的代谢混合产物，有 17 种之多，包括 B_1、B_2、G_1、G_2、M_1、M_2、P_1、Q、H_1、GM、B_{2a}和毒醇。其基本结构都是二呋喃环和香豆素，前者为基本毒性结构，后者为致癌物。在紫外线下，黄曲霉毒素 B_1、黄曲霉毒素 B_2发蓝色荧光，黄曲霉毒素 G_1、黄曲霉毒素 G_2发绿色荧光。黄曲霉毒素 M_1是黄曲霉毒素 B_1在体内经过羟化而衍生成的代谢产物。黄曲霉毒素的相对分子质量为 312~346。难溶于水，易溶于油、甲醇、丙酮和氯仿等有机溶剂，但不溶于石油醚、己烷和乙醇中。一般在中性及酸性溶液中较稳定，在 pH 值为 9~10 的强碱溶液中分解迅速。黄曲霉毒素非常稳定，耐热，在熔点(200~300℃)之下不会分解(黄曲霉毒素 B_1的分解温度为 368℃)，且其毒性非常强，主要损伤肝脏，使肝细胞坏死、出血及胆管增生，有明显的致癌作用。

黄曲霉毒素常存在于土壤、动植物、各种坚果中，在大豆、稻谷、玉米、通心粉、调味品、牛奶、奶制品、食用油、咸鱼等制品中也经常发现黄曲霉毒素。

黄曲霉毒素的检测方法包括：薄层色谱法(TLC)、高效液相色谱法(HPLC)(液-液提取和固相提取)、微柱筛选法、酶联免疫吸附法(ELISA)、免疫亲和柱-荧光分光光度法、免疫亲和柱-HPLC法等。TLC虽然分析成本较低，但操作步骤多，灵敏度差；HPLC虽然灵敏度高，但样品处理烦琐，操作复杂，仪器昂贵。ELISA法重复性差，试剂寿命短，需要低温保存。此外，这些方法都具有如下共同的不足之处：在操作过程中，需要使用剧毒的黄曲霉毒素作为标定标准物，对操作人员造成巨大的危险；在对样品进行预处理过程中，需要使用多种有毒、异味的有机溶剂，不仅毒害操作人员，而且污染环境；操作过程烦琐，时间长，劳动强度大；仪器设备复杂笨重，难以实现现场快速分析；灵敏度较差，无法满足欧盟及其他一些国家和地区的标准要求，参考GB/T 18979—2003、GB/T 5009.23—2006。

方法一——微柱筛选法

(1)原理

试样提取液通过由氧化铝与硅镁吸附剂组成的微柱色谱管，杂质被氧化铝吸附，黄曲霉毒素被硅镁吸附剂吸附，在365nm紫外线下呈蓝紫色荧光，其荧光强度在一定范围内与黄曲霉毒素的含量成正比，由于微柱不能分离黄曲霉毒素B_1、黄曲霉毒素B_2、黄曲霉毒素G_1，黄曲霉毒素G_2，故结果为黄曲霉毒素的总量。

(2)试剂

①石油醚：沸程60~90℃或30~60℃。

②中性氧化铝：色谱用100~200目。

③酸性氧化铝：色谱用100~200目。

④无水硫酸钠：过40~80目筛或80~100目筛。

⑤硅镁吸附剂：色谱用100~200目。

⑥甲醇-水(55+45)溶液。

⑦展开剂：丙酮-三氯甲烷(1+9)。

⑧脱脂棉：用索氏提取器以二氯甲烷为溶剂提取2h后，挥干后储于瓶中保存。

⑨黄曲霉毒素B_1标准液：用苯-乙腈(98+2)配成0.4μg/mL的储存液及0.1μg/mL的使用液，闭光冷藏。

注：色谱用氧化铝、硅镁吸附剂、无水硫酸钠应在120℃活化2h。

(3)仪器

①紫外光灯：8~100W，带有波长365nm滤光片。

②内径0.4cm、长12cm的玻璃管，为加液方便上加一段粗管。

③微柱管架。

④微量注射器：50mL。

(4)操作步骤

1)提取

①粮食、花生及其制品：取粉碎过筛(20目)试样20.00g于具塞锥形瓶中，加100mL甲醇水溶液，30mL石油醚，密塞振摇30min，静置片刻，过滤于50mL具塞量筒中，收集

50mL 甲醇水溶液(注意切勿将石油醚层带入滤液中)，转入分液漏斗中，加 50mL 硫酸钠溶液(20g/L)稀释，加三氯甲烷 10mL，轻摇 2~3min，静置分层，三氯甲烷层通过装有 5g 无水硫酸钠的小漏斗脱水(以少量脱脂棉球塞住漏斗径口，并以少量三氯甲烷润湿)，并滤入 10mL 比色管中，再向分液漏斗中加入 3mL 三氯甲烷重提一次，脱水后滤入原比色管内，以少量三氯甲烷洗漏斗并定容至 10.0mL，密塞，混匀，待测。此样液 1mL 相当于 1.0g 试样。

②发酵酒、酱油、醋等水溶性试样：含二氧化碳的试样，需在烧杯中于水浴上加热，搅拌，除去气泡，否则易乳化。称混匀试样 20.00g 于小烧杯中，以 80mL 硫酸钠溶液(20g/L)洗入分液漏斗中，加三氯甲烷 10mL，此样液 1mL 相当于 2.0g 试样。

2)测定

①微管柱的制备以少量脱脂棉作底用铁丝扎实，置于微管柱管架上，依次加入高为 0.5cm 无水硫酸钠(80~100 目)、0.5cm 硅镁型吸附剂、0.5cm 无水硫酸钠(80~100 目)、1.5cm 中性氧化铝，1.5cm 酸性氧化铝、3cm 无水硫酸钠(40~80 目)，顶部以少量脱脂棉堵塞，装试剂时管要垂直，每装一种试剂要适当敲紧，两种试剂之间界面要平齐，柱管要随装随用，以免在空气中吸水活性下降。

②微柱色谱在装好的微柱中，加入三氯甲烷提取液 1.0mL，同时做标准管，另取三支微管柱，各加入三氯甲烷 1.0mL 再分别加入黄曲霉毒素 B1 标准液(0.1μg/mL)0mL、50mL、100mL，相当于黄曲霉毒素 B_1 标准 0ng、5ng、10ng，待加液流制顶层时，即加入 1.0mL 丙酮-三氯甲烷(1+9)展开剂，在加样或展开时，柱管均要保持垂直，待展开剂流完后，即可观察结果。

③结果观察与评定于波长 365nm 紫外光灯下观察，将色谱分离后的样品管依次与 0ng、5ng、10ng 黄曲霉毒素 B_1 标准管比较。若试样柱管内硅镁型吸附层与 0 管一致，则为阴性(在 5μg/kg 以下)；如试样管中硅镁型吸附层呈蓝紫色荧光环，则为阳性，并需进一步按薄层色谱法进行确证测定，但不需重新提取试样。其操作为：准确吸取原三氯甲烷提取液 4.0mL(相当于 4g 或 8g 试样)于小蒸发皿内挥干，以少量苯-乙腈(98+2)混合液分数次转入刻度小管中，定容至 1.0mL，密塞，混匀，按薄层色谱法确证，并测定黄曲霉毒素 B_1、黄曲霉毒素 B_2、黄曲霉毒素 G_1、黄曲霉毒素 G_2 的含量。

方法二——高效液相色谱法

(1)原理

试样经乙腈-水提取，提取液过滤后，经装有反相离子交换吸附剂的多功能净化柱，去除脂肪、蛋白质、色素及碳水化合物等干扰物质。净化液中的黄曲霉毒素以三氟乙酸衍生，用带有荧光检测器的液相色谱系统分析，外标法定量。

(2)试剂

①黄曲霉毒素 B_1、黄曲霉毒素 B_2、黄曲霉毒素 G_1、黄曲霉毒素 G_2 的标准品，纯度 >99%。

②乙腈(色谱纯、分析纯)。

③三氟乙酸(分析纯)。

④正己烷(分析纯)。

⑤水：电导率(25℃)≥0.01mS/m。

⑥乙腈-水(84+16)提取液：量取乙腈(分析纯)840mL，加水160mL，混匀。

⑦水-乙腈(85+15)溶液：量取乙腈(色谱纯)150mL，加三蒸水850mL，混匀。

⑧标准储备液：分别称取黄曲霉毒素B_1、黄曲霉毒素B_2、黄曲霉毒素G_1、黄曲霉毒素G_2 0.2000g、0.0500g、0.2000g、0.0500g(精确至0.001g)，置10mL容量瓶中，加乙腈(分析纯)溶解，并稀释至刻度。此溶液密封后避光-30℃保存，2年有效。

⑨标准工作液：准确移取标准储备液1.00mL至10mL容量瓶中，加乙腈(分析纯)稀释至刻度。此溶液密封后避光4℃保存，3个月有效。

⑩标准系列溶液：准确移取标准工作液适量，至10mL容量瓶中，加乙腈(分析纯)稀释至刻度(含黄曲霉毒素B_1、黄曲霉毒素G_1的浓度为0.00μg/L、0.5000μg/L、1.000μg/L、2.000μg/L，5.000μg/L，10.00μg/L、25.00μg/L，50.00μg/L、100.0μg/L；黄曲霉毒素B_2、黄曲霉毒素G_2的浓度为0.00μg/L、0.1250μg/L、0.2500μg/L、0.5000μg/L、1.250μg/L、2.500μg/L、6.250μg/L、12.50μg/L、25.00μg/L的系列标准溶液)，注意避光。

(3)仪器

①液相色谱系统(HPLC)附荧光检测器。

②色谱柱反相C_{18}柱，要求4种毒素的峰能够达到基线分离。

③含有反相离子交换吸附剂的多功能净化柱Mycosep™ 226MFC柱或Mycosep™ 228MFC柱(或其他等效产品)。

④电动振荡器。

⑤漩涡混合器。

⑥烘干箱。

⑦离心机。

⑧真空吹干机或氮气及水浴锅。

(4)操作步骤

1)提取

称取20g经充分粉碎过的试样至250mL锥形瓶中，加入80mL乙腈-水(84+16)提取液，在电动振荡器上振荡30min后，定性滤纸过滤，收集滤液。

2)净化

移取约8mL提取液至多功能净化柱的收集池中。

3)试样衍生化

从多功能净化柱的收集池内转移2mL净化液到棕色具塞小瓶中，在真空吹干机下60±1℃吹干(或在60℃水浴下氮气吹干，注意不要使液体鼓泡、飞溅)。加入200μL正己烷和100mL三氟乙酸，密闭混匀30s后，在40±1℃烘干箱中衍生15min。室温真空吹干机吹干(或室温水浴下氮气吹干)，以200μL水-乙腈(85+15)溶解，混匀30s，1000r/min离心15min，取上清液至液相色谱仪的样品瓶中，供测定用。

4)标准系列溶液的制备

吸取标准系列溶液各200μL，在真空吹干机下60℃吹干(或在60℃水浴下氮气吹干，注意不要使液体鼓泡、飞溅)，衍生化方法同(3)。

5)测定

①色谱条件

色谱柱：12. 5cm×2. 1mm，5μm，C_{18}。柱温 30℃。

流动相：乙腈(色谱纯)，水，梯度洗脱的变化参考表 8-5。调整洗脱梯度，使 4 种黄曲霉毒素的保留时间在 4~25min。

表 8-5　**流动相的梯度变化**

时间/min	乙腈/(%)	水/(%)	时间/min	乙腈/(%)	水/(%)
0. 00	15. 0	85. 0	8. 00	25. 0	75. 0
6. 00	17. 0	83. 0	14. 00	15. 0	85. 0

其他条件：流速 0. 5mL/min。进样量 25μL。荧光检测器：激发波长 360nm、发射波长 440nm。

②测定

黄曲霉毒素按照黄曲霉毒素 B_1、黄曲霉毒素 B_2、黄曲霉毒素 G_1、黄曲霉毒素 G_2的顺序出峰，以标准系列的峰面积-浓度分别绘制每种黄曲霉毒素的标准曲线。试样通过与标准色谱图保留时间的比较，确定每一种黄曲霉毒素的峰，根据每种黄曲霉毒素的标准曲线及试样中的峰面积，计算试样中各种黄曲霉毒素含量。

(5)计算

按下式计算样品中每种黄曲霉毒素的浓度：

$$c = \frac{A \times V}{m \times f}$$

式中：C——试样中每种黄曲霉毒素的浓度，μg/kg；

A——试样按外标法在标准曲线中对应的浓度，μg/L；

V——试样提取过程中提取液的体积，mL；

m——试样的取样量，g；

f——试样溶液衍生后较衍生前的浓缩倍数。

(6)黄曲霉毒素的色谱图

当黄曲霉毒素 B_1、黄曲霉毒素 B_2、黄曲霉毒素 G_1、黄曲霉毒素 G_2的含量分别为 25. 0μg/L，6. 25μg/L，25. 0μg/L，6. 25μg/L 时，产生的色谱图如图 8-5 所示，出峰顺序为黄曲霉毒素 G_1、黄曲霉毒素 B_1、黄曲霉毒素 G_2、黄曲霉毒素 B_2。

2. 赭曲霉毒素的检验

赭曲霉毒素 A 是一种强力的肝脏毒素和肾脏毒素，并有导致畸形、导致突变和致癌作用。为此，国际癌症研究机构 IARC 将其定为ⅡB 类致癌物。

(1)原理

试样中加入提取溶液后高速均质提取并过滤、稀释后，滤液经过含有赭曲霉毒素 A 特异抗体的免疫亲和柱色谱净化，淋洗除杂，以洗脱溶液洗脱，洗脱液分别供荧光光度计或带有荧光检测器的高效液相色谱仪测定，以外标法定量。

(2)试剂

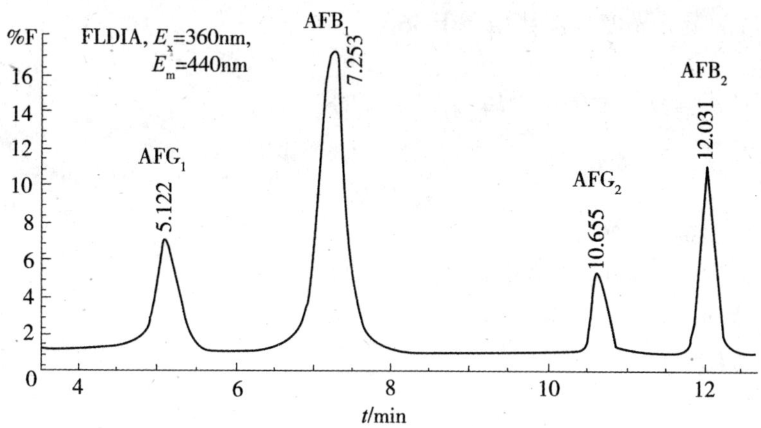

图 8-5 黄曲霉毒素的色谱图

除非另有规定，试剂为分析纯，水为重蒸馏水、去离子水或与之相当的纯水。

①甲醇：色谱纯。

②碳酸氢钠。

③聚乙二醇(PEG8000)。

④氯化钠。

⑤提取溶液：甲醇+水(80∶20)；10g/L 聚乙二醇+50g/L 碳酸氢钠溶液，pH8.3；10g/L 碳酸氢钠溶液。

⑥吐温-20(Tween-20)。

⑦淋洗溶液：

a. 淋洗缓冲液：称取 25g 氯化钠、5g 碳酸氢钠溶于水中，加入 0.1mL Tween-20，用水稀释至 1L。

b. 25g/L 氯化钠+5g/L 碳酸氢钠溶液：pH8.1。

c. 磷酸盐缓冲溶液(PBS)+0.1%。

d. Tween-20 淋洗缓冲液：在 1000mL PBS 溶液中加入 1.0mL Tween-20。

⑧磷酸钠。

⑨十六烷基三甲基溴酸铵(C-tab)。

⑩赭曲霉毒素 A 标准品：纯度≥99%。

⑪赭曲霉毒素 A 标准储备溶液：用甲醇配制 0.100mg/mL 的赭曲霉毒素 A 标准储备液，保存于 4℃冰箱备用。

⑫赭曲霉毒素 A 标准工作溶液：准确移取适量的赭曲霉毒素 A 标准储备液。

⑬乙腈：色谱纯。

⑭0.1mol/L 氢氧化钠。

⑮浓硫酸。

⑯0.05mol/L 硫酸溶液。

⑰硫酸奎宁($C_{20}H_{24}N_2O_2 \cdot H_2SO_4 \cdot 2H_2O$)。

⑱荧光光度计校准溶液：称取 3.40g 硫酸奎宁，用 0.05mol/L 硫酸溶液稀释至 100mL，此溶液的荧光光度计读数相当于 36。

(3)仪器

①高效液相色谱仪：配置荧光检测器。

②荧光光度计。

③粉碎机。

④水平方向振荡器。

⑤高速均质器：18000~22000r/min。

⑥槽纹折叠滤纸。

⑦玻璃纤维滤纸。

⑧台式离心机。

⑨玻璃注射器：10mL。

⑩空气压力泵。

⑪玻璃试管。

⑫微量注射器：100μL。

⑬赭曲霉毒素 A 免疫亲和柱。

(4)操作步骤

1)试样的制备

谷物在粉碎机中粉碎并通过 Φ2mm 圆孔筛。

2)免疫亲和柱色谱净化高效液相色谱法(快速确证方法)

①提取

谷物(小麦、大麦、玉米)：准确称取试样 50.0g(准确到 0.1g)于均质器配置的搅拌杯中，加入 5.0g 氯化钠，加入 100mL 甲醇+水(8+2)(V_1)。将搅拌杯置于均质器上，于 20000r/min 高速搅拌提取 1min。提取液经槽纹折叠滤纸过滤于干净的烧杯中。准确移取 10.0mL(V_2)滤液并加入 40.0mL 水(V_3)稀释，混合均匀，经玻璃纤维滤纸直接过滤入 10mL 注射器。

酒类(啤酒、葡萄酒、黄酒)：准确移取试样 10mL 于 100mL 烧杯中，加入 10mL 1%聚乙二醇+5%碳酸氢钠溶液(V_1总量应为 20mL)，用玻璃棒搅拌均匀。准确移取 10.0mL (V2)经玻璃纤维滤纸直接过滤入 10mL 注射器。

②净化

谷物：将免疫亲和柱连接于 10mL 玻璃注射器下。准确移取 10.0mL(V_4)样品提取液于玻璃注射器中，将空气压力泵与玻璃注射器相连接，调节压力使溶液以约 6mL/min 流速缓慢通过免疫亲和柱，直至 2~3mL 空气通过免疫亲和柱。以 10mL 淋洗溶液、10mL 水先后淋洗免疫亲和柱，弃去全部流出液，并使 2~3mL 空气通过免疫亲和柱。准确加入 1.0mL(V)甲醇洗脱，流速为 1~2mL/min。收集全部洗脱液于玻璃试管中。

酒类：将免疫亲和柱连接于 10mL 玻璃注射器下。准确移取 10.0mL(V_4)样品提取液于玻璃注射器中，将空气压力栗与玻璃注射器相连接，调节压力使溶液以约 6mL/min 流速缓慢通过免疫亲和柱，直至 2~3mL 空气通过免疫亲和柱。以 5mL 淋洗溶液、5mL 水先后淋洗免疫亲和柱，弃去全部流出液，并使 2~3mL 空气通过免疫亲和柱。准确加入

1.0mL(V)甲醇洗脱，流速为1~2mL/min。收集全部洗脱液于玻璃试管中，供检测用。

③测定

a. 高效液相色谱条件：

激发波长360nm，发射波长420nm。

色谱柱：C_{18}柱(柱长150mm，内径3.0mm，填料直径5μm)。

流动相：乙腈-0.012mol/L磷酸钠溶液。进样量：20μL。

b. 操作：

用微量注射器吸取20mL赭曲霉毒素A标准工作溶液注入高效液相色谱仪，在上述色谱条件下测定标准溶液的响应值(峰高或峰面积)，得到赭曲霉毒素A标准溶液高效液相色谱图。

用微量注射器吸取20μL样品洗脱液注入高效液相色谱仪，在上述色谱条件下测定试样的响应值(峰高或峰面积)。经过与赭曲霉毒素A标准溶液谱图比较响应值得到试样中赭曲霉毒素A的浓度(c)。

④空白试验用水代替试样，按上述步骤做空白试验。

⑤计算

$$X_1 = \frac{(c_1 - c_0)V}{W}$$

其中，

$$W = \frac{m}{V_1} \times \frac{V_2}{(V_2 + V_3)} \times V_4$$

式中：X_1——样品中赭曲霉毒素A的含量，μg/kg；

c_1——试样中赭曲霉毒素A的含量，μg/L；

c_0——空白试验中赭曲霉毒素A的含量，μg/L；

V——最终甲醇洗脱液体积，mL；

W——最终净化洗脱液所含的试样质量，g；

m——试样称取的质量的数值，g；

V_1——样品和提取液总体积，mL；

V_2——稀释用样品滤液体积，mL；

V_3——稀释液体积，mL；

V_4——通过免疫亲和柱的样品提取液体积，mL。

⑥测定低限

免疫亲和柱色谱净化高效液相色谱法测定谷物、酒类、藤蔓水果干、香辛料的低限均为1μg/kg(μg/L)。

3)免疫亲和柱色谱净化荧光光度法(快速筛选方法)

①提取

谷物(小麦、大麦、玉米)提取操作步骤同免疫亲和柱色谱净化高效液相色谱法。

酒类(啤酒、白葡萄酒、黄酒)：准确移取试样50mL于均质器配置的搅拌杯中，加入50mL 1%碳酸氢钠溶液(V_1总量应为100mL)，以20000r/min高速搅拌提取1min，静置。准确移取10.0mL(V_2)并加入40.0mL纯水(V_3)稀释，用玻璃纤维滤纸直接过滤入10mL

注射器。

②净化

将免疫亲和柱连接于 10mL 玻璃注射器下。准确移取 10.0mL(V_4)样品提取液于玻璃注射器中，将空气压力泵与玻璃注射器相连接，调节压力使溶液以约 6mL/min 流速缓慢通过免疫亲和柱，直至 2~3mL 空气通过免疫亲和柱。准确加入 1.5mL(V)洗脱溶液洗脱，流速为 1~2mL/min。收集全部洗脱液于玻璃试管中，供检测用。

酒类(啤酒、白葡萄酒、黄酒)：将免疫亲和柱连接于 10mL 玻璃注射器下。准确移取 10.0mL(V_4)样品提取液于玻璃注射器中，将空气压力泵与玻璃注射器相连接，调节压力使溶液以约 6mL/min 流速缓慢通过免疫亲和柱，直至 2~3mL 空气通过免疫亲和柱。以 10mL 淋洗溶液、10mL 水先后淋洗免疫亲和柱，弃去全部流出液，并使 2~3mL 空气通过免疫亲和柱。准确加入 1.5mL(V)洗脱溶液洗脱，流速为 1~2mL/min。收集全部洗脱液于玻璃试管中，供检测用。

③测定

荧光光度计仪器条件激发波长 360nm，发射波长 440nm。

荧光光度计校准以 0.05moL/L 硫酸溶液为空白，调节荧光光度计的读数值为 0；以荧光光度计校准溶液调节荧光光度计的读数值为 36。

样液测定将洗脱液立即置于荧光光度计中读取样液中赭曲霉毒素 A 的浓度(c)。

④空白试验用水代替试样，按上述步骤做空白试验。

⑤结果计算同步骤 2)⑤。

⑥测定低限同步骤 2)⑥。

(5)赭曲霉毒素 A 标准溶液的高效液相色谱图(见图 8-6)

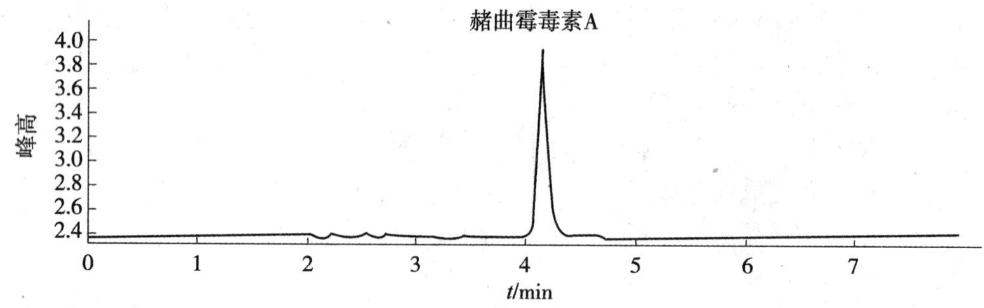

图 8-6 赭曲霉毒素 A 标准溶液的高效液相色谱图

第 9 章　马铃薯常见病害检测

我国马铃薯的种植面积与产量均居世界首位，但是马铃薯的主要病害一直威胁着我国马铃薯产业的发展。其中常见的马铃薯真菌性与细菌性病害有：马铃薯晚疫病、马铃薯干腐病、马铃薯黑痣病、马铃薯软腐病、马铃薯青枯病等。采用快速高效的病害检测方法可以严格监控马铃薯生产的各环节进而保证马铃薯产品质量。

9.1　马铃薯细菌性病害检测

9.1.1　马铃薯青枯病菌检疫鉴定方法(SN/T 1135.9—2010)

马铃薯青枯病是由青枯假单胞菌(Ralstonia solanarearum race 3 biovar 2)引起的细菌性病害。病株稍矮缩，叶片浅绿或苍绿，下部叶片先萎蔫后全株下垂，开始早晚恢复，持续4~5天后，全株茎叶全部萎蔫死亡，但仍保持青绿色，叶片不凋落，叶脉褐变，茎出现褐色条纹，横剖可见维管束变褐，湿度大时，切面有菌液溢出。块茎染病后，轻的不明显，重的脐部呈灰褐色水浸状，切开薯块，维管束圈变褐，挤压时溢出白色黏液，但皮肉不从维管束处分离，严重时外皮龟裂，髓部溃烂如泥，有别于枯萎病。

青枯假单胞菌为革兰氏阴性菌，菌体短杆状，两端圆，单生或双生，极生1~3根鞭毛，大小0.9~2.0×0.5~0.8(μm)。在肉汁胨蔗糖琼脂培养基上，菌落圆形或不整形，污白色或暗色至黑褐色，稍隆起，平滑具亮光。

根据青枯病菌对不同寄主植物的致病性差异，青枯菌划分为5个小种，马铃薯青枯病菌属于3号小种，主要侵染马铃薯和番茄。根据青枯病菌对三种双糖(麦芽糖、乳糖和纤维二糖)和三种乙醇(甘露醇、山梨醇和卫矛醇)氧化产酸能力的差异，将青枯菌分为4个生物型，马铃薯青枯病菌属于生物型2(只能氧化3种双糖，不能氧化3种乙醇)。马铃薯青枯病菌检疫鉴定主要依据形态特征、生物学特性、致病性反应以及分子生物学特征。

1. 仪器设备和用具

超净工作台、高压灭菌锅、生物培养箱、电子天平、冰箱、离心机、水浴锅、培养皿、三角瓶、剪刀、PCR仪、实时荧光PCR仪、电泳仪、凝胶成像系统、BIOLOG微生物鉴定系统、微量可调加样器和离心管。

2. 药品试剂

除另有规定外，所有试剂均为分析纯或生化试剂。蛋白胨、甘油、硫酸镁、磷酸氢二钾、琼脂、Taq DNA聚合酶、溴化乙锭(EB)、琼脂糖和DNA Marker。

3. 检测鉴定

马铃薯青枯病菌的检测鉴定流程图如图9-1所示。

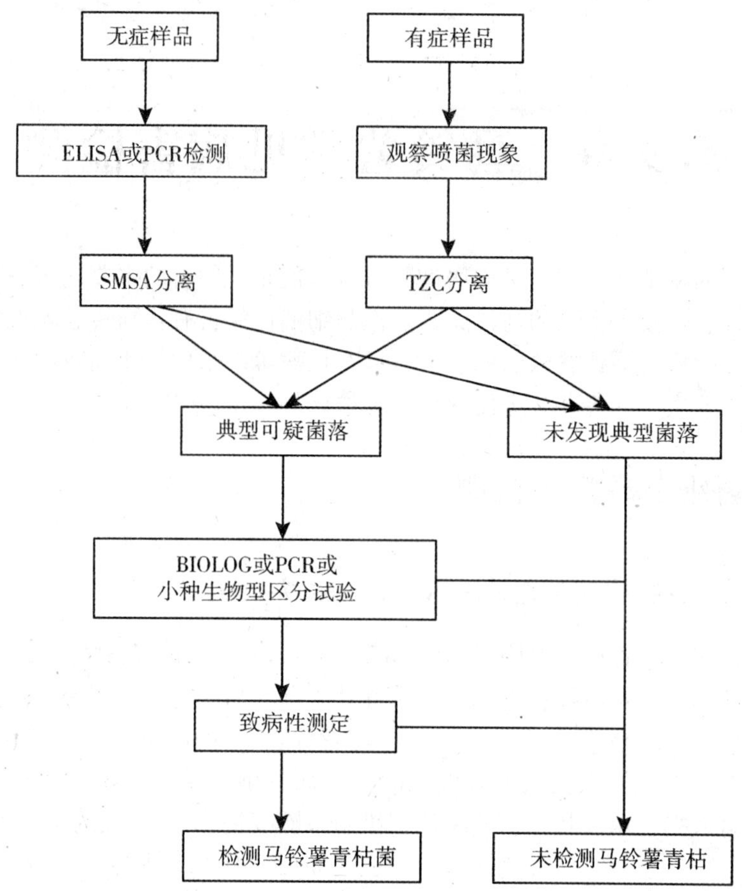

图 9-1　马铃薯青枯病菌的检测鉴定流程图

(1)初筛

按照规定程序进行现场检疫并抽取样品。实验室内对样品进行症状检查，马铃薯块茎可以通过切开块茎来检查内部症状。如检查发现茎剖面维管束变色等典型症状，取样品病健交界处进行病菌分离；未发现典型症状的样品，用 ELISA 或 PCR 方法进行初筛检测。经初筛检测，阳性样品进行病菌分离。

(2)分离

具有典型症状的样品在显微镜下观察有无喷菌现象，取植物组织于灭菌水中，可以看到云雾状细菌从切口处喷出。取典型症状样品病健交界处组织或初筛阳性样品组织少许于 1～5mL 灭菌水中，静置 15～30min，让细菌从染病组织中游离出来。取组织处理液 1mL 进行 10 倍系列稀释，分别为 10 倍、100 倍和 1000 倍稀释液，将每个浓度的稀释液分别进行分离。用无菌接种环蘸取样品处理液在 SMAS 半选择性培养基上画线分离，培养皿在 28℃条件下培养，培养 48h 后青枯病病菌菌落呈白色黏稠状，继续培养菌落中央出现血红色螺纹，而非青枯病病菌大多数菌落通体红色。

(3)纯化

根据马铃薯青枯病菌菌落的形态特征，挑取可疑的单个菌落，平板上连续转接 3 次，纯化后得到病菌的可疑分离物，对可疑分离物的菌落特征进行观察和描述记载。

(4)鉴定

①生理生化反应测试

菌株分离物进行生理生化测试，包括糖发酵、淀粉水解、硝酸盐还原、明胶液化、氧化酶、硫化氢产气、生长温度和 pH 值范围等试验，或采用 BIOLOG 自动鉴定系统进行鉴定。

②生物型区分

R. solanacearum race 3biovar 2 生物型的鉴定可以利用生物型试验和实时荧光 PCR 方法，生物型试验是根据病菌从 6 种糖中的产酸能力分成 5 种生化型，马铃薯青枯病菌能利用麦芽糖、乳糖和纤维二糖，不能利用甘露醇、山梨醇和半乳糖醇。

③小种确定

R. solanacearum race 3 biovar 2 小种的鉴定是通过接种不同寄主后产生的接种反应来区分的，小种 3 接种番茄或茄子产生典型的萎蔫反应，对白肋烟的过敏性反应不明显，2~8d 后仅表现为失绿变色反应，接种白肋烟和小果野芭蕉无反应。

④致病性测试

可疑分离物菌株在 SMSA 培养基上 30℃培养 48h，配制成 106CFU/mL 的细菌悬浮液，针刺接种 5~10 棵感病品种番茄或茄子等植株(第三真叶期前后)。25~28℃高湿条件下培养 2 周，观察是否出现萎蔫或变色症状。

4. 结果判定

根据样品初筛结果，对可疑样品进行病菌分离。如果分离物的生理生化特性和马铃薯青枯病菌相符，BOLOG 试验或常规 PCR 方法检测为阳性，判定为检测出青枯病菌，生物型小种试验的结果为小种 3 生物型 2，且致病性测试表现为典型症状，判定为检出马铃薯青枯病菌；其余情况判定为未检出青枯病菌。

5. 样品保存

对样品做好记录后妥善保存。对检出马铃薯青枯病菌的样品应保存于 4℃冰箱中，以备复核，该类样品保存期满后，需经灭菌后方可处理。

6. 菌株保存

从样品中分离并鉴定为马铃薯青枯病菌的菌株，应妥善保存。将菌株接种于 15%~30%灭菌甘油中于-80℃冰箱中保存；或用冷冻干燥机制成冻干粉，-80℃下长期保存，以备复验、谈判和仲裁。保存期满后，需经灭菌处理。

9.1.2 马铃薯环腐病菌检疫鉴定方法(SN/T 1135.5—2007)

马铃薯环腐病属细菌性维管束病害。地上部染病分枯斑和萎蔫两种类型。枯斑型多在植株基部复叶的顶上先发病，叶尖、叶缘及叶脉呈绿色，叶肉为黄绿或灰绿色，具明显斑驳，且叶尖干枯或向内纵卷，病情向上扩展，致全株枯死；萎蔫型初期则从顶端复叶开始萎蔫，叶缘稍内卷，似缺水状，病情向下扩展，全株叶片开始褪绿，内卷下垂，终致植株倒伏枯死，块茎发病，切开可见维管束变为乳黄色以至黑褐色，皮层内现环形或弧形坏死部，故称环腐，经储藏块茎芽眼变黑干枯或外表爆裂，播种后不出芽，或出芽后枯死或形成病株。病株的根、茎部维管束常变褐，病蔓有时溢出白色菌脓。

马铃薯环腐病菌(*Clavibacter michiganensis subsp. sepedoniucus*)属厚壁菌门厚壁细菌纲(Firmibacteria)棒形杆菌属(*Clavibacter*)，称密执安棒杆菌马铃薯环腐致病变种或称环腐棒杆菌，属细菌。病原物为革兰氏阳性菌，呈短杆状，(0.8~1.2)μm×(0.4~0.6)μm，无鞭毛，单生或偶尔成双，不形成荚膜及芽孢，好气性。在培养基上菌落白色，薄而透明，有光泽，人工培养条件下生长缓慢，依靠病薯远距离传播。

1. 仪器和用具

(1)仪器设备

PCR仪、超净工作台、灭菌锅、制冰机、核酸蛋白分析仪、高速冷冻离心机、台式小型离心机、超低温冰箱、常规冰箱、旋涡振荡器、微量进样器、电泳仪、凝胶成像系统、酶标仪。

(2)主要试剂

除另有规定外，所有试剂均为分析纯。PCR缓冲液、氯化镁($MgCl_2$)、dNTPs(dATP、dTTP、dCTP、dGTP)、DNA聚合酶、引物和探针、牛肉汁、酵母膏、磷酸氢二钾(K_2HPO_4)、磷酸二氢钾(KH_2PO_4)、硫酸镁($MgSO_4$)、葡萄糖、琼脂，酶联检测试剂。

2. 病菌的鉴定

(1)症状检查

取样品量1%~5%(若样品少可适量增大比例)的块茎进行检查。将块茎横切，检查环腐病菌侵染症状，挤压块茎，检查维管组织是否浸解。发病轻者维管束变黄，呈不连续的点状变色；重者整个维管束环变色。病菌也可侵害块茎维管束周围的薄壁组织，呈环状腐烂，严重时可引起皮层与髓部组织分离，轻轻挤压块茎从维管束中涌出奶酪样的柱状物。块茎表面的症状在轻度危害时不明显，随病害发展，皮色变暗或变褐，严重时表皮可出现裂缝。

(2)双抗体夹心酶联免疫吸附测定

利用双抗体夹心酶联免疫吸附测定法对样品进行初筛，若检测结果为阳性，需进行病原菌的分离培养及测定。

(3)病原菌的分离培养

①培养基的制备

营养肉汤酵母膏培养基(NBY)：牛肉汁8.0g、酵母膏2.0g、磷酸氢二钾(K_2HPO_4)2.0g、磷酸二氢钾(KH_2PO_4)0.5g、葡萄糖2.5g，琼脂15.0g，水1L，灭菌后加1mL过滤灭菌的1mol/L硫酸镁($MgSO_4$)溶液。

②块茎中病原菌的分离培养

马铃薯块茎洗净后用75%乙醇表面消毒5min，从带病薯块的维管束挑取少量菌脓在NBY培养基上画线或从带病块茎的维管束圈切取少量病组织，在灭菌水中捣碎制成悬浮液，用接菌环蘸菌悬液画线，经两次纯化培养后转入培养基斜面。

(4)PCR凝胶电泳检测(略)

3. 结果判定

若酶联免疫检测结果为阳性，可初步判定为检出马铃薯环腐病菌，需进一步检测。若PCR凝胶电泳检测结果为阳性，而且扩增片段大小与描述相符可判定为马铃薯环腐病菌。

4. 样品保存与复核

(1)样品保存与处理

样品经登记和经手人签字后妥善保存。对检出马铃薯环腐病菌的样品应保存于4℃冰箱中，以备复核。该类样品保存期满后应经高压灭菌后方可处理。

(2)菌株保存与处理

从检测样品中分离并鉴定为马铃薯环腐病菌的菌株，应妥善保存。将菌株接种于NBY培养基斜面上，28℃培养48h，然后放入4℃冰箱保存，或液体培养至对数生长期，加入20%灭菌甘油并混匀，-8.0℃长期保存或用安瓿管冷冻干燥长期保存。对不需要长期保存的菌株应及时高压灭菌处理。

(3)结果记录与资料保存

完整的实验记录包括样品的来源、种类、时间，实验的时间、地点、方法和结果等，并要有实验人员和审核人员签字。若酶联免疫方法需有酶联反应的原始数据，PCR凝胶电泳检测需有电泳结果照片。

(4)复核

由国家质量监督检验检疫总局指定的单位或人员负责，主要考察实验记录、照片等资料的完整性和真实性，必要时进行复核实验。

9.2 马铃薯真菌性病害检测

9.2.1 马铃薯晚疫病检测方法

马铃薯晚疫病(Potato Late Blight)由致病疫霉(*Phytophthora infestans*(*Mont.*)*de Bary*)引起，导致马铃薯茎叶死亡和块茎腐烂的一种毁灭性真菌性病害。

马铃薯晚疫病致病疫霉为鞭毛菌亚门真菌。孢囊梗分枝，每隔一段着生孢子囊处具膨大的节。孢子囊柠檬形，大小为(2~38)μm×(12~23)μm，一端具乳突，另一端有小柄，易脱落，在水中释放出5~9个肾形游动孢子。游动孢子具鞭毛2根，失去鞭毛后变成休止孢子，萌发出芽管，又生穿透钉侵入到寄主体内。菌丝生长适温20~23℃，孢子囊形成适温19~22℃，10~13℃形成游动孢子，温度高于24℃，孢子囊多直接萌发，孢子囊形成要求相对湿度高。

1. 田间检测

马铃薯晚疫病菌引起的主要症状是鉴定该病的依据。田间检测抽样标准按照GB 7331—2003中5.1.1.2规定的调查方法执行。马铃薯晚疫病田间症状如下。

(1)叶部

染病叶片初期出现灰白色或水渍状浅褐色小斑点，逐渐扩大，自叶尖或叶缘向叶中部发展，或从中部叶脉附近形成病斑。天气潮湿时，病斑迅速扩大成圆形或不规则形大斑。与叶面病斑相对的背面病斑呈褐色至黑色，周围长出白色的霉状物，病斑边缘常出现一圈淡绿色或暗黄色的晕圈。严重时病斑扩展到主脉、叶柄和茎部，使叶片萎蔫下垂，整个植株的叶片和茎秆变黑。天气干燥时，病斑干枯成褐色，不产生霉状物。

(2)茎部

茎部的病斑是在皮层形成长短不一的褐色条斑，开裂或不开裂，在潮湿条件下也会长出稀疏的白色霉层。茎部感染可从叶柄病斑扩展至茎部，也可以从带病种薯侵入幼苗后向上扩展。

(3)块茎

感染的块茎初期在表面出现淡褐色或稍带紫色的圆形或不规则褪色小斑，以后稍微凹陷。病斑向薯块表层扩展，有的扩展到内层，呈深度不同的褐色坏死组织。

2. 室内检测

样品的取样方法按照 GB 8855 中规定的取样一般要求执行，室内检测所用的水按照 GB 6682 中规定的三级水要求执行。

(1)原理

马铃薯晚疫病的病原为致病疫霉菌。致病疫霉菌为鞭毛菌亚门、卵菌纲、霜霉目、腐霉科、疫霉属真菌。菌丝无色无隔，较宽，有分支；孢子囊透明、柠檬状、薄壁、大小为(21~38)μm×(12~23)μm、顶生乳状突起；孢囊梗节状，各节基部膨大而顶端尖细，顶端产生孢子囊，孢子囊一般能产生 4~8 个游动孢子。可根据以上特征判断马铃薯晚疫病菌。

(2)试剂

次氯酸钠、盐酸、75%酒精、无菌水。所用试剂级别均为分析纯。

(3)仪器

培养箱、生物显微镜、无菌操作台、载玻片和盖玻片、培养皿、酒精灯等。

(4)操作步骤

若样品发病部位已有霉层存在，可挑取其霉层直接镜检；若无霉层，则按以下步骤进行：

①叶片

将叶片用蒸馏水清洗晾干后，放入 18℃ 培养箱内保湿培养 1~4d 后，挑取霉层直接镜检。

②块茎

将块茎用自来水清洗，再用 1%次氯酸钠溶液表面消毒 3~5min，用无菌水清洗 3 次，晾干。将块茎放入 18℃ 培养箱中保湿暗培养 3~5d。挑取霉层直接镜检。

(5)结果判定

将制好的玻片放在生物显微镜下观察，并记录病原菌形态特征。如果镜下的菌丝、孢子囊形态符合致病疫霉菌的形态特征，则判定为马铃薯晚疫病菌。

9.2.2　马铃薯绯腐病菌检疫鉴定方法(SN/T 1135.6—2008)

马铃薯绯腐病病菌属真菌界(Fungi)，卵菌门(Omycota)，腐霉目(Pythiales)，腐霉科(Pythiaceae)，疫霉属。该病菌是世界马铃薯种植地区一很严重的病菌，它主要以卵孢子在土壤中存活，存活期至少 7 年，受侵染的种薯和种薯上附着的土壤是远距离传播的初侵染源。该病原菌的为害症状、孢子囊和卵孢子的形态特征是鉴定该病菌的依据。

1. 仪器设备

(1)仪器

多功能显微镜(含照相装置、测量及显示器)、体视显微镜、恒温恒湿培养箱、光照培养箱高压灭菌器、超净工作台、普通天平(感量 1/100)、电子天平(感量 1/1000)、干热灭菌箱、普通冰箱、-20℃低温冰箱、培养皿(直径 9cm)、三角烧瓶(1000mL、500mL、250mL、50mL)。载玻片(25mm×75mm，厚 0.8mm)、盖玻片(18mm×18mm)、Parafilm 膜或铝箔纸、冻存管(1.8mL、5.0mL)。

(2)试剂

次氯酸钠溶液、碳酸钙、琼脂粉、琼脂糖、匹马霉素、万古霉素、阿莫西林、利福平、制霉菌素、五氯硝基苯等。

2. 培养基

(1)基础培养基

黑麦番茄汁琼脂培养基、V8 培养基(V8A)。

(2)选择性培养基

使用玉米琼脂粉加抗菌素培养基($P10VP^+$)或加抗菌素的黑麦番茄汁琼脂培养基，在此培养基上培养的疫霉菌菌丝，再转移到 V8 培养基上可促进藏卵器的形成。

(3)液体培养基

使用豌豆液体培养基。

3. 检疫鉴定方法

(1)症状检查

马铃薯绯腐病菌侵染的种薯有弹力，但不软腐似海绵状。受侵染组织易被细菌性软腐病菌感染而产生软腐。块茎末端或附近出现粉红的腐烂。侵染的块茎用水清洗后，病健交界明显。切开表面暴露在空气中 20min 会变成粉红色，随后由于氧化而变成黑色或紫褐色。这些颜色变化也和细菌性软腐相关，但绯腐病菌常常有氨的刺激性气味。地下马铃薯组织如根、匍匐茎、块茎和茎基都会受到侵染。手压侵染块茎，有汁液流出，不能恢复到原来的形状。

(2)分离方法

①将现场收集的土样称量，每份样 10g 碾碎放入 50mL 的灭菌洁净烧杯中。加入适量的灭菌蒸馏水，使土壤呈饱和湿润状态，但避免出现流水，然后用 Parafilm 膜封口保湿，也可用无色透明塑料袋保湿。并将土样置于 22~26℃，光照条件下 4~5d。

②在处理好的土壤中加入 10~15mL 蒸馏水，水面距土 1.0~1.5cm，然后可放入 0.6%次氯酸钠处理过的马铃薯叶片(直径 mm)或番茄幼苗(在经过灭菌的蛭石里生长 4 周)诱集。

③马铃薯叶片诱集 48~72h 后取出，在灭菌纸上晾干，然后在 $P10VP^+$或加抗菌素的黑麦番茄汁培养基上培养；24h 后用无菌的镊子把番茄幼苗水面位置的茎掐掉，使其受伤。48~72h 后，取出幼苗，灭菌纸上放干，将其放在 $P10VP^+$或加抗菌素的黑麦番茄汁培养基中 22~25℃做进一步培养。

④在无菌操作台上，从块茎内部坏死区域边缘切 10mm×5mm×3mm 的小块，用 0.6%次氯酸钠表面消毒 30s，用无菌水冲洗两次，放在无菌滤纸上晾干，然后将其放在 1.5%水琼脂(9mm 培养皿)在 22℃黑暗下培养 3~4d，然后用无菌环将边缘旺盛生长的菌丝尖移植到 V8 培养基或黑麦番茄汁培养基中作纯化培养。

4. 鉴定特征

马铃薯绯腐病菌的菌丝很整齐，最大直径可达 7μm，水中悬着的菌丝呈圆形或多角形。孢子囊水中产生，形状变化大，椭圆形或倒梨形，中部常缢缩。孢囊孢子(43～47)μm×(26～69)μm，无乳突，顶端加厚不明显，具有内层出现象。培养形成的藏卵器大小为 30～35(或 30～46)μm，壁光滑，厚 1μm。雄器穿雄生，椭圆形或多角形，(14～16)×13μm。卵孢子填满了藏卵器，壁厚 2.5μm。

5. 结果评定

如果马铃薯块茎感染症状符合标准的相应症状、分离培养的病原菌特征与马铃薯绯腐病菌特征吻合，鉴定为马铃薯绯腐病菌。

6. 菌株的保存

可将菌丝移到 V8 或黑麦番茄汁斜面培养基上，放入 4℃冰箱中保存；也可将分离到的菌丝移入豌豆汤培养基中，在 25℃下生长 1 星期，然后倾去培养液，把菌丝放入冻存管在-20℃保存。

9.2.3　马铃薯炭疽病菌检疫鉴定方法(SN/T 2729—2010)

马铃薯炭疽病是球炭疽菌(*Colletotrichum coccodes*(*Wallr.*)*Hughes*)引起的真菌性病害。马铃薯块茎被马铃薯炭疽病菌侵染后出现圆形的病斑，在马铃薯块茎、匍匐茎、根、地上及地下茎变色的部位都能形成大量黑色的小菌核。

球炭疽菌属半知菌亚门真菌。在寄主上形成球形至不规则形黑色菌核。分生孢子盘黑褐色聚生在菌核上，刚毛黑褐色硬，顶端较尖，有隔膜 1～3 个，聚生在分生孢子盘中央，大小为(42～154)μm×(4～6)μm。分生孢子梗圆筒形，有时稍弯或有分枝，偶生隔膜，无色或浅褐色，大小为(16～27)μm×(3～5)μm。分生孢子圆柱形，单胞无色，内含物颗粒状，大小(7～22)μm×(3.5～5)μm。在培养基上生长适温 25～32℃，最高 34℃，最低 6～7℃。

马铃薯炭疽病的检测主要以该病菌在马铃薯块茎上的主要危害症状、形态学特征以及 PCR 反应特性为鉴定依据。

1. 仪器设备和用具

(1)仪器

超净工作台、高压灭菌锅、光照培养箱、体式显微镜、生物显微镜、冰箱、PCR 仪、凝胶电泳仪、台式冷冻离心机、台式小型离心机、Mini 离心机、水浴培养箱、制冰机、旋涡振荡器、电泳仪、恒温水浴锅、紫外反射透射仪、低温冰箱(-80℃)、凝胶成像系统、研磨珠均质器、空层析柱、天平(感量 0.001g)。

(2)用具

白瓷盘和尖头镊子、可调微量加样器、液氮罐、PCR 反应管、研钵、玻璃珠、螺帽管、培养皿、离心管、酒精灯、三角瓶(50mL、100mL)、量筒(500mL)、载玻片(25.3mm×76.2mm)、盖玻片(18mm×18mm)、手术刀、手术剪、镊子、pH 计、塑料袋、离心管等。

(3)试剂

除另有规定外，所有试剂均为分析纯或生化试剂。次氯酸钠、吐温-20(Tween-20)、三氨基甲烷、EDTA、酚、异戊醇、氯化钾、4种脱氧核苷三磷酸(dNTP)、溴化乙锭(EB)、RNase酶、蛋白酶K、BSA、PVCPP、PVP、异丙醇、三氯甲烷、饱和酚、巯基乙醇、山梨糖、溴酚蓝、硫酸氨、CTAB、Biolase Diamond、SDS、葡萄糖凝胶Ssephadexg G75、多聚半乳糖醛酸PGA、磷酸二氢钾、磷酸氢二钾、山梨糖。

抗菌剂主要有五氯硝基苯PCNB、苯菌灵、硫酸链霉素、四环素盐酸、氯霉素、红霉素、硫酸新霉素、扑海因、氯苯密醇、乙烯菌核利。1×TBE缓冲液、上样缓冲液、TE缓冲液、菌丝体DNA提取缓冲液、均质缓冲液、土壤和块茎DNA提取缓冲液SPCB、1×PCR反应缓冲液。

2. 现场检疫

(1)抽样

①抽样方法

以批为抽样单位，无批号的以品种为抽样单位。每份样品的抽样点不少于5个，随机抽取。单位包装只能有一个抽样点。

②抽样数量

500粒以下取一份；501~2000粒取两份；2001~5000粒取三份；5001~10000粒取四份；100001粒以上，每增加10000粒增取一份，不足10000粒的余量，计取一份。每份样品20粒块茎。

(2)查验

按进口马铃薯块茎总件数的5%~20%随机抽检，最低抽检数量不少于10件，且不少于1000粒。根据马铃薯炭疽病在马铃薯块茎上的特有症状特点进行视觉检验(必要时使用放大镜观察)，在光线充足处进行。将有典型病症以及有怀疑症状的块茎用塑料袋装好，加贴标识后送实验室进行进一步的分离和病原鉴定，并做好现场检疫记录。

(3)土壤样品的收集

如果发现马铃薯块茎表面携带土壤，则用毛刷轻轻刷下粘在块茎表面以及芽眼上的土壤；如果携带土壤较少，则用水洗并收集土壤；注意收集散落在包装内外的土壤。收集的土壤用塑料袋装好并加贴标识带回实验室检测。

3. 实验室检验

(1)土壤中病原菌分离

收集到的土壤随机取10g置于100mL灭菌水中充分振荡，微量移液器取0.5mL后玻棒均匀涂布在半选择性培养基或选择性培养基上，18~24℃培养14d后在体视显微镜下观察。发现菌落后，将菌落的边缘或产生的分生孢子转移到马铃薯葡萄糖琼脂培养基上继续培养，产孢后进行形态鉴定。

(2)块茎上病菌分离

①将现场抽取的马铃薯块茎样品混匀，从中随机抽取100个块茎进行检验。逐个检查块茎表面是否有典型的病斑或带有黑色的小菌核并进行分离鉴定。

②块茎表面病斑的分离：将表面产生典型病斑以及有怀疑症状的块茎，在流水下冲洗去除表面的杂物后，切下病健交界处的小块组织(3mm厚，直径1cm)，表面用1%的次氯酸钠消毒3~5min，无菌水冲洗2~3次，置于PDA培养基上，21~25℃下分离培养，10~14d后体视显微镜下观察。出现菌落后，将菌落的边缘或分生孢子转移到PDA上继续纯

化培养，产孢后进行形态鉴定或利用菌丝体直接进行PCR检测。

③块茎表面菌核的分离：对表面发现黑色小菌核的块茎，将表面用1%的次氯酸钠消毒10min，无菌水冲洗2~3次，取下小菌核置于PDA培养基上，黑暗中27℃下培养7d促进产孢。

(3)培养物菌丝体的PCR检测(略)

(4)块茎以及土壤中病原菌的巢式PCR检测(略)

4. 鉴定特征

(1)马铃薯块茎上的特征

马铃薯块茎上形成银色至褐色的病斑，边缘界限不明显，上面常具球形或不规则的黑色菌核，菌核直径为100~500μm。分生孢子盘黑褐色，圆形或长形，直径为200~350μm。刚毛聚生在分生孢子盘中央或散生于孢子盘中，刚毛黑褐色，顶端较尖，1~3隔，(80~350)μm×(4~6)μm。分生孢子梗圆筒形，偶有隔膜，无色至淡褐色，直；分生孢子圆柱形，下尖上圆，单胞，无色，直，有时稍弯，(17.5~22)μm×(3.0~7.5)μm。

(2)培养特征

马铃薯炭疽病菌在PDA培养基上，菌落平展，白色，背面深褐色。菌落中常密布黑色的小菌核，菌核球形，直径为100~500μm，菌核呈同心环状排列，菌核上产生分生孢子盘，分生孢子盘上产生大量的分生孢子和刚毛。刚毛变化很大，长80~350μm，具分隔，顶部很尖。分生孢子自由生长或呈木栅栏状，分生孢子半透明，圆柱形或一端变细的棍棒形，(17.5~22)μm×(3.0~7.5)μm，含1~3个油球。常见附着孢，长棍棒状，有时形状不规则，边缘锯齿状，中度褐色，(11~16.5)μm×(6~9)μm，有时会形成复杂的结构。

(3)PCR检测

马铃薯炭疽病菌经菌丝体的PCR检测，应在349bp处有特异性条带；经块茎和土壤中病原菌巢式PCR检测，在349bp处有特异性条带。

5. 结果判定

病菌在马铃薯块茎上引起病害特征，并经培养鉴定符合培养特征，可以判定为马铃薯炭疽病菌。

利用培养所获得的菌丝体经PCR检测，在349bp处有特异性条带，阴性对照无条带产生，阳性对照亦产生349bp条带的，可判定该病菌为马铃薯炭疽病菌。

块茎、土壤中病原菌经巢式PCR检测后，在349bp处有特异性条带，阴性对照无条带产生，阳性对照亦产生349bp条带的，可判定该病菌为马铃薯炭疽病菌。

6. 标本和样品保存

分离并鉴定为马铃薯炭疽病菌的菌株要转移到斜面上，连同被马铃薯炭疽病菌侵染的块茎及土壤样品于4℃冰箱中保存至少6个月，以备复检、谈判和仲裁，保存期满后进行灭活处理。

9.2.4 马铃薯癌肿病检疫鉴定方法

马铃薯癌肿病(Potato wart disease)是国际植物检疫对象，它是由真菌所引起的一种植物病害，防治困难、危害性大，可随种薯，牲畜粪便、流水传播。

马铃薯癌肿菌(*Synchytrium endobioticum* (*Schulbersky*) *Percival*)称内生集壶菌，属壶菌门(Chytridiomycota)，集壶菌属(*Synchytrium*)真菌。病菌内寄生，其营养菌体初期为一团无胞壁裸露的原生质(称变形体)，后为具胞壁的单胞菌体。当病菌由营养生长转向生殖生长时，整个单胞菌体的原生质就转化为具有一个总囊壁的休眠孢子囊堆，孢子囊堆近球形，大小为(47~100)μm×(78~81)μm，内含若干个孢子囊。孢子囊球形，锈褐色，大小(40.3~77)μm×(31.4~64.6)μm，壁具脊突，萌发时释放出游动孢子或合子。游动孢子具单鞭毛，球形或洋梨形，直径2~2.5pm，合子具双鞭毛，形状如游动孢子，但较大。在水中均能游动，也可进行初侵染和再侵染。

该病原真菌是典型的土壤习居菌，主要以抗逆性很强的休眠孢子囊在病薯块内和土壤中越冬并长期生存。当温湿度适宜时，休眠孢子囊萌发形成游动孢子，侵入寄主表皮细胞引起膨大，生长成为单核有壁的菌体，进一步发育成原孢堆。根据病原菌的这一特性，首先检查薯块是否有癌肿病变，并将可疑薯块进行切片检查病原菌；其次是收集随马铃薯携带的土壤，检查其中是否有休眠孢子囊并检测其活力。

马铃薯癌肿病菌引起的主要症状特征、病原菌在不同侵染时期的繁殖体和形态特征是鉴定该病原菌的依据。

1. 仪器及用具

(1)仪器

体视显微镜；荧光显微镜；培养皿：直径4cm、5cm、6cm；小烧杯：50mL、150mL、250mL；样筛：孔径为105μm、74μm、37μm；载玻片；盖玻片；滴管：2mL、3mL；移液管。

(2)试剂

氯化钠(NaCl)、氯化铵(NH_4Cl)、硝酸铵(NH_4NO_3)、四氯化碳(CCl_4)、2%酸性品红、1%碱性品红、0.1%升汞($HgCl_2$)、吖啶橙、曲拉通X-100($C_{34}H_{62}O_{11}$)。

2. 现场检疫

(1)直观检查

重点检查是否有腐烂、开裂、疱斑、肿块等病害症状和土壤等，最低抽检10件且不少于1000粒。

(2)抽样

随机抽样，每份样品的抽样点不少于五个。500粒以下取一份；501~2000粒取两份；2001~5000粒取三份；5001~10000粒取四份；10001粒以上每增加10000粒增取一份样品，不足10000粒的余量计取一份样品。每份样品为20粒。

(3)土壤的收集

通过毛刷或水洗(少量水)方法小心收集块茎表面土壤，并注意收集包装内外散落的土壤。土壤样品重量在500~1000g左右。将土样风干、研细，分别用105μm、74μm、37μm的样筛过筛，除去石块等杂质，取底层筛下土壤，待检。

3. 鉴定特征

(1)症状主要特征

马铃薯癌肿病菌可引起癌肿、泡突、莲花座、疮痂等典型症状。

(2)病原主要特征

马铃薯癌肿病菌以菌体进行繁殖，其特征是菌体内生，整个菌体转化为一个或多个繁殖体，根据不同的发育阶段可观察到始细胞、原孢堆、泡囊、夏孢子囊堆、夏孢子囊、休眠孢子囊等病原特征。

4. 实验室鉴定

(1)薯块检验

首先将现场抽样的可疑薯块，借助体视显微镜检查，观察是否有癌肿、泡突、莲花座及各畸形癌肿组织表层内是否有夏孢子囊(浅色)或休眠孢子囊(深色)；其次将薯芽及其周围组织连同表皮作断面切片，在显微镜下检查有无原孢堆和休眠孢子囊。

(2)病组织检查

将肉眼可见的癌变组织置于灭菌水玻片上静置 30min 左右，即可见大量游动孢子释出。用 0.1%升汞水一滴杀死固定，在空气中晾干，再用 1%碱性品红染色，洗去染色液镜检，可见单鞭毛的游动孢子和双鞭毛的结合子。

(3)土壤检查

将制备的土壤样品用四氯化碳—乳酚油进行萃取，制成土壤悬浮液，即刻取悬浮液制片镜检是否有休眠孢子囊。

(4)休眠孢子囊的提取

将带菌的土壤采用“清水漂浮法”提取休眠孢子囊，方法是将菌土样风干、研细、分别用 105μm、74μm、37μm 的样筛过筛，除去石块等杂质，取底层筛下土壤 1g 左右，放入试管中，然后连续加水，充分搅拌，静置 3～5min，清液上浮，缓缓移去，休眠孢子囊浮在此清液中。

(5)土壤中休眠孢子囊活力测定

①染色法

将提取的休眠孢子囊，用 2%酸性品红热处理 2～3min，制片镜检，活孢子囊的染色慢且呈浅玫瑰色，死孢子囊的染色快且呈深红色。

②质壁分离方法

将提取的休眠孢子囊，用无机盐水溶液如氯化钠(36g/100mL)或氯化铵(48g/100mL)或硝酸铵(48g/100mL)处理 5～10min，在这些盐溶液中，活的孢子囊全部呈现质壁分离，死的孢子囊则无质壁分离现象。

③荧光反应法

将提取的休眠孢子囊，用吖啶橙染色制片，在荧光显微镜蓝色光下观察休眠孢子囊荧光反应。活休眠孢子囊内含物清晰，囊壁及内含物产生强烈荧光反应。死休眠孢子囊内含物不清晰，无荧光反应，呈暗色。

5. 结果判定

凡同时具备本标准症状特征之一和病原特征之一的，可判定为马铃薯癌肿病菌。凡符合病原菌活性特征之一的，可判定为土壤带有马铃薯癌肿病菌的活性休眠孢子囊。

6. 样品留存

经鉴定确定为马铃薯癌肿病的样品，将病原菌切片制成永久玻片，病薯或病土密封在塑料袋中 4℃保存，以便接受复核或进行重复鉴定。

第 10 章　马铃薯病毒检测

马铃薯病毒病是影响马铃薯产量和品质的主要病害，在田间，很多马铃薯病毒病表现的症状相似，与之相反，同一种病毒病的症状在不同条件下也会出现很大变异，同时数种病毒可同时侵染，造成复合侵染。以上情况给病毒病的诊断带来很大麻烦。由于马铃薯病毒病缺乏有效的防治药剂，病毒病可继代相传，从而导致种薯退化，商品薯降低甚至绝产，造成严重的经济损失。对病毒病害的控制主要通过采用种植无毒种薯的方法。因此对种子、苗木和无性繁殖材料以及在发病早期对植株进行快速准确地检测就显得尤为重要。

侵染马铃薯的病毒种类繁多，而且多种病毒经常复合侵染，因此马铃薯病毒病的症状表现极其复杂。不同病毒病在马铃薯上可表现出相似的症状，而同种病毒病在不同的条件下的症状又会出现很大的差异，这给病害的田间诊断带来了极大的困难。因此，建立快速、准确的马铃薯病毒检测技术具有重要的实际意义。马铃薯病毒检测技术主要有传统生物学检测技术、免疫学检测技术、电镜检测技术、分子生物学检测技术等。随着分子生物学技术的发展，很多试验方法如核酸的提取方法、RT-PCR 技术、基因克隆及表达、核酸分子杂交等不断完善，目前分子检测技术已趋于成熟，为马铃薯病毒的快速、准确检测提供了有利的工具。这些技术既可直接应用于病毒的检测，又可与免疫学等其他技术相结合，使各项检测技术更为完善。

10.1　马铃薯病毒检测概述

10.1.1　马铃薯病毒病的总体症状特征

病毒侵染马铃薯后，在马铃薯体内复制、繁殖、移动，改变了寄主体内的代谢活动，经过一定时间后，使马铃薯产生了一系列可以观察到的改变，这便是病害的症状。症状由病症和病状两部分组成。病症是病原物在寄主体内的形态或其形成的特征性结构表现(如病毒生产的内含体等)，病状是寄主受病毒侵染后发生的异常变化(如花叶、矮化等)。

病毒通过寄主的伤口侵入后，可进行局部侵染，主要表现为在侵染点形成局部的斑点。随着病毒和寄主的改变，局部病斑的颜色、大小也发生改变。也可以进行系统侵染，即病毒从侵入点向其他部位扩散，一般可以扩散到全株，表现出各种症状，有时也会出现系统病斑。虽然马铃薯病毒病的田间症状表现极其复杂，但准确的症状观察对马铃薯病毒病的诊断还是非常重要的。

在田间，马铃薯病毒病的症状往往表现为花叶、斑驳、卷叶、黄化、萎化等。马铃薯病毒病多为系统感染，症状分布不均一，一般在新叶梢上症状最明显。具有发病中心或中心病株，早期病株点片发生。另外，感染病毒病的植株表面无病症，而线虫病存在虫体，细菌病存在菌浓，真菌病存在菌丝或子实体等特征性病症。

10.1.2　马铃薯病毒病的外部症状特征

1. 花叶

花叶是马铃薯病毒病中最常见的症状。许多马铃薯病毒病就称为花叶病，例如马铃薯轻花叶病、马铃薯重花叶病等。花叶是指叶片的色泽不均匀，在叶片上形成不规则的深绿、浅绿、黄绿色或黄色的杂色斑，杂色斑点轮廓清楚。如果变色的部分轮廓不清楚，则成为斑驳。典型花叶症状的杂色斑在叶片上的分布是不规则的，但也有局限在一定部位的，局限在主脉间的称为脉间花叶。沿着叶脉褪绿称为沿脉变色或脉带。如果叶脉呈半透明状则称为明脉。

2. 变色

变色是指整个植株、整个叶片或叶片的一部分比较均匀地变色，最重要的是褪绿和黄化。褪绿是由于叶绿素减少而使叶片等表现为浅绿色。当叶绿素减少到一定程度就出现黄化。有些花叶病毒早期症状也表现为叶脉的褪绿和黄化。有些病毒病可引起叶片或叶片的一部分变为紫色或红色(例如马铃薯卷叶病毒病)。

3. 环斑

许多病毒病的症状是在叶片或其他病组织上表现出环斑或其他各种形状的斑纹(例如 PVY^{NTN} 株系在马铃薯块茎表面产生的坏死环斑)。环斑是由几层同心环形成的，各层颜色可不同。有时环斑的表皮组织坏死，有时不坏死。

4. 坏死

坏死是一种主要的病毒病症状。坏死的组织一般为褐色，也有枯黄色、银灰色或白色。一般会很快干枯。叶片局部组织的坏死可形成枯斑或坏死斑等。病毒一般为系统侵染，形成系统枯斑，在特定的品种上可能会形成局部侵染枯斑。有时病毒病先表现为叶脉的坏死，随后叶脉间组织液坏死或枯萎。

5. 矮缩、矮化和畸形

(1)矮缩

矮缩是指植株各个部分的生长受到限制，茎缩短，叶片丛生，植株较健株矮小。典型的矮缩是指整体生长受到抑制而不是畸形。

(2)矮化

矮化是指植物整株或某些器官生长受到抑制而植株矮小。马铃薯病毒病一般均可使马铃薯生长受到抑制，发病严重时更加显著，甚至不表现症状的病毒病(例如马铃薯 X 病毒病)也可以使病株较健株稍矮一些。

(3)畸形

畸形症状类型很多，如叶片出现高低不平的皱缩、叶片与主脉平行向上卷的卷叶等。

10.1.3　马铃薯病毒病的内部症状特征

马铃薯发生病毒病后，其内部组织和细胞均发生一系列的变化，这些变化的结果导致外部症状的出现。

1. 马铃薯病毒引起的寄主组织和细胞变化的测定

马铃薯病毒引起的组织和细胞变化的测定可作为马铃薯病毒病的诊断方法。

感染马铃薯卷叶病毒植株的韧皮部坏死的测定方法：从顶部取长约20cm的茎，除去叶片，横切成2mm厚的薄片，在1%间苯三酚溶液中浸1min，放在浓盐酸中至木质部表现红色为止。健株只有木质部和少许纤维呈红色，病株的木质部内外的韧皮部都呈橙红色。

马铃薯感染病毒后在筛管中形成的胼胝质的测定：采用1%间苯二酚蓝染色诊断。将纯的白色间苯二酚10g溶于1000mL蒸馏水中，然后加12mL 25%氨水，然后将盛溶液的瓶口打开，在温室下放置10~14d，至不再有氨的气味为止。染液呈青蓝色，可长期保存使用。诊断时，将新鲜的马铃薯茎用刀片切成厚度约2mm的纵面薄片，加间苯二酚蓝染液处理10min，在低倍解剖镜下检查。茎部的叶绿素影响检查结果，最好是检查块茎，即从离薯块基端3~4mm处，切厚约2mm的纵面薄片，用同样的方法将筛管中的胼胝质染成蓝色，木质部和淀粉不着色或极浅。

2. 马铃薯病毒内含体及其检测

(1)内含体的形态

很多植物病毒在寄主体内产生不同形态的内含体。植物病毒的内含体可分为结晶状内含体和X体。

(2)内含体的检测

①直接染色检查

表皮或毛状体可利用碘液(碘1g，碘化钾2g，蒸馏水300mL)染色，细胞核染成鲜黄色，内含体染成黄褐色，也可利用锥虫蓝染色，将表皮浮在稀释液中，在显微镜下检查，细胞核在30s内即染成蓝色。无定形的内含体只有部分染色深，结晶状内含体有染色深的也有不易着色的。锥虫蓝染色液的配制：将锥虫蓝溶解在加热的0.9%氯化钠溶液中，配成0.5%原液，使用时用0.9%氯化钠溶液稀释2000~50000倍使用。

②固定染色检查

固定的材料可长期保存，并能保存细胞原有的结构且易于染色。具体步骤为：用卡诺(Carnoy)固定液(60mL无水乙醇+30mL氯仿+10mL冰醋酸)固定病叶表皮10~15min，然后水洗2~3次，再用1%Pyronine染8min，洗掉染色液后再用0.5%甲基绿染色2~3min，水清洗，制片观察。细胞核为绿色，内含体为红色或浅红色。

10.1.4 传染试验

植物病毒的传染方法主要有汁液(接触)传染、介体生物传染、种子和花粉传染等。研究工作中最常采用的是机械传播方式，以便可以在短时间内获得大量病毒材料。然而有些病毒属的病毒不能进行机械传播，可以试用嫁接或菟丝子传播的方法。虫传病毒的介体确定是比较麻烦的，需要获得无毒虫并进行饲养，还要通过一系列试验来确定昆虫与病毒的生物学关系。不同植物病毒属具有不同的传播介体，确定病毒的传播介体不但可以为防治提供依据，还可作为病毒鉴定的依据之一。

10.1.5 主要马铃薯病毒的鉴别寄主

马铃薯病毒的鉴定最初是通过马铃薯田间的症状观察进行的。一些马铃薯病毒在田间的症状表现具有很强的特异性，可进行初步鉴定，在此基础上再进行鉴别寄主鉴定。

1. 马铃薯 Y 病毒的鉴别寄主鉴定

(1)接种方法

汁液摩擦接种。

(2)鉴别寄主

①普通烟。PVY 侵染普通烟后，因普通烟的品种和病毒株系的不同所表现的症状特点亦有明显差异。

②心叶烟。PVY 侵染心叶烟后，PVY^0株系可产生中度至重度斑驳，PVY^N株系产生坏死花叶。

③枯斑寄主。PVY 侵染后可产生枯斑症状的寄主主要有苋色藜、昆诺藜、洋酸浆、马铃薯“A6”、枸杞、野生马铃薯 Y、野生马铃薯 X 等。

④免疫植物。白花刺果曼陀罗和马铃薯对 PVY 免疫。

⑤纯化寄主。PVY 可在番茄上产生严重的系统斑驳，而此植物对马铃薯奥古巴花叶病毒、PVM、PVS 免疫，因此可成为 PVY 良好的分离寄主。另外，对 PVY 免疫的一些品种可用作 PVY 的纯化寄主。

2. 马铃薯 X 病毒的鉴别寄主鉴定

(1)接种方法

汁液摩擦接种。

(2)鉴别寄主

①千日红。千日红为 PVX 的定量枯斑寄主，也可用于 PVX 的分离纯化。

②普通烟。PVX 接种普通烟后，产生系统环斑或斑驳，叶片表面凹凸不平，叶边缘不齐。

③毛曼陀罗。PVX 接种毛曼陀罗，20℃下培养 10d 后，叶片出现局部病斑，心叶花叶。

④指尖椒。PVY 接种尖椒叶片，10~12d 后叶片出现花叶症状。

⑤白花刺果曼陀罗。PVX 接种白花刺果曼陀罗 10d 后，心叶出现花叶症状，叶片可产生花叶和斑驳。

3. 马铃薯卷叶病毒的鉴别寄主鉴定

(1)接种方法

蚜虫(桃蚜)传染，病毒在介体中可以增殖，以持久性方式传播，病毒在蚜虫体内可终生带毒，但不传给后代。其中桃蚜传播效率最高，是最重要的传播介体，马铃薯长管蚜较适于传播 PLRV 澳大利亚番茄黄顶株系。

(2)鉴别寄主

①马铃薯。感染 PLRV 后，马铃薯叶片形成与叶脉平行的纵向卷曲，叶缘平齐，植株矮化，一般田间症状较明显可直接识别。

②洋酸浆。接种 PLRV 20d 后，洋酸浆可观察到明显症状，主要表现为系统的脉间褪绿，老叶轻微卷曲，植物矮化等症状。

③白花刺果曼陀罗。接种 PLRV 后白花刺果曼陀罗可产生系统的脉间黄化症状，出现系统卷叶。

④鉴别寄主。PLVR 不能侵染的寄主有白菜(*Brassica campestris ssp. pekinensis*)、萝卜(*Raphanus sativus*)、蚕豆(*Vicia faba*)等。

4. 马铃薯 S 病毒的鉴别寄主鉴定

(1)接种方法

汁液摩擦接种。

(2)鉴别寄主

①千日红：接种 14~25d 后，接种叶片出现红色、略微凸出的圆环小斑点。

②毛曼陀罗：接种后出现轻微花叶症状。

③灰藜、苋色藜、昆诺藜、马铃薯：PVS 侵染灰藜、苋色藜、昆诺藜后可产生局部褪绿黄色斑点，在老黄叶上，斑点会出现绿色晕环。PVS^0 株系在马铃薯上表现为轻花叶症状，在鉴别寄主昆诺藜上表现为局部侵染的枯斑症状。PVS^A 株系在昆诺藜上可进行系统侵染，在马铃薯上可引起更严重的病害症状。

④黄花刺茄：PVS 侵染后出现小的局部坏死枯斑至系统干裂斑。

⑤德伯尼烟：PVS 侵染后，可形成系统的明脉，后期出现暗绿块斑花叶，严重时产生斑驳和坏死。PVS 在马铃薯上经常与 PVM 混合感染，可通过接种德伯尼烟来鉴别，因为 PVS 可进行系统侵染，而 PVM 只能进行局部侵染。

⑥瓜尔豆：在子叶上产生小、褐色的局部干坏死枯斑，无系统侵染。

⑦马铃薯 *Solanum demissum Y*：在离体的叶片上，PVS 接种后 5~6d 后可产生明显的暗绿色和亮褐色坏死环斑，环斑外有一绿色边界，在漫射光下更为清晰。

5. 马铃薯 M 病毒的鉴别寄主鉴定

(1)接种方法

汁液摩擦接种。

(2)鉴别寄主

①毛曼陀罗：PVM 接种 10d 后，形成褪绿或坏死性褐色局部枯斑，进而形成系统的多皱纹的褪绿斑驳，叶片自然脱落，植株矮化或死亡。

②千日红：接种 12~24d 后，接种叶片出现具有橘红色边缘的褪绿斑。

③德伯尼烟：形成无规则的褐色环状局部坏死枯斑。

④“红肾”豆(“Red Kidney”beans)：形成无规则的褐色环状局部坏死枯斑。

⑤黄花刺茄：在茎、柄、叶脉等部位产生系统坏死条纹。PVS 侵染后出现小的局部坏死枯斑至系统干裂斑。

PVM 经常与 PVS 同时侵染马铃薯，一般可用番茄来纯化 PVM，因为番茄对 PVS 是免疫的，也可用马铃薯 Saco 品种，该品种对 PVS 和 PVS 均是免疫的。

6. 马铃薯 A 病毒的鉴别寄主鉴定

(1)接种方法

汁液摩擦接种。

(2)鉴别寄主

①三生烟：接种后，在接种叶上产生系统明脉和扩散的斑驳症状。

②自肋烟：接种后形成系统明脉，叶脉周围暗绿色。

③马铃薯：接种后产生花叶、间隔出现清晰的暗绿色区。

④假酸浆：接种后形成系统性轻微明脉、斑驳，严重时可产生坏死、多皱纹、矮化等症状。

⑤醋栗番茄：接种后形成系统坏死直至死亡。

接种鉴别寄主进行病毒(类病毒)鉴定，在观察植物病毒病的症状时，尤其是温室接种试验，应该注意环境条件的影响，其中最重要的是温度、光照和营养条件。温室生长的温度一般控制在 18～25℃为最好，光照强弱应中等，注意及时浇水使植物生长幼嫩。当然，各种植物和不同的病毒有其特殊的要求。强光照下培养的植物生长易老化，不利于病毒的侵染，因此，许多人采取在接种前 24h 遮阳的办法。在温带地区，夏季的高温和强光照，有利于寄主植物的生长，但植物对病毒的感病性降低；相反，冬季温度低、光照弱，寄主植物生长慢，但对病毒感病性增加。因此，选择适当的季节进行接种试验是非常重要的。植物的营养条件对症状的表现也有所影响，一般来说，有利于植物生长的营养条件，也有利于病毒对它的感染。

10.1.6　马铃薯病毒检测研究进展

由于病毒个体微小、结构简单、对寄主的依赖性强、鉴定工作难度大、技术性强、对工作条件要求高，过去大多根据病毒间生物学特性的差异，如所致症状类型、传播方式、寄主范围等进行鉴别；实验室检测马铃薯病毒的传统方法主要涉及生物学检测、血清学检测、生理生化测定、电镜技术等手段。随着科学技术的不断发展，近几年建立起来的分子生物学技术较传统检测方法更为快速、灵敏、准确，分子生物学技术主要包括以蛋白质为基础的检测(或血清学试验)方法和以核酸为基础的检测方法。

1. 目测法

目测法是根据病毒在马铃薯植株上的症状表现来判断是否染病，由于田间病毒病症状易受病毒种类和株系、寄主品种和生育期、气候及环境条件的影响而发生变化。所以此法需要有很丰富的经验，而且只能起到初步识别的作用。

2. 指示植物鉴定法

指示植物是指对马铃薯上的某种病毒具有敏感反应，一旦被感染能很快表现出明显症状的植物。指示植物鉴定法是将待鉴定病株的叶片或其他组织研磨成汁液，通过摩擦接种在指示植物上，或通过媒介昆虫传播，或采用嫁接的方法进行接种，显症后观察其症状反应，初步鉴定所接种的病毒种类。此法简单易行，不需要贵重的仪器设备、药品和高深的理论知识，具有足够的空间、良好的隔离条件、丰富的症状观察经验就可操作，科研单位、一般的种薯生产者都能掌握。由于指示植物的培育耗时长、占用空间大、灵敏度低，因此不能作为最终鉴定。指示植物鉴定法对于大批马铃薯试管苗生产的检测不适用，但在 PVX、PVY、PVS 等病毒株系鉴定上用得较多，并广泛用于分子生物学或血清学鉴定之前的初步鉴定。

3. 电子显微镜检测

自 Kausche 等首次在电子显微镜下看到烟草花叶病毒(TMV)以来，电子显微镜已成为植物病毒研究必不可少的常规手段之一。电子显微镜以电磁波为光源，将感病植物组织制成检测样本，利用短波电子流，在电子显微镜下观察，根据病毒的形态、大小、内含体以及染病组织超微结构等诊断病毒的种类，高级电子显微镜的分辨率甚至可以达到 0.1nm。

但是电子束的穿透力低，样品厚度必须在10～100nm。所以电子显微镜观察需要特殊的载网和支持膜，需要复杂的制样和切片过程。植物病毒电子显微镜诊断最常用的是负染技术和免疫电镜技术。负染是指通过重金属盐在样品四周的堆积而加强样品外围的电子密度，使样品显示负的反差，衬托出样品的形态和大小。与超薄切片(正染色)技术相比，负染不仅快速简易，而且分辨率高。免疫电镜技术则可以更进一步判断血清学关系，尤其是病毒快速鉴定及其结构研究所必不可少的一项技术。

目前常用的是免疫吸附电镜技术(ISEM)，张仲凯等应用免疫吸附电镜技术鉴定了马铃薯X病毒。电镜观察技术对初学者来说很难掌握，而且往往容易受到破碎细胞器的干扰而影响判断结果。用电镜观察时，需要样品含有的病毒浓度较高，被检病毒需用超速离心机反复低温离心，其提纯液用于电镜制片，观察病毒形态结构。此法一般用于病毒或病毒株系鉴定。

4. 血清学检测

自 Dovrak 1927 年首次成功地在植物病毒研究中应用抗血清反应方法后，植物病毒的血清学研究已成为植物病毒学中的重要部分。利用植物病毒衣壳蛋白的抗原特性，可以制备病毒特异性的抗血清。先用纯化的植物病毒注射小动物(兔子、小白鼠、鸡等)，一定时间后取血，获得抗血清。血清制备的关键是病毒的纯化，纯度高的病毒才能获得特异性强的抗血清。目前根据血清学原理已经研究出许多病毒鉴定检测方法，最常用的两种方法是琼脂双扩散和酶联免疫吸附测定法(ELISA)，特别是后者更广泛地用于马铃薯病毒的诊断与测定。

ELISA 是由 Engvall 等在 1971 年研究成功的，由 Voller 等在 1976 年首次将此方法应用在植物病毒检测上，试验结果表明该方法非常灵敏，病毒检出浓度为 10～100ng・mL^{-1}。该方法的原理是将抗原、抗体免疫反应的特异性和酶的高效催化作用原理有机地结合起来，抗体和酶形成结合体，酶标抗体与相应抗原反应时形成酶标记的免疫复合物，当酶遇到相应的底物时产生颜色反应，颜色深浅与抗原量正相关，可敏感地检测马铃薯样本中微量的特异性抗体或抗原。ELISA 是一种敏感性高、特异性强、重复性好的诊断方法。此项技术自 20 世纪 70 年代初问世以来，发展十分迅速，由于其拥有试剂稳定、易保存、操作简便、结果判断较客观等优点，目前已被广泛用于生物学和医学科学的许多领域。该法与其他检测方法相比较，有突出的优点：一是灵敏度高，检测浓度可达 1～10ng・mL^{-1}；二是快速，结果可在几个小时内得到；三是专化性强，重复性好；四是检测对象广，可用于粗汁液或提纯液，对完整的和降解的病毒粒体都可检测，一般不受抗原形态的影响；五是适用于处理大批样品。所用基本仪器简单，试剂价格较低；且可较长期保存，具有自动化及试剂盒的发展潜力，是实现快速、准确、经济检测的最好手段之一。

多年来，这项技术得到不断改进和创新，现已形成直接酶联检测法、间接酶联检测法(I-ELISA)、双抗体夹心法(DAS-ELISA)、三抗体夹心法(TAS-ELISA)等多种测试方法。

(1)琼脂双扩散法

在一定浓度的琼脂凝胶中，抗体和抗原互相扩散，在适当的位置形成沉淀；沉淀线的形状说明抗原和抗体的相互关系。该法不需贵重仪器，且操作简单，在马铃薯病毒鉴定中经常使用，最突出的缺点是不能准确定量，而且耗时较长，灵敏度偏低。

(2)双抗体夹心法

双抗体夹心法(DAS-ELISA)的原理是在聚苯乙烯板上先吸附特异性抗体，然后加上待测标本中的抗原，使其与板上的抗体结合；然后再加入酶标记的特异性抗体，也与吸附在板上的抗体-抗原结合。若标本中不存在相应抗原，则酶标记抗体无法结合在板上。最后加入酶作用底物显色，其颜色的深浅与抗原量成正比。通过直接肉眼观察或酶标仪检测光密度值可判断标本中是否存在抗原及其含量。

该方法在植物病毒测定和诊断中应用非常广泛，目前有两处已被改进，一是由原来在一块板上一种酶标记一种抗体改为同一块板上同时标记对应几种病毒的抗体，从而成倍地节省了工作量和时间；二是每一步反应均在恒温摇床中进行，进而加快了反应速度，节省了反应时间。宋吉轩等做了应用改进的 DAS-ELISA 法检测马铃薯病毒试验，显示出直观、实用、快速、准确可靠、灵敏度高等优点，适合种薯生产中大量样品的多种主要马铃薯病毒的快速检测。该方法的缺点：检测每种病毒都需要制备相应的酶标记特异抗体，抗体标记过程复杂，购买价格也比较昂贵，显色反应容易受非特异性颜色反应的干扰，造成假阳性反应。

(3)三抗体夹心法

目前三抗体夹心法(TAS-ELISA)技术应用于马铃薯病毒检测的不多。2003 年，张仲凯等用 TAS-ELISA 检测了马铃薯脱毒苗，并做了几种检测方法的比较，结果表明 TAS-ELISA 的灵敏度为 0.001~0.01ng · mL^{-1}，远高于 DAS-ELISA 的灵敏度。刘成科等用 TAS-ELISA 检测了百合无症病毒，其灵敏度也高于 DAS-ELISA 和间接 ELISA。

(4)直接酶联检测法和间接酶联检测法

直接酶联检测法(直接酶联免疫吸附法)是一种简单、快速、准确的检测马铃薯病毒的方法，由于该法的灵敏度较高，非常适合于检测马铃薯脱毒试管苗，只要从小苗上取 1cm 长的茎段样品用此法检测，便能获得准确结果。缺点是每检测一种病毒就需要制备一种酶标抗体。

间接酶联检测法有多种形式。其一为制备抗家兔球蛋白的山羊抗体，并与酶结合成酶标抗体。只要把预测病毒抗原制成家兔的特异性抗血清，无须制成酶标记抗体，即可进行 ELISA 测定。吴凌娟等对直接酶联免疫吸附法和间接酶联检测法进行了对比试验，结果表明间接酶联检测法检测病毒的灵敏度比直接酶联免疫吸附法相对高。吕典秋等利用间接 ELISA 中的 NCM(硝酸纤维素膜)-ELISA 检测了马铃薯 Y 病毒，结果表明 NCM-ELISA 可以将样品点在硝酸纤维素膜上，并且可储存几个星期或将膜送到其他实验室进行检测，与 DAS-ELISA 检测结果的吻合率为 100%。此方法操作简单，使用方便，检测成本低。

(5)直接组织斑免疫测定法

直接组织斑免疫技术(immunologica detectionof direct tissue blotting, IDDTB)是直接将感病组织在硝酸纤维膜(NC)上印迹后，用酶标单抗体进行标记、显色检测的一种技术。鞠振林等用 IDDTB 检测植株病组织中的马铃薯 X 病毒(Potato VirusX, PVX)和芜菁花叶病毒(TuMV)获得较好的结果。

与 ELISA 相比，此方法操作流程简单，对仪器设备水平要求较低，耗时较短，整个检测过程只需 1.5~2h 就可完成。

(6)胶体金免疫层析法

胶体金免疫层析技术(gold immuno-chroma-tography assay, GICA)又简称为免疫层析试

验(ICA)，是20世纪末在免疫渗滤技术上建立的一种免疫学检测技术。

由于胶体金颗粒具有高电子密度和结合生物大分子的特性，如蛋白质、毒素、抗生素、激素、核酸、多肽缀合物等，所以可以将其作为示踪标志物，应用于抗原抗体反应中，再利用抗原抗体反应来检测抗原。其原理是以硝酸纤维素膜为载体，当干燥的硝酸纤维素膜一端浸入样品后，在毛细管作用下，样品沿着该膜向前移动，当移动至固定有抗体的区域时，样品中相应的抗原即与该抗体发生特异性结合，通过免疫金的颜色显示出来，从而实现特异性的免疫检测。该方法操作简单，不需要特殊处理样品，样品用量较小，检测时间短，整个检测过程只需10~20min就可完成。不需要任何特异性的仪器设备，而且实验结果可以长期保存。肉眼水平就可以观察检测结果，特别适合口岸检疫、基层单位的实验室和大田病毒病害的快速检测。但其灵敏度不及酶联反应。魏梅生等已研制成PVX和PVY检测用胶体金免疫层析试纸条，PVX试纸条检测植株病液可稀释10000倍，PVY检测植株病液可稀释1000倍。田间采集的20份马铃薯病液样品按1/10稀释，用试纸条检测，结果和酶联的结果相符。

5. 核酸杂交及PCR技术

血清学技术利用的是病毒衣壳蛋白的抗原性，检测的目标是蛋白。由于核酸是有侵染性的，仅仅检测到蛋白并不能肯定病毒有无生物活性。因此，核酸检测技术也是鉴定植物病毒的更可靠方法，以核酸杂交和聚合酶链式反应(PCR)方法比较常用。用核酸杂交及PCR技术检测马铃薯病毒需要昂贵的仪器设备及药品、良好的专业知识，所以一般基层科研单位或个人很少使用。下面主要介绍核酸斑点杂交技术(Nucleic acid spothybridization, NASH)、NASBA技术和PCR技术。

(1)核酸斑点杂交技术

核酸斑点杂交技术(NASH)技术已广泛应用于植物病毒检测，其根据是互补的核酸单链可以相互结合。将病毒的一段核酸单链以某种方式加以标记，制成探针，与互补的待测病毒核酸杂交，带有病毒探针的杂交核酸能指示病毒的存在。有研究表明3.25kb大小探针的灵敏度足以检测到5pgRNA，NASH比ELISA更灵敏、更可靠，适于检测大量样品，但其灵敏度和特异性较RT-PCR差。NASH最初是应用于类病毒检测，现在已推广到病毒检测。Maule等在1983年报道了应用NASH检测病毒。后来相继有报道用NASH方法检测马铃薯PVX、PVS、PLRV。Eweida等用NASH检测PVX病毒，试验结果表明与ELISA检测法相比，该方法的灵敏度是ELISA的100~250倍。这是因为杂交分析使用全部或部分病毒基因组制备的特异性探针，而血清学检测是建立在病毒外壳蛋白抗原决定基因，它只代表了基因组的一部分。Querci用此方法还成功地检测了PVX不同分离株系。Welnicki等用该技术检测了马铃薯叶片上的PVY，Singh等以观察症状及ELISA为对照，用该技术检测了8份马铃薯样品中的PVY，结果表明该技术容易检测到休眠块茎中的病毒。

目前，NASH已被一些国家列为检测马铃薯类病毒(PSTVd)的标准检测方法，其灵敏度和精确性要远高于崔荣昌等的往复双向聚丙烯酰胺凝胶电泳法。李学湛等应用NASH检测了PSTVd，结果表明NASH具有省时、灵敏度高、简单方便、样品可以在杂交膜上长期保存等优点。

(2)PCR微量板杂交技术

PCR微量板杂交技术是RT-PCR技术与核酸杂交技术相结合建立起的一种病毒检测手

段。它是由 Inouye 等首先改正的一种新的杂交方法，其基本原理是通过 RT-PCR 扩增病毒特定基因片段，把 cDNA 加热变性后直接吸附在微量板孔内，再利用地高辛标记的 cDNA 探针杂交对 RT-PCR 产物进行检测，利用带有探针的杂交核酸指示病毒的存在。该技术可以检测出极微量的病原物，其灵敏度是 ELISA 的 10^4 倍。王明霞已经成功地运用此方法对新鲜或冷冻的感病叶片进行了 PVY 检测，试验结果显示，应用 ELISA 测定为阳性的样品 PCR 微量板杂交法均能检出，ELISA 检测为假隐性的样品 RT-PCR 产物在凝胶电泳中很明显，条带清晰，微量板的吸附值也很高。由此可见，PCR 微量板杂交技术的灵敏度高于 ELISA。

(3) NASBA 技术

NASBA(nucleic acid sequence-based amplification)被称为依赖核酸序列的扩增技术，是一项连续、等温、基于酶反应的核酸扩增技术。该技术使用 3 种酶(反转录酶、核糖核酸酶 H、噬菌体 T7 核糖核酸聚合酶)和 2 条寡核苷酸引物，具有不需温度循环、不需特殊仪器、适用于扩增单链 RNA 和双链 DNA、样本范围广、易于操作等特点。与 RT-PCR 比较，该技术可减少样品中抑制性物质的影响，降低核酸污染的可能性，并大大缩短检测时间。NASBA 技术操作简单，一个恒温反应，不需要热循环仪；同 PCR 相比，不受背景中 DNA 的干扰，单链 RNA 序列是特异的靶序列，不易发生交叉污染。整个反应过程由 3 种酶控制，循环次数少、检测速度快、忠实性高，其扩增效率高于 PCR，特异性好。Klerks 等将该技术用于马铃薯块茎中的 PVY 及 PLRV 的检测，并以酶联免疫试验为对照，最低检出量为 10ng，说明该技术适宜样品的常规检测。

此外，Nielsen 等用 DIAPOPS(detection of immobilised amplified product in a one phase system)技术检测了 14 份休眠薯块样品中的 PVY，11 份样品结果与 ELISA 检测结果相同。现在，DIAPOPS 技术已发展成为杂交诱捕 PCR-ELISA。它将 PCR 与 ELISA 有机结合起来，利用了 PCR 的高效性与 ELISA 的高特异性，通过双重检测 PCR 产物。PCR-ELISA 的结果判定通过酶标仪数字输出，结果准确可靠，无人为因素。该方法的缺点是容易造成 PCR 产物污染。

1997 年，Backman 发明的一种新的 DNA 体外扩增和检测技术——连接酶链反应(LCR)，LCR 的扩增效率与 PCR 相当，其产物的检测也较方便灵敏。目前该方法主要用于点突变的研究与检测、微生物病原体的检测及定向诱变等。OpDonnell 等用 LCR 检测了马铃薯块茎中的 PVA 和 PVY，并对其在常规检测中的条件进行了研究。

(4) 实时荧光定量 PCR(real-time PCR)检测技术

Real-time PCR 技术于 20 世纪末由美国 Applied Biosystems 公司推出，已应用于很多领域的研究。此技术是在 PCR 反应体系中加入荧光基团，利用荧光信号积累实时监测整个 PCR 进程，最后通过标准曲线对未知模板进行定量分析的方法。

实时荧光 RT-PCR 是一种最有潜力的植物病毒检测方法。此方法与传统的 PCR 检测法相比具有较大的优势，首先，它不仅操作简便，快速高效，高通量，而且具有很高的敏感性，重复性和特异性；其次，整个反应始终在封闭的环境中完成扩增和实时监测，闭管操作无交叉污染，并且无须在扩增后进行操作，克服了常规技术中存在的假阳性污染和不能准确定量的缺点。而且也可以通过不同的引物设计在同一反应体系中同时对多个靶基因分子进行扩增，同时检测同一样品中的多种病毒。最后，由于加入了荧光标记不需要在

PCR 反应后进行电泳，可以大大缩短时间，同时大大降低检测的费用，所以非常适合高通量的检测。Bright 等通过此方法成功地将休眠薯中含有的 PLRV、PVA、PVX 和 PVY 检测出来。Boonham 等以 TaqMan 实时荧光 RT-PCR 检测了马铃薯上的 PMTV、TRV 及 PVY 的 N 株系；Mumford 等也用该方法检测了马铃薯上的 PMTV、TRV，结果比用常规 RT-PCR 检测 TRV 及用 ELISA 检测 PMTV 的灵敏度分别增加了 100 和 10000 倍。

(5) RT-PCR 技术

PCR 是一种体外扩增 DNA 技术，大多数植物病毒为 RNA 病毒，需要将 RNA 反转录成 cDNA 再进行 PCR 反应，此方法称为反转录-聚合酶链式反应（reverse transcription polymerase chain reaction，RT-PCR）。与传统生物学及 ELISA 相比，该技术具有简便、灵敏度高、快速、特异性强、重复性好等优点。该技术正在迅猛发展，主要包括常规 RT-PCR、一步 RT-PCR、简并引物 PCR 技术、多重引物 RT-PCR 检测技术、荧光竞争 RT-PCR 检测技术、免疫捕捉 RT-PCR 检测技术等。目前该技术已分别应用于 PMTV、PLRV、PVA、PVY、PVX、TRV、PSTVd 等的检测。

一步 RT-PCR 使逆转录和 PCR 在同一管中顺次进行，减少了工作量，提高了检测效率。关翠萍等运用一步 RT-PCR 法对马铃薯中的 PVY、PVX 和 PLRV 进行了检测，建立了马铃薯病毒一步法 RT-PCR 检测技术。

M-RT-PCR 又称多重引物 PCR 或复合 PCR，它是在同一 PCR 反应体系里加上两对以上引物，同时扩增出多个核酸片段 PCR 反应，其反应原理、反应试剂和操作过程与一般 PCR 相同。该方法具有以下优点：一是具有高效性，即可在同一 PCR 反应管内同时检测多种病毒，或对多型目的基因进行分型；二是具有系统性，很适宜于成组病原体的检测。Singh 等利用这种方法同时检测了马铃薯中的 PLRV 和 PVY。Nie 等应用多重引物 PCR 法对感染 PVX、PVY、PVA、PLRV、PVS 和类病毒的马铃薯叶片和块茎，及蚜虫的进行测试，测试结果与 ELISA 结果一致。袁青等利用三重 RT-PCR 对感染 PVX、PVS、PVA 以及复合侵染的马铃薯叶片、叶梗、茎干和薯块进行测试，测试结果表明，该方法能将以上含有病毒和复合侵染的样品检测出。

(6) 免疫诱捕反转录 PCR（immunocapture RT-PCR，IC-RT-PCR）检测技术

免疫诱捕反转录 PCR 检测技术是免疫学技术与 RT-PCR 技术相结合建立起来的检测技术，对病毒检测有极高的灵敏度，尤其适用于极微量抗原的检测。在进行 RT-PCR 扩增反应前，利用病毒专化性抗体与病毒抗原相结合，将目标病毒固定在微管或微板等固相上，经洗脱处理后富集病毒，再进行 RT-PCR 反应。该技术的优点是能够避免植物组织中单宁、多糖等物质对 PCR 的抑制作用，而且不需要提取病毒 RNA，在不破坏病毒粒体的情况下实现病毒检测。最重要的是该方法中的病毒特异性抗体可用依赖于 dsRNA 的单克隆抗体替代，为不具备病毒特异性抗体或采用免疫学技术很难检测的病毒提供了一个可行的检测方法，其灵敏度与典型的 RT-PCR 检测技术相同。Rantanen 等以 PMTV 芬兰分离物 Fin2b 制备多克隆抗体，以苏格兰分离物 PMTV-T 的 RNA2 序列设计引物，对马铃薯样品进行 IC-RT-PCR 检测，所有带症样品均为阳性，灵敏度比 ELISA 至少高 100 倍；检测种薯中的 PMTV 时，IC-RT-PCR 比 ELISA 更可靠。Roggero 等利用此方法对具有典型 PVYNTN 症状的马铃薯块茎进行测试，测试结果与 ELISA 结果一致。

(7) 基因芯片检测技术

基因芯片(gene chip)又称为生物芯片、DN 芯片、DNA 微阵列(DNA microarray)、寡核苷酸阵列(oligonucleotide array)，是最近国际上迅猛发展的一项高新技术，以其高通量、高信息量、自动化程度高的特点成为检测病毒核酸的最佳方法，是植物病毒快速检测技术的重要发展方向。

该方法的原理是采用原位合成(in situ syn-thesis)或显微打印手段将各种病毒样品的基因片段或特征基因片段固化于支持物表面上，产生二维 DNA 探针阵列，制成基因芯片，然后与标记的待检样品进行杂交，杂交信号借助激光共聚焦显微扫描技术进行实时、灵敏、准确的检测和分析，再经计算机进行结果判断。Lee 等首次应用 cDNA 芯片技术检测 4 种侵染葫芦科植物的烟草花叶病毒属病毒。谷宇针对我国马铃薯田发生最普遍、危害严重的 9 种病毒和 1 种类病毒制备了检测芯片，每种病毒设置了 2~4 条探针，用已有的 7 种病毒作为样品进行杂交检测，检出率高达 100%，而且不同的检测病毒之间出现相互干扰，假阳性信号，结果比较理想。

6. 其他方法

(1)流式微球一步法

流式微球技术(cytometric bead array，CBA)是流式细胞术与荧光微球相结合的一项新技术，其试验或检测中的数据收集和分析是通过聚苯乙烯荧光微球上所携带的信号来完成的。该技术在液相环境中进行，可保持蛋白质构象不变，有利于抗原抗体结合，且具有高通量、快速分析多重生物反应的特点及高度的灵敏度和特异性。流式微球技术在各种应用中的检测结果与传统的 ELISA 基本一致，但有着 ELISA 无法比拟的优越性。流式微球一步法是将所有免疫试剂同时加入后温育一次即可获得检测结果，比传统的流式微球技术更简便、快速。高海霞等用流式微球一步法检测了马铃薯 A 病毒，结果表明检测灵敏度是传统微孔板 ELISA 的 4 倍。

(2)病毒细菌协同凝集法(VBA)

卢爱兰等用病毒细菌协同凝集法(VBA)检测 PVX、PVY、TMV 和 PLRV，其灵敏度达 217~611ng · mL^{-1}。与血清学检测法相比，VBA 在 2~3min 就可获得结果，无假阳性反应，其灵敏度显著高于间接酶联法和免疫电镜技术，而接近于 A 蛋白酶联法。室内和田间试验均表明 VBA 灵敏度高、特异性强、快速简便和经济，尤其适合在基层单位中推广应用。

目前防治马铃薯病毒病的发生主要还是依赖马铃薯病毒检测，因此马铃薯病毒检测的灵敏度和费用对马铃薯产业的发展也有一定的影响。要更好、更快地普及脱毒种薯，降低马铃薯病毒检测的费用也是一个关键的环节，因此病毒检测技术还须向着降低成本与高灵敏度的方向发展。对于田间检测应向着快速、灵敏的方向发展，国内很多单位正在研究快速检测试剂条，魏梅生等研制成功了马铃薯 X 病毒和马铃薯 Y 病毒胶体金免疫层析试纸条，使马铃薯病毒检测在田间地头就可进行，操作简单，10min 就可出结果。

10.2　马铃薯 A 病毒检疫鉴定方法

马铃薯 A 病毒(PVA)分布于欧洲各国、日本、美国、新西兰以及中国的福建、黑龙江、云南等地区。

根据品种和气候的不同，感染该病毒的马铃薯病叶会表现为黄化、斑驳、药叶、叶表面粗糙、边缘波浪状或不显症，一些敏感的品种可表现为顶端坏死。感病的叶子通常是发光的，叶缘向叶背卷曲呈线状。植株枝条向外弯曲，茎一般不受影响，偶尔表现为矮化。该病毒经常和其他病毒如 PVY、PVX、PVM 等复合侵染马铃薯，表现为皱缩状。虽然当其单独侵染时，对马铃薯影响较小，但常与 PVY 或 PVX 复合侵染，引起叶片斑驳皱缩，严重时早期枯死，减产十分严重。此病毒于 1975 年在黑龙江省克山种植的马铃薯白头翁品种田里表现轻花叶症植株中发现。

该病毒病至少由 7 种蚜虫以非持久性的方式传播，如桃蚜、百合新瘤蚜、鼠李马铃薯蚜、棉蚜、大戟长管蚜等，介体传播不需辅助病毒。其中，桃蚜是最主要的传毒介体，桃蚜获毒和接种只各需 20s，并可保毒 20min，具有很高的传毒效率。PVA 还可通过汁液机械摩擦接种。薯块可持久带毒，因此 PVA 可随种薯传播和定殖。

10.2.1 仪器设备及用具

酶联检测仪、天平(感量 1/10000g)、pH 计、微量榨汁机、PCR 仪、电泳仪、电泳槽、凝胶成像系统、隔离温室、恒温水浴、低温冰箱等。

微量移液器、酶联板、研钵、eppendorf 管、花盆、消毒土等。

10.2.2 样品制备

将马铃薯块茎种植在隔离温室中，于 25℃生长并进行症状观察，待长出 3~4 片叶后表现症状的植株编号，未表现症状的植株分组(10 株为 1 组)并编号。采集的叶片进行酶联免疫测定、RT-PCR 检测或生物学测定。

10.2.3 检测方法

1. 双抗体夹心酶联免疫吸附测定

(1)试剂

①包被抗体(特异性的马铃薯 A 病毒抗体)、酶标抗体(碱性磷酸酯酶标记的马铃薯 A 病毒抗体)、底物(对硝基苯磷酸二钠：ρNPP)；

②样品抽提缓冲液(pH7.4)：PBST 1L，亚硫酸钠 1.3g，PVP 20g，叠氮化钠 0.2g，4℃储藏；

③包被缓冲液(pH9.6)：碳酸氢钠 2.93g、碳酸钠 1.59g、叠氮化钠 0.2g，用 1000mL 蒸馏水溶解，储藏于 4℃条件备用；

④PBST 缓冲液(洗涤缓冲液 pH7.4)：无水磷酸氢二钠 1.15g、氯化钾 0.2g、无水磷酸二氢钾 0.2g、氯化钠 8.0g、0.5mL 吐温-20，蒸馏水定容至 1000mL，4℃储存备用；

⑤酶标抗体稀释缓冲液(pH7.4)：牛血清白蛋白(或脱脂奶粉)2.0g、聚乙烯吡咯烷酮 20.0g、叠氮化钠 0.2g，4℃储藏；

⑥底物(ρNPP)缓冲液(pH9.8)：氯化镁 0.1g、叠氮化钠 0.2g、二乙醇胺 97mL，溶于 800ml 无菌蒸馏中，调 pH 值至 9.8，蒸馏水定容到 1000mL，储藏于 4℃条件下备用；

⑦底物溶液(PNP substate)：将 5mg 对硝基苯磷酸盐溶解于 5mL 底物缓冲液中。底物溶液制备需在孵育结束前 15min 内，避光条件下制备；

⑧样品提取液(GEB buffer)：取 1.2g 无水硫酸钠、20.0g 聚乙烯吡咯烷酮、0.2g 叠氮化钠、2.0g Ⅱ级鸡蛋清白蛋白粉、20.0g 吐温-20，用 1000mL 洗涤液溶解，并调整 PH 值到 7.4，储藏于 4℃条件下备用。

(2)实验步骤

1)包被抗体

用包被缓冲液将抗体按说明稀释，加入酶联反应板的孔中，100μL/孔，加盖，37℃孵育 2h，清空孔中溶液，PBST 洗涤 3 次，每次 3min。

2)样品制备

待测样品按 1：10(重量：体积)加入抽提缓冲液，用研钵研磨成浆，2000r/min 离心 10min，上清液即为制备好的检测样品。阳性对照、阳性对照作相应的处理或按照说明书进行。

3)加样

加入制备好的检测样品、阴性对照、阳性对照，100μL/孔，每一样品设一重复，加盖后于 4℃冰箱孵育过夜，酶联板用自来水彻底冲洗，再用蒸馏水洗涤 1 次，PBST 洗涤 3 次，每次 3min。

4)加酶标抗体

用酶标抗体稀释缓冲液按说明将酶标抗体稀释至工作浓度，并加入到酶联板中，100μL/孔，加盖，37℃孵育 4h，酶联板用自来水彻底冲洗，再用蒸馏水洗涤 1 次，PBST 洗涤 3 次，每次 3min。

5)加底物

将底物 ρNPP 加入到底物缓冲液中使终浓度为 1mg/mL(现配现用)，按 100μL/孔，加入到酶联板中，室温避光孵育。

6)读数

在不同的时间内如 30min、1h、2h 或更长时间，用酶标仪在 405nm 处读 OD 值，或用肉眼观察显色情况。

7)结果判断

①对照孔的 OD_{405} 值(缓冲液孔、阴性对照及阳性对照孔)，应该在质量控制范围内，即：缓冲孔和阴性对照孔的 OD_{405} 值小于 0.15，当阴性对照孔的 OD_{405} 值小于 0.05 时，按 0.05 计算；阳性对照 OD_{405} 值/阴性对照 OD_{405} 值为 5~10；同一样品的重复性基本一致。

②在满足了①的质量要求后，结果原则上可判断如下：

若样品 OD_{405} 值/阴性对照 OD_{405} 值大于 2，判定为阳性；若样品 OD_{405} 值/阴性对照 OD_{405} 值接近阈值，判定为可疑样品，需重新做一次，或者任选一种方法加以验证；若样品 OD_{405} 值/阴性对照 OD_{405} 值明显小于 2，判定为阴性。

③若满足不了①的质量要求，则不能进行结果判断。

8)样品保存

经检验确定携带马铃薯 A 病毒的样品应在合适的条件下保存，种子保存在 4℃，病株在-20℃或-80℃冰箱中保存，做好标记和登记工作。

2. RT-PCR 检测

(1)试剂

①提取液

Tris-HCl 浓度为 0.1mol/L、pH7.4，氯化镁的浓度为 2.5mmol/L，无核酸酶的浓度为 16U。

②50×TAE

Tris 242g、冰醋酸 52.1mL、$Na_2EDTA \cdot 2H_2O$ 37.2g，加去离子水定容至 1L，用时加水稀释至 1×TAE。

③6×加样缓冲液

溴酚蓝 0.25%、蔗糖水溶液 40%（质量浓度）。

（2）检测步骤

1）总 RNA 提取

马铃薯样品经液氮研磨，取 150μL 样品液，加入 300μL 提取液，37℃温育 10min，加入 200g 蛋白酶 K、1%SDS，混匀后 65℃温育 10min；加入等体积酚∶三氯甲烷∶异戊醇（25∶24∶1），15000r/min 离心 10min；上清液加 1 倍体积异丙醇，0.1 倍体积 3mol/L 乙酸钠，-20℃过夜，4℃离心 15min（12000r/min）沉淀 RNA；沉淀用 70%乙醇洗涤 2 次，自然干燥，加入 100μL（块茎）或 1000μL（叶片），无核酸酶的超纯水溶解，于-70℃下保存。

2）RT-PCR 反应

①引物

根据马铃薯 A 病毒 P1 基因序列设计特异性引物对：

PVA-FP：5'-GTTGGAGAATTCAAGATCCTGG-3'

PVA-RP：5'-TTTCTCTGCCACCTCATCG-3'

②cDNA 合成

按表 10-1 中的组分制备反应混合液 20μL。反应条件：25℃温育 20min，42℃反转录 1.5h，95℃灭活 2~3min。

表 10-1　**cDNA 合成反应条件**

试剂名称	浓　度
核酸	1.0μL
Tris-HCl	50mmol/L
氯化钾	75mmol/L
DTT	10mmol/L
氯化镁	3.0mmol/L
dNTP	0.5μmol/L
RNasin	20U
PVA-RP 引物	0.3mol/L
M-MLV 反转录酶	20U

③在冰上一次将表 10-2 中的组分加入 PCR 反应管中，充分混匀后进行下列热循环：

94℃变性 1min，60℃复性 1min，72℃延伸 1min，共 30 个循环；最后 72℃10min。

表 10-2　**PCR 反应**

试剂名称	浓　度
RTprep	5.0μL
特异性引物对	0.3mol/L
Tris-HCl(pH8.3)	10mmol/L
KCl	50mmol/L
$MgCl_2$	1.5mmol/L
dNTP	200μmol/L
Taq DNA 聚合酶	1.25U
加水至	50μL

3)琼脂糖电泳

①制备凝胶

将 TAE 和电泳液级琼脂糖按 1.5%配好，在微波炉中熔化混匀，冷却至 55℃左右。

②加溴化乙锭

加入溴化乙锭浓度为 0.5μg/mL，混匀，倒入已封好的凝胶平台上，插上样品梳。待凝胶凝固后，从制胶平台上除去封带，拔出梳子，加入足够量的 TAE。

③电泳

用 1μL 6×加样缓冲液与 5μL 样品混合，然后将其和适合的 DNA 分子量标准物分别加入到样品孔中。电泳结束后将琼脂糖凝胶成像系统观察并保留结果。

4)结果判断

①阳性对照在 255bp 处有扩增片段，阴性对照和空白对照无特异性扩增，待检样品出现于阳性对照一致的扩增条带，可判定为阳性。

②结果达到质控要求，且样品在 255bp 出无扩增条带，判定结果为阴性。

5)样品保存

经检验确定携带马铃薯 A 病毒的样品应在合适的条件下保存，种子保存在 4℃冰箱，病株保存在-20℃或-80℃冰箱，做好标记和登记工作。

10.3　马铃薯黄化矮缩病毒检疫鉴定

马铃薯黄化矮缩病毒(*Nucleorhabdo virus*)，简称马铃薯黄矮病毒，是我国进境植物一类检疫性有害生物，能引起马铃薯毁灭性病害——黄化矮缩病，其主要发生在野生茄科植物上，也可通过介体传播到十字花科。

10.3.1　原理

马铃薯黄花矮缩病毒的寄主范围、传播途径，生态学、形态学、血清学和生物学特性是该检疫鉴定方法的依据。

1. 寄主范围

马铃薯黄花矮缩病毒的自然寄主主要为马铃薯，其他还有牛眼雏菊、深红三叶草。实验寄主主要包括十字花科、唇形科、豆科、蓼科和玄参科植物60余种。

2. 寄主症状

马铃薯病株矮缩、黄化；植株叶小，通常卷曲、皱缩；茎的生长点早期坏死；上部的茎常开裂，开裂处可看到茎节的髓部及皮层有锈色斑点，块茎小而少，块茎和茎部的距离很近。

马铃薯病毒块茎开裂，块茎的髓部及韧皮部有锈色-褐色斑点或部分变色，维管束很少变色。收获后不久的块茎，其中部和芽端这种变色斑变现得特别明显。

3. 分布地区

该病毒于1922年首次在马铃薯上报道，主要分布在北美洲东北部及大湖地区的美国(佛罗里达、印第安纳、缅因、马萨诸塞、明尼苏达、密执安、内布拉斯加、新罕布什尔、新泽西、纽约、俄亥俄、宾夕法尼亚、弗吉尼亚、弗蒙特、威斯康星、蒙大拿、南达科他、怀俄明及加利福尼亚)和加拿大(阿尔伯塔，不列颠哥伦比亚、新布伦斯维克、安大略及魁北克)。

4. 病毒粒体形态

病毒粒体有包膜，杆菌状或子弹状，通常较直，典型大小为380nm×75nm。

5. 传播扩散途径

(1)近距离传播

田间主要通过昆虫介体传播，昆虫介体主要是叶蝉。病毒在虫体内增殖，可持久传毒。

(2)远距离传播

染病的种薯、块茎、组培苗的转运等人为途径使得病毒可能远距离传播。

10.3.2　仪器设备及用具

透射式电子显微镜、酶联检测仪、电子分析天平(感量0.001g)、普通电子(感量0.1g)、超净台、生物培养箱、微量可调移液器、隔离温室、榨汁机、水浴锅、冰箱等。

解剖刀片、白瓷盘、保湿盒、标签、研钵、大育苗盆(内径约25cm，5~6cm高)、记号笔等。

10.3.3　现场检疫与抽样

1. 现场检疫

①检查有关单证，核实货物类型、产地、品种、数量。

②检查进口的马铃薯是否符合中国的其他特殊进境植物检疫要求。

2. 抽样

(1)抽样方法

对来自马铃薯黄矮病毒发生国家和地区的马铃薯种薯，根据种薯不同的存放方式，采用分层设点取样或随机取样。按照表10-3中的抽样比例，所获得的混合样品带回实验室，对混合样品进行二次抽样，抽取 10%的随机样品，进行检验与鉴定；同时，对剩余的混合样品，通过症状调查，发现的可疑薯块或病株作为显症样进行针对性检验与鉴定。

对于来自马铃薯黄矮病毒发生国家和地区的马铃薯试管苗或脱毒苗，采样前面所述的组培苗抽样方法。

(2)抽样比例

表 10-3　　**种薯抽样比例**

种薯总量(单位：kg/株或 kg/粒)	抽样百分率	抽样最低数量 (单位：kg/株或 kg/粒)
<10000	6%~10%	100
>10000	3%~5%	

注：不足抽样最低数量的全部作为检验样品。

10.3.4　检验与鉴定

薯块样品的检验与鉴定按照如下程序进行：肉眼症状检查→隔离种植→样品采集→病毒血清学测定→病毒粒体观察→生物学测定→鉴定。

组培苗、脱毒苗和叶片样品的检验鉴定按照如下程序进行：血清学测定→病毒粒体观察→生物学测定→鉴定。

1. 症状检查

薯块：将块茎横向和纵向切开，仔细观察横断面和纵断面有无前面所述的寄主症状。

病株：田间观察长出的幼苗或新叶、茎及其髓部，看有无前面所述的寄主症状。

2. 隔离种植

对抽取的随机样品以及经症状检查可疑的薯块样品，播种前将种薯在室温下催芽 3 周左右，以汰除暴露出来的病株，在完全隔离的防虫温室或光照培养箱中种植。

3. 样品采集

对隔离条件下种植的种薯，各级别脱毒种薯带病毒病株比率，带黑胫病和青枯病株比率以及混杂植株比率三项质量指标，任何一项不符合原来级别质量标准但又高于下一级别质量标准者，判定结果均按降低一级定级别。

10.3.5　检测方法

1. 血清学测定(略)

2. 电镜观察测定

对血清学测定为阳性的样品，制备超薄切片，通过电镜观察病毒粒体。

(1)试剂试材

①锇酸固定液

巴比妥-乙酸钠缓冲液的 1%锇酸固定液。

a)取巴比妥钠 2. 89g、无水乙酸钠 1. 15g，加双蒸馏水至 100mL；

b)取2%锇酸水溶液12.5mL、a)配置液5.0mL、0.1mol/L盐酸5.0mL，加双蒸馏水至25.0mL；

c)将a)和b)配置的试剂混合后，用0.1mol/L盐酸调至pH值为7.2~7.4，即成1%锇酸固定液，在冰箱内保存备用。

②戊二醛固定液

一般为25%戊二醛水溶液，可配制在除巴比妥以外的任何缓冲液中使用，终浓度为25%。

③环氧树脂

Epon 812 5mL、顺丁烯二酸酐(DDSA)2g、邻苯二甲酸二丁酯(D. B. P)1.75mL、二乙基苯胺(D. M. P-30)0.4mL。

将Epon 812倒入烧杯内，置80℃温箱融化备用。按上述比例、次序在80℃下加入顺丁烯二酸酐，充分搅拌，待熔化后呈透明，冷却至室温，再加入邻苯二甲酸二丁醋(D. B. P)，仔细搅拌，然后慢慢逐滴加入二乙基苯胺(D. M. P-30)，边加边搅，这时包埋剂呈棕红色。为避免潮解，操作应在干燥箱内进行。

④Formvar膜

将聚乙烯醇缩甲醛溶于三氯甲烷，配成0.2%~0.3%溶液，贮于冰箱内备用。制膜时取一块干净的玻璃片插入溶液中，取出倾斜待三氯甲烷挥发，用镊子尖沿玻璃边划痕，再将玻璃倾斜浸入蒸馏水中，薄膜即从玻璃上脱落下来漂浮于水面，取干净的铜网摆上，压紧，再用一块滤纸覆盖其上，捞起后置培养皿内干燥备用。

(2)实验步骤

①取材

选材时要注意准确、快速、轻巧。选取植株顶端以下两三轮的病状典型的叶片。用新刀片切割材料成整齐的细条，大小约为2mm^2，切下的组织迅速投入2.5%戊二醛固定液中，固定液用量为组织体积的40倍。

②固定

采用戊二醛-锇酸双固定法。样品在2.5%戊二醛进行前固定2h，磷酸缓冲液(0.2mol/L，pH7.4)清洗三次。然后用1%锇酸后固定2h，磷酸缓冲液(0.2mol/L，pH7.4)清洗三次。

③脱水

为使包埋介质完全进入组织内，需将生物组织内的水分去除干。采用乙醇和丙酮系列梯度脱水。

样品依次在30%乙醇、50%乙醇、70%乙醇、80%丙酮、90%丙酮中浸泡15min，再用100%丙酮处理。样品也可在70%乙醇中停留过夜。

④渗透

脱水后的组织块在丙酮-树脂(1+1)中渗透三天；再在全树脂中渗透一天。

⑤包埋

用环氧树脂做包埋剂。将组织放在胶囊中央，滴入包埋剂放好标签，盖上盖。聚合条件为：37℃，24h→45℃，24h→60℃，24h。

⑥切片

用 LKB-Ⅳ超薄切片机切片。制备好的组织块，在切片前要进行修正。想将组织块修成角锥体，在解剖镜下再将包埋块顶部修成光滑平整的 0.1~0.2mm^2的正方形或梯形。

选择好的切片，将切片用二甲苯蒸发展开，最后用载有 Formvar 膜的铜网捞起，置培养皿内干燥、保存。

⑦切片染色

采用乙酸双氧铀和柠檬酸铅双染色。取染色用蜡盘数个，滴管吸乙酸双氧铀染液滴入蜡盘上。取带切片的铜网，插入染色滴中，染 20~30min，然后取出铜网，蒸馏水洗去多余洗液，滤纸吸干。将铜网再放入另一蜡盘，滴入柠檬酸铅染液，使铜网翻扣在染色液滴上，切片和染色液接触 20~30min 左右，再用 0.1mol/L 氢氧化钠漂洗干净，滤纸吸干。

⑧电镜观察

投射电子显微镜下观察病毒粒体。

3. 生物学测定

对血清测定为阳性的样品，采用心叶烟和黄花烟作为指示植物，进行生物测定。鉴别寄生症状如下：

心叶烟(*Nicotianaglutnosa*)、黄花烟(*N. rustica*)——局部亮黄色褪绿坏死、系统明脉、叶畸形和花叶。

深红三叶草(*Trifoliumincarnatum*)——明脉。

(1)试材

①消毒营养土

花卉营养土或肥沃表土两份，掺加大颗粒蛭石一份，经 100℃蒸汽消毒 2h 备用。

②材料

磷酸缓冲液(PB、pH7.2)、硅藻土、磷酸皂(普通皂加热化开再加 10%磷酸钠)。

③接种用苗

鉴别寄主先在大育苗盆中育苗，出苗后移栽到小育苗盘中，当长到出现第三片真叶时，用于接种鉴定，每样品接种三株。

(2)实验步骤

①研磨

取样品 0.5~2g，加磷酸缓冲液 50~200μL，在研钵中研磨成病汁液。

②辅助接种

叶面预先喷少量的硅藻土(忌量过大，对接种物伤得太重，不利于病毒侵入)。

③接种

磷酸皂洗手后，用手指蘸病汁，将汁液涂抹于鉴别寄主叶表面，一般同一处重复擦 2~3 次，以不同形成肉眼可见的微伤为宜；同时以磷酸缓冲液按同样方法接种，作为空白对照。

④冲洗

自来水冲洗叶面。

⑤标记

做好标签，置于隔离温室中。

⑥观察记录

每天观察记载寄主反应，一般接种后4d开始表现局部症状，7~15d开始表现系统症状，连续观察2~30d。

10.3.6 结果评定

薯块及病株样品症状特征如与寄主症状的表现相吻合，从中发现的病株粒体形态与电镜下观察的病毒粒体形态描述相似，样品血清学测定表现为阳性，生物学测定鉴别寄主反应与生物学测定的鉴别寄主描述的症状相吻合，即可判定为马铃薯黄矮病毒。

10.3.7 样品保存与复核

鉴于马铃薯黄矮病毒为一类检疫性有害生物，经初步确定为该病毒后，应向国家质量监督检验检疫总局主管部门汇报，并作好以下准备，一周内接受复核。

1. 样品保存

马铃薯复核样品、病薯块、叶片样品妥善保存在4℃冰箱(如长期保存，可放在-80℃冰箱中)，试管苗要保存在组培室，以备复核实验。

2. 结果记录与资料保存

完整的实验记录要包括样品来源、种类、实验时间、地点、方法、结果等，并有实验人员的签字。生物测定结果要有鉴别寄主症状的照片，酶联检测要有酶联板反应结果照片；电镜检测结果要有病毒粒体形态照片。

3. 复核

由国家质量监督检验检疫总局主管部门指定有相应资质的单位或其指定人员负责复核。主要考察实验记录、照片等的完整性和真实性，必要时进行复核实验。

10.4 马铃薯帚顶病毒检疫鉴定

马铃薯帚顶病毒(*Potato mop-top Pomovirs*-PMTV)是侵染马铃薯的重要病毒之一，能严重影响马铃薯的产量和品质，是我国进境植物一类检疫性有害生物。它属于马铃薯帚顶病毒属(*Pomovirus*)，分布于日本、以色列、中美洲的一些国家(如秘鲁、玻利维亚和智利)以及欧洲(如丹麦、挪威、瑞典、芬兰、前捷克斯洛伐克、英国和爱尔兰)，中国台湾也有发现。在自然条件下，马铃薯是它唯一重要的寄主。主要靠土壤中的马铃薯粉痂病菌(*Spongos pora subterranea*)进行传播，汁液接种也能传毒。病薯块或组培苗可通过运输远距离传播。我国大陆地区尚未发现马铃薯帚顶病毒，为防止该病毒传入我国，需正确掌握其检疫鉴定的方法和标准。

10.4.1 原理

马铃薯帚顶病毒的寄主范围、传播途径、形态学、血清学、生物学和分子生物学特性是该检疫鉴定方法的依据。

1. 寄主范围

马铃薯是它唯一重要的自然寄主。在人工接种的情况下还可侵染茄科、藜科的 20 多种植物。

2. 病害症状

症状随季节的变化而不同，在马铃薯植株上一般表现为矮化(帚顶)，叶片有褪绿和坏死的 V 形斑纹，薯块开裂，在较凉的环境下(15℃)薯块上有贝壳状的坏死层。

3. 分布地区

马铃薯帚顶病毒首次报道于英国的马铃薯上，主要分布于中南美洲、欧洲和亚洲的部分国家和地区。

4. 传播方式

(1)近距离传播

马铃薯帚顶病毒在田间主要通过土壤中的马铃薯粉痂病进行传播，汁液接种也能传播。

(2)远距离传播

马铃薯帚顶病毒通过染病种薯、块茎、组培苗的运输等人为途径进行传播。

5. 粒体形态

马铃薯帚顶病毒粒子为直杆状，长度有 65~80nm、150~160nm 和 290~310nm，宽为 18~20nm。

10.4.2　仪器设备、用具

1. 仪器设备

透射式电子显微镜、酶联检测仪、天子天平、PCR 仪、电泳仪、电泳槽、紫外透射仪、隔离温室、榨汁机、水浴锅等。

2. 用具

可调移液器及移液器头、酶联板、eppendorf 管、指形管、研钵等。

10.4.3　现场检疫与抽样

1. 现场检疫

①检查有关单证，了解货物的基本情况，如货物类型、产地、品种、数量等；

②检查进口的马铃薯是否符合中国的其他特殊进境植物检疫要求。

2. 抽样

(1)抽样方法

对于来自马铃薯帚顶病毒发生国家和地区的马铃薯种薯采用棋盘式、五点式或随机抽样等方法，比例见表 10-4。所获得的混合样品带回实验室进行第二次抽样，随机抽取 10%的样品，然后再对剩余的样品进行重点抽样，即选择那些有马铃薯帚顶典型症状的薯块，对以上所有这些样品进行组培苗抽样方法。

(2)抽样比例

抽样比例见表 10-4。

表 10-4 种薯抽样比例

种薯总量(单位：kg/粒或 kg/株)	抽样百分率	抽样最低量(单位：kg/粒或 kg/株)
<10000	6%~10%	100
>10000	3%~5%	

注：不足抽样最低量的全部为混合样品。

10.4.4 实验室检测方法

马铃薯试管苗和脱毒苗的检验鉴定：直接对植株进行血清学检测，有阳性结果，按现场检疫的方法进行复查。

马铃薯种薯的检验鉴定：种于隔离温室中的待检样品长出苗后，取叶片做血清学鉴定，结果为阳性的再用生物学鉴定、电镜观察鉴定或 PCR 三种方法中的 2~3 种进行复查。

1. 三抗体夹心酶联免疫吸附法(Triple antibody sandwich ELISA)

(1)试剂

①包被缓冲液：碳酸钠 1.59g，碳酸氢钠 2.93g，溶于 1L 蒸馏水中；

②磷酸盐缓冲液：氯化钠 80g，磷酸二氢钾 2g，磷酸二氢钠 11.5g，氯化钾 2g，溶于 1L 蒸馏水中；

③洗涤缓冲液：PBS 1L；

④抽提缓冲液：氯化钠 8g，磷酸二氢钾 0.2g，磷酸二氢钠 1.15g，氯化钾 0.2g，叠氮化钠 0.2g，吐温-20 1mL，脱脂奶粉 1g，溶于 1L 蒸馏水中；

⑤单克隆抗体稀释缓冲液/酶标稀释缓冲液：小牛血清 0.2g，PBST 100mL；

⑥底物缓冲液：二乙醇胺 90.39g，氨基乙醇-HCl 19.82g，氯化镁 0.1g，溶于 1L 蒸馏水中，加 1mg/mL ρNPP(对硝基苯磷酸钠)于上述缓冲液中，制成碱性磷酸酯酶的底物。

(2)实验步骤

①用一定浓度的包被缓冲液稀释包被抗体，每孔加 100μL；

②酶联板加盖或用保鲜膜包好，放在 37℃孵育 4h；

③用 PBST 加满各孔，然后倒掉，并在滤纸上拍干，再重复两次；

④取 1g 待检测组织研碎，加入 10mL 的抽提缓冲液，过滤得到待检样品液；

⑤分别将稀释到适当浓度的阳性对照、阴性对照和待检样品各 100μL 加入已包被的孔中，为保证实验的准确性，建议每个样品设一个重复。

⑥同步骤②包好，在 4℃孵育过夜(至少 16h)；

⑦同步骤③洗板；

⑧用稀释缓冲液将抗体(单克隆抗体)稀释到适当浓度，每孔加；

⑨同步骤②包好，在 37℃孵育 2h；

⑩同步骤③洗板；

⑪用结合缓冲液将标有碱性磷酸酯酶的兔抗鼠 Ig*G* 稀释到适当浓度，每孔加 100μL；

⑫同步骤②包好，在 37℃孵育 1h；

⑬同步骤③洗板四次，以确定所有未结合的抗体都被洗掉。

⑭按 1mg/mL 的浓度将 ρNPP(对硝基苯磷酸钠)溶于底物缓冲液中(使用前配并注意避光以防变色)，制成底物溶液；

⑮每孔加 100μL 底物溶液；

⑯同步骤②包好，室温下黑暗中孵育 1h；

⑰在酶联仪 405nm 波长下检查各孔的吸收值 OD_{405}；

⑱结果判断当样品 OD_{405}/阴性对照 OD_{405} 大于等于 2 时，判定结果为阳性；如果是试剂盒，根据试剂盒的说明来判定。

2. PCR 检测方法(略)

3. 电镜观察检测方法

(1)试剂

0.1mol/L 的磷酸缓冲液(pH=7.2)：量取磷酸氢二钠 68.4mL 和磷酸二氢钠 31.6mL，加水至 1L。

(2)实验步骤

1)Formvar 膜制作

将聚乙烯醇缩甲醛溶于三氯甲烷，配成 0.2~0.3%溶液，贮于冰箱内备用。制模时取一块干净的玻璃片插入溶液中，取出倾斜待溶液挥发，用镊子尖或刀片沿玻璃边划痕，再将玻璃片以一定角度缓慢插入蒸馏水中，使薄膜从玻片上脱落下来漂浮于水面，将干净的铜网小心摆上，再用一块滤纸覆盖其上，捞起后置于培养皿中干燥备用。

2)电镜样品制备

①将一滴病汁液置于石蜡板上，用表面覆盖有 Formvar 膜的铜网在病汁液上吸附 1~2min；

②用 0.1mol/L 的磷酸缓冲液(pH7.2)洗网 2~3 次；

③用 1%乙酸双氧铀负染 1min，晾干即可用于电镜观察。

4. 生物检测(鉴别寄主及其症状)方法

(1)材料及试剂

①材料

将德伯纳依烟(*Nicotiana debneyi*)、珊西烟(*N. tabacum cv.* Xanthi-nc)、三生烟(*N. tabacum cv.* Samaun NN)和苋色藜(*Chenopodium amaranticolor*)。先种于隔离温室(30℃)大花盆中育苗，出苗后移栽至小盆中，长到 3~4 片叶时用于接种鉴定。

②试剂磷酸盐缓冲液(pH=7.4)、硅藻土。

(2)方法

①病样加 1∶1 的磷酸缓冲液，在研钵中研碎；

②叶面预先撒上少量硅藻土，将病汁液轻轻涂抹于鉴别寄主叶表面；

③自来水冲洗叶表；

④做好标签，置于隔离温室中；

⑤每天观察记载寄主反应。

(3)鉴别寄主的症状表现

①德伯纳依烟：接种叶表现为坏死斑，坏死或褪绿环斑。第一片系统侵染的叶片表现

为坏死或褪绿术栎叶纹；

②苋色藜：在13~16℃下，接种一周或一周以上，接种叶片出现坏死环斑，耽搁的坏死斑可以发展到覆盖半个叶片，没有系统侵染；

③珊西烟或三生烟：在低于20℃情况下，接种叶片出现坏死或褪绿环斑，但在较高温度下通常不显症。冬季系统侵染占优势，造成坏死或褪绿栎叶纹。

10.4.5 结果评定

薯块和病株样品接种后能产生快而稳定的特征性症状，从中发现的病毒粒体与已知的病毒描述进行比较，如果样品血清学检测为阳性，PCR 检测为阳性，生物学测定鉴别寄主反应与生物测定中的鉴别寄主的症状描述相吻合，即可判断为马铃薯帚顶病毒。

10.4.6 样品保存与复核

鉴于马铃薯帚顶病毒为一类检疫性有害生物，应做好以下准备，并在一周内接受复核。

1. 样品保存

马铃薯病薯块、叶片样品妥善保存于4℃冰箱中，试管苗保存于组培室中，以备复核。

2. 结果记录与资料保存

完整的实验记录要包括：样品的来源、种类、时间、实验的时间、地点、方法和结果等，并要有经手人和实验人员的签字。生物学鉴定需有鉴别寄主的症状照片，电镜观察需有病毒粒体照片，血清学检测需有酶联板反应的照片，PCR 检测需有电泳结果照片。

3. 复核

由国家质量监督检验检疫总局指定的单位或人员负责。主要考察实验记录、照片等资料的完整性和真实性，必要时进行复核实验。

10.5 马铃薯纺锤块茎类病毒检疫鉴定

马铃薯纺锤块茎类病毒的检测是利用 Taq 酶在 PCR 扩增体系内将类病毒 RNA 反转录为 cDNA，同时完成 cDNA 扩增，用琼脂糖电泳检测扩增产物，判断病毒的有无。

该检测方法检测的优点是：①速度快，可同时检测数十个样品；②灵敏度高，可检测到纳克级的病毒 RNA；③特异性强，由于引物的特异性，只能特异性地扩增病毒 cDNA；④廉价，Taq 的价格远远低于反转录酶。

10.5.1 原理

PSTVd 的基因组特征和在寄主的症状特征是检疫鉴定的依据。PSTVd 是一种具有侵染性、无外壳蛋白、高度碱基配对的棒状共价闭合环状单链小的 RNA 分子。PSTVd 的 RNA 变性后转变为开环状分子，这种环状的 RNA 分子在聚丙烯酰胺凝胶电泳中迁移率比相同相对分子质量的现状分子要慢得多。依据基因组特征建立往返聚丙烯酰胺凝胶电泳（Return Polyacrylamide Gel Electrophoresis，R-PAGE）、RT-PCR、实时荧光 RT-PCR（Real-time PCR)检测方法，这些方法结合寄主植物症状的有无和症状特征，判断样品是否带有 PSTVd。

10.5.2　仪器设备、用具及试剂

1. 仪器设备

PCR 仪、实时荧光 PCR 仪、电泳仪、水平及垂直电泳槽、凝胶成像分析仪、台式冷冻离心机、制冰机、冷藏冷冻冰箱、电子天平(1/10000g)、水浴锅、涡旋振荡器、烘箱等。

2. 用具

可调移液器及相关吸头、研钵、离心管(1.5mL、10mL)、PCR 管(0.2mL)、量筒、烧杯、镊子等。

3. 试剂

各种缓冲液、酚、氯仿、异戊醇、无水乙醇、引物、dNTP、Taq 酶、琼脂糖。

10.5.3　检疫鉴定

1. 检测方法

检测该病毒用 RT-PCR、实时荧光 RT-PCR、往返聚丙烯酰胺凝胶电泳等方法。

2. 隔离种植及症状检查

所有进境的脱毒苗、种苗等各类可繁殖的马铃薯材料都需要按有关要求隔离种植，生长温度至少高于 18℃(更适宜的温度是高于 20℃)和至少 16h 的光周期。在生长期间进行严格的症状检查。仔细检查没事植株是否有可疑症状，在花期或接近花期时，采集有可疑症状的植株叶片，进行室内检测，如果没有发现任何可疑症状，可随机取样。对于进境的种薯可在隔离种植前对块茎进行症状检查，并取样，取样标准按照 SN/T2122 的规定执行。按流程做室内检测，对于产地检疫，可在花期或接近花期的生产田调查采样，也可采集收获后的薯块样品。

3. 往返聚丙烯酰胺凝胶电泳测定

分别提取样品和对照的总 RNA，进行往返聚丙烯酰胺凝胶电泳测定，健康的植物组织作阴性对照，感染 PSTVd 的植物组织作阳性对照，用 DEPC 水作空白对照。

(1)试剂与材料

0.5mol/L Na_2-EDTA(pH8.0)、水饱和酚(pH4.0)、DEPC 水、3mol/L 乙酸钠溶液(pH=5.2)、1mol/L Tris-HCl 溶液(pH8.0)、RNA 提取缓冲液(Tris 碱 12.12g，氯化钠 5.88g，Na_2-EDTA3.75g，加水定容到 1000mL，pH=9~9.5，121℃高压灭菌 20min)、5×TBE 电泳缓冲液、加样缓冲液、30%胶贮液(称取丙烯酰胺 29g，N，N′-亚甲基双丙烯酰胺 1g，加水定容至 100mL，过滤，4℃储存)、10%过硫酸铵溶液(现用现配)、TEMED、5%聚丙烯酰胺凝胶、固定液(无水乙醇 30mL，冰乙酸 3mL，加水至 300mL)、染色液(硝酸银 0.6g，加水溶解，定容至 300mL)、显色液(现配现用：氢氧化钠 3g，甲醛 1mL 混合加水至 300mL)、终止液(碳酸钠 3.7g，加水溶解至 300mL)。

(2)实验步骤

1)样品 RNA 的提取

①RNA 抽提

称取 0.5g 样品，放于灭菌预冷的小研钵中，分别加入 1mLRNA 提取缓冲液、1mL 水饱和酚(pH=4.0)和 1mL 三氯甲烷，充分研磨后倒入 1.5mL 离心管中，于 4℃下 10000r/min 离心 15min，用移液管小心将上层水相移入另一离心管中，也可采用等效的试剂盒提取总 RNA。

②RNA 的沉淀

在 RNA 抽提液中，加入 3 倍体积预冷无水乙醇，1/10 体积的 3mol/L 乙酸钠溶液(pH5.2)，混匀，-20℃沉淀 1.5h 以上。

③RNA 的溶解

取出冷冻保存的 RNA 沉淀，于 4℃下 10000r/min 离心 15min，弃掉上清液，用 1mL 70%乙醇清洗沉淀，然后离心，再用吸头彻底吸弃遗留在管中的上清液，在自然条件下干燥至核酸沉淀变成白色或透明状态，再将核酸沉淀溶于 30μL DEPC 水中。-20℃储存，备用。

2)电泳

①正向电泳

电泳用 5%聚丙烯酰胺凝胶，1×TBE 电泳缓冲液，电泳方向从负极到正极，电流量为每厘米凝胶 5mA。点样量为 6～10μL。当二甲苯青示踪染料迁移到凝胶板中部时停止电泳。

②反向电泳

将正向电泳缓冲液倒出，然后把电泳槽放到 70～80℃的烘箱中预加热，样品变性 30min。同时将倒出的电泳缓冲液在微波炉中加热到 80℃。倒入电泳槽中，变换电极进行反向电泳。当三甲苯青示踪染料迁移到凝胶板中部时，停止电泳，进行凝胶染色。

3)染色

①固定

将电泳胶片放在盛有 300mL 核酸固定液的容器中，轻缓振荡 10min 后，倒掉固定液。

②染色

向容器中加入 300mL 染色液，轻缓振荡 15min 后，倒出染色液。用蒸馏水冲洗胶板，反复冲洗四次。

③显色

加入 300mL 核酸显色液，轻缓振荡，直至显现清晰的核酸带，然后用自来水冲洗，反复冲洗四次。

④终止

将胶板放入 300mL 终止液中终止反应。

(3)结果判定

在凝胶板下方四分之一处的核酸带为类病毒核酸带，与上部寄主核酸带之间有一定距离，二者可明显分开。以电泳时载入的阴阳性样品作为对照，进行结果判定：满足前面条件，并出现与阳性对照一致的条带则判定为阳性；没有相应的条带出现为阴性。

4. RT-PCR 检测

分别提取样品和对照的总 RNA，反转录合成 cDNA 后，进行 PCR 扩增。健康的植株组织作阴性对照，感染 PSTVd 的植物组织作阳性对照，用 DEPC 水作空白对照。

5. 实时荧光 RT-PCR 检测

分别提取样品和对照的总 RNA，进行实时荧光 RT-PCR 检测。健康的植株组织作阴性对照，感染 PSTVd 的植物组织作阳性对照，用 DEPC 水作空白对照。

10.5.4　结果

①脱毒苗与试管苗在隔离种植期间观察到可疑症状植株，经往返聚丙烯酰胺凝胶电泳测定、RT-RCR 检测、实时荧光 RT-PCR 检测中的任一种方法检测为阳性，则判断样品带有 PSTVd；生长期间无症状植株样品，经单一方法检测结果为阳性，需用不同方法再确认一次，若两次结果都为阳性，则判断样品带有 PSTVd。

②大田植株和收获后的块茎不需隔离种植，检测结果鉴别方法相同。

10.5.5　样品的保存

1. 结果记录与资料保存

完整的实验记录要包括：样品来源、种类、时间、实验检验时间、地点、方法和结果，并有实验人员的签字；往返聚丙烯酰胺凝胶电泳银染色结果图片、RT-PCR 检测电泳结果图片、实时荧光 RT-PCR 检测结果图片。

2. 样品保存

样品直接放于-80℃冰箱或冷冻干燥后放于-80℃冰箱保存 1 年，保存的样品要做好标记和登记工作，以备复验、谈判和仲裁。保存期满后，需经灭活处理。

10.6　马铃薯卷叶病毒检疫鉴定

马铃薯卷叶病毒是马铃薯上最重要的病毒病之一，严重地威胁着马铃薯的生产。检测马铃薯卷叶病毒一般用反转录—聚合酶链式反应（RT-PCR）的方法和酶联免疫吸附反应（ELISA）方法检测马铃薯卷叶病毒。

10.6.1　原理

马铃薯卷叶病毒（PLRV）属于马铃薯黄症病毒科，马铃薯卷叶病毒属。病毒粒体直径 23~25nm，是等轴对称病毒。致死温度 70℃，稀释限点约 10^{-4}。Y 引起马铃薯卷叶病毒病，马铃薯病毒病一般根据病害症状很难确定病毒种类，采用免疫学和分子生物学方法，可快速根据有关判断标准进行马铃薯卷叶病毒检疫鉴定。

10.6.2　免疫学鉴定法

1. 试剂

①捕捉抗体：马铃薯卷叶病毒免疫球蛋白；

②酶标抗体：用碱性磷酸酶标记的马铃薯卷叶病毒的免疫球蛋白抗体；

③包被缓冲液：取 2.93g 碳酸氢钠、1.59g 碳酸钠、0.2g 叠氮化钠，用 1000mL 蒸馏水溶解，并调 pH 值到 9.6，储藏于 4℃条件备用；

④洗涤液(PBST Buffer)：取1.15g无水磷酸氢二钠、0.2g氯化钾、0.2g无水磷酸二氢钾、8.0g氯化钠、0.5g吐温-20，用1000mL蒸馏水溶解，并调整pH值到7.4，储藏于4℃条件下备用；

⑤样品提取液(GEB buffer)：取1.2g无水硫酸钠、20.0g聚乙烯吡咯烷酮、0.2g叠氮化钠、2.0gⅡ级鸡蛋清白蛋白粉、20.0g吐温-20，用1000mL洗涤液溶解，并调整PH值到7.4，储藏于4℃条件下备用；

⑥酶标抗体稀释缓冲液(ECI buffer)：取0.2g牛血清白蛋白(或脱脂奶粉)、2.0g聚乙烯吡咯烷酮、0.02g叠氮化钠，用100mL洗涤缓冲液溶解，并调整pH值到7.4，储藏于4℃条件下备用；

⑦底物缓冲液(PNP buffer)：用80ml无菌蒸馏水将0.01g氯化镁、0.02g叠氮化钠、9.7mL二乙醇胺溶解后用盐酸调pH值到9.8，定容到100mL，储藏于4℃条件下备用；

⑧底物溶液(PNP substate)：将5mg对硝基苯磷酸盐溶解于5mL底物缓冲液中。底物溶液制备需在孵育结束前15min内，避光条件下制备。

⑨终止液：12g氢氧化钠溶于100mL蒸馏水。

2. 仪器和用具

聚乙烯微量滴定板、微量可调进样器及配套吸头、天平(1/100g，1/1000g)、培养箱、台式高速离心机、酶联免疫检测仪、水平电泳仪、凝胶成像系统、PCR扩增仪、EP管、研钵、剪刀、冰箱、过滤柱(CS过滤柱，CR吸附柱)、涡旋混匀器。

3. 检测与鉴定

在实施检疫时，应仔细检查马铃薯块茎、种苗有无病变症状，如果发现块茎横切面有网状坏死，或马铃薯萌发后产生纤细芽，或植株叶片呈褪绿、卷叶等症状，应取样送实验室作进一步鉴定。

4. 实验步骤

(1)包被抗体

①包被

向酶联反应板每孔加入100μL用包被缓冲液稀释的捕捉抗体，将酶联反应板置于保湿容器中，室温孵育4h或4℃冰箱过夜。

②洗板

向每个反应孔中加入100μL洗涤液，迅速倒出，重复2次。洗板完成后将酶联板倒置于吸水纸上，吸干反应中残留液体。

(2)点样

①样品制备

将待测样品剪碎，取0.3g于研钵中，加入3mL样品提取液充分研磨后，再加入2mL样品提取液充分研磨后至均匀。剩余样品于-20℃冰箱保存待查，在制样时应注意防止样品的交叉污染。

②点样

用微量进样器制备好的样品加入酶联反应板孔内，每个样品3次重复，每孔100μL。设置阳性对照、马铃薯健康组织研磨液阴性对照和包被缓冲液空白对照，加样完成后将酶联反应板置于保湿容器中，室温孵育2h或4℃冰箱12h。

③洗板

在每个反应孔加满洗涤液，迅速倒出，再加满洗涤液静置 3min 后将洗涤液迅速倒出。重复 3 次。洗板完成后将酶联板倒置于吸水纸上，吸干反应孔中残留液体。

(3)结合酶标抗体

①加酶标抗体

向酶联反应板每孔加入 100μL 用酶标抗体稀释缓冲液按比例稀释的酶标抗体溶液，置于保湿容器中室温孵育 2h。

②洗板

在每个反应孔加满洗涤液，迅速倒出，再加满洗涤液静置 3min 后将洗涤液迅速倒出。重复 3 次。洗板完成后将酶联板倒置于吸水纸上，吸干反应孔中残留液体。

(4)显色

每孔加入 100μL 底物溶液至阳性对照显色。

(5)终止反应

显色后在每孔中加入 50μL 终止液，记录检测结果存档备查。

(6)结果测定和记录

用酶联检测仪测定并记录光密度值 OD。在阴性对照 OD 值小于等于 0.1，且阳性对照 OD 值小于阴性对照 OD 值 2 倍的前提下，样品孔 OD 值大于阴性对照 OD 值 2 倍时，判定为阳性反应，即样品带 PLRV；否则判定为阴性反应，即样品不带 PLRV。

(7)样品保存

经检疫鉴定后的样品应在-80℃保存 3 个月，以备复验、谈判和仲裁，保存期满后，需进行灭活处理。

10.6.3　RT-PCR 鉴定法

1. 试剂

①莫洛尼鼠白血病病毒反转录酶(100U/μL)；

②1×TAE 缓冲液：40mmol/L Tris-HCl、20mmol/L 乙酸钠、2mmol/L EDTA(用冰乙酸调 pH 至 8.0)；

③5×RT 缓冲液(5×RT Buffer)：50mmol/L Tris-HCl(pH=7.5)、100mmol/L 氯化钠、0.1mmol/L EDTA、10mmol/L DTT、甘油；

④10×PCR 缓冲液：100mmol/L Tris-HCl(pH=8.3)、500mmol/L 氯化钾；

⑤氯化镁：25mmol/L；

⑥RNA 酶抑制剂：10U/μL；

⑦RT 增强剂(RT Ehancer)；

⑧无水乙醇；

⑨RL 裂解液；

⑩去蛋白液；

⑪Taq 酶：2.5U/μL；

⑫dNTP Mixture：10mmol/L；

⑬漂洗液；

⑭双蒸水；

⑮2-硫基乙醇；

⑯液氮；

⑰引物：上游引物(P1)碱基序列：5'-AGGCGCGCTAACAGAGTTCA-3'；下游引物(P2)碱基序列：5'-CTTGAATGCCGGACAGTCTG-3'，用双蒸水稀释至20μmol/L；

⑱100bp DNA ladder(≤1500bp)；

⑲溴酚蓝；

⑳琼脂糖凝胶：称取1.5g琼脂糖缓缓倒入250ml三角瓶内，加入100mL1×TAE，在微波炉中加热1min溶解后，再加入5μL Goldview的生物染料，倒入调平并安放适当梳齿的制胶板上，冷凝后小心拔出梳齿。

2. 仪器和用具

聚乙烯微量滴定板、微量可调进样器及配套吸头、天平(1/100g，1/1000g)、培养箱、台式高速离心机、酶联免疫检测仪、水平电泳仪、凝胶成像系统、PCR扩增仪、EP管、研钵、剪刀、冰箱、过滤柱(CS过滤柱、CR吸附柱)、涡旋混匀器。

3. 检测与鉴定

在实施检疫时，应仔细检查马铃薯块茎、种苗有无病变症状，如果发现块茎横切面有网状坏死，或马铃薯萌发后产生纤细芽，或植株叶片呈褪绿、卷叶等症状，应取样送实验室作进一步鉴定。

4. 实验步骤

(1)模板RNA的制备

采用试剂盒提取马铃薯卷叶病毒RNA。

(2)RT-PCR扩增

1)反转录

①反应体系

RT反应体系见表10-5。

表10-5 **马铃薯卷叶病毒RT反应体系**

反应物	模板RNA	P2	RNasin	RT Ehancer	5×RT buffer	dNTP	MMLV	无RNA酶的ddH_2O
加入量/μL	2.5	0.5	0.5	5.5	4	1	0.5	10.5

②程序

反转录程序为：42℃ 50min，94℃ 5min；4℃保存。

2)PCR反应

①反应体系

PCR反应体系见表10-6。

表 10-6　**PCR 反应体系**

反应物	10×PCR buffer	dNTP	P1	P2	cDNA	Taq DNA 聚合酶	氯化镁	无 RNA 酶的 ddH_2O
加入量/μL	2.5	0.5	1	1	4	0.5	1.5	14

②程序

反应程序为：94℃ 3min，94℃ 30s，59℃ 30s，72℃ 30s，30 次循环；72℃ 10min；4℃保存。

(3)扩增产物检测

①琼脂糖凝胶电泳

将制胶板同制好的琼脂糖凝胶一并放入水平电泳槽，取 5μL 扩增反应物加 0.5μL 的溴酚蓝上样缓冲液混匀后，小心点入样孔内。电泳缓冲液 1×TAE 适量，100V，电泳 30min。

②结果观察和记录

电泳结束后，取出琼脂糖凝胶，放入凝胶成像系统中。观察并记录 DNA 条带有无和片段大小。

③检测

在阴性对照无扩增条带，且阳性对照出现 222bp 目标条带的前提下，样品 RT-PCR 产物电泳结果在 222bp 处出现目标条带，判定为阳性反应，即样品带 PLRV；否则判定为阴性反应，即样品不带 PLRV。

10.7　脱毒马铃薯种薯(苗)病毒检测技术

病毒检测是植物病毒中最活跃的部分。由于植物病毒分类体系的逐步完善，以及病毒鉴定技术的不断进步，植物病毒病的诊断方法有很大发展。有些病毒仅根据少数特性就可确定，有些病毒的准确检测非常复杂困难。马铃薯因栽培品种抗性差异，在不同地区几种不同的马铃薯病毒病往往混合发生。马铃薯病毒病在早期常常没有症状或症状不明显，只有当病毒病发生严重时才表现出一定症状，各种病毒表现的症状又很难区分，要准确鉴定马铃薯感染了哪种病毒，仅仅凭借症状观察是不够的，必须通过一定的检测方法才能确定。所以马铃薯脱毒好坏与病毒检测水平有很大关系，病毒检测水平和精度越高，脱毒种薯的质量才越有保证。

10.7.1　相关概念

1. 脱毒苗

应用茎尖组织培养技术获得的再生试管苗，经检测确认不带马铃薯 X 病毒(PVX)、马铃薯 Y 病毒(PVY)、马铃薯 S 病毒(PVS)、马铃薯卷叶病毒(PLRV)等病毒和马铃薯纺锤块茎类病毒(PSTVd)，才确认是脱毒苗。

2. 脱毒种薯

从繁殖脱毒苗开始，经逐代繁殖增加种薯数量的种薯生产体系生产出来的。

脱毒种薯分为基础种薯和合格种薯两类。基础种薯是指用于生产合格种薯的原原种和原种；合格种薯是指用于生产商品薯的种薯。

(1)基础种薯(分为三级)

原原种(pre-elite)：用脱毒苗在容器内生产的微型薯(microtuber)和在防虫网室、温室条件下生产出的符合质量标准的种薯或小薯(rninituber)；

一级原种(elite Ⅰ)：用原原种作种薯，在良好隔离条件下生产出的符合质量标准的种薯；

二级原种(elite Ⅱ)：用一级原种作种薯，在良好隔离条件下生产出的符合质量标准的种薯。

(2)合格种薯(分为二级)

一级种薯(certified grate Ⅰ)：用二级原种作种薯，在隔离条件下生产出的符合质量标准的种薯；

二级种薯(certified grate Ⅱ)：用一级种薯作种薯，在隔离条件下生产出的符合质量标准的种薯。

3. 病毒病株允许率

脱毒种薯繁殖田中病毒病株的允许比率。

4. 细菌病株允许率

脱毒种薯繁殖田中细菌病株的允许比率。

5. 混杂植株允许率

脱毒种薯繁殖田中混杂的其他马铃薯品种植株的比率。

6. 有缺陷薯

畸形、次生、龟裂、虫害、冻伤、黑心和机械损伤的薯块。

10.7.2 检测对象

马铃薯 X 病毒(*Potato virus* X，PVX)

马铃薯 Y 病毒(*Potato virus* Y，PVY)

马铃薯 S 病毒(*Potato virus* S，PVS)

马铃薯卷叶病毒(*Potato leaf roll virus*，PLRV)

马铃薯纺锤块茎类病毒(*Potato spindle tuber viroid*，PSTVd)

10.7.3 方法

1. 抽样

(1)组培苗抽样

脱毒核心材料的抽样必须检测每株；扩繁苗的抽样随机抽取 100~200 株的扩繁苗检测。

(2)田间抽样

各级别脱毒种薯带病毒病株比率，带黑胫病和青枯病株比率以及混杂植株比率三项质量指标，任何一项不符合原来级别质量标准但又高于下一级别质量标准者，判定结果均按降低一级定级别。

(3)商品种薯抽样

没有经过田间检验的种薯必须进行块茎检验。

①根据种薯不同存放方式，采用分层设点取样或随机取样法，抽样数量见表 10-7。

表 10-7　　**商品种薯抽样数量标准表**

种薯总量/kg	抽样百分率	抽样最低数量/kg
≤10000	6%~10%	100
<10000	3%~5%	

注：不足抽样最低数量的全部作为混合样品。

②将第一次抽取的样品混合后，进行二次抽样，随机抽取 10%的混合样品检测。

2. 检测方法

(1)指示植物检测法

1)原理

指示植物检测法也叫生物学实验法，它的原理是检测病毒在其鉴别寄主上产生稳定并具有特征性的症状或在其指示植物上快速出现感染症状，从而可以用来检测出某种病毒或检测出某种病毒的存在。在植物病毒的检测上，指示植物检测法是其他方法所不可替代的。

指示植物检测法的优点是简单易行，反应灵敏，只需要很少的毒源材料，但是工作量比较大，需要较大的温室种植植物，并且比较费时。有的时候会因为气候或栽培的原因，个别症状反应难以重复。

2)仪器及用具

研钵、纱布、花盆、防虫网、金刚砂、消毒棉球、小型喷分器、其他玻璃仪器及器皿。

3)试剂

中性磷酸缓冲液：$NaHPO_4 \cdot 12H_2O$ 21. 8502g，$NaH_2PO_4 \cdot H_2O$ 10. 76g，溶解，调节 pH 值至 7. 0，定容至 1000mL。

4)操作步骤

①在 20℃左右，防蚜条件下盆栽千日红、心叶烟、普通烟、香料烟和莨菪若干；

②取被检株中、上部叶片放入研钵中，再按 1∶1 加入中性磷酸缓冲液研磨，用双层纱布过滤，滤液备用(也可用中性磷酸缓冲液浸湿纱布，折成双层，包住样品揉挤拧汁备用)；

③用汁液摩擦接种法先在指示植物叶片上用小型喷粉器轻轻喷上一层金刚砂(400 筛目)，然后用已消毒的棉球蘸被检株叶或芽汁，在指示植物叶片上轻轻摩擦，用清水洗掉叶片上的杂物，置于 20~24℃，3~7 天后逐日观察症状，用指示植物检测法来检测马铃薯上的病毒，常用的鉴别寄主或指示植物和对应的症状见表 10-8。

表 10-8 马铃薯病毒在主要指示植物上的症状

检测病毒	接种后检查时间	指示植物	表现症状
PVX	5~7 天	千日红	叶片出现红环枯斑
PVM	12~24 天	千日红	接种叶片出现紫红色小圆枯斑
PVS	14~25 天	千日红	接种叶片出现橘红色小斑点，略微凸出的圆，或不规则小斑点
PVG	20 天	心叶烟	系统白斑花叶症
PVY	7~10 天	普通烟	初期明脉，后期沿脉出现纹带
PVA	7~10 天	香料烟	微明脉
PSTV	5~15 天	莨菪	沿脉出现褐色坏死斑点

(2)双抗体夹心-酶联免疫检测法

1)原理

酶联免疫吸附法(Enzyme-Linked Immunosorbent Assay，ELISA)是一种免疫酶技术。它是 21 世纪 70 年代在荧光抗体和组织化学基础上发展起来的一种新的免疫测定方法，是在不影响酶活性和免疫球蛋白的免疫反应条件下，使酶分子和免疫球蛋白分子共价结合成酶标抗体，酶标记抗体可直接或通过免疫桥与包被在固相支持物上待测定抗原特异性结合，再通过酶对底物作用产生颜色或电子密度高的可溶性产物，借以显示出抗体的性质和数量。

ELSIA 法灵敏度高、特异性强，既能定性又能定量测定抗体或抗原，而且不需要使用同位素和复杂的设备如电镜、荧光显微镜、计量器等。标记的抗体可以冻干保存携带到基层单位进行病毒鉴定，适合于测定大量样品，且对人体基本无害等优点。

2)仪器与用具

电子天平；容量瓶 100mL 若干，50mL 数个；漏斗；小试管若干支；电炉；各型号刻度吸管若干支；分光光度计；记号笔等。

3)试剂

①洗涤缓冲液

氯化钠(NaCl) 8.00g、磷酸二氢钾(KH_2PO_4) 0.20g、磷酸氢二钠($Na_2HPO_4 \cdot 12H_2O$) 2.93g（或 Na_2HPO_4 1.15g）、氯化钾(KCl) 0.20g、吐温-20(Tween-20) 0.50mL、准确称取这些分析纯溶于蒸馏水中，定容至 1000mL，4℃保存。

②抽提缓冲液(pH7.4)

将 20.00g 聚乙烯吡咯烷酮($MV_{24000\sim40000}$)定溶于 1000mL PBST 中。

③包被缓冲液(pH9.6)

碳酸钠(Na_2CO_3) 1.59g、碳酸氢钠($NaHCO_3$) 2.93g、叠氮钠(NaN_3) 0.20g，准确称取这些分析纯溶于蒸馏水中，定容至 1000mL，4℃保存。

④封板液

将牛血清白蛋白(或脱脂奶粉) 2.00g、聚乙烯吡咯烷酮($MV_{24000\sim40000}$) 2.00g，溶于 100mL PBST 中，4℃保存。

⑤酶标抗体稀释缓冲液

将牛血清白蛋白(或脱脂奶粉) 0.10g、聚乙烯吡咯烷酮($MV_{24000\sim40000}$) 1.00g、叠氮钠(NaN_3) 0.01g，溶于 100m L PBST 中，4℃保存。

⑥底物缓冲液

将二乙醇胺 97mL、叠氮钠(NaN_3) 0.20g 溶于 800mL 蒸馏水中，用 2mol/L 盐酸调 pH 值至 9.8，定容至 1000mL，4℃保存。

⑦底物溶液(现用现配)

将 0.05g 4-硝基苯酚磷酸盐溶于 50mL 底物缓冲液中。

4)样品制备

取样品 0.5～1.0g，加入 5mL 抽提缓冲液，研磨，4000r/min 离心 5min，取上清液备用。

5)操作步骤

①包被抗体：每孔加 100μL 用包被缓冲液按工作浓度稀释的抗体，37℃保湿孵育 2～4h 或 4℃保湿过夜；

②洗板：用洗涤缓冲液洗板 4 次，每次 3～5min；

③封板：每孔加 200μL 封板液，34℃保湿孵育 1～2h；

④洗板：用洗涤缓冲液洗板 4 次，每次 3～5min；

⑤包被样品：每孔加样品 100μL，34℃保湿孵育 2～4h 或 4℃保湿过夜。同时设阴性、目标病毒的阳性和空白对照，可根据需要设置重复；

⑥洗板：用洗涤缓冲液洗板 4～8 次，每次 3～5min；

⑦包被酶标抗体：每孔加 100μL 用抗体稀释缓冲液稀释到工作浓度的碱性磷酸酯酶标记抗体，37℃孵育 2～4h；

⑧洗板：用洗涤缓冲液洗板 4 次，每次 3～5min；

⑨加底物溶液：每孔加 100μL，37℃保湿条件下反应 1h；

⑩酶联检测：用酶联检测仪测定 405nm 的光吸收值(OD_{405})，记录反应结果。

$$\text{阳性判断标准} = \frac{\text{检测样品 } OD_{405}}{\text{阴性对照 } OD_{405}} \geqslant 2 \text{ 为阳性}$$

检测呈阳性反应者为带毒种薯(苗)。

(3)往返电泳检测法

1)原理

DNA 分子在高于其等电点的 pH 溶液中带负电荷，在电场中向正极移动。DNA 分子在电场中通过介质而泳动，除电荷效应外，凝胶介质还有分子筛效应，与分子大小及构想有关。对于线形 DNA 分子，其电场中的迁移率与其分子量的对数值成反比。在凝胶中加入少量溴化乙锭(有毒)，其分子可插入 DNA 的碱基之间，形成一种光络合物，在 254～365nm 波长紫外光照射下，呈现橘红色的荧光，因此可对分离的 DNA 进行检测。电泳时以溴酚蓝及二甲苯氰(蓝)作为双色电泳指示剂。

2)仪器与用具

电泳仪、水平电泳槽、紫外分析仪、若干玻璃容器。

3)试剂

①抽提缓冲液(pH7.5)

将三羟基氨基甲烷(Tris) 6.06g、乙二胺四乙酸(EDTA) 1.86g、氯化钠(NaCl) 5.84g 溶于 800mL 蒸馏水中，用盐酸调 pH 值至 7.5，定容至 1000mL，4℃保存。

②TBE 电泳缓冲液(pH8.3)

将 Tris 10.78g、硼酸 5.50g、EDTA 0.93g 溶于蒸馏水中，定容至 1000mL，4℃保存。

③5%聚丙烯酰胺凝胶配方

30%丙烯酰胺-甲叉双丙烯酰胺储备液(丙烯酰胺：甲叉双丙烯酰胺=29：1)7.5mL、N，N，N'，N'-四甲基乙二胺(TEMED)原液 0.045mL、20%过硫酸铵(现用现配) 0.4mL、10×TBE 缓冲液 4.5mL，加蒸馏水至 45mL。

④显影液

将氢氧化钠 6.40g、硼氢化钠 0.40g、甲醛 1.6mL 溶于 400mL 蒸馏水中。

⑤指示染料溶液

40%蔗糖、0.03%的二甲苯蓝。

4)操作步骤

①样品制备

a. 研磨：取 0.5~1.0g 待检样品，加入 2mL 抽提缓冲液，2mL 用抽提缓冲液饱和的酚、少许十二烷基磺酸钠(SDS)，1~2 滴 2-巯基乙醇，研磨，同时设阴性对照、阳性对照；

b. 离心：加入 2mL 氯仿-异戊醇(24：1)，继续研磨 2min，4000r/min 离心 15min，收集上清液；

c. 沉淀：取上清液加入 3mol/L 醋酸钠使其终浓度为 300mmol/L，并加入 3 倍体积 95%的冷乙醇，冰浴 1h，10000r/min 离心 15min，收集沉淀抽干；

d. 回溶：取用 400μL TBE 缓冲液溶解沉淀，备用。

②往返电泳

a. 制板：取洁净的电泳板，1%琼脂糖封底，制成 5%聚丙烯酰胺凝胶板；

b. 加样：取 20μL 制备好的样品，加入 5μL 指示染料溶液混匀后加入样品槽；

c. 第一向电泳：在 380V 电压下电泳至二甲苯蓝距胶底约 1cm 时停止电泳；

d. 第二向电泳：更换新的电泳缓冲液(75℃)，交换正负极，在 65℃温箱内、380V 电压下电泳至二甲苯蓝距胶底约 1cm 时停止电泳，取下胶板染色。

③染色

a. 固定：将胶板在固定液(10%乙醇，0.5%乙酸)中固定 15min 或过夜；

b. 染色：在 0.19%的硝酸银溶液中染色 20min；

c. 漂洗：用蒸馏水漂洗 4 次，每次 3~5min.

d. 显影：在显影液中显色 10min；

e. 增色：在 7.5g/L 碳酸钠溶液中增色 10min，取出胶板放入固定液中，观察结果；

f. 阳性判断：与阳性对照相同位置有明显带出现的为阳性。

(4)反转录-聚合酶链反应检测法

1)原理

反转录-聚合酶链反应(Reverse Transcription-Polymerase Chain Reaction，RT-PCR)的原

理是：提取组织或细胞中的总 RNA，以其中的 mRNA 作为模板，采用 Oligo(dT)或随机引物利用反转录酶反转录成 cDNA，再以 cDNA 为模板进行 PCR 扩增，而获得目的基因或检测基因表达。

2)仪器及用具

PCR 仪、电泳仪以及一些用具。

3)试剂

①核酸提取缓冲液：100mmol/L 氯化钠，100mmol/L Tris-HCI(pH9.0)，10m mol/L EDTA，0.5%皂土，0.5%十二烷基磺酸钠(SDS)，1%2-巯基乙醇；

②1×TAE 缓冲液：40mmol/L Tris-HCl，20mmol/L 乙酸钠，2mmol/L EDTA(用冰乙酸调 pH 至 8.0)；

③缓冲液Ⅰ：内含 0.2mol/L 氯化钠的 1×TAE 缓冲液；

④缓冲液Ⅱ：内含 1.5mol/L 氯化钠的 1×TAE 缓冲液；

⑤5×cDNA 第一链合成缓冲液：250mmol/L Tris-HCl(pH8.3)，375mmol/L 氯化钾，150mmol/L 氯化镁，250mmol/L DTT；

⑥10×PCR 缓冲液：100mmol/L Tris-HCl(pH8.3)，500mmol/L 氯化钾，150mmol/L 氯化镁，0.1%牛血清蛋白(BSA)；

⑦6%聚丙烯酰胺凝胶：30%丙烯酰胺-甲叉双丙烯酰胺储备液(丙烯酰胺：甲叉双丙烯酰胺=29：1) 9.0mL，10×TAE 缓冲液 4.5mL，N，N，N′，N′-四甲基乙二胺(TEMED)原液 0.045mL，20%过硫酸铵(现用现配)0.4mL，加蒸馏水定容至 45mL。

4)操作步骤

①模板核酸(PSTVd RNA)的制备

取待检样品 0.5~1.0g，在液氮中研磨，加 2~3mL 核酸提取缓冲液研磨匀浆，加等体积水饱和酚(内含 0.1% 8-羟基喹啉)，继续研磨匀浆，再加等体积氯仿，匀浆。4℃，8000~9000r/min 离心 15min；

取上清过 1×3cm DEAE-纤维素柱，先用 10mL 缓冲液Ⅰ冲洗柱子，再用缓冲液Ⅱ洗脱，每次加 1mL，待洗脱液有颜色时开始收集，直到洗脱液无颜色为止；

向洗脱液中加入 3 倍体积的冷乙醇，-20℃沉淀过夜，10000r/min 冷冻离心 20min。取沉淀用 75%的乙醇洗涤，10000r/min 冷冻离心 15min。收集沉淀，干燥后，用 0.4mL 1×TAE缓冲液溶解，即为 PSTVd 的模板核酸样品。

②PCR 扩增

引物：引物 1(P1)的碱基序列为 5’CGGGTACCCGTTCACACCT3’，引物 2(P2)的碱基序列为 5’CCGAGCTCGGTCCAGGAGGT3’。

cDNA 的合成：在 0.5mL 全子离心管(eppendorf))管中加入模板核酸 1μL、10μmol/L 互补引物 1(P1)1μL、无菌重蒸馏水 9μL，95℃水浴 5min。然后向管中加入下列混合物：40U/μL rRNasin 1μL、5×第一链合成缓冲液 4μL、10mmol/L dNTP 1μL、0.1mol/L DTT 2μL、200U/μL MMLV 逆转录酶 1μL，42℃水浴保温 1h。

PCR 扩增：向 0.5mL eppendorf 管中加入无菌重蒸馏水 37μL、10×PCR 缓冲液 5μL、10mmol/L dNTP 1μL、10μmol/L 上游引物 1(P1) lμL、10μmol/L 下游引物 2(P2)1μL、cDNA 4μL，混匀后用 50μL 石蜡油覆盖，95℃变性 10min。然后加入 TagDNA 聚合酶 1μL，

用 PCR 进行扩增 943min、60℃ 1min、72℃ 90s 进行预循环后，依 94℃ 40s、60℃ 60s、72℃ 90s(最后一次 10min)进行 40 次循环。

③扩增产物检测

聚丙烯酸胺凝胶电泳：取洁净的电泳板，1%的琼脂糖封底，制成 6%聚丙烯酰胺凝胶板，120~140V 电泳至溴酚蓝走到胶底停止电泳。电泳缓冲液为 TAE 缓冲液。

染色：

固定：将胶板在固定液(10%乙醇、0.5 乙酸)中固定 15min 或过夜；

染色：在 0.19%的硝酸银溶液中染色 20min；

漂洗：用蒸馏水漂洗 4 次，每次 3~5min；

显影：在显影液(氢氧化钠 6.4g，硼氢化钠 35mg，甲醛 1.6mL，溶于 400mL 蒸馏水)中显色 10min；

增色：在 7.5g/L 碳酸钠溶液中增色 10min，取出胶板放入固定液中，观察结果；

阳性判断：与阳性对照相同位置有明显带出现的为阳性。

第11章　马铃薯转基因检测

随着生物技术在农业生产中的应用，大量的转基因农产品商品化。马铃薯是最早进行转基因研究的植物之一，也是进入田间实验品种最多的转基因农作物之一。

由于转基因植物体内的DNA分子被人为地修饰改造，遗传性状也发生了改变，其安全性成为了人们关注的话题。为了消除转基因产品的安全隐患，许多国家对转基因产品的研究开发、生产销售及其在自然环境里的代谢降解等各个环节都制定了严格的法规条例，对转基因检测技术的灵敏度和准确性提出了严格的要求。目前，转基因常用的检测方法有外源基因检测和外源蛋白质检测等。

11.1　马铃薯转基因检测概述

11.1.1　马铃薯转基因的主要研究成果

自从1983年首次获得马铃薯和烟草的转基因植物后，中国在过去30多年中在转基因植物方面也取得了可喜成果，获得了各种抗性转基因马铃薯，在提高必需氨基酸含量的转基因马铃薯等方面也取得了成果。

1. 抗真菌病马铃薯

马铃薯真菌病种类繁多，其中最主要的是晚疫病，1980年以来，在世界各地频频发生，给种植者带来了很大的经济损失。几丁质(chitin)和葡聚糖(glucosan)是多数真菌细胞壁的主要成分。利用几丁质酶和烟草β-葡聚糖酶基因转化的植物，具有降解真菌细胞壁的特性，可以防止真菌类病害的发生。付道林等将携带有Ⅰ型烟草β1，3葡聚糖酶基因和Ⅰ型菜豆几丁质酶基因的pBLGC质粒导入马铃薯品种津引8号中，获得的再生苗经分子检测呈阳性。甄伟等将从黑曲霉中PCR扩增克隆的葡萄糖氧化酶(GO)基因与马铃薯病原菌诱导型启动子PrpⅡ融合构建植物表达载体pCAMGO，经农杆菌介导转化获得转基因马铃薯。

2. 抗病毒马铃薯

马铃薯Y病毒(PVY)、X病毒(PVX)和卷叶病毒(PLRV)引起的病害，是造成我国马铃薯退化的主要原因，严重危害我国的马铃薯生产。PVY和PVX混合侵染或PVY和PLRV混合侵染带来的损失远远大于各病毒单独侵染。国外科学家通过在马铃薯植株体内表达病毒外壳蛋白基因(CP)来减缓病毒病害的发生，已取得相当成功的效果。

我国抗病毒转基因马铃薯的研究工作虽较国外起步晚，但在整体上与国外处于同一水平。近10年来，我国马铃薯抗病毒基因工程已取得了很大进展，现已成功克隆出用于转化马铃薯的基因调控区序列、病毒外壳蛋白基因、病毒复制酶基因、蛋白酶基因、核酶

cDNA 以及其他各种基因 20 余种；建立并完善了根瘤农杆菌介导的马铃薯转化技术；通过病毒外壳蛋白介导、复制酶基因介导、表达基因调控区、表达核酶等多种途径，获得一批抗 PVX、PVY、PVX，PVY、PVY 和 PLRV、PSTV、PLRV 的转基因马铃薯优良栽培种。其中某些研究工作处于国际领先水平，如高抗 PSTVd 表达核酶的转基因马铃薯培育。此外，还有一些研究工作也独具特色，如采用结构基因、非结构基因和抗病毒蛋白、DI 分子以外的新的抗病毒基因工程途径，通过基因间隔区(IS)干扰病毒亚基因组表达等，从思路方法和实验的结果来看都是可取的。

3. 抗虫性马铃薯

迄今发现并应用于提高植物抗虫性的基因主要有两类：一类是从细菌中分离出来的抗虫基因，如苏云金芽孢杆菌毒蛋白基因(Bt)；另一类是从植物中分离出来的抗虫基因，如蛋白酶抑制剂基因(PI)、淀粉酶抑制剂基因、外源凝集素基因等。其中，Bt 基因和 PI 基因在农业上利用最广，应用农杆菌介导方法现已获得了抗虫的转基因马铃薯。植物凝集素具有一定的抗昆虫活性。Bell 等将雪花莲凝集素(GNA)编码基因导入马铃薯，所获得的转基因植株对鳞翅目夜蛾科的昆虫表现出抗性。Down 等报道，转豆类几丁质酶基因的马铃薯也可对夜蛾科的昆虫产生抗性。侯书国为了控制蚜虫本身对马铃薯造成的危害，利用含双元载体的农杆菌介导转化得到了对桃蚜具有显著抗性的马铃薯品种。

4. 改良品质的马铃薯

宋东光等将人体必需氨基酸蛋白基因(HEAAE)导入马铃薯以改善其主食地区人们的蛋白质营养。于静娟等为了提高马铃薯的储藏蛋白的含硫氨基酸水平，用水稻 10KD 富硫醇溶蛋白基因 cDNA(PLG)转化马铃薯，经 NPT Ⅱ 酶活检测、PCR 及 southern blot, Western blot 证明，目的基因已整合到马铃薯基因组中并已正确表达。李雷等将玉米 10KU 醇溶蛋白基因导入马铃薯得到的转基因植株含硫氨基酸量明显提高。

5. 作为生物反应器的马铃薯

近年来，以转基因植物作为生物表达反应器的研制策略因其安全性好、经济价廉、便于运输和可以口服等特点已成为各国科学家研究的热点，这其中又多以马铃薯为试验材料。

Scheller 等将棒络新妇(*Nephila clavipes*)蛛丝蛋白基因导入马铃薯，获得的重组蛋白与天然蛋白具有 90%的同源性。在马铃薯块茎中蛛丝蛋白的表达量可达总可溶性蛋白的 2%。近年来，人们利用植物生产食用疫苗，不仅免去了加工提纯和冷藏保鲜，而且在食用的过程中即可完成疫苗的摄取，激发人体产生特异性免疫应答，获得持久抵抗疾病的能力。用马铃薯生产得到了口服禽流感疫苗，通过直接食用表达禽流感病毒血凝素的马铃薯，可以有效地防治禽流感。

总之，利用转基因技术不仅可以改良马铃薯原有品种的品质和抗病虫害特性，而且还可以考虑进行多个基因的同时转化，这样可以使转基因材料更加完善。

11.1.2 转基因植物

1. 概念

转基因植物(transgenic plant)是指将外源基因(从动物、植物或微生物中分离的基因)，通过各种方法转移到植物的细胞或组织中，使之稳定遗传并赋予新的农艺性状，如抗虫、抗病、抗逆、高产、优质等。

2. 受体种类

(1)叶盘

从幼嫩新鲜的植物叶片上用打孔器取下直径约 5mm 的圆形叶片(叶盘)作为外源 DNA 的转人受体。

(2)原生质体

去除细胞壁的植物组织易于接受外源基因，同时细胞壁再生后可以再生完整马铃薯植株。

(3)悬浮细胞

植物的单个细胞易于操作、性状稳定。

(4)愈伤组织

植物的愈伤组织属于分生细胞，易于接受外源基因。

(5)胚状体

植物的胚状体起源于单细胞，嵌合现象不易发生。

(6)活体

在植物植株上形成新鲜伤口，接种根瘤农杆菌转化载体，可以得到再生芽。

此外，胚轴、茎尖、茎段等也可以作为转化受体。

3. 转基因方法

(1)直接导入法

可以采用物理或者化学方法直接将外源目的基因导入马铃薯细胞。物理方法包括基因枪法、电击法、超声法、显微注射法和激光微束法等，化学方法包括 PEG 法、脂质法等。

基因枪法(gene gun bombardment)又称粒子轰击(particle bombardment)、高速粒子喷射技术(high-velocity particle microprojection)，经过加速装置用表面附着 DNA 分子(含目的基因)的金属微粒轰击植物细胞，将 DNA 直接射入植物纫胞。基因枪法的优点：①不受受体种类限制，特别适合根癌农杆菌不能浸染的植物；②简化了质粒构建，可以用两个或两个以上的质粒进行共转化．而不需构建—个复杂的质粒；③快速简便，转化率较高。

PEG 是细胞融合剂，在磷酸钙、高 pH 值条件下引起原生质细胞膜边淼电荷紊乱带来通透性改变从而有助于细胞细胞摄取外源 DNA。

(2)载体介导法

具体方法有农杆菌介导法、病毒介导法。农杆菌介导可采用“共培养法”，有根瘤农杆菌和发根农杆菌两种载体系统。

野生型根癌农杆菌 Ti 质粒大小为 200～800kb，其中 T-DNA(Transferred DNA)区为 12～24kb，vir 区有 35kb，T-DNA 上有 tms、tmr 和 tmt 三套基因，分别编码合成植物生长素、分裂素和生物碱的酶。在 T-DNA 两端各个一个 25bp 的末端重复序列 LB 和 RB，在 T-DNA 的切除及整合过程中起着重要作用。T-DNA 区可高效整合到植物受体细胞的染色体上并得到表达。利用这一特点，将目的基因转入 Ti 质粒的 T-DNA 区构建根瘤农杆菌的转化载体。将根癌农杆菌与植物原生质体、悬浮细胞、叶盘、茎段共同培养，用根瘤含有目的基因的质粒去转化植物受体。将短暂共培养的受体洗去根癌农杆菌在含有适量抗生素的培养基上培养，筛选具有抗生素抗性标记的转化细胞，然后用特定培养基诱导这些细胞形成转基因植株。双子叶植物经常采用这种方法。大多数单子叶植物因为不能诱导 Ti 质粒 Vir 区基因表达信号分子，应用受到限制。

发根农杆菌是与根瘤农杆菌同属的一种病原土壤杆菌，含有 Ri 质粒．可以诱导植物细胞产生毛状根，毛状根细胞能分化形成植株。由于 Ri 质粒也含有可高效整合到植物受体细胞的染色体上并得到表达的 T-DNA，因此也可用作转基因植物的载体。

(3)花粉管通道法

花粉管通道法又称子房注射法，是在植物授粉后，将外源 DNA 注入子房的胎座位置，使 DNA 沿着花粉管通道进入胚囊与受精卵或者胚细胞接触而达到转化目的。

(4)病毒感染法

病毒可以感染植物组织，不受双子叶和单子叶限制。作为植物转基因载体的病毒包括单链 RNA 病毒、单链 DNA 病毒和双链 DNA 病毒。较为成熟的是花椰菜花斑病毒(CaMV)和番茄金花叶病毒(TGMV)。

4. 转基因植物鉴定

一般情况下，在受体细胞群中只有少部分细胞获得了外源目的基因，旧白的基阅被整合到受体细胞基出组并实现表达的更少。除此必须从转化体系中筛选山含有目的基凶的重组体。常用方法包括：选择件培养检测、报告基因检测。

(1)选择性培养检测

Ti 质粒改造时插入有抗生素标记基因，例如，Cat 基因可使植物细胞表现抗氯霉素，NPTⅡ为卡那霉素抗性基因，因此可以利用抗生素标记选择转入外源基因的细脑、愈伤组织。另外，转入 Ti 质粒的受体能在无激素培养基上存活，未转化的细胞则不能，因此可以用无激素的培养基培养筛选。

(2)遗传标记检测

为了便于在受体中检测到载体的存在，通常选用只有特殊遗传标记的质粒。常用的遗传标记有：①葡萄糖苷酸酶(β-glucuronidase，GUS)基因，它可使植物细胞在 5-溴-4-氯-3-吲哚葡萄糖苷(5-bromo-4-ehloro-3-indolyl glucuronide)底物溶液中显示蓝色；②荧光素酶基因，可使植物细胞发出蓝绿色荧光。

(3)目的基因检测

采用 PCR、杂交等分子技术可直接检测目的基因的存在。

11.1.3 基因改良植物

利用转基因技术可以实现植物品种改良，主要包括抗虫害、抗除草剂、抗病毒、控制果实成熟、改变花型花色、抗环境压力、产生高品质产物等转基因植物。

1. 抗虫害植物

昆虫对农作物的危害非常大。苏云金芽孢杆菌(*Bacillus thuringiensis*，Bt)能产生一种蛋白，编码基因位于 Bt 中一个 75b 的质粒上。基因的表达依赖于 Bt 孢子形成。这种蛋白分子质量约为 125KD，对许多昆虫的幼虫表现毒性。Bt 合成的只是无活性的原毒素。当被幼虫进食后，其消化道中的蛋白酶便将毒素原蛋白水解成 68kD 的毒性片段。这个片段与幼虫中肠细胞表面的受体结合，干扰这些细胞的正常功能，从而产生毒害作用杀灭幼虫，但是对成虫和脊椎动物无害。可将该蛋白与毒性有关的 N 端 1~615 位氨基酸对应的基因克隆到植物细胞中培育出抗虫害转基因植物。

2. 抗除草剂植物

目前使用的除草剂或多或少会对植物产生影响，利用基因工程技术构建抗除草剂的植物可以解决这一问题。通过转入相关外源基因抑制农作物对除草剂的吸收、降低敏感性靶蛋白对除草剂的亲合性、表达对除草剂具有灭活能力的产物来增加植物对除草剂的耐受性。

3. 高品质植物

可以通过基因操作改良植物代谢途径、提高目标产物产量。例如，植物细胞内的颗粒结合型淀粉合成酶(granule-bound starch synthase，GBSS)控制直链淀粉的合成，通过将 GBSS 反义基因导入马铃薯使 GBSS 酶活性降低，从而获得低直链淀粉含量的淀粉。

11.2　马铃薯转基因成分检测

我国是世界上马铃薯生产第一大国，马铃薯产量的高低和品质的优劣对我国马铃薯产业的发展至关重要。马铃薯是最早进行转基因研究的植物之一，也是进入田间实验品种最多的转基因农作物之一。但是，目前，我国在马铃薯生产上还存在诸多问题，如病虫害严重、品质不佳等，致使种植业者的收入微薄，积极性不高。近年来，随着植物基因工程技术的发展，陆续培育出了一些优质、抗病虫害的转基因新品种，特别是利用马铃薯作为生物反应器来生产有用的蛋白质和疫苗，从而增加其价值。

对于众多的目的基因，表达体系最常使用的是玄参花叶病毒 35S 启动子(FMV35S)、花椰菜花叶病毒 35S 启动子(CaMV35S)、胭脂碱合成酶转录终止子(NOS)和标记基因新霉素-3'-磷酸转移酶(NPTⅡ)这 4 个基因作为检测的筛选基因。

马铃薯及其加工产品中转基因成分的检测一般用 PCR 方法和实时荧光 PCR 方法。

11.2.1　相关概念

1. 转基因(transgene)

将物种本身不具有的、来源于其他物种的功能 DNA 序列，通过生物工程技术，使其在该物种中进行表达，以便使该物种获得新的品种特征。

2. 内源基因(endogenous gene)

在栽培的物种中拷贝数恒定的、不显示等位基因变化的基因。该基因可用于对基因组中某一目的基因的定量分析。

3. 外源基因(exogenous gene)

利用生物工程技术转入的其他生物基因，使该生物品种表现新的生物学性状。

4. 阳性目标 DNA 对照(positive DNA target control)

参照 DNA 或从可溯源的标准物质提取的 DNA 或从含有已知序列阳性样品(或生物)中提取的 DNA。该对照用于证明测试样品的分析结果含有目标序列。

5. 阴性目标 DNA 对照(negative DNA target control)

不含外源目标核酸序列的 DNA 片段。可使用溯源的阴性标准物质。

6. 提取空白对照(extraction blank control)

该对照为在DNA提取过程中，以水代替测试样品完成提取过程所有步骤，用以证明提取过程中没有核酸污染。

11.2.2 抽样

对散装货物的抽样：在货物流动过程中抽样，或从货车、船舱、筒仓和货柜等载货容器中抽样，或从货堆中抽样。

对包装货物抽样：应从包装的不同部位如顶部、中部和下部抽取样品。

11.2.3 制样

1. 马铃薯块茎、生薯条、生薯片、植株样品的制备

对于同一个批次的马铃薯块茎、生薯条、生薯片、植株样品，把每一个样品洗净，在任意部位用小刀切下1cm^3的样品，用液氮研磨成粉末制成小样，然后将所有小样混匀，取1g用于提取DNA。

2. 马铃薯淀粉样品的制备

把每包取样的120g淀粉充分混合，从中取1g作为小样，然后将所有小样在一起充分混匀，取1g用于提取DNA。

11.2.4 普通PCR方法

1. 原理

样品经过提取DNA后，针对转基因植物所插入的外源基因序列设计引物，通过PCR技术，特异性扩增外源基因的DNA片段，根据PCR扩增结果，判断该样品中是否含有转基因成分。

2. 试剂和材料

①引物，Taq DNA聚合酶，dNTPs(dATP、dTTP、dCTP、dGTP、dUTP)，琼脂糖(电泳纯)，溴化乙锭(EB)或其他染色剂，三氯甲烷，异戊醇，异丙醇，70%乙醇，分子量Marker(DL2000)；

②CTAB提取缓冲液(pH=8.0)：称取4.00g CTAB，16.38g氯化钠，2.42g Tris，1.50g乙二胺四乙酸钠盐，用适量水溶解后，调节pH值到8.0，定容至200mL，高压灭菌备用；

③CTAB提取沉淀缓冲液(pH=8.0)：称取1.0g CTAB，0.50g氯化钠，用适量水溶解后，调节pH值到8.0，定容至200mL，高压灭菌备用；

④TE缓冲液：10mmol/L Tris-HCl，pH=8.0，1mmol/LEDTA，pH=8.0；

⑤1.2mol/L NaCl溶液；

⑥10×PCR缓冲液：100mmol/L KCl，160mmol/L $(NH_4)_2SO_4$，200mmol/L $MgSO_4$，200mmol/L Tris-HCl(pH=8.8)，1% Triton X-100，1mg/mL BSA；

⑦5×TBE缓冲液：Tris 54g，硼酸27.5g，0.5mol/LEDTA(pH=8.0)20mL，加蒸馏水至1000mL；

⑧10×上样缓冲液：0.25%溴酚蓝，40%蔗糖。

3. 仪器

固体粉碎机及研钵；高速离心机、台式小心离心机和 Mini 个人离心机；水浴培养箱、恒温培养箱和恒温孵育箱；天平(量程 210g，感量 0.01g)；高压灭菌锅；高温干燥箱；纯水器或双蒸水器；冷藏及冷冻冰箱；制冰机；涡旋振荡器；微波炉；基因扩增仪；电泳仪；PCR 超净工作台；核酸蛋白分析仪；微量移液器；凝胶成像系统；离心管；PCR 反应管。

4. 样品 DNA 提取

(1)CTAB 法

①称取经过预处理的待测样本约 1.00g，转入 50mL 离心管中；

②在 50mL 离心管中加入 5mL CTAB 提取缓冲液、20μL 蛋白酶 K，充分混匀，65℃温育 30min，上下颠倒振，若样品吸胀，则再加入 CTAB 提取缓冲液直至上下颠倒时样品移动无黏滞现象，65℃温育振荡过夜；

③3000g 离心 20min，取上清液 700μL，加入等体积三氯甲烷，涡旋混匀；

④12000g 离心 10min，取上层水相到 2mL Eppendorf 离心管中，加入两倍体积的 CTAB 沉淀缓冲液，涡旋混匀，室温下静置 60min；

⑤12000g 离心 5min 弃去上清液，加入 350μL，1.2mol/L 氯化钠溶液，涡旋混匀，加入 350μL 三氯甲烷，涡旋混匀；

⑥12000g 离心 5min，取上层水相到 1.5mL Eppendorf 离心管中，加入 0.8 倍体积异丙醇溶液，涡旋混匀，室温静置 60min；

⑦12000g 离心 5min 弃去上清液，加入 70%乙醇 500μL，涡旋清洗沉淀；12000g 离心 5min 弃去上清液，放入通风橱中干燥过夜(或者在 60℃烘箱中干燥)；

⑧加入 100μL 0.1×TE 缓冲液，在 65℃水浴 10min 溶解 DNA，所得溶液即为模板 DNA 溶液。

(2)PCR 扩增

①PCR 反应体系

PCR 反应体系见表 11-1，每个样品各做两个平行管。加样后应短暂离心并振荡，使样品 DNA 溶液在反应液中混匀，不要黏附于管壁上，加样后尽快盖紧管盖。

表 11-1　**PCR 反应体系**

试剂名称	储备液浓度	25μL 反应体系加样体积/μL
dNTP 混合液	2.5mmol/L	2
Taq 缓冲液	10×	2.5
Taq 酶	2.5U/μL	0.5
上游引物	10pmol/μL	1
下游引物	10pmol/μL	1
DNA 模板	(100±30)ng	2
超纯水	—	10

②反应循环参数

PCR 反应循环参数见表 11-2。也可根据不同的基因扩增仪对 PCR 反应循环参数做适当调整。

表 11-2 **PCR 反应条件参数**

被扩增的外源基因	预变性	扩增	循环数	最终延伸	备注
PATA	94℃，3min	94℃，40s；50℃，45s；72℃，45s	35	72℃，7min	内源基因
CaMV35S、NOS、NPTⅡ	94℃，3min	94℃，40s；54℃，45s；72℃，45s	35	72℃，7min	筛选基因
FMV35S	94℃，3min	94℃，40s；60℃，45s；72℃，45s	35	72℃，7min	筛选基因
PLRVrep，Cry3A	94℃，3min	94℃，40s；55℃，45s；72℃，45s	35	72℃，7min	筛选基因
PVYcp	94℃，3min	94℃，40s；63℃，40s；72℃，40s	35	72℃，7min	筛选基因

③PCR 扩增产物电泳检测

用电泳缓冲液(1×TBE 或 TAE)制备 2%琼脂糖凝胶(其中在 55~60℃加入 EB 或其染色剂至最终浓度为 0.5μg/mL，也可在电泳后进行染色)。将 10~15μL PCR 扩增产物分别和 2μL 上样缓冲液混合，进行点样。用 2000bpDNA Marker 或相应合适的 DNA Marker 做分子量标记。3~5V/cm 恒压，电泳 20~40min。凝胶成像仪观察并分析记录。

5. 质量控制

提取空白对照：内参照基因无扩增条带，待检基因无扩增条带。

阴性 DNA 对照：内参照基因有对应大小条带扩增，待检基因无条带扩增。

阳性 DNA 对照：内参照基因有对应大小条带扩增，待检基因有对应大小条带扩增。

6. 结果判断

(1)内源基因的检测

用针对马铃薯内源基因 Patatin 基因设计的引物对马铃薯 DNA 提取液进行 PCR 测试，待测样品应被扩增出 216bp 的 PCR 产物。如未见有该 PCR 产物扩增，则说明 DNA 提取质量有问题，或 DNA 提取液中有抑制 PCR 反应的因子存在，应重新提取 DNA。

(2)外源基因

对马铃薯样品 DNA 提取液进行外源基因的 PCR 测试，如果阴性目标 DNA 对照和扩增试剂对照未出现扩增条带，阳性目标 DNA 对照和待测样品均出现预期大小的扩增条带，则可初步判定待测样品中含有可疑的该外源基因，应进一步进行确证试验，依据确证试验的结果最终报告；如果待测样品中未出现 PCR 扩增产物，则可断定该待测样品中不含有该外源基因。

(3)筛选检测和鉴定检测的选择

对于马铃薯样品中转基因成分的检测，可先筛选检测 CaMV35S、FMV35S、NOS、NPTⅡ基因，筛选检测结果阴性则直接报告结果。

若筛选检测结果阳性，则需进一步检测 PLRVrep、PVYcp、Cry3A 基因以初步判定是何种转基因马铃薯品系。

11.2.5　实时荧光 PCR 法

1. 原理

实时荧光 PCR 技术，是指在 PCR 反应体系中加入荧光基团，利用荧光信号积累实时监测整个 PCR 进程，最后通过扩增曲线对检测模版进行定性分析的方法。

2. 主要仪器耗材

天平(进程 210g，感量 0.01g)、均质器、水浴锅、振荡器、研钵或其他粉碎装置、高速台式冷冻离心机、荧光定量 PCR 仪、微量可调移液器及配套吸头、所需大小离心管。

3. 试剂

①CTAB 提取缓冲液(pH8.0)：称取 4.00g CTAB、16.38g 氯化钠、2.42gTris、1.50g 乙二胺四乙酸钠盐，用适量水溶解后，调节 pH 值到 8.0，定容至 200mL，高压灭菌不用；

②CTAB 提取沉淀缓冲液(pH8.0)：称取 1.0g CTAB，0.50g 氯化钠，用适量水溶解后，调节 pH 到 8.0，定容至 200mL，高压灭菌备用；

③TE 缓冲液：10mmol/L Tris-HCl，pH8.0，1mmol/LEDTA，pH8.0；

④1.2mol/L NaCl 溶液；

⑤三氯甲烷；

⑥异丙醇；

⑦70%乙醇；

⑧10×Taq 缓冲液(含 Mg^{2+})；

⑨Taq 酶(2.5U/μL)；

⑩dNTP 混合液：将浓度为 100mmol/L 的 ATP、TTP、CTP、GTP 溶液混匀制成浓度为 25mmol/L 的 dNTP 储存液，在加超纯水配成用于 PCR 检测浓度为 2.5mmol/L 的工作液。

⑪引物和探针：根据表 11-3 的序列合成引物和探针，加超纯水配成 100pmol/L 储存液，用于 PCR 检测的工作液浓度为 10pmol/L。

表 11-3　**实时荧光 PCR 定性检测转基因马铃薯成分引物和探针序列**

基因	引物	序列(5'-3')	PCR 产物长度	备注
UCPase(内参照)	上游引物	GGACATGTGAAGAGACGGAGC	88bp	内源基因
	下游引物	CCTACCTCTACCCCTCCGC		
	探针	FMA-CTACCACCATTACCTCGCACCTCCTCA-TAMRA		
CaMV35S(外源基因)	上游引物	GCTCCTACAAATGCCATCA	195bp	筛选检测
	下游引物	GATAGTGGGATTGTGCGTCA		
	探针	FAM-TCTCCACTGACGTAAGGGATGACGCA-TAMRA		

续表

基因	引物	序列(5’-3’)	PCR产物长度	备注
FMV35S（外源基因）	上游引物	AAGACAATCCACCGAAGACTTA	209bp	筛选检测
	下游引物	AGGACAGCTCTTTTCCACGTT		
	探针	FAM-TGGTCCCCACAAAGCCAGCTGCTCGA-TAMPA		
NOS（外源基因）	上游引物	GTCTTGCGATGATTATCATATAATTTCTG	151bp	筛选检测
	下游引物	CGCTATATTTTGTTTTCTATCGCGT		
	探针	FAM-AGATGGGTTTTTATGATTAGAGTCCCGCAA-TAMRA		
NPTⅡ（外源基因）	上游引物	AAGATGGATTGCACGCAGGTT	182bp	筛选检测
	下游引物	AGAGCAGCCGATTGTCTGTTG		
	探针	FAM-CCAGTCATAGCCGAATAGCCTCTCCACC-TAMRA		
CP4 EPSPS（外源基因）	上游引物	CCGACGCCGATCACCTA	86bp	筛选检测
	下游引物	GATGCCGGGCGTGTTGAG		
	探针	FAM-CCGCGTGCCGATGGCCTCCGCA-TAMRA		
PLRVrep（外源基因）	上游引物	TCGTCATTAAACTTGACGAC	172bp	筛选检测
	下游引物	CTTCTTTCACGGAGTTCCAG		
	探针	FAM-CAACCACCGCCGCTGCTTAC-TAMRA		
PVYcp（外源基因）	上游引物	GAATCAAGGCTATCACGTCC	161bp	筛选检测
	下游引物	CATCCGCACTGCCTCATACC		
	探针	CCACAAGCAAGGGAGCAACCGTG		
Cry3A（外源基因）	上游引物	CCGCAGTTTACTCAGGCGTC	112bp	筛选检测
	下游引物	CAAGAGACTGCGCCAACGT		
	探针	FAM-CGATCAGACGATGAGGCCA-TAMRA		
EH92-527-1（外源基因）	上游引物	GTGTCAAACACAATTTACAGCA	134bp	筛选检测
	下游引物	TCCCTTAATTCTCCGCTCATGA		
	探针	FAM-AGATTGTCGTTTCCCGCCTTCAGTT-TAMRA		

4. 马铃薯 DNA 的提取(CTAB 法)

①称取经过预处理的待测样本约 1.00g，转入 50mL 离心管中；

②在 50mL 离心管中加入 5mL CTAB 提取缓冲液，20μL 蛋白酶 K，充分混匀，65℃温育 30min，上下颠倒振，若样品吸胀，则再加入 CTAB 提取缓冲液直至上下颠倒时样品移动无黏滞现象，65℃温育振荡过夜；

③3000g 离心 20min，取上清液 700μL，加入等体积三氯甲烷，涡旋混匀；

④12000g 离心 10min，取上层水相到 2mL Eppendorf 离心管中，加入两倍体积的 CTAB

沉淀缓冲液，涡旋混匀，室温下静置 60min；

⑤12000g 离心 5min，弃去上清液，加入 350μL，1.2mol/L 氯化钠溶液，涡旋混匀，加入 350μL 三氯甲烷，涡旋混匀；

⑥12000g 离心 5min，取上层水相到 1.5mL Eppendorf 离心管中，加入 0.8 倍体积异丙醇溶液，涡旋混匀，室温静置 60min；

⑦12000g 离心 5min，弃去上清液，加入 70%乙醇 500μL，涡旋清洗沉淀；

⑧12000g 离心 5min，弃去上清液，放入通风橱中干燥过夜(或者在 60℃烘箱中干燥)；

⑨加入 100μL 0.1×TE 缓冲液，在 65℃水浴 10min 溶解 DNA，所得溶液即为模板 DNA 溶液。

5. 实时荧光 PCR 定性检测

(1)实时荧光 PCR 反应体系

实时荧光 PCR 反应体系如表 11-4 所示。每个样品各做两个平行样。

表 11-4　**实时荧光 PCR 反应体系**

试剂名称	储备液浓度	25μL 反应体系加样体积/μL
dNTP 混合液	2.5mmol/L	2
Taq 缓冲液	10×	2.5
Taq 酶	2.5U/μL	0.5
上游引物	10pmol/μL	1
下游引物	10pmol/μL	1
DNA 模板	(100±30)ng	2
超纯水	—	10

(2)实时荧光 PCR 反应参数

实时荧光 PCR 反应参数如表 11-5 所示。

表 11-5　**实时荧光 PCR 反应条件参数**

<table>
<tr><th>方法</th><th>预变性</th><th>循环温度</th><th>循环数</th></tr>
<tr><td rowspan="2">两步法</td><td rowspan="2">95℃，10min</td><td>95℃，15s</td><td rowspan="2">40</td></tr>
<tr><td>60℃，60s</td></tr>
<tr><td rowspan="3">三步法</td><td rowspan="2">95℃，10min</td><td>95℃，15s</td><td rowspan="3">40</td></tr>
<tr><td>60℃，30s</td></tr>
<tr><td>94℃，3min</td><td>72℃，30s</td></tr>
</table>

注：PCR 反应条件随仪器和试剂不同可略有改变。

(3)仪器检测通道的选择

PCR 反应管荧光信号收集的设置，应与探针所标记的报告基因一致。报告基因为 FAM 时，荧光信号收集应设在 FAM 通道；报告基因为 TET 时，荧光信号收集应设在 TET 通道；余类推。具体设置方法应仪器而异，可参照仪器使用说明书。

(4)实时荧光 PCR 反应运行

按预先设定的样品摆放顺序将 PCR 反应管一次摆放(上机前应注意检查各反应管是否盖紧，以免荧光物质泄漏污染仪器)，开始运行仪器进行实时荧光 PCR 反应。

6. 结果分析

(1)基线的设置

实时荧光 PCR 反应结束并分析结果后，应设置无效基线范围。无论采用任何荧光通道(FAM 或 TET)，基线范围选则在 3~15 个循环，如果有强阳性标本，应根据实际情况调整基线范围。阈值设置原则以基线刚好超过正常阴性目标 DNA 对照扩增曲线的最高点，且 Ct=40 为准。

(2)Ct 值与 DNA 浓度的关系

Ct 值大于或等于 40 时，PCR 过程中无目标 DNA 的扩增；Ct 值为 36~40，且平行样的每个值之间的差异很大，表明 PCR 反应体系中的目标 DNA 量很少，应适量增加模板量。

7. 质量控制

检测过程中分别设阳性 DNA 对照、阴性 DNA 对照和提取空白对照。

提取空白对照：内参照基因检测 Ct 值大于或等于 40，待检基因检测 Ct 值大于或等于 40。

阴性 DNA 对照：内参照基因检测 Ct 值小于 35，待检基因检测 Ct 值大于或等于 35。

阳性 DNA 对照：内参照基因检测 Ct 值小于 35，待检基因检测 Ct 值小于 35。

若有其中任何一个对照不成立，则检测结果无效，应重新进行 PCR 反应。

8. 结果判定

待测样品外源基因检测 Ct 值大于或等于 40，内源基因检测 Ct 值大于或等于 35，设置的对照结果正常者，则可判定该样品未检出×××基因；

待测样品外源基因检测 Ct 值小于或等于 35，内源基因检测 Ct 值小于或等于 35，设置的对照结果正常者，则可判定该样品检出×××基因；

待测样品外源基因检测 Ct 值为 35~40，应重做实时荧光 PCR 扩增，并适当加大体系中模板量。再次扩增后的结果 Ct 值仍小于 40，且设置的对照结果正常，则可判定该样品检出×××基因；再次扩增后的结果 Ct 值大于 40，且设置的对照结果正常，则可判定该样品未检出×××基因。

9. 筛选检测和鉴定检测的选择

对于马铃薯样品中转基因成分的检测，可先筛选检测 CaMV35S、FMV35S、NOS、NPTⅡ基因，筛选检测结果阴性则直接报告结果。

若筛选检测结果阳性，则需进一步检测 PLRVrep、PVYcp、Cry3A 基因以初步判定是何种转基因马铃薯品系；同时检测品系特异性基因 EH92-527-1，若 EH92-527-1 为阳性，则可确定该样品中含有转基因品系马铃薯 EH92-527-1。

10. 结果表述

××外源基因实时荧光 PCR 检测结果为阳性者判为检出转基因成分××，表述为对于马铃薯，检出转基因成分；若 EH92-527-1 为阳性，可进一步报告样品中含有 EH92-527-1 转基因马铃薯；

××外源基因实时荧光 PCR 检测结果为阴性者判为未检出转基因成分××，表述为对于马铃薯，检出转基因成分。

11.3　马铃薯中转基因成分定性 PCR 检测方法

PCR 检测法是目前检测转基因成分最普遍的方法，根据检测策略可分为通用元件筛选 PCR 检测、基因特异性 PCR 检测、构建特异性 PCR 检测和品系特异性 PCR 检测四类。按检测原理则可将其分为定性 PCR 检测和定量 PCR 分析两类。

11.3.1　抽样与制样

对散装货物的抽样：在货物流动过程中抽样，或从货车、船舱、筒仓和货柜等载货容器中抽样，或从货堆中抽样。

对包装货物抽样：应从包装的不同部位如顶部、中部和下部抽取样品。

1. 马铃薯产品抽样量

(1)马铃薯块茎、生薯条、生薯片、植株抽样量

按照表 11-6 中比例抽样。其中每包取样数的单位对于块茎、生薯条、生薯片为个，对于植株为株。

表 11-6　**马铃薯块茎、植株、生薯条的抽样量**

批量/包	开包数量	每包取样数目
≤50	2	2
51~500	3	3
501~35000	5	5
≥35001	8	8

2. 马铃薯淀粉抽样量

按表 11-7 中比例抽样。

表 11-7　**马铃薯淀粉的抽样量**

批量/包	开包数目	每包取样数目/g
≤15	2	120
16~50	3	120
51~150	5	120

续表

批量/包	开包数目	每包取样数目/g
151～500	8	120
501～3200	13	120
3201～35000	20	120
35001～500000	32	120
≥500001	50	120

2. 马铃薯试样量制备

(1)马铃薯块茎、生薯条、生薯片、植株的试样制备

对于同一个批次的马铃薯块茎、生薯条、生薯片，把每个样品洗干净，在任意部位用小刀切下约 $1cm^3$的样品试样用于提取 DNA；

对于同一批次的马铃薯植株，取每个样品的一片叶片洗干净，用小刀切下 $2cm^2$的叶片作为试样用于提取 DNA。

(2)马铃薯淀粉试样的制备

把每包取样的 120g 淀粉充分混合，从每个 120g 中取 100mg 作为试样。

11.3.2 测定方法

1. 原理

样品经过提取 DNA 后，针对转基因植物所插入的外源基因的基因序列设计引物，通过 PCR 技术，特异性扩增外源基因的 DNA 片段，根据 PCR 扩增结果，判断该样品中是否含有转基因成分。

2. 试剂和材料

(1)引物

按照表 11-8 中提供的引物序列合成引物，加入去离子水配成 100pmol/μL 储存，配成直接用于 PCR 反应的 20pmol/μL 的工作液。

表 11-8　**转基因马铃薯 PCR 检测用的引物序列及 PCR 产物的大小**

引物	来源	引物序列	片段	备注
PATA	内源	F 5'-tga cct gga cac cac agt tat-3' R5'-gtg gat ttc agg agt tct tcg-3'	216bp	内对照
CaMV35S	外源	F 5'-gct cct aca aat gcc atc a-3' R5'-gat agt ggg att gtf cgt ca-3'	195 bp	筛选、鉴定检测
FMV35S	外源	F 5'-agt cca aag cct caa caa ggt c-3' R5'-cat tag tga gtg ggc tgt cag g-3'	365 bp	筛选检测
NOS	外源	F 5'-gaa tcc tgt tgc cgg tct tg-3' R5'-tta tcc tag ttt gcg cgc ta-3'	180 bp	筛选检测

续表

引物	来源	引物序列	片段	备注
NPTⅡ	外源	F 5'-gga tct cct gtc atc t-3' R5'-gat cat cct gat cga c-3'	173 bp	筛选检测
PLRVrep	外源	F 5'-tcg tca tta aac ttg acg ac-3' R5'-ctt ctt tca cgg agt tcc ag-3'	172 bp	鉴定检测
PVYcp	外源	F 5'-gaa tca agg cta tca cgt cc-3' R5'-cat ccg cac tgc ctc ata cc-3'	161 bp	鉴定检测
Cry3A	外源	F 5'-aga gcc gtc gca aac acc aat c-3' R5'-tct ggg tgc tgg cct cat cg-3'	112 bp	鉴定检测

(2)试剂

①Taq DNA 聚合酶、dNTP：dATP、dTTP、dCTP、dGTP、Dutp、琼脂糖、溴化乙锭、三氯甲烷、异丙醇、70%乙醇、分子量 Marker 50~300bp；

②植物总 DNA 提取缓冲液：量取 100mL 1mol/L Tris-Cl，50mL 0.5mol/LEDTA，称取 5.0g SDS，16.848 氯化钠，定容至 1L，分装灭菌备用；

③TE 缓冲液：10mmol/L Tris-HCl(pH=8)，1mmol/LEDTA(pH=8)；

④10×PCR 缓冲液：100mmol/L KCl，160mmol/L $(NH_4)_2SO_4$，200mmol/L $MgSO_4$，200mmol/L Tris-HCl(pH=8.8)，1% Triton X-100，1mg/mL BSA；

⑤5×TBE 缓冲液：Tris 54g，硼酸 27.5g，0.5mol/LEDTA(pH=8)20mL，加蒸馏水至 1000mL；

⑥10×上样缓冲液：0.25%溴酚蓝，40%蔗糖。

⑦RNA 酶(10μg/mL)、PVP。

3. 仪器

固体碎机及研钵；高速冷冻离心机、台式小心离心机和 Mini 个人离心机；水浴培养箱、恒温培养箱和恒温孵育箱；天平(感量 0.001g)；高压灭菌锅；高温干燥箱；纯水器或双蒸水器；冷藏及冷冻冰箱；制冰机；涡旋振荡器；微波炉；基因扩增仪；电泳仪；PCR 超净工作台；核酸蛋白分析仪；微量移液器；凝胶成像系统；实时荧光 PCR 仪；Eppendorf 管；PCR 反应管。

4. 检测方法

(1)样品 DNA 的提取与纯化

对于马铃薯茎、生薯条、生薯片、植株，每个试样充分混合置于研钵，加液氮冷冻并迅速研磨成粉末。将 100mg 研磨的粉末或淀粉粉末分装于 1.5mL 的 eppendorf 管中，加入 600μL 预热的提取缓冲液，再加入 200μL 20%的 PVP，混匀，65℃保温 50min，期间摇动数次。加入等体积的酚-三氯甲烷，轻轻颠倒混匀。10000r/min 离心 10min。取上清液，加入三分之二倍体积的冰冷的异丙醇，混匀。10000r/min 离心 10min。去掉上清液中的异丙醇，此时管底有白色沉淀。向白色沉淀中加入 10μL 的 RNA 酶(10mg/mL)，37℃保温 30min。加入 1mL 乙酸钾(5mol/L)。于 10000r/min 离心 10min。去掉上清液，保留沉淀。

用70%乙醇洗涤沉淀三次，干燥。用100μL TE溶解沉淀，作为PCR反应的模板，4℃保存备用。

(2)PCR扩增

1)实验对照的设立

每个样品必须有两个平行实验，同时每次检测必须设立三个对照：

①阳性对照：为包含要检测基因片段的转基因植物材料的DNA或包含要检测基因片段的阳性质粒DNA；

②阴性对照：非转基因马铃薯基因组DNA；

③空白对照(不含DNA模板)。

2)PCR反应体系

在0.2mL PCR反应管中，按表11-9所列顺序依次加入反应物，总体积为25μL。

表11-9　**PCR反应体系组成成分**

组成成分	储备液浓度	25μL反应体系加样体积/μL
PCR缓冲液	10×	2.5
4×dNTP	2.5mmol/L	2.0
引物1	20pmol/μL	0.5
引物2	20pmol/μL	0.5
Taq DNA聚合酶	5.0U/μL	0.2
UNG酶	1.0U/μL	0.2
氯化镁($MgCl_2$)	25mmol/L	2.0
DNA模板	10~50ng DNA	0.5~2.0
超纯水	—	使反应体积达到25μL

3)PCR反应程序

检测不同外源基因，PCR扩增条件略有不同，不同外源基因的具体扩增程序见表11-10。

表11-10　**PCR反应条件参数**

被扩增的外源基因	预变性	扩增	循环数	最终延伸
PATA	94℃，3min	94℃，40s；50℃，45s；72℃，45s	35	72℃，7min
CaMV35S、NOS、NPTⅡ	94℃，3min	94℃，40s；54℃，45s；72℃，45s	35	72℃，7min
FMV35S	94℃，3min	94℃，40s；60℃，45s；72℃，45s	35	72℃，7min
PLRVrep，Cry3A	94℃，3min	94℃，40s；55℃，45s；72℃，45s	35	72℃，7min
PVYcp	94℃，3min	94℃，40s；63℃，40s；72℃，40s	35	72℃，7min

4) PCR 扩增产物的凝胶电泳检测

用微波炉加热溶解琼脂糖凝胶，配成 2.0%浓度的琼脂糖凝。将配制好的琼脂糖凝胶放入 0.5×TBE 电泳缓冲液的电泳槽中，用移液器取 10μL 扩增产物和 2μL 6×载样缓冲液混合，点样到 2%琼脂糖凝胶上，用 Marker 作分子标记。在 1～5V/cm 电压下电泳 40min，EB 染色，然后用凝胶成像系统观察、照相并记录。

5. 结果判断

(1) 内源基因的检测

对于马铃薯种属特异性内源基因 Patatin 片段的内参照引物 PATA 扩增样品的 DNA，如果阴性对照、样品和阳性对照的 PCR 产物都出现 214bp 的条带，则表明提取的样品 DNA 符合 PCR 反应的要求，能用于外源基因检测；否则不能用于检测外源基因，应该重新提取样品 DNA，直到扩出 214bp 的条带。

(2) 外源基因的检测

对马铃薯样品 DNA 提取液进行外源基因的 PCR 测试，如果阴性对照和空白对照未出现扩增条带，阳性对照和待测样品均出现预期大小的扩增条带，则可初步判定待测样品中含有可疑的该外源基因，应进一步进行确证试验，依据确证试验的结果最终报告；如果待测样品中未出现 PCR 扩增产物，则可断定该待测样品中不含有该外源基因。

(3) 筛选检测和鉴定检测的选择

对于马铃薯样品中转基因成分的检测，可先筛选检测 CaMV35S、FMV35S、NOS、NPTⅡ基因，筛选检测结果阴性则直接报告结果。

若筛选检测结果阳性，则需进一步检测 PLRVrep、PVYcp、Cry3A 基因以确定是何种转基因马铃薯品系。

(4) 结果表述

①未检出××××基因；

②检出×××基因，(可进一步报告) 该检测样品是××××转基因马铃薯品系。

11.4　马铃薯转基因安全性评价

相对传统作物而言，转基因作物由于导入外源基因的表达而获得一些新的性状，如抗虫、抗旱、抗病毒等，这极大地增加了作物对环境的适应能力，提高了产量，并减少了病虫害和农药的使用。由于在靶标生物中引入了新的外源基因和蛋白产物，可能会产生一些难以预知的生态风险，因此有不少民众反对转基因作物的种植。随着转基因作物在全球的广泛推广，反对的呼声也越来越高。1998 年英国苏格兰 Rowett 研究所的"Pusztai 事件"和 1999 年康奈尔大学一个研究组报道的"帝王蝶事件"都在当时引起了不小的争议。但事后经过同行的评审和研究，发现两者的试验都存在明显的漏洞，缺乏说服力。随着转基因技术的发展，无论是转入的目的基因还是利用的载体都越来越精确，在获得所需的性状的同时将潜在的危害降到最低。2008 年 Li 等对转 bar 基因抗除草剂水稻进行测定，发现其中的主要成分与非转基因亲本无显著性差异。

转基因植物存在着对生物多样性、生态环境以及人体健康产生潜在危险的可能性。自人类创建了基因重组技术之后，这种人为对自然的干预会不会潜存着尚不能预知的某些危险？会不会导致生态环境的失衡？会不会对人类的健康乃至生命造成伤害？这些既关系到人类自身的安全，也关系到人类生存环境的安全。由此，生物安全问题已成为各国政府、科技界、社会公众普遍关注的焦点。

11.4.1 转基因植物的安全性问题

自从转基因作物问世以来，其安全性争议就从未中断过。虽然转基因作物相对于传统作物表现出抗虫、抗旱和高产等优良性状，但也有人担心转基因作物会因为外源基因的转入而存在一些潜在的风险。随着转基因作物的推广，这些争论越来越激烈，主要集中在转基因作物的食品安全性、环境安全性和标记基因安全性3个方面。

1. 潜在的食品安全性

转基因食品安全性问题主要包括食品毒性、营养价值降低、食品过敏性以及抗生素抗性。

(1)毒性问题

到目前为止，还没有确切的报告能够证明转基因食品是有毒的，但是也没有确切的报告能够证明转基因食品是无毒的。从理论上来说，转基因食品来源于转基因生物。在转基因过程中，外源基因的导入或是本身基因组的重组，都会导致具有新的遗传性状的蛋白质产生，这种蛋白质是否有毒，由于转基因技术的不确定性，目前的技术还无法准确鉴定。有人认为，含有抗虫作物残留的毒素和蛋白酶活性抑制剂的叶片、果实、种子等，既然能破坏昆虫的消化系统，对人畜也可能产生类似的伤害。另外还有人认为遗传修饰在表达目的基因的同时，也可能会无意中提高天然的植物毒素，例如马铃薯的茄碱、木薯和利马豆的氰化物、豆科的蛋白药抑制剂等，给消费者造成伤害。一些学者认为，对于基因的人工提炼和添加，可能在达到某些人们想达到的效果的同时，也增加和积聚了食物中原有的微量毒素。虽然目前还不能确定转基因食品是否有毒性，但是一旦存在毒性，转基因食品可能导致人体的慢性或急性中毒，可能导致人体器官异常、发育畸形，甚至还可能致癌。

(2)营养问题

外源基因可能对食品的营养价值产生无法预期的改变，其中有些营养成分降低而另一些营养成分增加。有人认为，人为地改变了蛋白质组成的食物会因为外源基因的来源、导入位点的不同，极有可能产生基因的缺失、移码等突变，使所表达的蛋白质产物的性状及部位与期望值不符，引起营养失衡，从而降低食品的营养价值。美国伦理和毒性中心的实验报告就曾指出，与一般大豆相比，耐除草剂的转基因大豆中防癌的成分异黄酮减少了。至于这种降低是如何产生的，我们还不得而知。但是食物的营养价值与利用及加工方式密切相关，例如同样是耐除草剂的转基因大豆，用来榨油和加工成豆制品其对人体的影响就各不相同；与一般的天然大豆相比较，转基因大豆中生长激素的含量降低了13%左右。其实外源基因的植入本身就是一种入侵，这种入侵改变了受体生物自身的新陈代谢，并且由于环境条件的变化，有可能导致受体生物自身的基因变异，其产生的后果是难以预料的。一些科学家们认为外来基因会以一种人们目前还不甚了解的方式破坏食物中的营养成分。

(3)食物过敏

由于IgE(免疫球蛋白)等抗体在胃肠聚集，与食物中的抗原蛋白结合，产生超敏反应。转基因作物可能将某些基因供体过敏性转移到作物受体中，来自非食品源的基因和新的基因结合体可能在一些人体中引发过敏反应，或者加剧已存在的过敏反应，此外转基因作物中转入的外源基因表达出的蛋白质在起作用的同时也有可能成为一些过敏源。

(4)对抗生素的抵抗作用

在基因转移与食品安全性的讨论中，最关切的问题是在遗传工程体中引入的基因是否有可能转移到胃肠道的微生物或上皮细胞中，并成功地结合和表达，从而对抗生素产生抗性，影响到人或动物的安全。基因工程工作中，经常在靶生物中使用带抗生素抗性的标记基因。有人担心，把抗生素抗性引入广泛食用的作物中，可能会对环境以及食用作物的人和动物产生未能预料的后果。

1993 年，世界卫生组织(WHO)为探讨抗生素抗性基因的可能转移问题召开了“转基因植物中标记基因与健康问题”专题讨论会。会议的结论是“尚无基因从植物转移到肠道微生物的证据”，这些结论的主要理由是，抗生素抗性的转移是一个复杂的过程，包括基因转移、表达和对抗生素功效的影响等。此外，抗生素抗性标记基因只有在适当的细菌启动子控制下才能表达，在植物启动子控制下的抗生素标记基因将不会在微生物中表达。1996 年 FAO/WHO 联合召开的“生物技术和食品安全性的专家咨询会议”和 WHO 专题讨论会同样认为，转基因植物中的外源基因，转移到胃肠道微生物的可能性极小，但不是完全不可能，并建议 FAO/WHO 就此问题召开专家咨询会议，讨论在何种条件或情况下，在转基因食品植物中，不能使用抗生素标记基因。

2. 潜在的环境安全性

转基因植物在环境方面的主要潜在风险：一是转基因植物本身带来的潜在风险；二是转基因植物通过基因漂流对其他物种带来的影响，从而给生态系统带来危害。具体内容包括：转基因植株演变成为杂草的可能性；转基因植株对近缘物种存在的潜在威胁。

转基因作物对环境的潜在影响主要包括生存竞争力、基因在生态环境中的转移扩散、对非靶标生物的影响以及对土壤微生物系统和肥力的影响等。①生存竞争力。由于转基因作物中外源基因表达可能具有更强的环境适应能力，将其释放到生态环境中后，与非转基因的作物竞争过程中具有更强的竞争力，可能影响到生物的多样性，甚至变成新型的杂草。②基因在生态环境中的转移扩散主要包括基因的漂移和与近缘野生种的可交配性两个方面。基因漂移是生物界广泛认同的事实，如转基因作物中的抗性基因通过花粉传播与其他植物基因重组使其具备这些抗性。Scheffler 等研究表明转基因油菜的抗除草剂基因会通过基因漂移扩散到附近的野生植物中。③对非靶标生物的影响。转基因作物在杀死病虫害的同时可能会威胁一些非靶标生物的生存。④对土壤微生物和肥力的影响。转基因作物及其基因产物进入土壤后可能与土壤微生物相互作用，影响微生物活动过程。Donegan 等发现美国的几种 Bt 抗虫棉的叶子对土壤中的微生物数量、种类和组成的影响与常规棉的差异显著。

3. 标记基因的安全性

可安全使用的标记基因是指：标记基因本身(启动子及终止子除外)及其主产物可安全地作为人的食品，不包括基因多效性及各种可能的次生效应，因为次生效应可因插入位点不同而异。1996 年，北欧政府出版了《转基因食用植物中标记基因的健康问题》一书，对现用的几种标记基因作了详尽分析，主要包括 3 种抗生素(卡那霉素、潮霉素和链霉素)抗性标记、3 种除草剂(草丁膦、草甘膦、绿黄隆)抗性标记及 1 种报告基因(gus)。了解下列问题是评价标记基因安全性的基础：①对人是否是新的基因/产物，即在人的小肠微生物区系中是否天然存在。②与已知基因/蛋白作详细序列比较，以明确其是否有潜在毒性、过敏性或其他副作用。③肠胃道中是否有辅因子(如 ATP)且能保持酶活性。④观察植物材料中有无基因多效性(次生效应)，重点是研究细胞中的磷酸化状态及其可能后果。不过，在考量转基因潜在风险的同时也要充分考虑到作物的成分复杂，且种植过程中影响因素很多，不能笼统地将出现的问题都归结到转基因。同时也要考虑到，转基因作物的培育给农业的发展带来了新的契机，经过精心选育和严格安全评价的转基因作物能在提高产量、减少病虫害的同时减少对环境的危害。所以要综合考虑以上这些因素，权衡其中的利弊，慎重地选择，争取在利用转基因作物优良特性的同时规避潜在的风险。

11.4.2 转基因马铃薯的生物安全性评价

近年来，随着转基因研究中发现的问题及人们对转基因生物安全性的关注，转化植物必须考虑安全性问题和防止对环境造成污染等。任何一种高新技术都存在不同程度的风险，转基因技术也不例外。所以，既不能因为存在风险而将其拒之门外，也不能因为暂时还没有发生转基因作物对人类健康或其赖以生存的生态环境造成危害的案例而忽视转基因食品的安全性问题。Fuches 等从形态及农艺性状、所表达蛋白质及重要的营养和抗营养因子等方面对转基因马铃薯和对照品种作了实质等同性分析。他们选出的 7 个株系的产量水平、长势、薯块性状均与对照品种相同，薯块中表达的 Bt 蛋白质与市售微生物制品所含的 Bt 蛋白质相同，具有相同的特异杀虫活性、相似的分子量和相似的免疫反应，并证明表达的 Bt 蛋白质对人、畜安全；蛋白质、脂肪、碳水化合物、可食性纤维、灰分和重要的维生素及矿物质含量与对照相同，两者的抗营养因子茄碱含量也相当。用转基因和非转基因的生薯添加到饲料中饲喂大鼠 28d，两者在进食、生长速度和器官毛重等方面均无明显区别。在科学技术还没有证实其安全性之前，加强对转基因食品的管理和安全性评价是非常重要的。

1. 转基因食品特性分析

分析转基因食品本身的特性，有助于判断某种新食品与现有食品是否有显著差异。分析的内容主要包括：①供体。包括外源基因供体的来源、分类、学名；与其他物种的关系；作为食品食用的历史；是否含有毒物质及含毒历史，即过敏性、传染性；是否存在抗营养因子和生理活性物质；关键性营养成分等。②基因修饰及插入 DNA。主要分析介导载体及基因构成；基因成分描述，包括来源、转移方法；助催化剂活性等。③受体。与供体相比的表型特征；引入基因表型水平及稳定性；新基因拷贝数，引入基因移动的可能性；插入片段的特征等。

2. 加强转基因食品的检测与安全性评价

转基因食品及成分是否与目前市场上销售的传统食品具有实质等同性，这是转基因食品安全性评价的基本原则。其概念是，如果某种新食品或食品成分与已经存在的某一食品或成分在实质上相同，那么在安全性方面，前者可以与后者等同处理(即新食品与传统食品同样安全)。

实质等同性原则是目前国际上公认的安全性评价准则，其内容包括：①转基因食品或食品成分与市场销售的传统食品具有实质等同性；②除某些特定的差异外，与传统食品具有实质等同性；③某一食品没有比较的基础，即与传统食品没有实质等同性。转基因食品与传统食品的实质等同性分析包括表型比较、成分比较、插入性状及过敏性分析、标记性状安全性等。目前美国、加拿大、澳大利亚等国都已建立了健全的从事食品安全与环境检测的管理机构和严格的安全标准，并以实质等同性为基础，对每一种新的转基因食品都要做一系列评价和检测，若无异议，经登记后方可生产。

我国加入世界贸易组织(WTO)后，国外越来越多的转基因产品涌入我国市场。因此，国家应进一步完善进口产品的检验和监督管理制度，特别要加强转基因产品的安全性检测，尽可能在 WTO 规则允许的范围内控制未经相关试验的转基因品种及其产品进入国内市场。

3. 加强食品安全管理，实行标签制度

虽然人们对于转基因食品可以实行严格的安全评估审批制度，但它们的确含有同类天然食品所没有的异体物质，有可能引起个别的过敏反应。因此，有必要实行标签标示制度，使消费者了解食品性质。比如，欧洲食品安全管理委员会对转基因食品和饲料进行标识和追踪管理；瑞士联邦政府要求如果食品中转基因物质超过 1%的界限须在商品标签上做出说明；俄罗斯、新西兰、日本等虽没有明令禁止转基因食品上市销售，但现在已要求上市转基因食品应在包装上做出提醒性标记。我国为了加强对农业转基因生物的标识管理，规范转基因生物的销售行为，引导生产和消费，保护消费者的知情权。2004 年 7 月 1 日农业部令 38 号修订了《农业转基因生物标识管理办法》，对所有进口的农业转基因生物进行标识管理。

4. 加强关于转基因食品知识的宣传和引导

食品的“安全”与“危险“只是相对的概念，世上没有绝对安全的食物。如过量服用维生素 C、维生素 E 容易产生胃肠功能紊乱、口角发炎；长期食用人参、何首乌可能引发高血压，并伴有神经过敏和出现皮疹等。到目前为止，还没有食用转基因食品造成人体伤害的实际证据。因此，我们应该用理性的眼光看待转基因食品，加强相关科学知识的宣传，进行正确的舆论引导，让公众了解转基因技术和转基因食品，把选择权交到公众手中。

11.4.3　转基因马铃薯的生物安全性展望

随着基因工程的发展，现在研究者导入受体植株的一般都是重组分子，尤其倾向于导入线性片段以取代以前的环型质粒载体，力求发掘新的高抗基因，实现导入的外源基因高效、多用途表达。将一些有益的基因连在质粒载体上导入受体，去除了不必要的基因，可以更好的避免其他不希望的基因或核酸片段进入受体植物。这样就在一定程度上解决了引起公众广泛关注的生物安全性问题。基因来源得到大大丰富，来源于其他植物、动物或微生物的有益基因均可被导入一些重要的农作物，得到抗虫、抗病毒、抗细菌的后代。这样给育种工作者提供了更加广泛的选择。相信随着研究的深入，转基因体系和相关理论将更加完善，生物安全性得到提高，会有更多的转基因产品投向社会，造福于人类。

参 考 文 献

[1]韩黎明，杨俊丰，景履贞，等. 马铃薯产业原理与技术[M]. 北京：中国农业科学技术出版社，2010.

[2]华中师范大学等. 分析化学(下册)[M]. 北京：高等教育出版社，2010.

[3]朱明华. 仪器分析[M]. 北京：高等教育出版社，2004.

[4]高晓松，张惠，薛富. 仪器分析[M]. 北京：科学出版社，2009.

[5]张永成，田丰. 马铃薯试验研究方法[M]. 北京：中国农业科学技术出版社，2007

[6]杜银仓等. 马铃薯淀粉生产与工艺设计[M]. 昆明：云南科技出版社，2011.

[7]中国淀粉工业协会. 淀粉与淀粉制品生产新工艺新技术及质量检测标准规范实用手册[M]. 北京：中国科技文化出版社，2007.

[8]张燕萍. 变性淀粉制造与应用[M]. 北京：化学工业出版社，2007.

[9]张力田. 变性淀粉[M]. 广州：华南理工大学出版社，1999.

[10]张友松. 变性淀粉生产与应用手册[M]. 北京：中国轻工业出版社，2007.

[11]史贤明. 食品安全与卫生[M]. 北京：中国农业出版社，2003.

[12]王世平. 食品安全检测技术[M]. 北京：中国农业大学出版社，2009.

[13]王亚伟. 食品营养与检测[M]. 北京：高等教育出版社，2005.

[14]揭广川，包志华. 食品检测技术_ 食品安全快速检测技术[M]. 北京：科学出版社，2010.

[15]李晓燕. 食品检测[M]. 北京：化学工业出版社，2011.

[16]彭珊珊. 食品分析检测及其实训教程[M]. 北京：中国轻工业出版社，2011.

[17]张妍，祝妍，张丽萍. 食品检测技术[M]. 北京：化学工业出版社，2015.

[18]陆叙元，张俐勤. 食品分析检测[M]. 杭州：浙江大学出版社，2012.

[19]郝生宏. 食品分析检测[M]. 北京：化学工业出版社，2011.

[20]王琦，杨宁权，刘媛. 马铃薯病虫害识别与防治[M]. 银川：宁夏人民出版社，2009.

[21]吴兴泉. 马铃薯病毒的检测与防治[M]. 郑州：郑州大学出版社，2009.

[22]中华人民共和国国家质量监督检验检疫总局，中国国家标准化管理委员会. 实验室质量控制规范食品理化检测(GB/T 27404-2008)[S]. 北京：中国标准出版社，2008.

[23]季宇彬，王宏亮，高世勇. 龙葵碱对荷瘤小鼠肿瘤细胞膜唾液酸含量和封闭度的影响[J]. 中草药，2005，369(1)：79-81.

[24]梁前进，李翠妮，向俊，等. 北京外来入侵植物刺萼龙葵抑肿瘤 ATPase 效应评估[J]. 中国生物工程杂志，2010，309(12)：36-41.

[25]王秋平，郎朗，季宇彬. 龙葵碱对雄性小鼠睾丸毒性的初步研究[J]. 食品与药品，2009，119(11)：10-13.

[26]梁前进，李翠妮，向俊，等. 北京外来入侵植物刺萼龙葵抑肿瘤 ATPase 效应评估[J]. 中国生物工程杂志，2010，309(12)：36-41.

[27]付道林，王兰岚，蓝海燕，等. 将抗真菌基因导入马铃薯的研究[J]. 激光生物学报，2000，9(30)：189-193.

[28]甄伟，陈溪，梁浩博，等. 转基因马铃薯中病原诱导 GO 基因的表达及其对晚疫病的抗性[J]. 科学通报，2000，45(10)：1071-1076.

[29]侯书国. 农杆菌介导的马铃薯 GNA 基因遗传转化及转基因马铃薯的抗蚜虫鉴定[D]. 长春：东北师范大学，2006.

[30]宋东光，于湄，王惠珍，等. 人体必需氨基酸编码蛋白转基因马铃薯的获得及 RT-PCR 分析[J]. 生物学杂志，2002，19(6)：16-19.

[31]于静娟，敖光明. 水稻 10kD 富硫醇溶蛋白基因在马铃薯中的表达[J]. 植物学报，1997，9(4)：329-334.

[32]李雷，刘松梅，胡鸢雷等. 导入玉米 10ku 醇溶蛋白质基因提高马铃薯块茎中含硫氨基酸的含量[J]. 科学通报，2000，45(12)：1313-1317.

[33]I Ginzberg，J G Tokuhisa，R E Veilleux. Potato Steroidal Glycoalkaloids：Biosynthesis and Genetic Manipulation[J]. Potato Research，2009(52)：1-15.

[34]Distl M，Wink M. Indentification and quantification of steroidal alkaloidsfrom wild tuber-bearing solanum species by HPLC and LC-ESI-MS[J]. Potato Research，2009(52)：79-104.

[35]马莺，顾瑞霞，等. 马铃薯深加工技术[M]. 北京：中国轻工业出版社，2003.